拒绝低效

逆袭吧，Word菜鸟——Word这样用才高效

李珉——著

中国青年出版社

图书在版编目（CIP）数据

拒绝低效：逆袭吧，Word菜鸟：Word这样用才高效 / 李珉著.
— 北京：中国青年出版社，2018.12
ISBN 978-7-5153-5333-3
I.①拒…　II.①李…　III. 文字处理系统 IV. ①TP391.12
中国版本图书馆CIP数据核字（2018）第228525号

策划编辑　张　鹏
责任编辑　张　军
封面设计　乌　兰

拒绝低效：逆袭吧，Word菜鸟
——Word这样用才高效
李珉 / 著

出版发行：中国青年出版社
地　　址：北京市东四十二条21号
邮政编码：100708
电　　话：（010）50856188 / 50856199
传　　真：（010）50856111
企　　划：北京中青雄狮数码传媒科技有限公司
印　　刷：湖南天闻新华印务有限公司
开　　本：787 x 1092　1/16
印　　张：18.5
版　　次：2019年2月北京第1版
印　　次：2019年2月第1次印刷
书　　号：ISBN 978-7-5153-5333-3
定　　价：69.90元
（附赠语音视频教学+同步案例文件+实用办公模版+PDF电子书+快捷键汇总表）

本书如有印装质量等问题，请与本社联系
电话：（010）50856188 / 50856199
读者来信：reader@cypmedia.com
投稿邮箱：author@cypmedia.com
如有其他问题请访问我们的网站：http://www.cypmedia.com

前　　言

作为一个做文职工作的职场新人小蔡，由于对Office软件学艺不精，再加上有一个对工作要求尽善尽美的领导，菜鸟小蔡工作起来就比较“悲催”了。幸运的是，小蔡遇到了“暖男”先生，在这位热情善良的“暖男”先生不厌其烦的帮助下，小蔡慢慢地从一个职场菜鸟逆袭为让领导刮目相看并委以重任的职场“精英人士”。

本书作者将多年培训中遇到的学生和读者常犯的错误、常用的低效做法收集整理，形成一套“纠错”课程，以“菜鸟”小蔡在工作中遇到的各种问题为主线，通过“暖男”先生的指点，使小蔡对Word的应用逐渐得心应手。内容上主要包括Word文档处理的错误和正确设计思路、文档制作的低效方法和高效方法，并且在每个案例开头采用“菜鸟效果”和“逆袭效果”展示，通过两张图片对比，让读者一目了然，通过优化方法的介绍，提高读者Word应用的水平。每个任务结束后，还会以“高效办公”的形式，对Word的一些快捷操作方法进行讲解，帮助读者进一步提升操作能力。此外，还会以“菜鸟加油站”的形式，对Word文档中一些“热点”功能进行介绍，让读者学起来更系统。

本书在内容上并不注重技法高深，而是注重技术的实用性，所选取的“菜鸟效果”都是很多读者的通病，具有很强的代表性和典型性。通过“菜鸟效果”和“逆袭效果”的操作对比，读者可以直观地感受到Word文档制作中合理设计立竿见影的功效，感受到Word文档高效与低效方法的巨大反差，提高读者的文档制作水平和工作效率。本书由河北水利电力学院李珉老师编写，全书共计约44万字，内容符合读者需求，覆盖Word应用中的常见误区，贴合读者的工作实际，非常利于读者快速提高Word操作水平。

本书在设计形式上着重凸显“极简”的特点，便于读者利用碎片时间学习。不仅案例简洁明了，通过扫描二维码还可以获得提供的视频教学，视频时长控制在每个案例3~5分钟，便于读者快速学习。且提供索引的电子版，便于工作中随时查找。

本书献给各行各业正在努力奋斗的“菜鸟”们，祝愿大家通过不懈努力，早日迎来属于自己的职场春天。

编　者

本书阅读方法

在本书中，“菜鸟”小蔡是一个刚入职不久的职场新人。工作中，上司是一个做事认真、对工作要求尽善尽美的“厉厉哥”。每次，小蔡在完成厉厉哥交代的工作后，严厉的厉厉哥总是不满意，觉得还可以做得更完美。本书的写作思路是厉厉哥提出“工作要求”—新人小蔡做出“菜鸟效果”—经过“暖男”先生的“指点”—得到“逆袭效果”，之后再对“逆袭效果”的实现过程进行详细讲解。

人物介绍

小蔡

职场新人，工作认真努力，但对Office软件学艺不精。后来，通过“暖男”先生的耐心指点，加上自己的勤奋好学，慢慢地从一个职场菜鸟逆袭为让领导刮目相看并委以重任的职场“精英人士”。

厉厉哥

部门主管，严肃认真，对工作要求尽善尽美。面对新入职的助理小蔡做出的各种文案感到不满意，但对下属的不断进步看在眼里，并给予肯定。

“暖男”先生

小蔡的邻居，是个热情、善良、乐于助人、做事严谨的Office培训讲师，一直致力于推广最具实用价值的Office办公技巧，为小蔡在职场的快速成长提供了非常大的帮助。

本书构成

问题及方法展示：

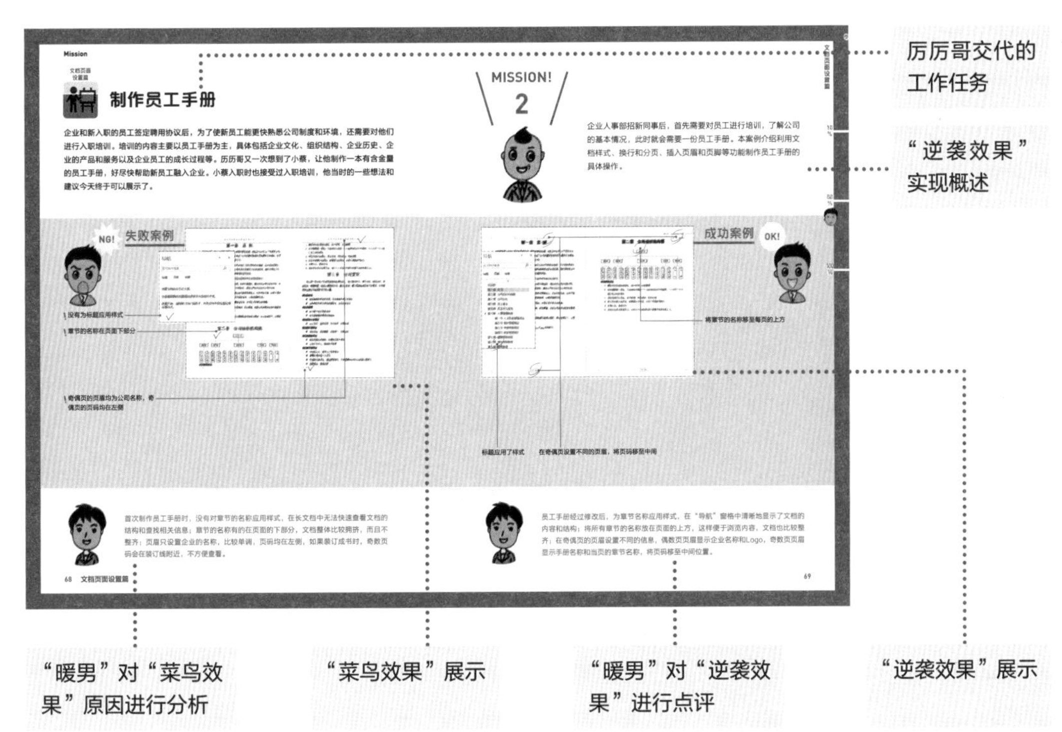

【逆袭效果】实现过程详解：

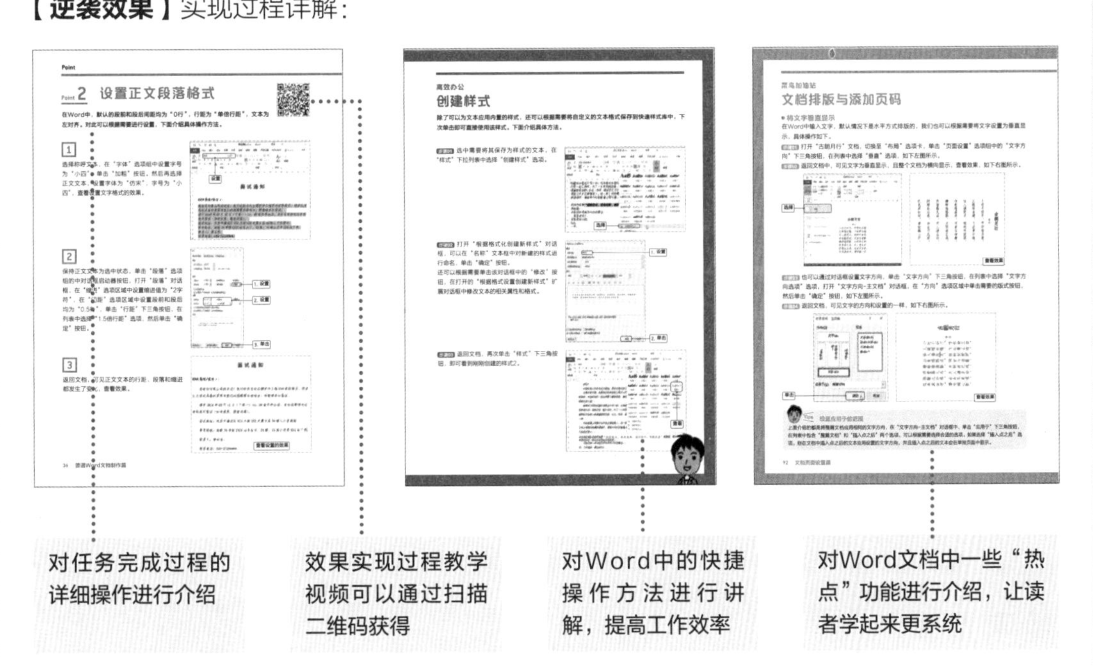

本书学习流程

本书由“普通文档制作篇”、“文档页面设置篇”、“模板应用篇”、“图文文档制作篇”、“带表格文档制作篇”和“文档的引用与审阅篇”6部分组成，对招聘文档的制作、邀请函的制作、企业红头文件的制作、企业宣传手册的制作、培训申请表的制作、商务合作流程图的制作，

【普通 Word 文档制作篇】

 制作招聘广告文档 

 制作面试通知文档 

 制作公司旅游计划

【文档页面设置篇】

 制作聘用协议书 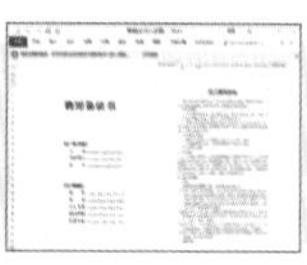

 制作员工手册 

 制作精美的邀请函正文

【模板的制作篇】

 制作企业红头文件模板 

 制作工作证并保存为模板 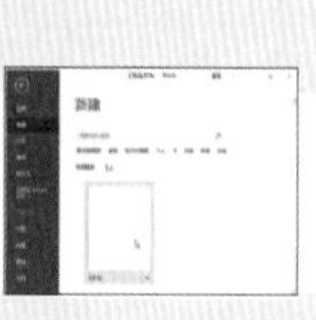

【图文 Word 文档制作篇】

 制作企业宣传手册封面 

以及制作过程中会遇到的各种问题进行了详细讲解。在介绍各种办公文档制作过程的同时，对使用Word文档进行文本处理的错误和正确设计思路、文档制作的低效方法和高效方法的展示，以及优化方法的介绍，非常有利于读者快速提高Word的应用和文档制作的水平。

制作不一样的目录

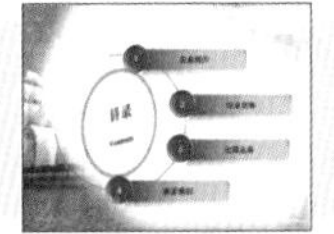

制作简洁明了的商务合作流程

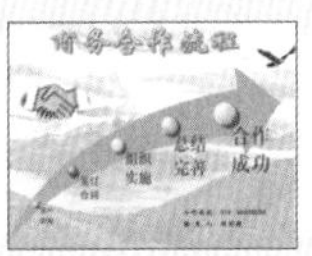

【带表格 Word 文档制作篇】

有条理显示培训信息

快速准确计算数据

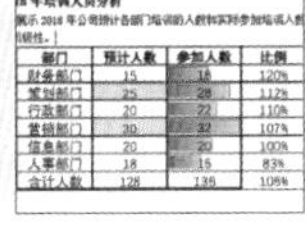

部门	预计人数	参加人数	比例
财务部门	15	18	120%
策划部门	25	28	112%
行政部门	20	22	110%
营销部门	30	32	107%
信息部门	20	20	100%
人事部门	18	15	83%
合计人数	128	135	106%

制作清晰美观的培训申请表

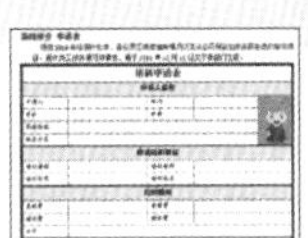

让数据更直观地显示

直观比较两组数据

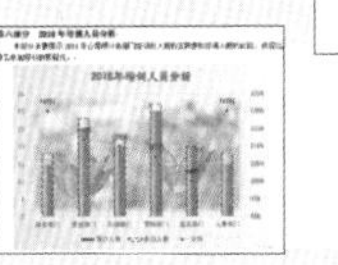

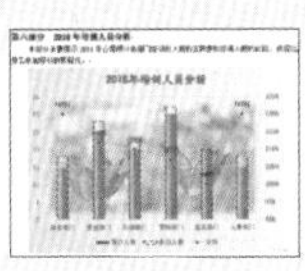

【文档的引用与审阅篇】

让注释文字清晰有条理

制作合适的目录

为文档添加修订和批注

Contents

普通Word文档制作篇

文档页面设置篇

模板的制作篇

图文Word文档制作篇

带表格Word文档制作篇

文档的引用与审阅篇

Word 办公实用技巧 Tips 大索引

普通Word文档制作篇

Word 2016是一款应用于办公领域，制作各种文档的常见软件。对于从事办公文秘和行政的员工来说，更是得力帮手，因为它可以有效地帮助企业和员工处理日常的文档工作和绝大部分办公事件。

本部分将利用Word设置文本和段落等功能，制作招聘广告、面试通知和公司旅游计划文档，用户可以根据所学知识应用到现实生活中。

制作招聘广告文档

企业因扩大规模，为了增强业务，现在需要招聘软件工程师5名，历历哥交代刚进公司的小蔡制作一份招聘广告。招聘广告是企业根据需要向社会发布人才需求信息，以吸引符合企业用人要求的一种快捷、重要的外部招聘方式。小蔡在了解招聘广告制作的相关信息后，决定使用Word 2016来制作招聘文档。

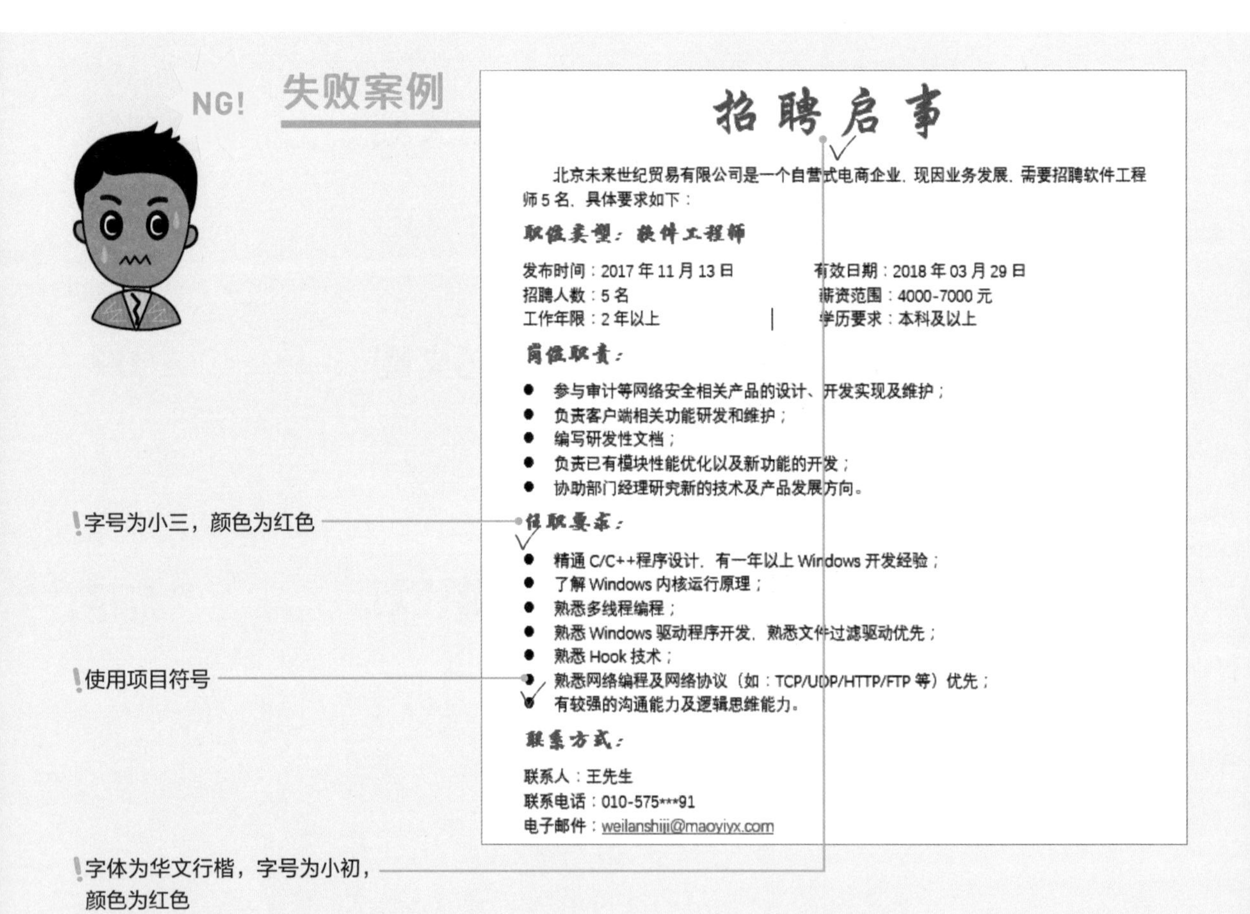

招聘启事

北京未来世纪贸易有限公司是一个自营式电商企业，现因业务发展，需要招聘软件工程师5名，具体要求如下：

职位类型：软件工程师

发布时间：2017年11月13日　　有效日期：2018年03月29日
招聘人数：5名　　薪资范围：4000-7000元
工作年限：2年以上　　学历要求：本科及以上

岗位职责：

- 参与审计等网络安全相关产品的设计、开发实现及维护；
- 负责客户端相关功能研发和维护；
- 编写研发性文档；
- 负责已有模块性能优化以及新功能的开发；
- 协助部门经理研究新的技术及产品发展方向。

任职要求：

- 精通C/C++程序设计，有一年以上Windows开发经验；
- 了解Windows内核运行原理；
- 熟悉多线程编程；
- 熟悉Windows驱动程序开发，熟悉文件过滤驱动优先；
- 熟悉Hook技术；
- 熟悉网络编程及网络协议（如：TCP/UDP/HTTP/FTP等）优先；
- 有较强的沟通能力及逻辑思维能力。

联系方式：

联系人：王先生
联系电话：010-575***91
电子邮件：weilanshiji@maoyiyx.com

制作招聘启事文档时，将标题和小标题设置为红色，与正文黑色显得格格不入，其次标题文字的字号偏大；在介绍岗位职责和任职要求时，使用项目符号，不能一目了然地了解各部分需要满足几条要求。

MISSION! 1

要使用Word文档制作招聘广告，首先要对如何新建文档、如何进行文本输入以及如何保存文档有所了解。招聘广告文档创建完成后，还需要对文档的文本格式进行设置，包括设置字体格式、字号大小、字符间距、对齐方式等，为了文档显得条理清晰，还可以为段落文本添加项目符号或编号。

成功案例 OK!

招聘启事

北京未来世纪贸易有限公司是一个自营式电商企业，现因业务发展，需要招聘软件工程师5名，具体要求如下：

一、职位类型：软件工程师

发布时间：2017年11月13日　　有效日期：2018年03月29日
招聘人数：5名　　薪资范围：4000-7000元
工作年限：2年以上　　学历要求：本科及以上

二、岗位职责：

1. 参与审计等网络安全相关产品的设计、开发实现及维护；
2. 负责客户端相关功能研发和维护；
3. 编写研发性文档；
4. 负责已有模块性能优化以及新功能的开发；
5. 协助部门经理研究新的技术及产品发展方向。

三、任职要求：

1. 精通C/C++程序设计，有一年以上Windows开发经验；
2. 了解Windows内核运行原理；
3. 熟悉多线程编程；
4. 熟悉Windows驱动程序开发，熟悉文件过滤驱动优先；
5. 熟悉Hook技术；
6. 熟悉网络编程及网络协议（如：TCP/UDP/HTTP/FTP等）优先；
7. 有较强的沟通能力及逻辑思维能力。

四、联系方式：

联系人：王先生
联系电话：010-575***91
电子邮件：weilanshiji@maoyiyx.com

字体为黑体，字号为三号，颜色为黑色

与正文相同的字体并添加编号

将项目符号改为编号

修改后的招聘启事，标题为黑体，字号为三号，颜色设置为黑色；小标题也设置了字体、字号和颜色，并添加相应的编号，显得很专业；将项目符号修改为编号，清晰地展示了相应的要求。

Point 1 新建文档

使用Word 2016可以方便地进行办公文档的制作和编辑，要使用Word文档进行文字的输入或编辑操作，首先需要创建一个空白文档。

1

位于桌面左下角的“开始”菜单中集合了用户安装的所有程序，单击“开始”按钮，在展开的列表中选择“Word 2016”选项。

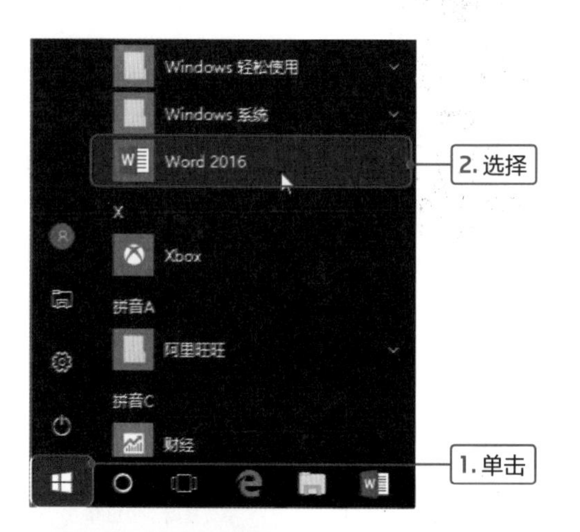

Tips **创建桌面快捷启动图标**

直接将开始屏幕中的Word图标拖到桌面上，创建桌面快捷启动图标，双击该图标即可启动Word 2016并创建一个空白文档。

2

系统将自动启动Word 2016应用程序，在打开的Word开始面板中选择“空白文档”选项。

Tips **其他创建空白文档的方法**

- 方法1：在操作系统桌面上单击鼠标右键，在弹出的快捷菜单中选择“新建>Microsoft Word文档”选项，新建名为“新建 Microsoft Word 文档”的文档，双击打开即可。

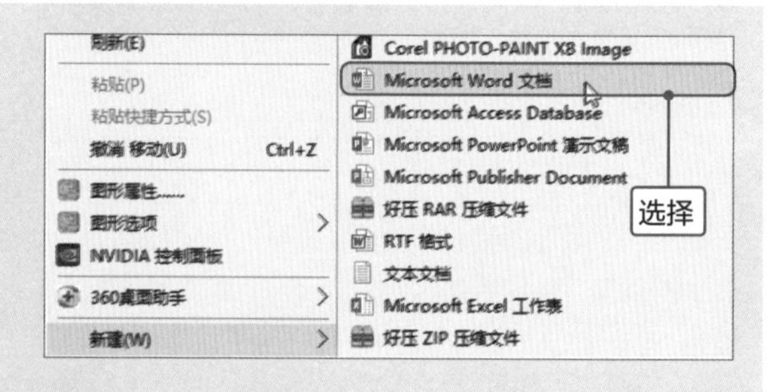

- 方法2：在Word文档窗口中单击左上角的“自定义快速访问工具栏”下拉按钮，在下拉列表中选择“新建”选项，或按下Ctrl+N组合键，也可以快速新建空白文档。

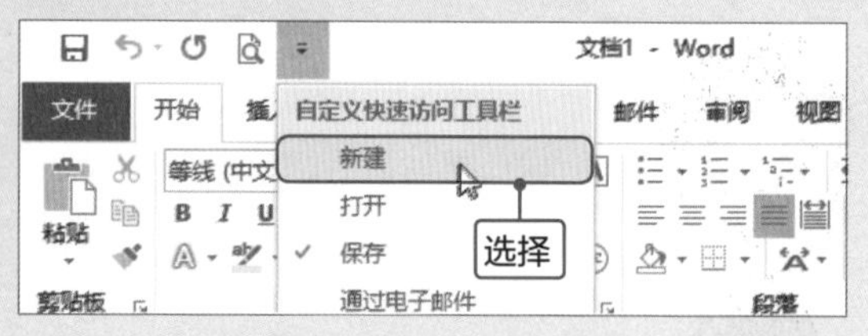

3

进入Word 2016的操作界面，查看刚刚新建的标题名称为“文档1”的空白文档。单击界面左上角的“保存”按钮，或按下Ctrl+S组合键。

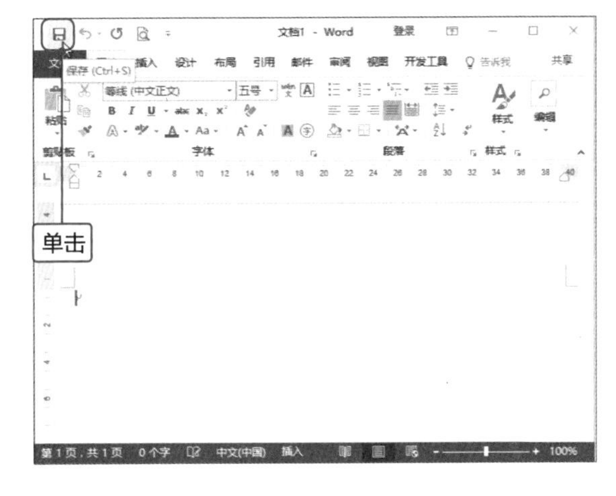

4

在打开的“另存为”面板中选择文档的保存方式，这里选择“浏览”选项。

Tips 单击“关闭”按钮执行保存操作

新建文档后，也可以先进行文本的输入和编辑操作，文档内容编辑完成后单击界面右上角的“关闭”按钮，将打开“Microsoft Word”提示框，提示用户对编辑的文档进行保存。

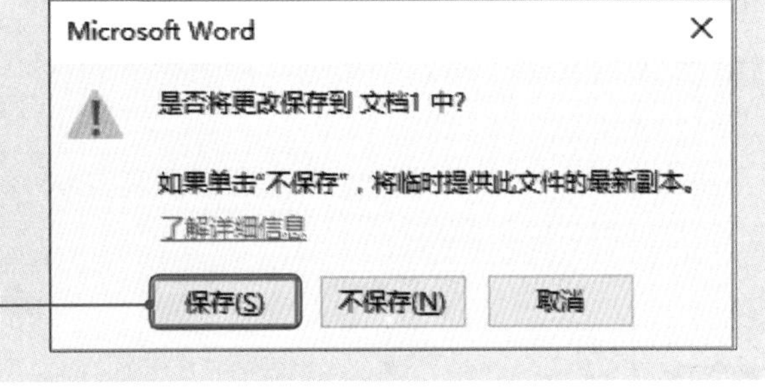

5

在打开的“另存为”对话框中选择新建文档的保存位置后，在“文件名”文本框中输入新建文档的名称为“招聘广告”，然后单击“确定”按钮。

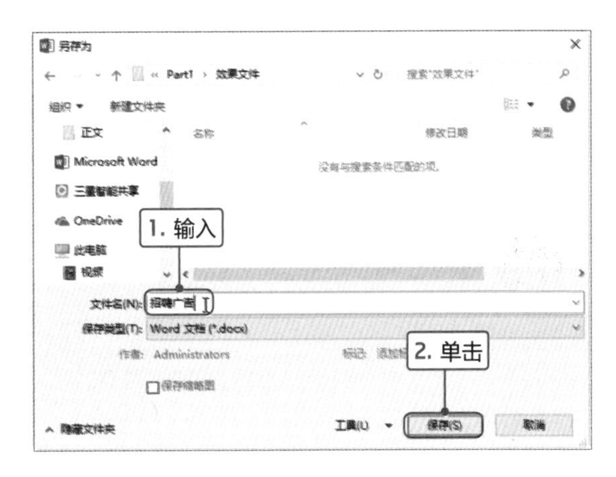

Point 2 输入文本内容

文本是Word文档最基本的组成部分，创建Word空白文档后，接下来就可以根据实际需要输入招聘广告的文本信息了。常见的文本输入包括文字、数字、英文、符号以及时间和日期等。

1

打开“招聘广告”文档存放的文件夹，选择该文档并单击鼠标右键，在打开的快捷菜单中选择“打开”命令。

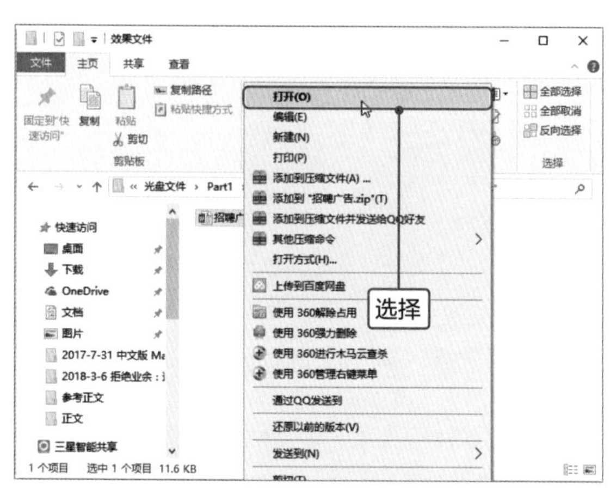

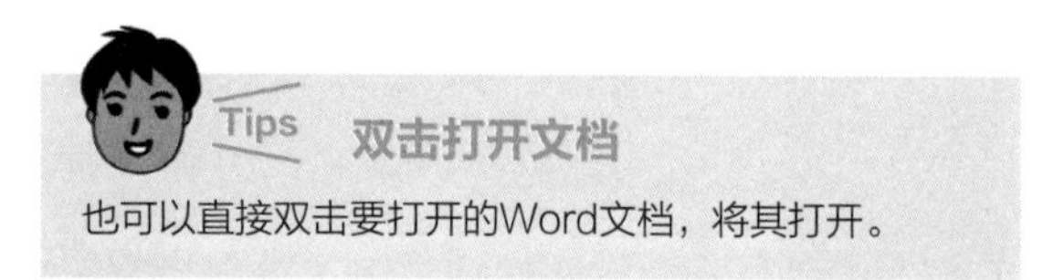

Tips 双击打开文档

也可以直接双击要打开的Word文档，将其打开。

2

打开文档后，按下Ctrl+Shift组合键切换为中文输入法状态，然后将光标定位到文档编辑区的空白处。输入“招聘启事”文本后按下Enter键，光标移至下一行，接着输入招聘启事的企业简介文本。

若要输入英文文本，则将输入法切换至英文状态，然后进行输入即可。

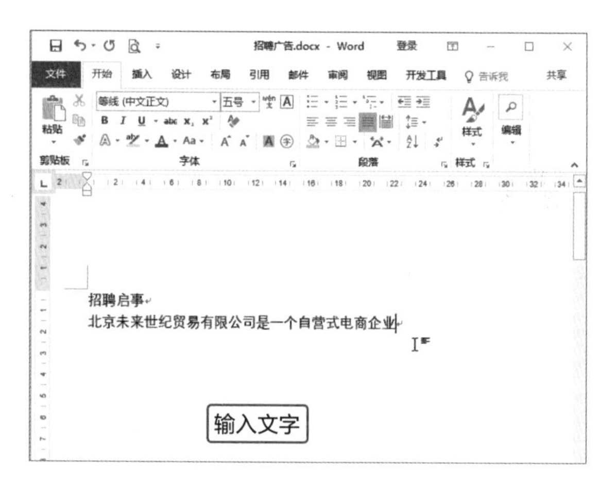

3

若需要输入标点符号，则根据需要直接按下键盘上相应的标点符号键，完成标点符号的输入操作。

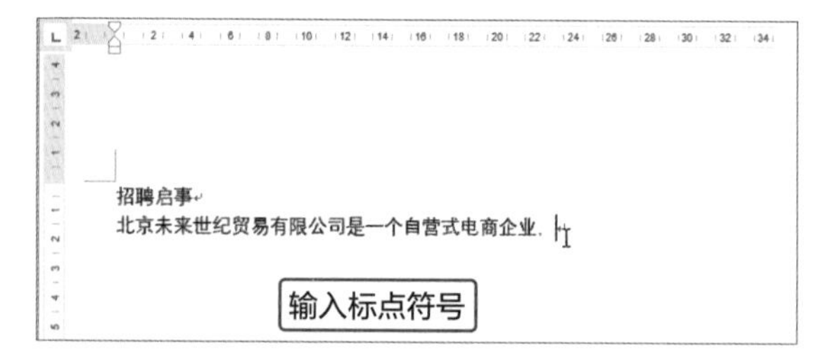

Tips 在文档中插入特殊符号

若需要输入键盘上没有的特殊符号，可以切换至“插入”选项卡，在“符号”选项组中单击“符号”下三角按钮，在下拉列表中选择“其他符号”选项，打开“符号”对话框，选择所需的符号选项，单击“插入”按钮后，单击“关闭”按钮。

4

若需要输入数字内容，则直接按下键盘上对应的数字键，输入数字文本。

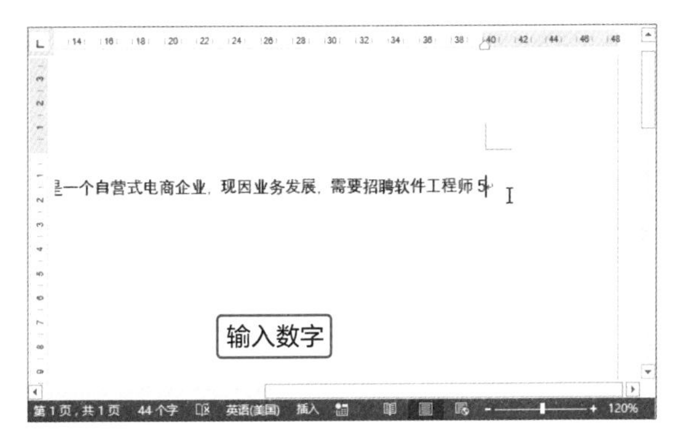

5

若需要输入日期和时间，可以直接输入。使用Word自带的插入日期和时间功能，将光标定位到需要插入日期的位置，切换至“插入”选项卡，单击“文本”选项组中的“日期和时间”按钮。

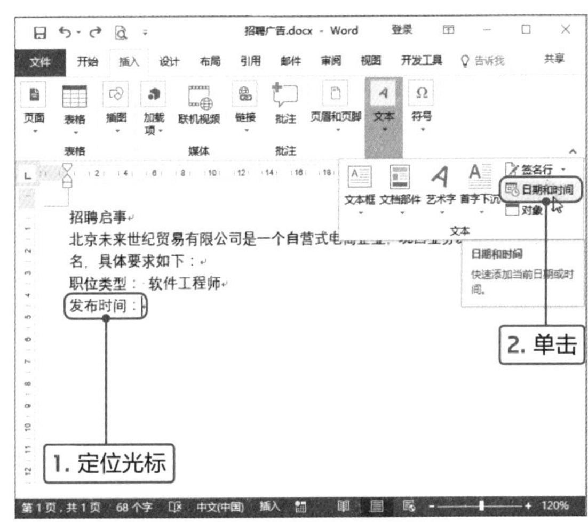

Tips 使用快捷键输入日期和时间

在实际的文档输入操作中，可以使用快捷键输入当前日期和时间文本，以提高工作效率。

- 按下Alt+Shift+D组合键，快速输入计算机中当前的日期。
- 按下Alt+Shift+T组合键，快速输入计算机中当前的时间。

6

在打开的“日期和时间”对话框中选择所需的日期和时间格式，单击“确定”按钮，即可插入所选的日期样式。

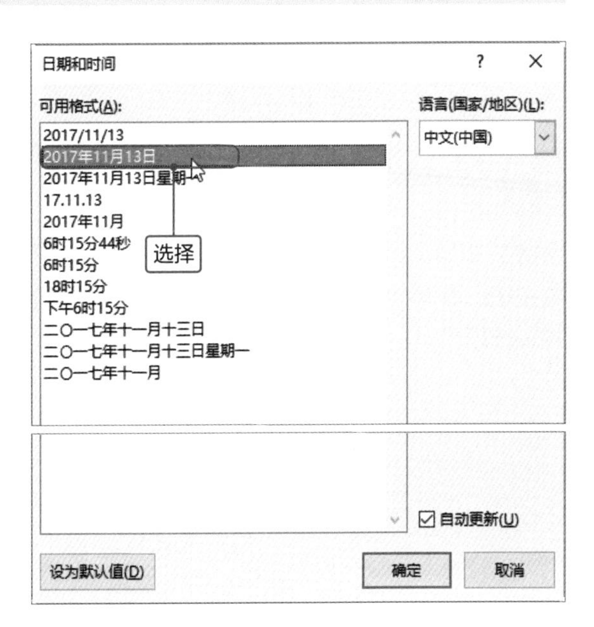

Tips 自动更新日期和时间

在“日期和时间”对话框中，选择所需的日期或时间格式后，勾选“自动更新”复选框，则每次打开Word文档后，插入的日期和时间都会根据系统日期进行自动更新。

Point 3 为段落文本添加编号

在对文档进行编辑处理时，为段落文本添加编号，可以使文档条理更清楚，重点更突出，具体操作方法如下。

1

选中需要添加编号的段落文本，在“开始”选项卡“段落”选项组中单击“编号”下三角按钮，在打开的列表中选择所需的段落编号样式。

快速插入编号

选中要添加编号的段落文档，直接单击“段落”选项组中的“编号”按钮，即可快速插入默认的段落编号样式。

2

选择段落编号样式后，所选文本即可自动添加编号。

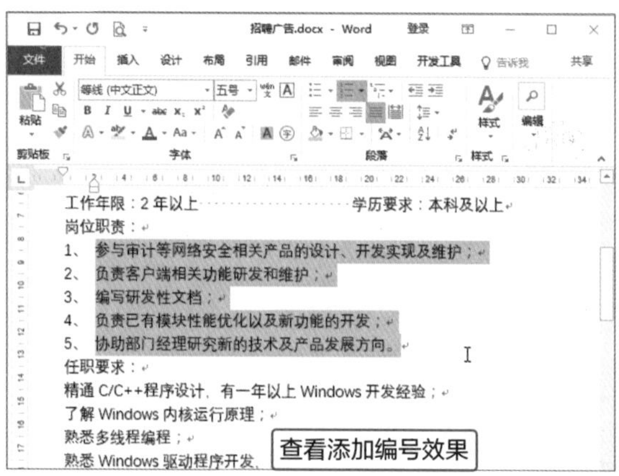

3

保持文本为选中状态，再次单击“编号”下三角按钮，在展开的列表中选择“定义新编号格式”选项。

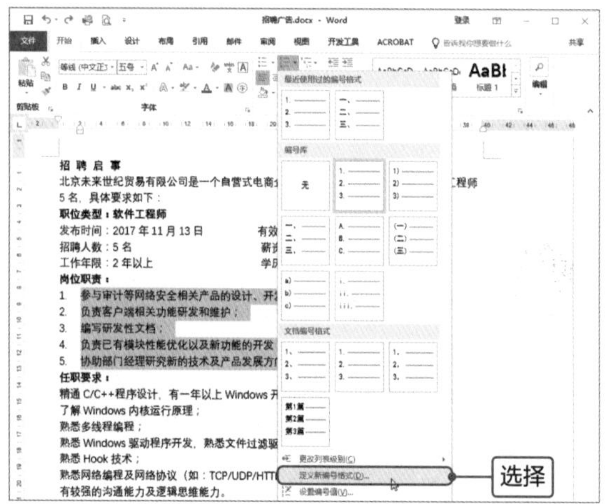

4

打开“定义新编号格式”对话框，单击“编号样式”选项区域中的“字体”按钮。

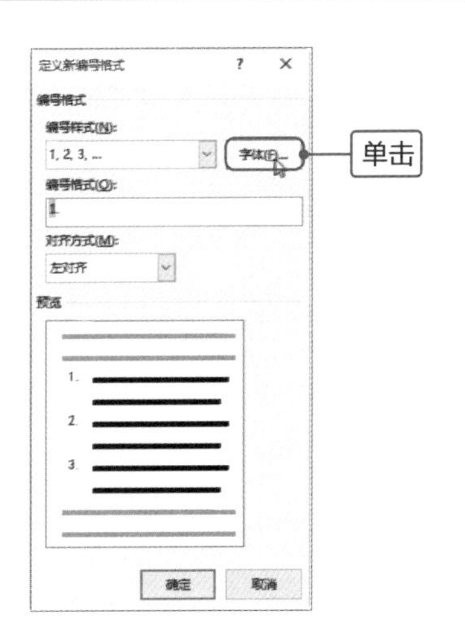

Tips 自定义编号样式

可以单击“编号样式”文本框右侧的下三角按钮，在展开的列表中重新选择编号的样式。在“对齐方式”列表中设置编号的对齐方式，包括“左对齐”、“居中”和“右对齐”三种类型。

5

打开“字体”对话框，在“字体”选项卡中设置“中文字体”为“楷体”，字形为“加粗”，单击“字体颜色”下三角按钮，在列表中选择蓝色，然后单击“确定”按钮。

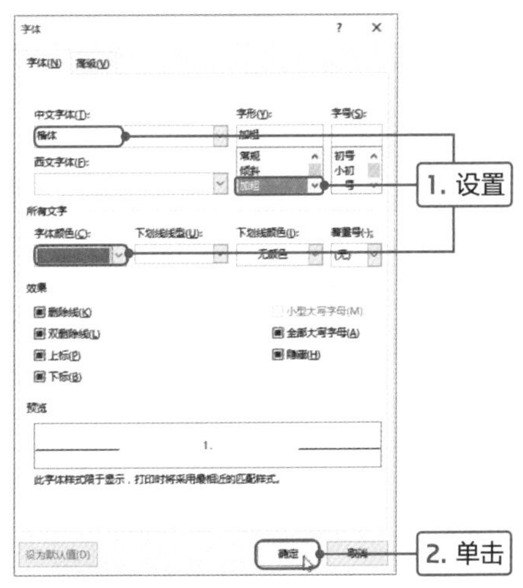

6

返回“定义新编号格式”对话框，在“预览”区域可以查看设置编号样式后的效果，如果不满意再单击“字体”按钮重新设置，如果满意则单击“确定”按钮，即可完成编号修改。

职位类型：软件工程师
发布时间：2017 年 11 月 13 日　　有效日期：2018 年 03 月 29 日
招聘人数：5 名　　薪资范围：4000-7000 元
工作年限：2 年以上　　学历要求：本科及以上
岗位职责：
1. 参与审计等网络安全相关产品的设计、开发实现及维护；
2. 负责客户端相关功能研发和维护；
3. 编写研发性文档；
4. 负责已有模块性能优化以及新功能的开发；
5. 协助部门经理研究新的技术及产品发展方向。

任职要求：

7

选择“任职要求”相关文字，单击“编号”下三角按钮，在列表中选择编号样式。

岗位职责：
1. 参与审计等网络安全相关产品的设计、开发实现及维护；
2. 负责客户端相关功能研发和维护；
3. 编写研发性文档；
4. 负责已有模块性能优化以及新功能的开发；
5. 协助部门经理研究新的技术及产品发展方向。

任职要求：
1. 精通 C/C++程序设计，有一年以上 Windows 开发经验；
2. 了解 Windows 内核运行原理；
3. 熟悉多线程编程；
4. 熟悉 Windows 驱动程序开发，熟悉文件过滤驱动优先；
5. 熟悉 Hook 技术；
6. 熟悉网络编程及网络协议（如：TCP/UDP/HTTP/FTP 等）优先；
7. 有较强的沟通能力及逻辑思维能力。

Tips 自动更正选项

当应用之前用过的编号样式时，在左上方会显示“自动更正选项”按钮，单击后会在列表中显示“继续编号”选项，选择后会接续之前的编号继续编号。

8

按住Ctrl键依次选择需要添加编号但不连续的文本，然后单击“编号”下三角按钮，在列表中选择需要的编号，此处为了展示编号的层级关系，选择如图所示的编号。

9

返回文档，选中的文本即应用了选中的编号，这样文本的层级关系就比较清晰了。

一、职位类型：软件工程师
发布时间：2017 年 11 月 13 日　　有效日期：2018 年 03 月 29 日
招聘人数：5 名　　薪资范围：4000-7000 元
工作年限：2 年以上　　学历要求：本科及以上
二、岗位职责：
1. 参与审计等网络安全相关产品的设计、开发实现及维护；
2. 负责客户端相关功能研发和维护；
3. 编写研发性文档；
4. 负责已有模块性能优化以及新功能的开发；
5. 协助部门经理研究新的技术及产品发展方向。
三、任职要求：
1. 精通 C/C++程序设计，有一年以上 Windows 开发经验；
2. 了解 Windows 内核运行原理；
3. 熟悉多线程编程；
4. 熟悉 Windows 驱动程序开发，熟悉文件过滤驱动优先；
5. 熟悉 Hook 技术；
6. 熟悉网络编程及网络协议（如：TCP/UDP/HTTP/FTP 等）优先；
7. 有较强的沟通能力及逻辑思维能力。
四、联系方式：
联系人：王先生

Tips 添加项目符号

添加项目符号的方法和添加编号一样，首先选中需要添加项目符号的文本，切换至“开始”选项卡，单击“段落”选项组中“项目符号”下三角按钮，在列表中选择合适的项目符号即可。

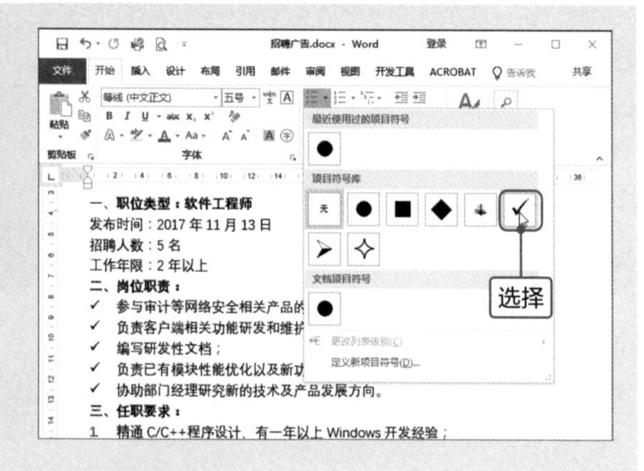

操作完成后，选中的文本即添加了相应的项目符号，查看设置的效果。

二、岗位职责：
✓ 参与审计等网络安全相关产品的设计、开发实现及维护；
✓ 负责客户端相关功能研发和维护；
✓ 编写研发性文档；
✓ 负责已有模块性能优化以及新功能的开发；
✓ 协助部门经理研究新的技术及产品发展方向。

Point 4 文本格式设置

创建招聘文档后，为了让文档看上去更加美观，可以对文本的字体样式、字号大小以及字体颜色等进行设置。Word 2016提供了多种字体格式可供选择，下面介绍具体操作方法。

1

要设置文本字体样式，首先选中文档标题文本，在“开始”选项卡的“字体”选项组中单击“字体”下拉按钮，在展开的下拉列表中选择所需的字体选项。

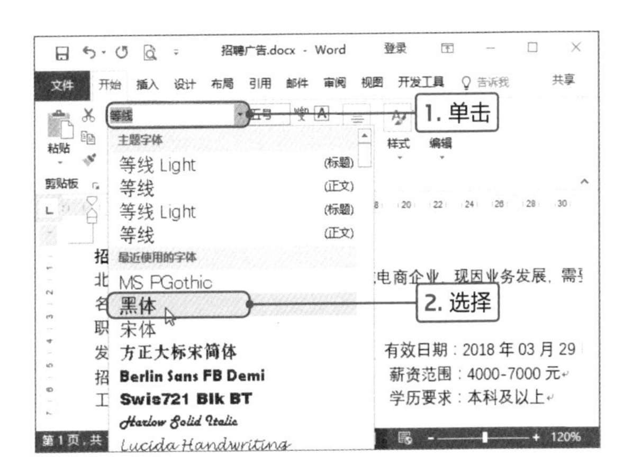

2

要设置文本的字号大小，则选中文本后，在打开的浮动工具栏中单击“字号”下三角按钮，在打开的字号列表中选择所需的字号选项。

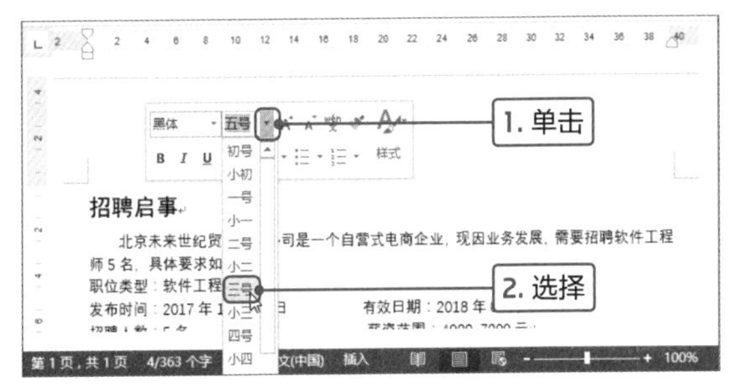

Tips 在“字体”对话框中进行设置

选中要设置字体格式的文本，按下Ctrl+D组合键，打开“字体”对话框的“字体”选项卡，可以根据需要对所选文字的字体样式、字形样式、字号大小、字体颜色以及其他文本效果进行设置。

设置完成后，可以在该对话框的“预览”选项区域中查看设置效果。

Point 5 文本字符间距设置

通过对文本字符间距的设置，可以使文档的页面布局更加符合实际需要，效果更美观，具体操作方法如下。

1

选择需要设置字符间距的文本，在“开始”选项卡的“字体”选项组中单击对话框启动器。

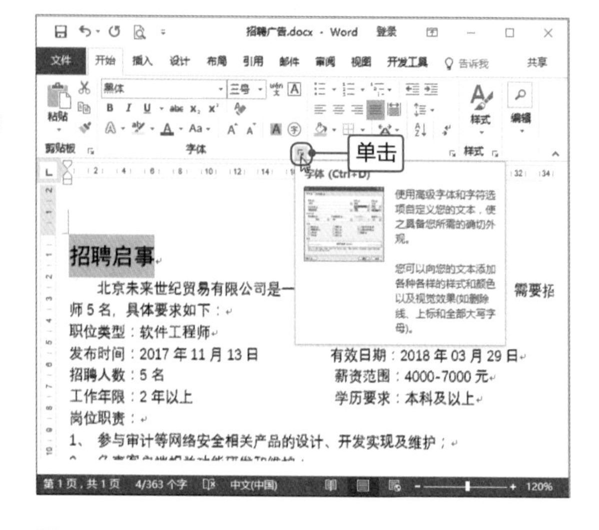

2

在打开的“字体”对话框中，切换至“高级”选项卡，在“字符间距”选项区域中单击“间距”下三角按钮，在下拉列表中选择“加宽”选项，然后在后面的“磅值”文本框中设置加宽为“3磅”。

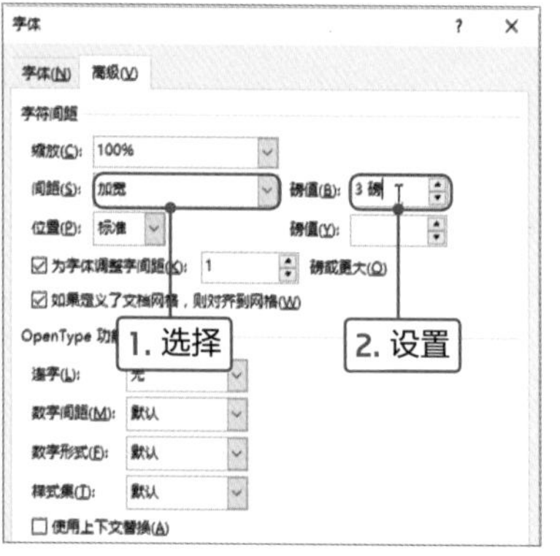

3

单击“确定”按钮，返回文档中查看设置文本字符间距后的效果。

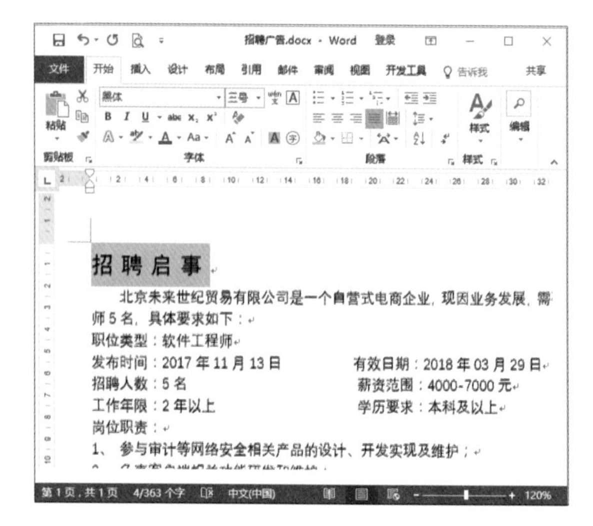

Point 6 文本对齐方式设置

在文档中输入文本内容后，为了让文档层次更加分明，可以为不同的段落文本设置合适的对齐方式。在Word 2016中，段落对齐方式分为左对齐、居中、右对齐、两端对齐和分散对齐5种。

1

选中招聘广告的标题文本，在“开始”选项卡的“段落”选项组中单击“居中”按钮。

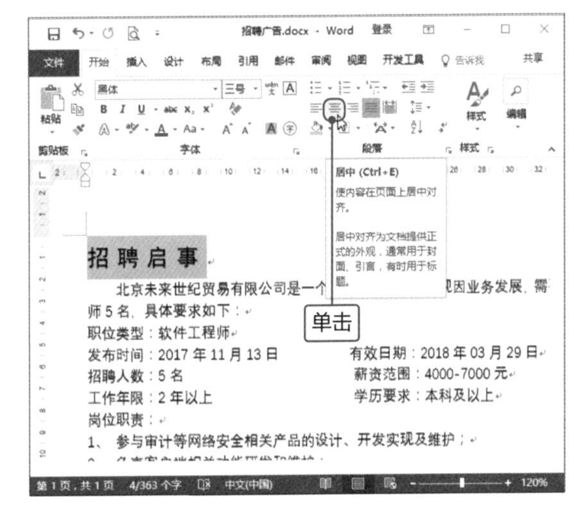

2

即可将所选文本居中对齐，然后根据需要对其他文本设置合适的对齐方式即可。

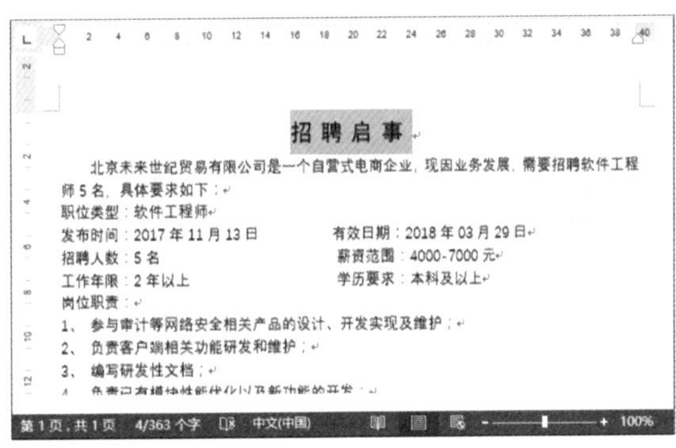

Tips 在“段落”对话框中设置

选中要设置段落对齐方式的文本内容，单击“开始”选项卡“段落”选项组的对话框启动器，打开“段落”对话框的“缩进和间距”选项卡。单击“常规”选项区域中的“对齐方式”下拉按钮，在下拉列表中选择所需的对齐方式选项。

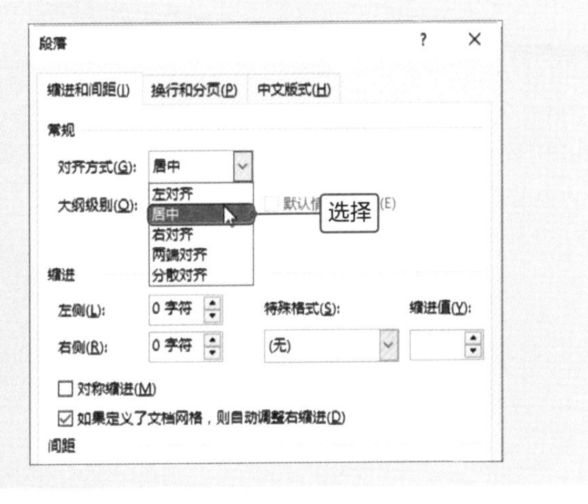

Point 7 显示与隐藏功能区

Word 2016功能区默认情况下显示在程序窗口的最顶端，当需要Word界面中更多的操作空间或显示更多的编辑区时，可以根据需要将其隐藏。

1

默认情况下，Word界面显示功能区中的选项卡和相关命令，可以单击界面右上角的“功能区显示选项”按钮。

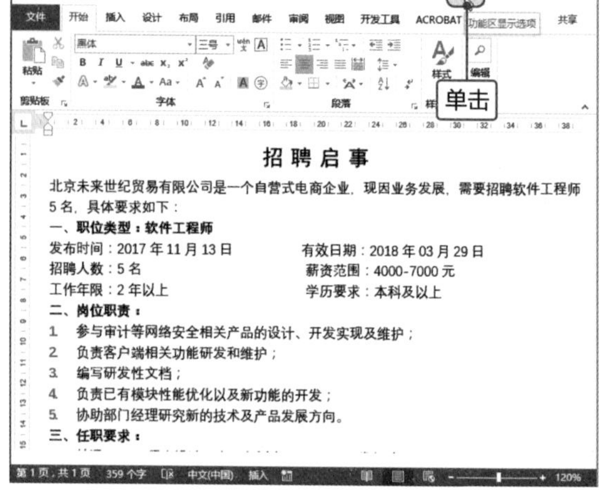

2

在打开的下拉列表中，若选择“自动隐藏功能区”选项，则整个功能区全部被隐藏了。

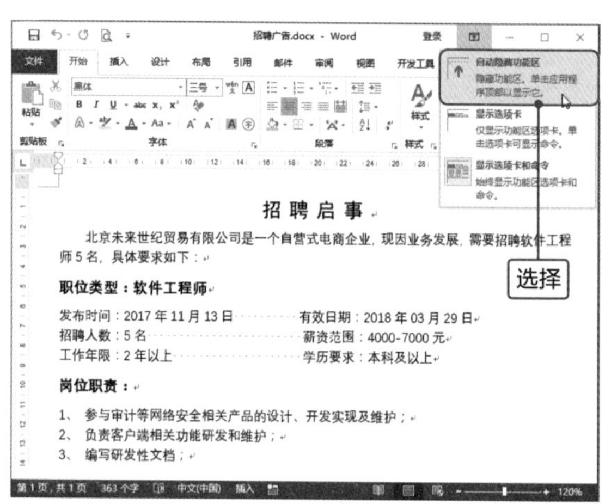

Tips 快速切换隐藏功能区和显示选项卡状态

功能区全部隐藏后，可以将光标移至界面最顶端，单击即可显示功能区选项卡；再次在文档其他位置单击，即可隐藏功能区。

3

在下拉列表中若选择“显示选项卡”选项，则仅显示功能区中的选项卡；若需要显示选项卡和所有相关命令，则选择“显示选项卡和命令”选项。

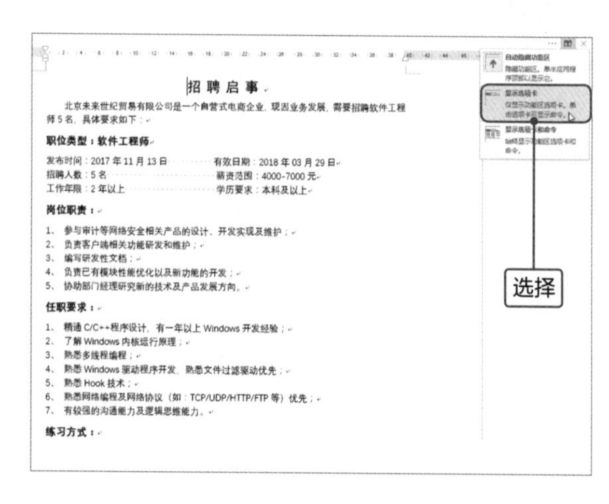

将文档保存为 2003 版本和编辑项目符号

虽然Office已经升级到2016版本了，但是仍然有很多用户习惯用低版本的软件。如果用户在Word 2016中编辑文档并保存后，低版本的用户有可能会打不开，此时将文档保存为低版本即可。其次本节介绍编号的相关知识，项目符号的使用方法和编号类似。下面详细介绍将文档保存为2003版本和编辑项目符号的方法。

●将文档保存为2003版本

步骤01 打开需要保存为2003版本的文档，执行“文件>另存为”命令，在打开的“另存为”面板中选择“浏览”选项，打开“另存为”对话框，选择文档的保存位置后，单击“保存类型”右侧的下三角按钮，在下拉列表中选择“Word 97-2003文档（*.doc）”选项。

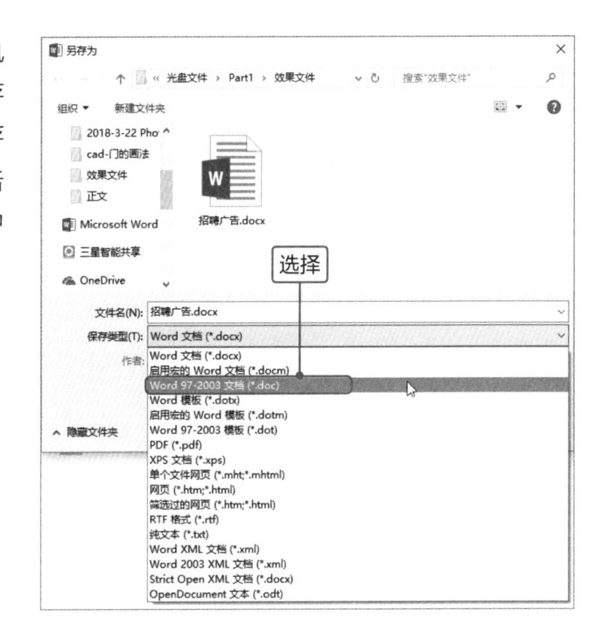

步骤02 单击“保存”按钮，打开保存文档所在文件夹，可以看到原来的Word 2016版本文件已经保存为Word 2003版本了。

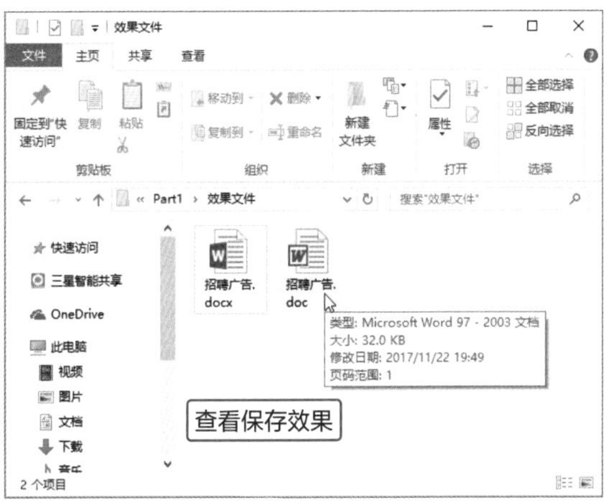

Tips 兼容性检查

将较高版本保存为较低版本时，可能会存在功能缺失的问题，在弹出的“Microsoft Word兼容性检查器”对话框中显示了缺失内容的摘要，单击“继续”按钮即可。

● 编辑项目符号

步骤01 打开“项目符号的应用”文档，选择需要添加项目符号的文本，切换至“开始”选项卡，单击“段落”选项组中“项目符号”下三角按钮，在展开的列表中选择“定义新项目符号”选项。

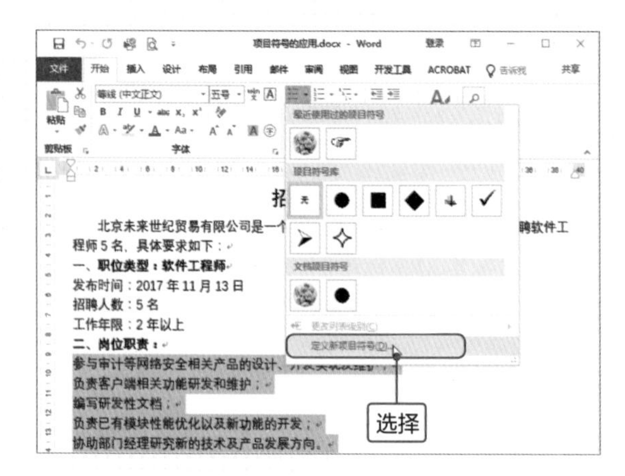

步骤02 打开“定义新项目符号”对话框，设置对齐方式为“左对齐”，然后单击“项目符号字符”选项区域中的“符号”按钮。

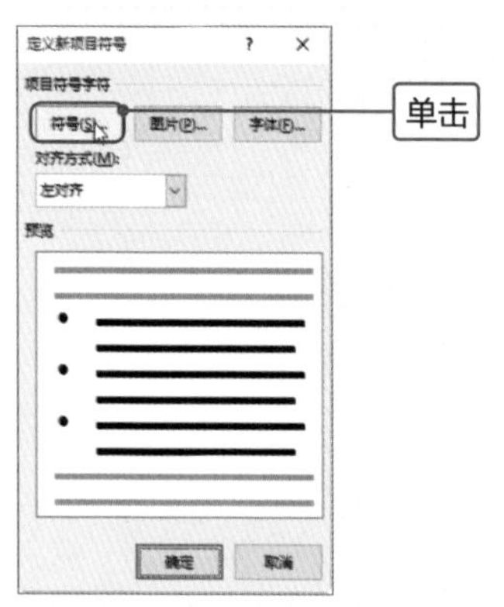

步骤03 打开“符号”对话框，在列表框中选择合适的符号。可以单击“字体”下三角按钮，在列表中选择相应的选项，下方列表框中会显示不同的符号，最后单击“确定”按钮。

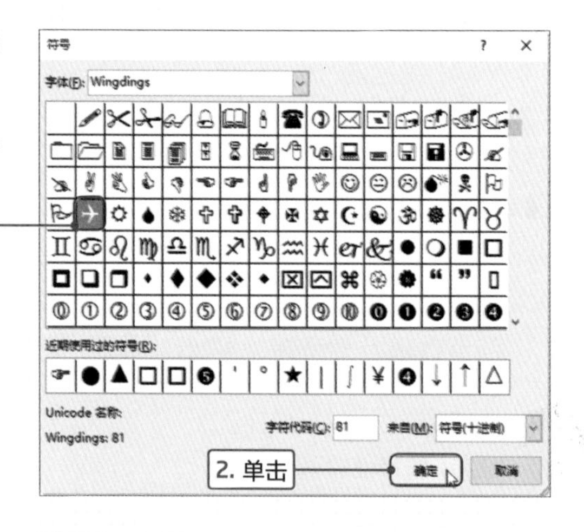

步骤04 返回“定义新项目符号”对话框，在“预览”选项区域查看效果，如果满意单击“确定”按钮。返回文档中可见选中的文本前添加了选择的符号作为项目符号。

招聘启事

北京未来世纪贸易有限公司是一个自营式电商企业，现因业务发展，需要招聘软件工程师5名，具体要求如下：

一、职位类型：软件工程师

发布时间：2017年11月13日　　有效日期：2018年03月29日

招聘人数：5名　　薪资范围：4000-7000元

工作年限：2年以上　　学历要求：本科及以上

二、岗位职责：

- 参与审计等网络安全相关产品的设计、开发实现及维护；
- 负责客户端相关功能研发和维护；
- 编写研发性文档；
- 负责已有模块性能优化以及新功能的开发；
- 协助部门经理研究新的技术及产品发展方向。

步骤05 选择“任职要求”的相关文本，单击“项目符号”下三角按钮，在列表中选择“定义新项目符号”选项，在打开的“定义新项目符号”对话框中单击“图片”按钮。

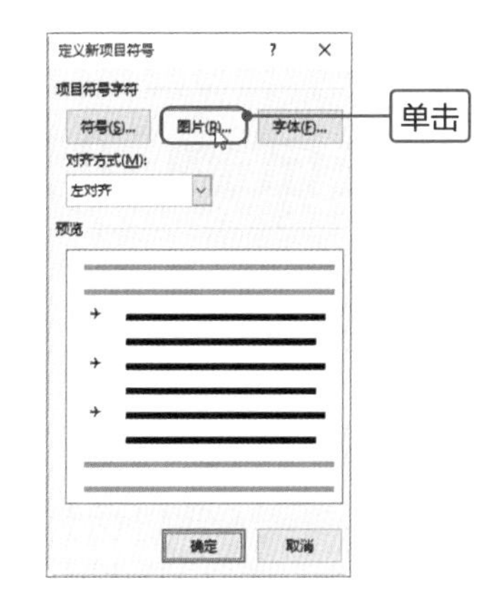

步骤06 打开“插入图片”面板，在“来自文件”选项区域中单击“浏览”按钮。

步骤07 打开“插入图片”对话框，打开图片所在的文件夹，选择“玫瑰花.jpg”图片，单击“插入”按钮。

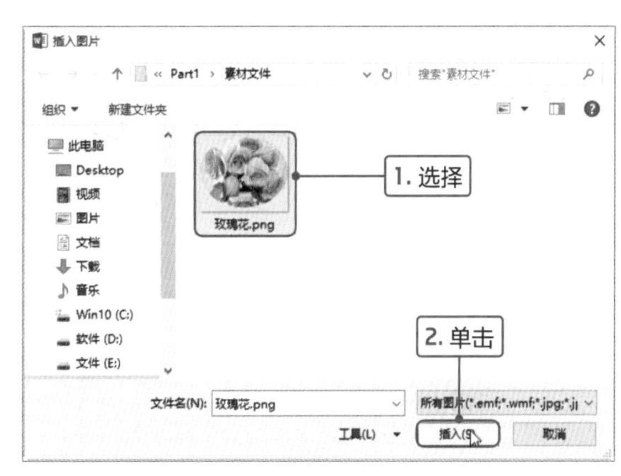

步骤08 返回“定义新项目符号”对话框，在“预览”选项区域查看效果，单击“确定”按钮，返回文档中可见图片作为项目符号。

招聘启事

北京未来世纪贸易有限公司是一个自营式电商企业，现因业务发展，需要招聘软件工程师5名，具体要求如下：

一、职位类型：软件工程师

发布时间：2017年11月13日　　有效日期：2018年03月29日

招聘人数：5名　　薪资范围：4000-7000元

工作年限：2年以上　　学历要求：本科及以上

二、岗位职责：

- 参与审计等网络安全相关产品的设计、开发实现及维护；
- 负责客户端相关功能研发和维护；
- 编写研发性文档；
- 负责已有模块性能优化以及新功能的开发；
- 协助部门经理研究新的技术及产品发展方向。

三、任职要求：

- 精通C/C++程序设计，有一年以上Windows开发经验；
- 了解Windows内核运行原理；
- 熟悉多线程编程；
- 熟悉Windows驱动程序开发，熟悉文件过滤驱动优先；
- 熟悉Hook技术；
- 熟悉网络编程及网络协议（如：TCP/UDP/HTTP/FTP等）优先；
- 有较强的沟通能力及逻辑思维能力。

四、联系方式：

联系人：王先生

联系电话：010-575***91

电子邮件：weilanshiji@maoyiyx.com

添加到库

当添加特殊的符号或图片作为项目符号后，可以将其添加到库中，以备下次使用。在“项目符号”列表的“文档项目符号”选项区域中右击添加的项目符号，在快捷菜单中选择“添加到库”命令即可。

制作面试通知文档

企业将招聘信息发布到各招聘网站上，效果非常显著，短时间内就收到很多求职者的简历。人事部门通过对简历分析后筛选出一部分符合招聘要求的简历，历历哥决定向符合条件的求职者发送面试通知以表示企业对求职者的重视和尊重。于是这份艰巨而光荣的任务就落在小蔡的肩上了，小蔡决定使用Word制作一份规范、正规的面试通知，让求职者初步感受应聘企业的形象。面试通知主要包括求职者的姓名、正文、面试地址、联系人、联系方式、企业名称等相关信息。

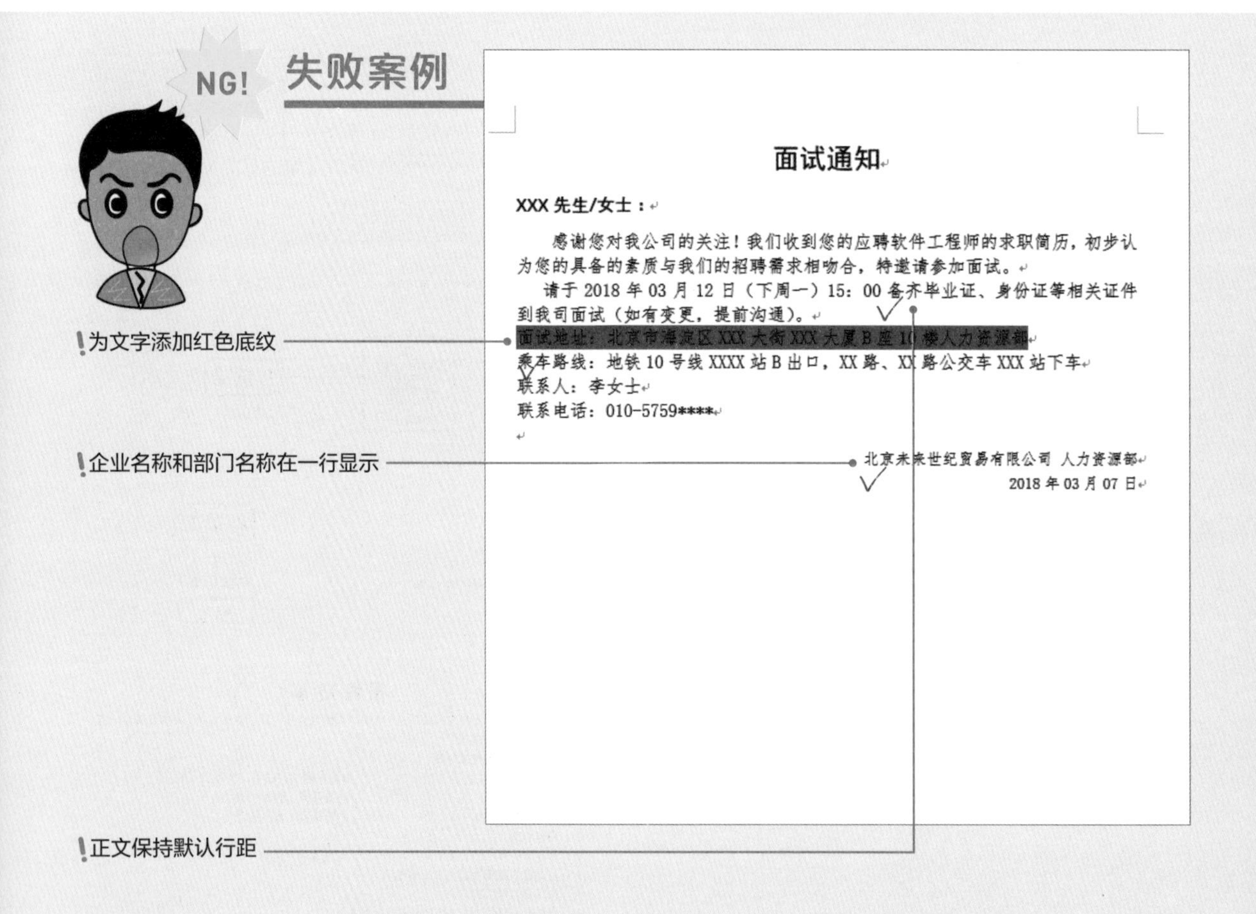

在制作面试通知时，文档整体比较拥挤，有头重脚轻的感觉。首先文档没有设置行距和段落；其次为了突出面试地址时，使用红色底纹，比较刺眼，而且文字显示效果并不是很好；最后落款的企业和部门名称在同一行，层级关系混乱。

MISSION! 2

面试通知是企业经常用到的文档之一，要求简洁明了，需要将面试地址、时间、联系人和乘车路线介绍清楚。通过制作面试通知，进一步介绍在Word文档中设置行距、段落格式以及边框和底纹的应用方法。

成功案例

面试通知

XXX 先生/女士：

感谢您对我公司的关注！我们收到您的应聘软件工程师的求职简历，初步认为您的具备的素质与我们的招聘需求相吻合，特邀请参加面试。

请于 2018 年 03 月 12 日（下周一）15：00 备齐毕业证、身份证等相关证件到我司面试（如有变更，提前沟通）。

面试地址：北京市海淀区 XXX 大街 XXX 大厦 B 座 10 楼人力资源部

乘车路线：地铁 10 号线 XXXX 站 B 出口，XX 路、XX 路公交车 XXX 站下车

联系人：李女士

联系电话：010-5759****

北京未来世纪贸易有限公司
人力资源部
2018 年 03 月 07 日

1.5倍行距，段前和段后均为0.5行

添加底纹并设置边框

将企业名称和部门名称分行显示

修改后的面试通知文档，将标题和正文都增加行距和段前段后的距离，使用文本松散，比较平和；为面试地址添加浅色底纹和红色边框，不但可以突出显示，而且地址信息文字显示比较清晰；将企业名称和部门名称分行显示，符合正常落款顺序。

Point 1　设置标题

在设置面试通知标题时，可以设置段前和段后的值，还可以设置字符之间的距离。下面介绍具体操作方法。

1

打开“面试通知”文档，选中“面试通知”标题文本，切换至“开始”选项卡，设置字体为“黑体”，字号为“小二”，然后单击“字体”选项组的对话框启动器按钮。

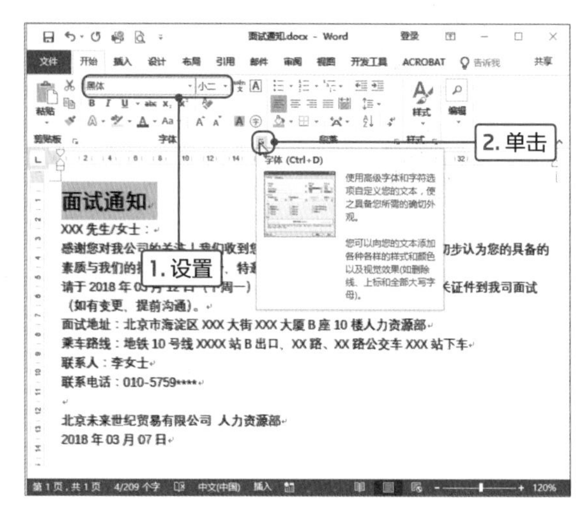

2

打开“字体”对话框，切换至“高级”选项卡，在“字符间距”选项区域中单击“间距”下三角按钮，在列表中选择“加宽”选项，在“磅值”数值框中输入“3磅”，单击“确定”按钮。

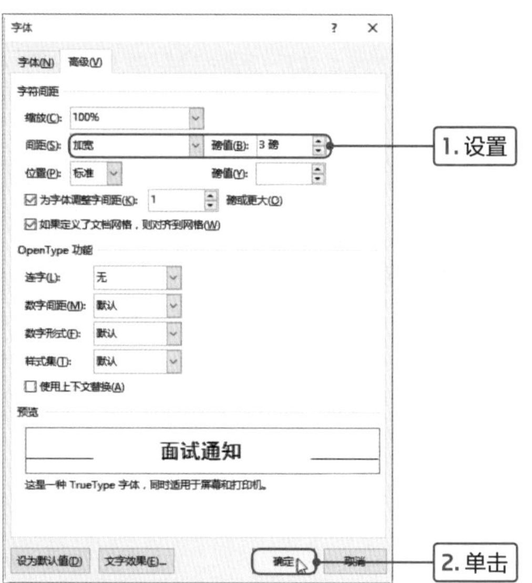

Tips　设置文字效果

在“字体”对话框中单击左下角“文字效果”按钮，打开“设置文本效果格式”面板，在“文字效果”选项卡中可以设置文字的效果。

3

返回文档，可见标题应用了设置字体的样式，查看效果。

面 试 通 知

XXX 先生/女士：

感谢您对我公司的关注！我们收到您的应聘软件工程师的求职简历，初步认为您的具备的素质与我们的招聘需求相吻合，特邀请参加面试。

请于 2018 年 03 月 12 日（下周一）15：00 备齐毕业证、身份证等相关证件到我司面试（如有变更，提前沟通）。

面试地址：北京市海淀区 XXX 大街 XXX 大厦 B 座 10 楼人力资源部

乘车路线：地铁 10 号线 XXXX 站 B 出口、XX 路、XX 路公交车 XXX 站下车

联系人：李女士

联系电话：010-5759****

北京未来世纪贸易有限公司 人力资源部

2018 年 03 月 07 日

4

在“开始”选项卡的“段落”选项组中单击对话框启动器按钮。

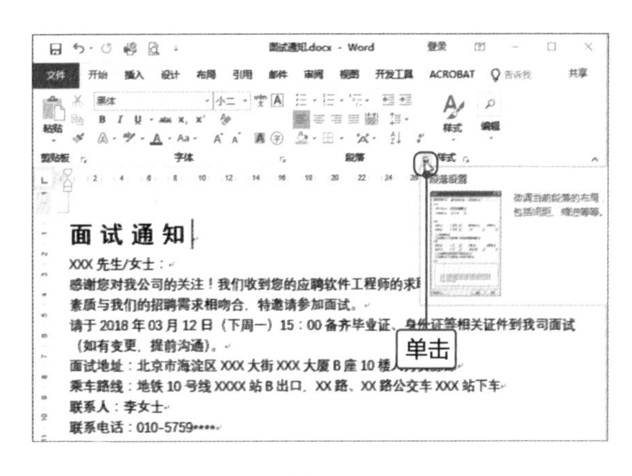

打开“段落”对话框，切换至“缩进和间距”选项卡，设置“对齐方式”为“居中”，“段前”为“3行”，“段后”为“1行”，单击“确定”按钮。

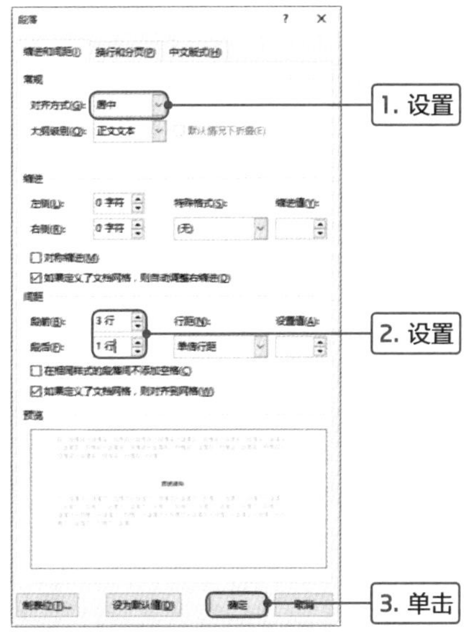

6

返回文档中，可见标题应用了设置缩进和间距的样式，查看效果。

面试通知

XXX 先生/女士：
感谢您对我公司的关注！我们收到您的应聘软件工程师的求职简历，初步认为您的具备的素质与我们的招聘需求相吻合，特邀请参加面试。
请于 2018 年 03 月 12 日（下周一）15：00 备齐毕业证、身份证等相关证件到我司面试（如有变更，提前沟通）。
面试地址：北京市海淀区 XXX 大街 XXX 大厦 B 座 10 楼人力资源部
乘车路线：地铁 10 号线 XXXX 站 B 出口，XX 路、XX 路公交车 XXX 站下车
联系人：李女士
联系电话：010-5759****

北京未来世纪贸易有限公司 人力资源部
2018 年 03 月 07 日

Tips **打开“段落”对话框的其他方法**

除了上述介绍的打开“段落”对话框的方法外，还可以单击“段落”选项组中“行和段落间距”下三角按钮，在列表中选择“行距选项”选项，也可以打开“段落”对话框。

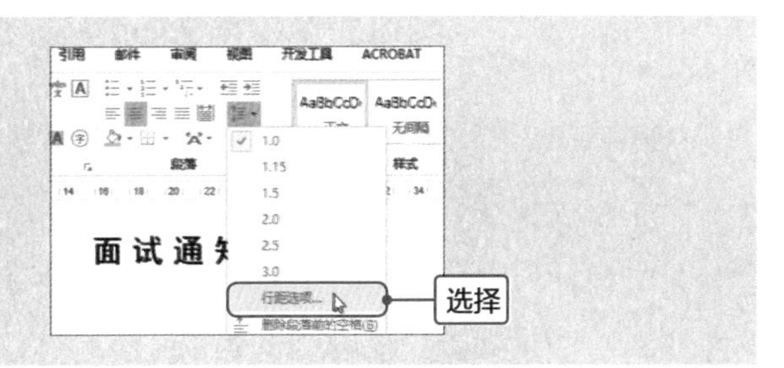

Point 2 设置正文段落格式

在Word中，默认的段前和段后间距均为“0行”，行距为“单倍行距”，文本为左对齐。对此可以根据需要进行设置，下面介绍具体操作方法。

1

选择称呼文本，在“字体”选项组中设置字号为“小四”，单击“加粗”按钮。然后再选择正文文本，设置字体为“仿宋”，字号为“小四”，查看设置文字格式的效果。

设置

面试通知

XXX先生/女士：

感谢您对我公司的关注！我们收到您的应聘软件工程师的求职简历，初步认为您的具备的素质与我们的招聘需求相吻合，特邀请参加面试。

请于2018年03月12日（下周一）15：00备齐毕业证、身份证等相关证件到我司面试（如有变更，提前沟通）。

面试地址：北京市海淀区XXX大街XXX大厦B座10楼人力资源部

乘车路线：地铁10号线XXXX站B出口，XX路、XX路公交车XXX站下车

联系人：李女士

联系电话：010-5759****

2

保持正文文本为选中状态，单击“段落”选项组的对话框启动器按钮，打开“段落”对话框，在“缩进”选项区域中设置缩进值为“2字符”，在“间距”选项区域中设置段前和段后均为“0.5行”，单击“行距”下三角按钮，在列表中选择“1.5倍行距”选项，然后单击“确定”按钮。

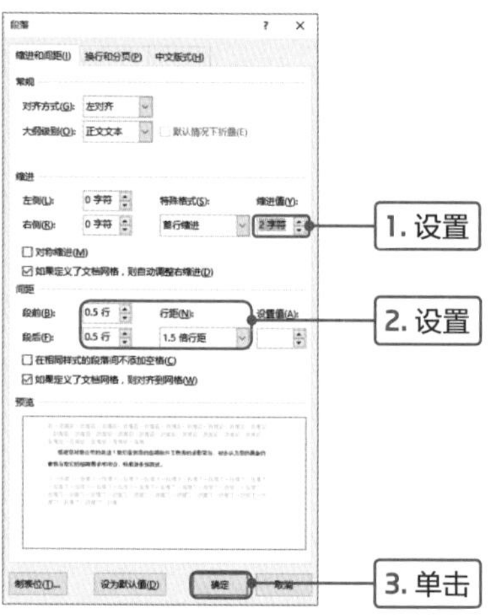

返回文档，可见正文文本的行距、段落和缩进都发生了变化，查看效果。

面试通知

XXX先生/女士：

感谢您对我公司的关注！我们收到您的应聘软件工程师的求职简历，初步认为您的具备的素质与我们的招聘需求相吻合，特邀请参加面试。

请于2018年03月12日（下周一）15：00备齐毕业证、身份证等相关证件到我司面试（如有变更，提前沟通）。

面试地址：北京市海淀区XXX大街XXX大厦B座10楼人力资源部

乘车路线：地铁10号线XXXX站B出口，XX路、XX路公交车XXX站下车

联系人：李女士

联系电话：010-5759****

查看设置的效果

Point 3 添加边框和底纹

在Word中可以根据需要为文本添加边框和底纹，本案例为了突出地址，为其添加了边框和底纹，下面介绍具体操作方法。

1

选择面试地址文本，然后切换至“开始”选项卡，单击“段落”选项组中“边框”下三角按钮，在下拉列表中选择“边框和底纹”选项。

2

打开“边框和底纹”对话框，在“边框”选项卡的“设置”选项区域选择“方框”选项，在“样式”列表框中选择边框样式，设置颜色为红色，宽度为“1.5磅”。

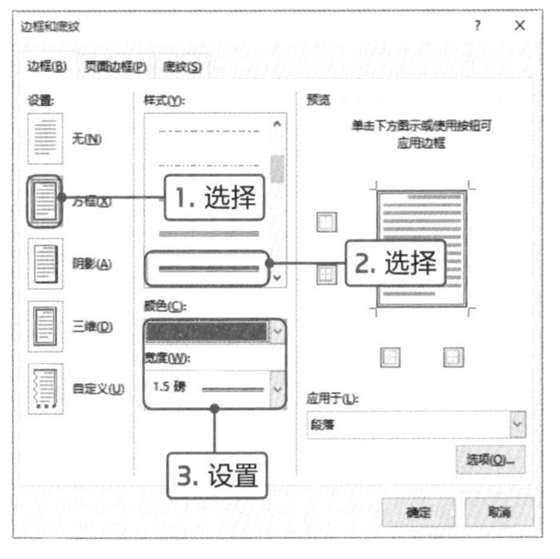

3

然后切换至“底纹”选项卡，单击“填充”下三角按钮，在列表中选择浅绿色，在“图案”选项区域单击“样式”下三角按钮，选择合适的样式，设置颜色，然后单击“确定”按钮。

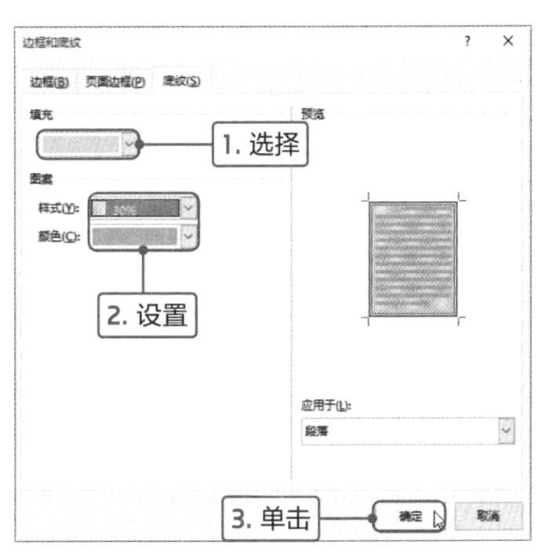

4

返回文档，可见选中的文本应用了设置的边框和底纹，查看效果。

面试通知

XXX 先生/女士：

感谢您对我公司的关注！我们收到您的应聘软件工程师的求职简历，初步认为您的具备的素质与我们的招聘需求相吻合，特邀请参加面试。

请于 2018 年 03 月 12 日（下周一）15：00 备齐毕业证、身份证等相关证件到我司面试（如有变更，提前沟通）。

面试地址：北京市海淀区 XXX 大街 XXX 大厦 B 座 10 楼人力资源部

乘车路线：地铁 10 号线 XXXX 站 B 出口，XX 路、XX 路公交车 XXX 站下车

联系人：李女士

联系电话：010-5759****

5

选中面试地址上方文本，单击“边框”下三角按钮，在列表中选择“边框和底纹”选项，打开“边框和底纹”对话框，在“边框”选项卡设置样式、颜色和宽度，然后在“预览”区域单击相应的按钮，只保留底部边框，单击“确定”按钮。

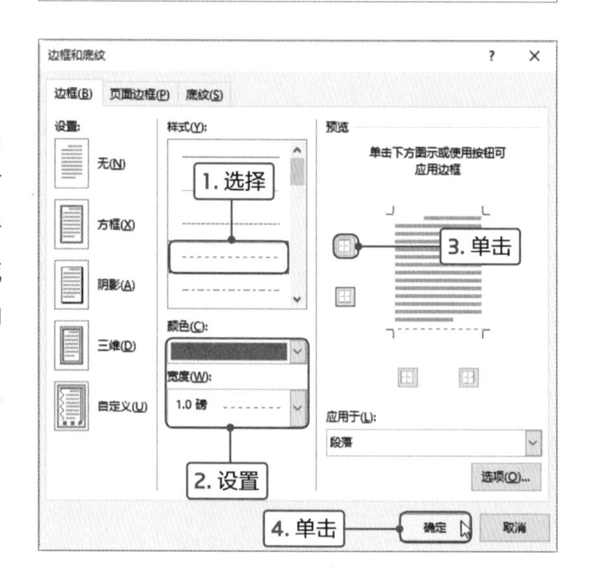

6

操作完成后，在选中文本的下方出现设置的边框，查看效果。

面试通知

XXX 先生/女士：

感谢您对我公司的关注！我们收到您的应聘软件工程师的求职简历，初步认为您的具备的素质与我们的招聘需求相吻合，特邀请参加面试。

请于 2018 年 03 月 12 日（下周一）15：00 备齐毕业证、身份证等相关证件到我司面试（如有变更，提前沟通）。

面试地址：北京市海淀区 XXX 大街 XXX 大厦 B 座 10 楼人力资源部

乘车路线：地铁 10 号线 XXXX 站 B 出口，XX 路、XX 路公交车 XXX 站下车

联系人：李女士

联系电话：010-5759****

Tips **设置应用范围**

在“边框和底纹”对话框的“边框”选项卡中，单击“预览”选项区域中“应用于”下三角按钮，可在列表中选择应用范围，如“文字”或“段落”，本案例中若选择“文字”，效果如右图所示。

XXX 先生/女士：

感谢您对我公司的关注！我们收到您的应聘软件工程师的求职简历，初步认为您的具备的素质与我们的招聘需求相吻合，特邀请参加面试。

请于 2018 年 03 月 12 日（下周一）15：00 备齐毕业证、身份证等相关证件到我司面试（如有变更，提前沟通）。

Point 4 设置双行合一

在面试通知底部一般要输入企业名称、部门和日期，本案例将介绍使用双行合一的功能将同一行文本内容平均分为两行。下面介绍具体操作方法。

1

选择面试通知的落款内容，切换至“开始”选项卡，单击“段落”选项组中“右对齐”按钮。然后选择企业名称和部门文本，单击“段落”选项组中“中文版式”下三角按钮，在列表中选择“双行合一”选项。

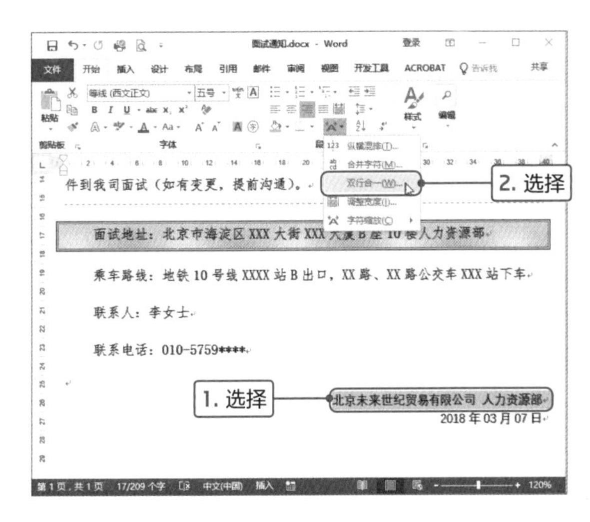

2

打开“双行合一”对话框，在“文字”列表框中的企业名称和部门名称之间添加空格，在“预览”列表框中查看效果，满意后单击“确定”按钮。

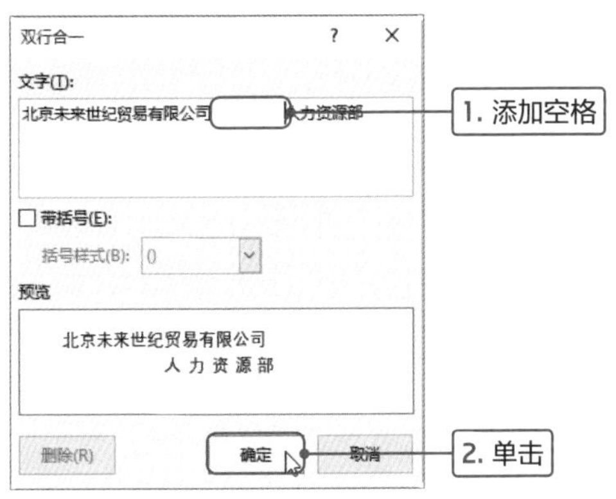

3

操作完成后，选择双行合一的文本，在“字体”选项组中设置字号为“小二”，然后设置落款的字体格式。至此，面试通知制作完成，查看最终效果。

Tips 设置分行的方法

在制作双行合一时，除了在“双行合一”对话框设置分行外，也可以在执行双行合一后，在正文中通过添加空格的方式分行。

设置带圈文字和添加拼音

在编辑文档时，有时需要在文档中添加带圈字符，可以强调文本，在文档中遇到生僻的文字，可以添加拼音方便浏览者阅读。下面详细介绍设置带圈文字和添加拼音的具体操作方法。

●设置带圈文字

步骤01 打开“带圈文字和添加拼音”文档，下面为标题设置带圈文字效果。选中“面”文本，切换至“开始”选项卡，单击“字体”选项组中“带圈字符”按钮。

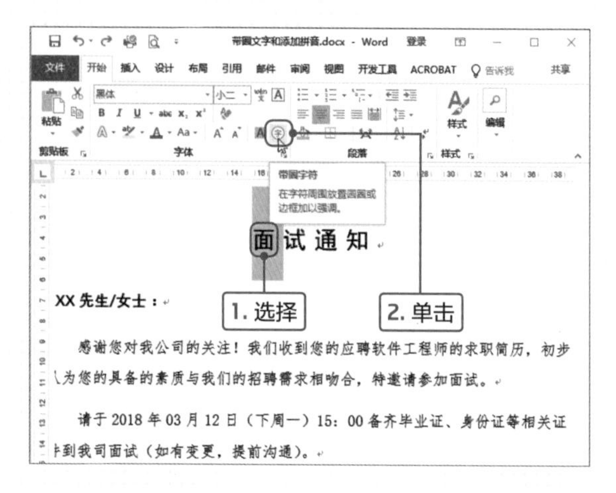

步骤02 打开“带圈字符”对话框，单击“增大圈号”按钮，在“圈号”列表框中选择合适的圈号，然后单击“确定”按钮。

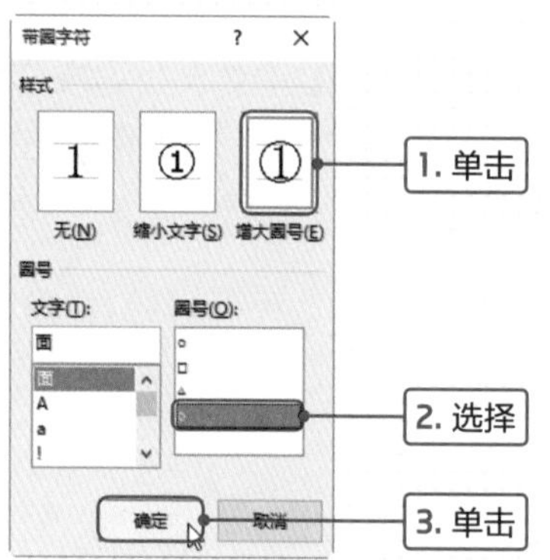

步骤03 返回文档，可见选中文字应用了选中圈号，然后根据相同的方法为其他文字设置带圈样式即可。

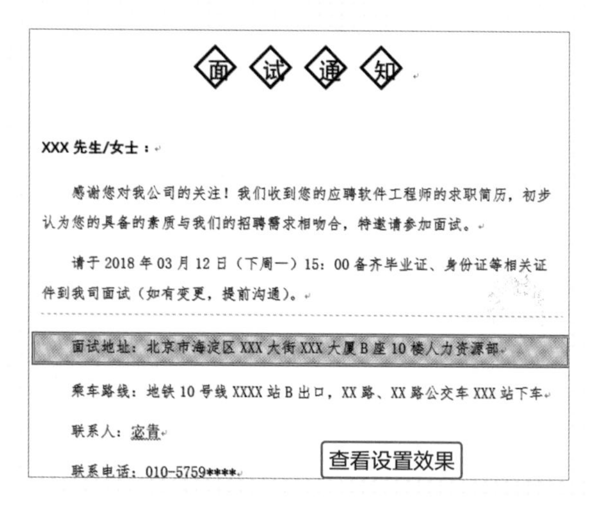

● 为文字添加拼音

步骤01 选择联系人的姓名“宓售”文本，单击“字体”选项组中“拼音指南”按钮。

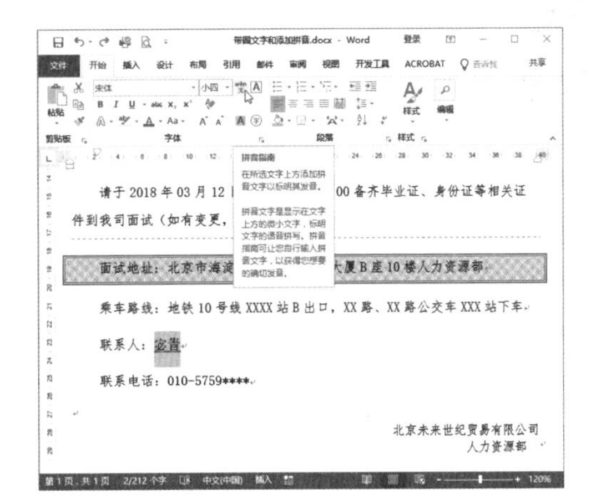

步骤02 打开“拼音指南”对话框，在“基准文字”中分别显示选中的文字，在“拼音文字”列表中显示选中文字的拼音，设置对齐方式为“居中”，偏移量为“2磅”，字号为“10磅”，单击“确定”按钮。

步骤03 操作完成后，即可在选中文字的上方添加拼音，查看效果。

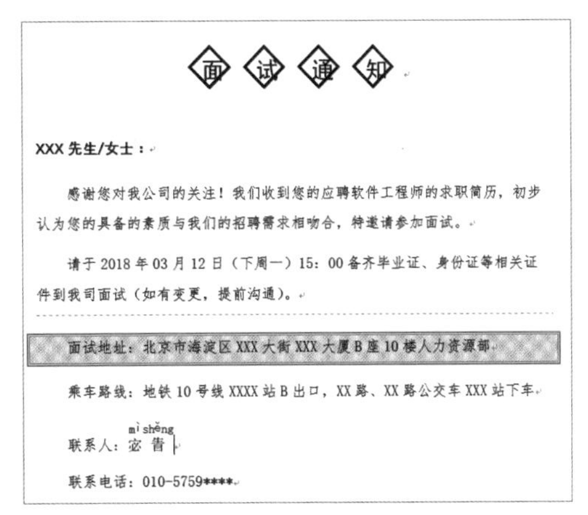

Tips 组合拼音

在“拼音指南”对话框中如果单击“组合”按钮，即可将选中文字组合，同时拼音也组合在一起，本案例中组合拼音的效果如右图所示。

面试地址：北京市海淀区 XXX 大街 XXX 大厦 B 座

乘车路线：地铁 10 号线 XXXX 站 B 出口，XX 路、

mì shěng
联系人：宓售

联系电话：010-5759****

制作公司旅游计划

每年春暖花开之时，公司都会组织全体员工旅游，一方面是企业为员工提供的福利，另一方面可以促进员工之间的交流。历历哥决定以“相约北京”为主题组织这次春游活动，他安排小蔡制作一份旅游计划，要求重点突出，还需要展现出春天的魅力。在制作旅游计划时主要包括活动主题、活动目的、活动宗旨、活动方案、行程安排等内容，让员工在浏览时能够清楚地了解此次春游具体事宜。

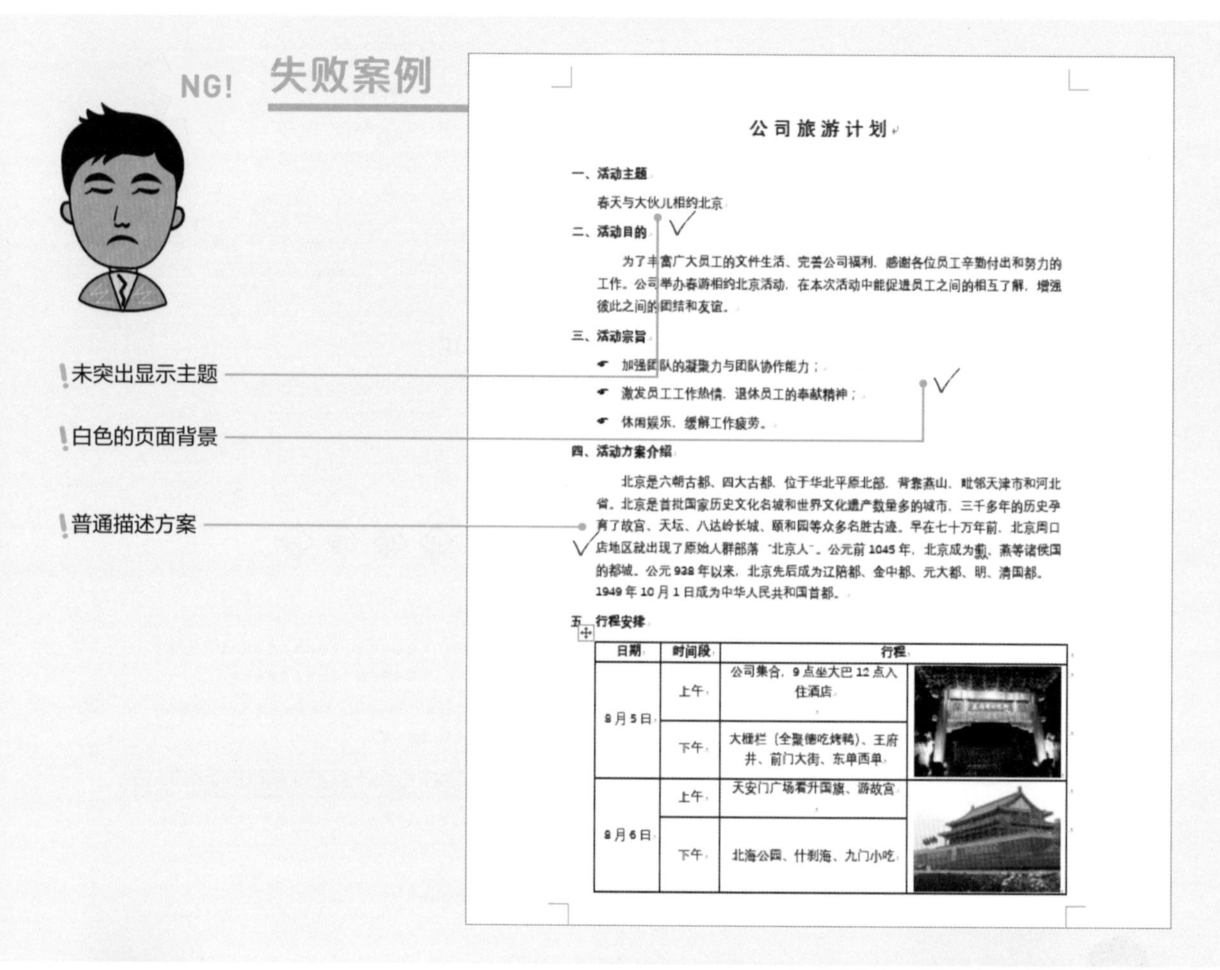

公司旅游计划

一、活动主题

春天与大伙儿相约北京

二、活动目的

为了丰富广大员工的文件生活、完善公司福利，感谢各位员工辛勤付出和努力的工作。公司举办春游相约北京活动，在本次活动中能促进员工之间的相互了解，增强彼此之间的团结和友谊。

三、活动宗旨

- 加强团队的凝聚力与团队协作能力；
- 激发员工工作热情，退休员工的奉献精神；
- 休闲娱乐，缓解工作疲劳。

四、活动方案介绍

北京是六朝古都、四大古都，位于华北平原北部，背靠燕山，毗邻天津市和河北省。北京是首批国家历史文化名城和世界文化遗产数量多的城市，三千多年的历史孕育了故宫、天坛、八达岭长城、颐和园等众多名胜古迹。早在七十万年前，北京周口店地区就出现了原始人群部落“北京人”。公元前1045年，北京成为蓟、燕等诸侯国的都城。公元938年以来，北京先后成为辽陪都、金中都、元大都、明、清国都。1949年10月1日成为中华人民共和国首都。

五、行程安排

日期	时间段	行程
8月5日	上午	公司集合，9点坐大巴12点入住酒店
	下午	大栅栏（全聚德吃烤鸭）、王府井、前门大街、东单西单
8月6日	上午	天安门广场看升国旗、游故宫
	下午	北海公园、什刹海、九门小吃

在本案例中，从整体来看效果不错，很规整，但是缺少一些活泼的元素。在设置活动主题和介绍活动方案时，比较普通，没有亮点，也没突出重点。背景颜色为白色，不能突显旅游主题。

MISSION! 3

企业每年都需要定期组织旅游，这是员工的一项福利，也可以增加员工的凝聚力。公司旅游计划不像其他商业文本那么正式，我们可以让页面效果活泼一些。本案例将介绍首字下沉、着重号、边框和背景的应用，让文本效果丰富多彩。

成功案例 OK!

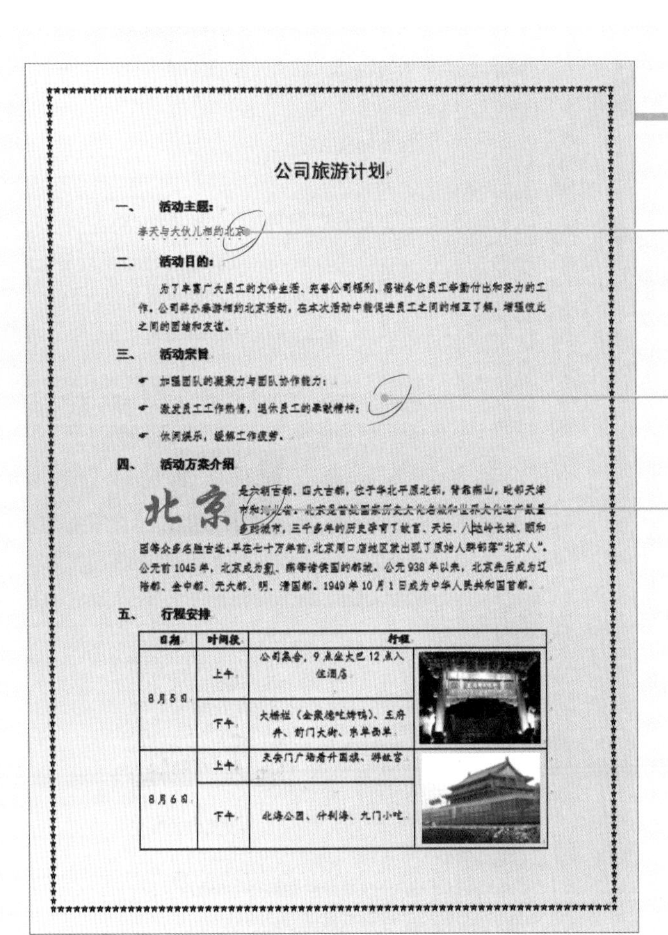

公司旅游计划

一、 活动主题：

春天与大伙儿相约北京

二、 活动目的：

为了丰富广大员工的文体生活、完善公司福利，感谢各位员工辛勤付出和努力的工作，公司举办春游相约北京活动，在本次活动中能促进员工之间的相互了解，增强彼此之间的团结和友谊。

三、 活动宗旨

- 加强团队的凝聚力与团队协作能力；
- 激发员工工作热情，提供员工的奉献精神；
- 休闲娱乐，缓解工作疲劳。

四、 活动方案介绍

北京是六朝古都、四大古都，位于华北平原北部，背靠燕山，毗邻天津市和河北省。北京是首批国家历史文化名城和世界文化遗产数量最多的城市，三千多年的历史孕育了故宫、天坛、八达岭长城、颐和园等众多名胜古迹。早在七十万年前，北京周口店地区就出现了原始人群部落"北京人"。公元前1045年，北京成为蓟、燕等诸侯国的都城。公元938年以来，北京先后成为辽陪都、金中都、元大都、明、清国都。1949年10月1日成为中华人民共和国首都。

五、 行程安排

日期	时间段	行程	
8月5日	上午	公司集合，9点坐大巴12点入住酒店	
	下午	大栅栏（全聚德吃烤鸭）、王府井、前门大街、东单西单	
8月6日	上午	天安门广场看升国旗、游故宫	
	下午	北海公园、什刹海、九门小吃	

修改公司旅游计划后，整体颜色比较丰富，增添了春天的韵味。在制作活动主题时使用着重号突出主题内容。在介绍旅游方案时，将"北京"文本设置首字下沉，并设置红色，突出旅游地点，与主题相呼应。为页面背景添加双色渐变，使整体更丰富多彩。

Point 1 设置文档的格式

输入公司旅游计划的内容后，为了文档的整体美观还需要设置文本的行距、段落格式等。下面介绍具体操作方法。

1

打开“公司旅游计划”文档，已经添加了项目符号和编号。选择标题，在“字体”选项组中设置字体为“黑体”，字号为“三号”，然后单击“段落”选项组中的“居中”按钮，查看设置的标题效果。

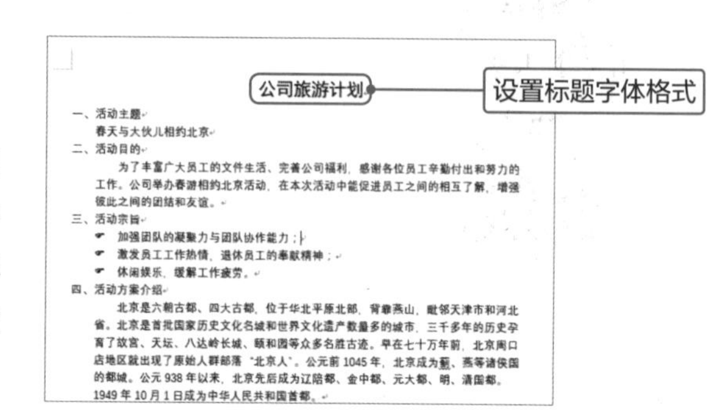
公司旅游计划

一、活动主题

春天与大伙儿相约北京

二、活动目的

为了丰富广大员工的文件生活、完善公司福利，感谢各位员工辛勤付出和努力的工作。公司举办春游相约北京活动，在本次活动中能促进员工之间的相互了解，增强彼此之间的团结和友谊。

三、活动宗旨

- 加强团队的凝聚力与团队协作能力；
- 激发员工工作热情，退休员工的奉献精神；
- 休闲娱乐，缓解工作疲劳。

四、活动方案介绍

北京是六朝古都、四大古都，位于华北平原北部，背靠燕山，毗邻天津市和河北省。北京是首批国家历史文化名城和世界文化遗产数量多的城市，三千多年的历史孕育了故宫、天坛、八达岭长城、颐和园等众多名胜古迹。早在七十万年前，北京周口店地区就出现了原始人群部落“北京人”。公元前1045年，北京成为蓟、燕等诸侯国的都城。公元938年以来，北京先后成为辽陪都、金中都、元大都、明、清国都。1949年10月1日成为中华人民共和国首都。

2

按住Ctrl键选中大写数字编号的标题，然后单击“字体”选项组中的“加粗”按钮。设置其他文字的字体格式为“仿宋”，查看效果。

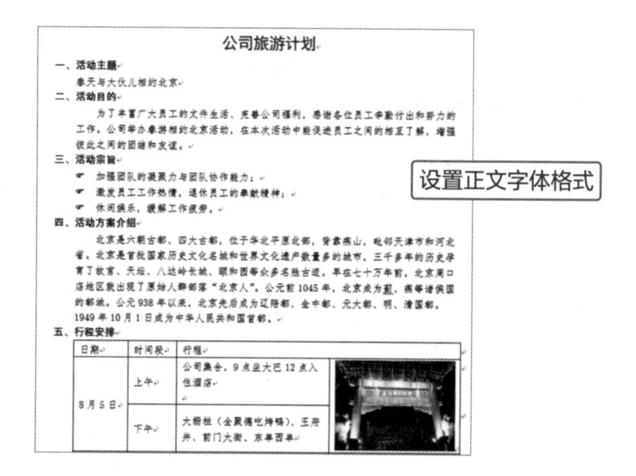
公司旅游计划

一、活动主题

春天与大伙儿相约北京

二、活动目的

为了丰富广大员工的文件生活、完善公司福利，感谢各位员工辛勤付出和努力的工作，公司举办春游相约北京活动，在本次活动中能促进员工之间的相互了解，增强彼此之间的团结和友谊。

三、活动宗旨

- 加强团队的凝聚力与团队协作能力；
- 激发员工工作热情，退休员工的奉献精神；
- 休闲娱乐，缓解工作疲劳。

四、活动方案介绍

北京是六朝古都、四大古都，位于华北平原北部，背靠燕山，毗邻天津市和河北省，北京是首批国家历史文化名城和世界文化遗产数量多的城市，三千多年的历史孕育了故宫、天坛、八达岭长城、颐和园等众多名胜古迹。早在七十万年前，北京周口店地区就出现了原始人群部落“北京人”。公元前1045年，北京成为蓟、燕等诸侯国的都城。公元938年以来，北京先后成为辽陪都、金中都、元大都、明、清国都。1949年10月1日成为中华人民共和国首都。

五、行程安排

日期	时间段	行程	
8月5日	上午	公司集合，9点坐大巴12点入住酒店	
	下午	大栅栏（全聚德吃烤鸭）、王府井、前门大街、京华百年	

3

选中标题切换至“布局”选项卡，在“段落”选项组中设置段前为“1行”，段后为“0.5行”。使用相同的方法设置正文的段落格式和行距，查看设置文档格式的效果。

公司旅游计划

一、活动主题

春天与大伙儿相约北京

二、活动目的

为了丰富广大员工的文件生活、完善公司福利，感谢各位员工辛勤付出和努力的工作。公司举办春游相约北京活动，在本次活动中能促进员工之间的相互了解，增强彼此之间的团结和友谊。

三、活动宗旨

- 加强团队的凝聚力与团队协作能力；
- 激发员工工作热情，退休员工的奉献精神；
- 休闲娱乐，缓解工作疲劳。

四、活动方案介绍

北京是六朝古都、四大古都，位于华北平原北部，背靠燕山，毗邻天津市和河北省。北京是首批国家历史文化名城和世界文化遗产数量多的城市，三千多年的历史孕育了故宫、天坛、八达岭长城、颐和园等众多名胜古迹。早在七十万年前，北京周口店地区就出现了原始人群部落“北京人”。公元前1045年，北京成为蓟、燕等诸侯国的都城。公元938年以来，北京先后成为辽陪都、金中都、元大都、明、清国都。1949年10月1日成为中华人民共和国首都。

五、行程安排

日期	时间段	行程	
8月5日	上午	公司集合，9点坐大巴12点入住酒店	
	下午	大栅栏（全聚德吃烤鸭）、王府井、前门大街、京华百年	
8月6日	上午	天安门广场看升国旗、游故宫	
	下午	北海公园、什刹海、九门小吃	

查看效果

Point 2 为文本添加着重号

在编辑文档时，如果需要将重要的文本着重显示，可以在文字的下方添加着重号。下面介绍具体操作方法。

1

选中活动主题的相关文本，然后切换至“开始”选项卡，单击“字体”选项组的对话框启动器按钮。

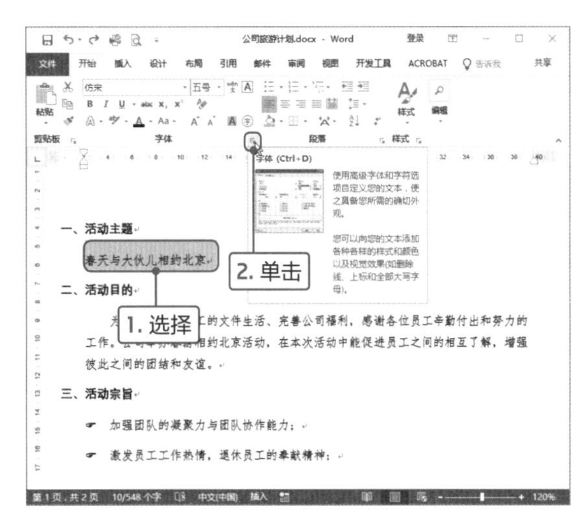

2

打开“字体”对话框，在“字体”选项卡中单击“字体颜色”下三角按钮，在展开的列表中选择红色，单击“着重号”下三角按钮，在列表中选择着重号，单击“确定”按钮。

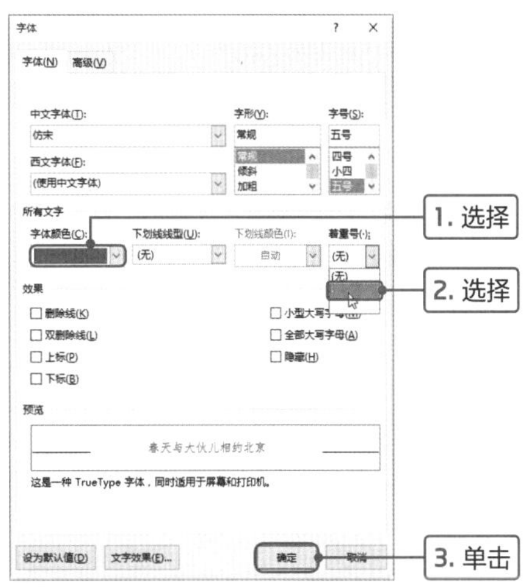

3

操作完成后，可见选中的文本变为红色，并且在文本下方添加了着重号。

公司旅游计划

一、活动主题

春天与大伙儿相约北京

二、活动目的

为了丰富广大员工的文件生活、完善公司福利，感谢各位员工辛勤付出……工作。公司举办春游相约北京活动，在本次活动中能促进员工之间的相互了解……彼此之间的团结和友谊。

三、活动宗旨

加强团队的凝聚力与团队协作能力；

激发员工工作热情，退休员工的奉献精神；

查看效果

Tips 快速为字符添加边框

选择需要添加边框的文字，然后单击“字体”选项组中的“字符边框”按钮即可。

Point 3 设置首字下沉

在编辑文档时，可以设置首字下沉的排版方式，使文档中的首字更加鲜明醒目。下面介绍具体操作方法。

1

选中需要设置首字下沉的文本，如“北京”，然后切换至“插入”选项卡，单击“文本”选项组中“首字下沉”下三角按钮，在展开的列表中选择“首字下沉选项”选项。

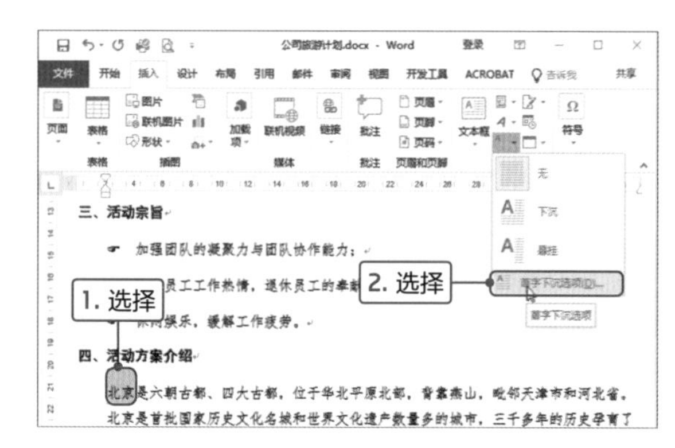

2

打开“首字下沉”对话框，在“位置”选项组中单击“下沉”按钮，在“字体”列表中选择“华文新魏”选项，设置下沉行数为“3行”，单击“确定”按钮。

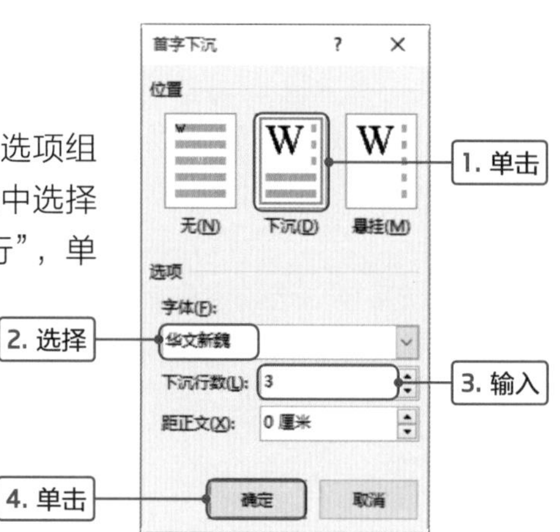

3

操作完成后，可见选中的文字下沉3行。然后在“字体”选项组中设置字体颜色为红色，查看效果。

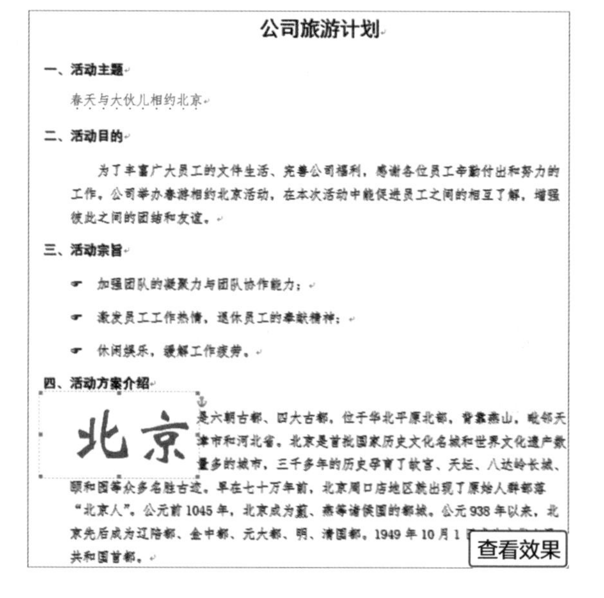
公司旅游计划

一、活动主题

春天与大伙儿相约北京

二、活动目的

为了丰富广大员工的文件生活、完善公司福利，感谢各位员工辛勤付出和努力的工作，公司举办春游相约北京活动，在本次活动中能促进员工之间的相互了解，增强彼此之间的团结和友谊。

三、活动宗旨

- 加强团队的凝聚力与团队协作能力；
- 激发员工工作热情，退休员工的奉献精神；
- 休闲娱乐，缓解工作疲劳。

四、活动方案介绍

北京是六朝古都、四大古都，位于华北平原北部，背靠燕山，毗邻天津市和河北省。北京是首批国家历史文化名城和世界文化遗产数量多的城市，三千多年的历史孕育了故宫、天坛、八达岭长城、颐和园等众多名胜古迹。早在七十万年前，北京周口店地区就出现了原始人群部落“北京人”。公元前1045年，北京成为蓟、燕等诸侯国的都城。公元938年以来，北京先后成为辽陪都、金中都、元大都、明、清国都。1949年10月1日……共和国首都。

Point 4 设置页面边框

在设置页面效果时，可以为页面设置边框，使文档的页面更加规整。下面介绍具体操作方法。

1

切换至“开始”选项卡，单击“段落”选项组中“边框”下三角按钮，在列表中选择“边框和底纹”选项。

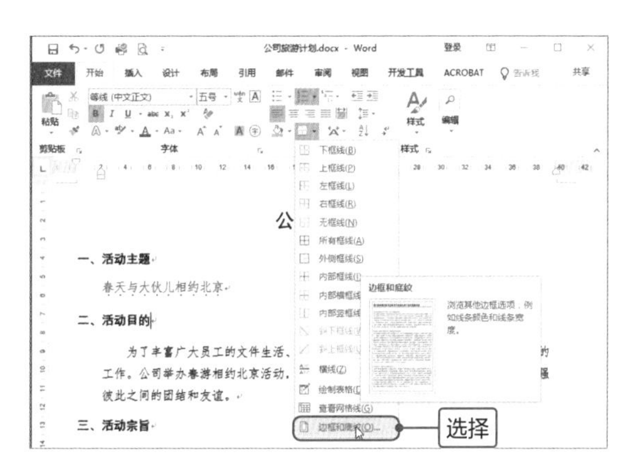

2

打开“边框和底纹”对话框，在“页面边框”选项卡的“设置”选项区域中选择“方框”图标，单击“艺术型”下三角按钮，在列表中选择合适的艺术边框，并设置宽度为“10磅”，单击“确定”按钮。

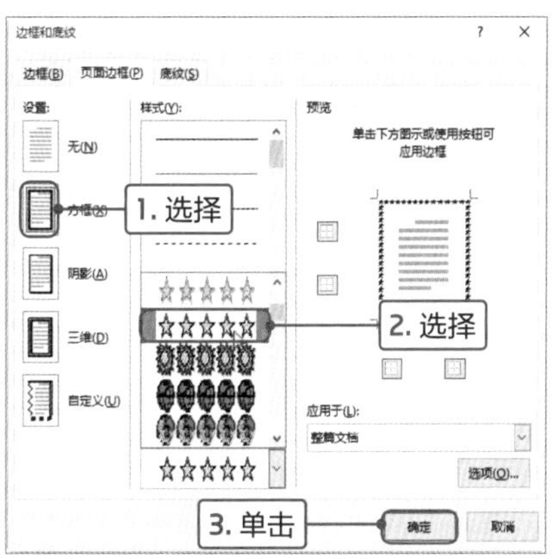

3

返回文档，可见页面的四周出现设置的边框。

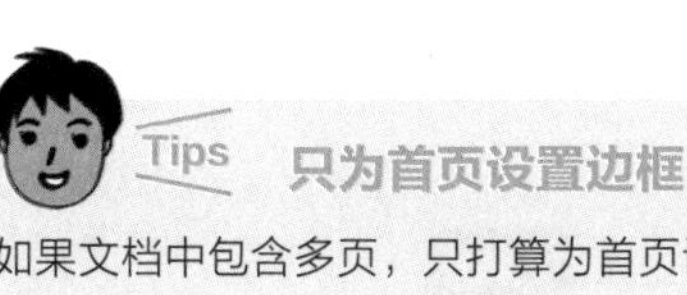

Tips 只为首页设置边框

如果文档中包含多页，只打算为首页设置边框时，在“边框和底纹”对话框中设置好边框后，单击“应用于”下三角按钮，在列表中选择“本节-仅首页”选项，然后单击“确定”按钮即可。

Point 5 设置页面颜色

在Word中页面默认的颜色是白色，为了使页面更美观，可以为页面设置其他颜色。下面以添加双色为例介绍具体操作方法。

1

切换至“设计”选项卡，单击“页面背景”选项组中“页面颜色”下三角按钮，在列表中选择“填充效果”选项。

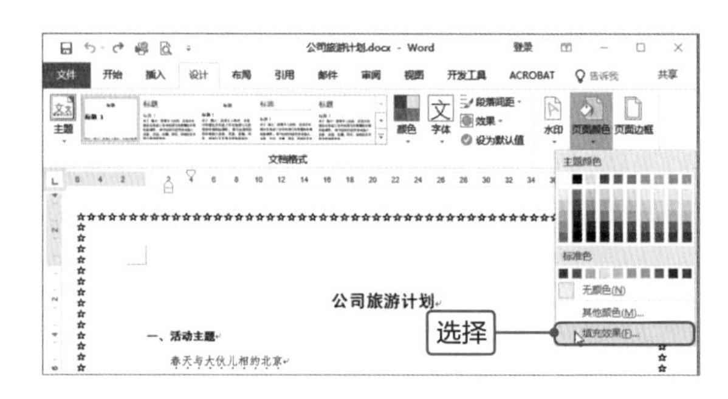

2

打开“填充效果”对话框，在“渐变”选项卡的“颜色”选项区域中选中“双色”单选按钮，设置“颜色1”为浅橙色，“颜色2”为浅绿色。在“底纹样式”选项区域中选中“角部辐射”，单击“确定”按钮。

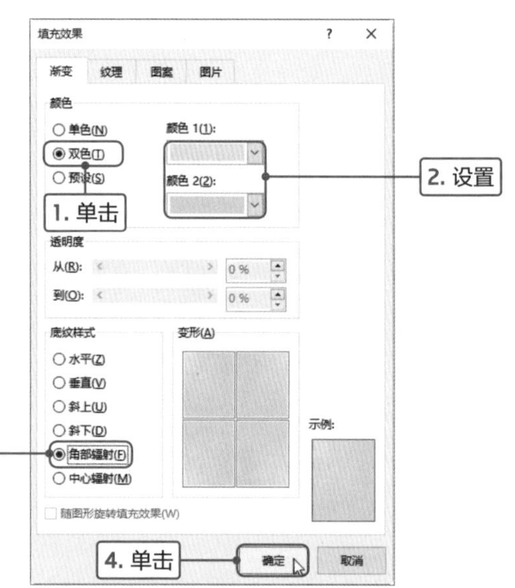

3

返回文档，可见页面填充颜色的效果。至此，公司旅游计划书制作完成，查看最终效果。

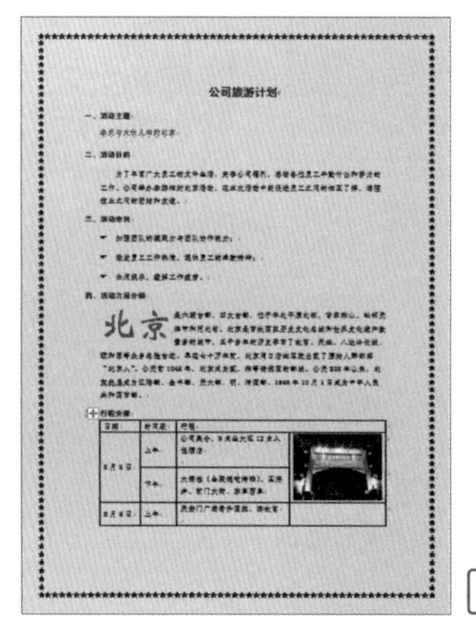

高效办公

使用制表位设置段落格式

使用制表位可以指定文字在水平位置缩进的位置，可以通过设置调整文档段落的格式。下面介绍具体的操作方法。

步骤01 打开“使用制表位设置段落格式”文档，将光标定位在“活动宗旨”下一行开头位置，切换至“开始”选项卡，单击“段落”选项组的对话框启动器按钮。

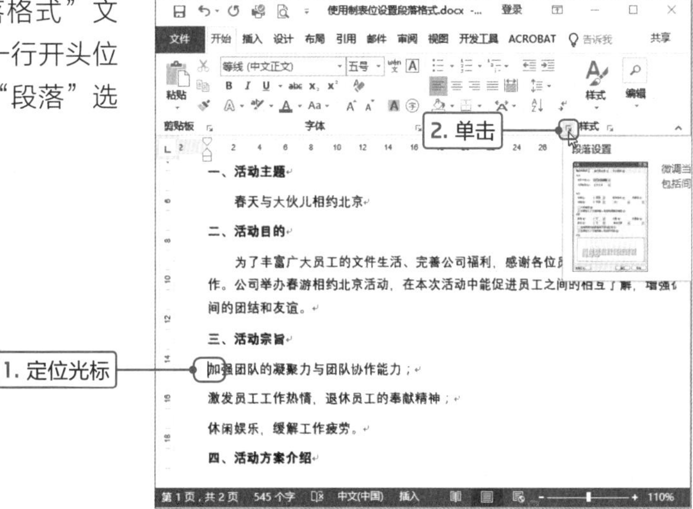

步骤02 打开“段落”对话框，在“缩进和间距”选项卡中单击“制表位”按钮，打开“制表位”对话框，在“制表位位置”文本框中输入“6字符”，其他参数保持不变，单击“设置”按钮，然后单击“确定”按钮。

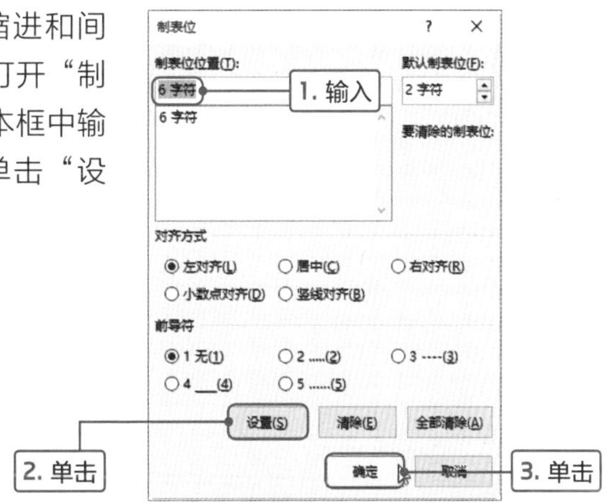

步骤03 返回文档中，按Tab键可见光标定位的行向右缩进6个字符。

一、活动主题

春天与大伙儿相约北京

二、活动目的

为了丰富广大员工的文件生活、完善公司福利，感谢各位员工辛勤付出作。公司举办春游相约北京活动，在本次活动中能促进员工之间的相互了解间的团结和友谊。

三、活动宗旨

加强团队的凝聚力与团队协作能力；

激发员工工作热情，退休员工的奉献精神；

休闲娱乐，缓解工作疲劳。

四、活动方案介绍

查看设置效果

Tips **使用格式刷复制段落格式**

设置某段段落格式后，选中该文本，单击“剪贴板”选项组中“格式刷”按钮，光标变为刷子的形状，然后选中需要应用相同段落格式的文本即可。

菜鸟加油站

文本的操作

● 插入文本

在编辑文本时，如果之前文本输入时漏输了某些文字，可以使用插入文本功能进行文字的插入，具体操作如下。

步骤01 在“面试通知”文档需要存放的文件夹中单击鼠标右键，选择“新建>Microsoft Word文档”选项，新建名为“新建Microsoft Word文档”的文档后，选中该文档并右击，选择“重命名”命令，将新建文档命名为“面试通知”，如下左图所示。

步骤02 双击打开新建的文档，输入所需的面试通知文本内容，然后将光标定位到需要插入文本的位置，如下右图所示。

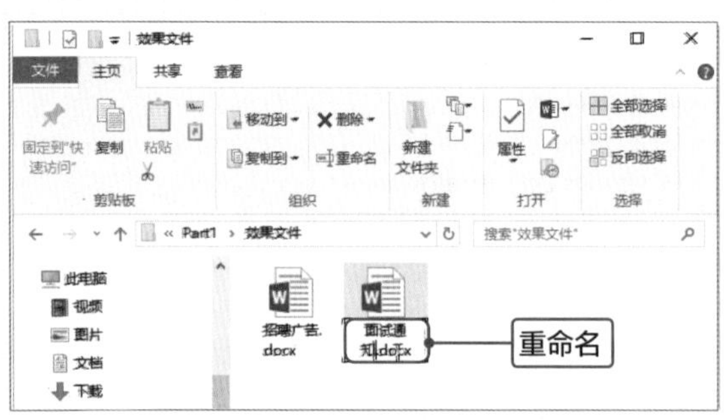

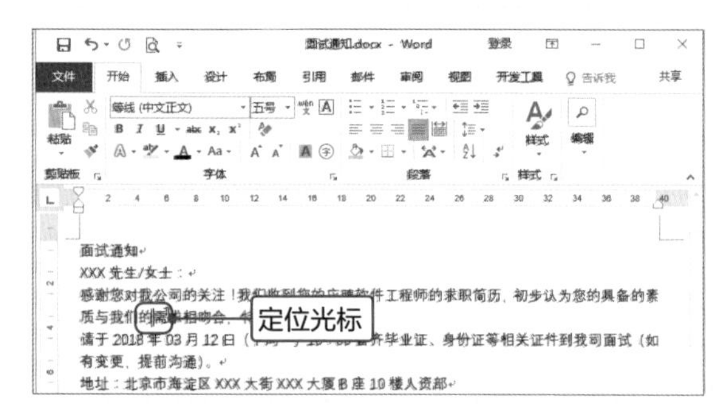

步骤03 切换到中文输入法状态，然后根据需要输入所需的文本内容即可，此处输入“招聘”文本，如右图所示。

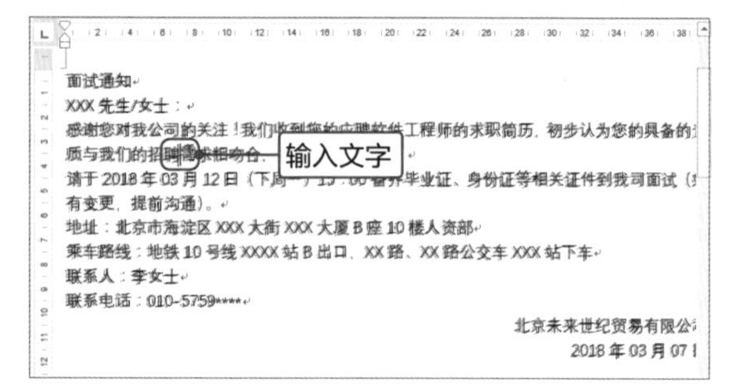

Tips 其他打开文档的方法

- 方法1：选中要打开的Word文档并单击鼠标右键，在弹出的快捷菜单中选择“打开”命令。
- 方法2：在已打开的Word文档中选择“文件”菜单选项，在“打开”面板中选择“浏览”选项，在打开的“打开”对话框中找到文档保存位置，选择要打开的文档，单击“打开”按钮。

● 删除文本

在文本输入过程中，若出现输入错误或输入完成后发现多输入了某些文字，可以将其删除，具体操作如下。

方法1： 将光标定位在要删除文本的右侧，按下键盘上的BackSpace键，将光标左侧的文本删除。或者将光标定位到要删除文本的左侧，按下键盘上的Delete键，将光标右侧的文本删除，如下左图所示。

方法2： 选中需要删除的文本，然后按下键盘上的Delete键或BackSpace键即可，如下右图所示。

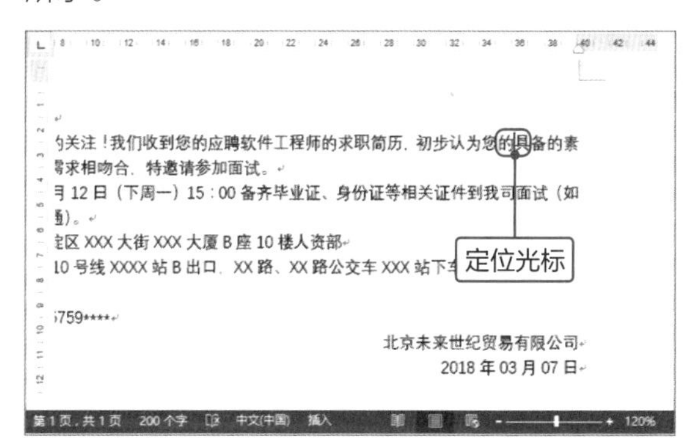

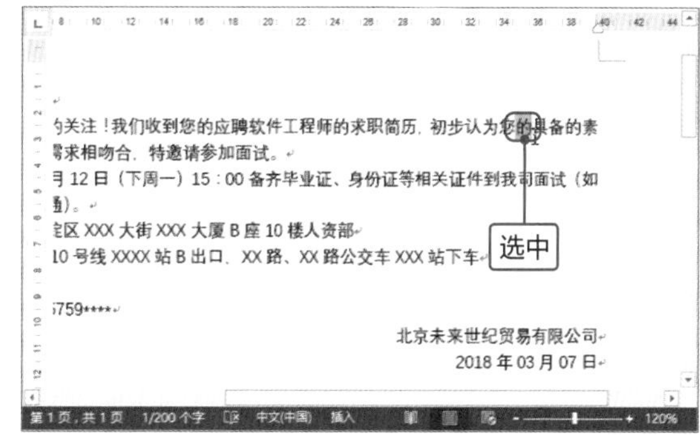

选择文本的方法

编辑任何文本之前，都需要先选中文本。选择文本包括选择单个词语、选择单行文本、选择连续文本、选择不连续文本、选择整段文本和选择全文等。

- **选择单个词语：** 将光标放在需要选择的文本上，双击鼠标左键即可选中该词语。
- **选择单行文本：** 将光标放在需要选择文本行左侧的空白处，单击即可选中该行文本。
- **选择连续文本：** 将光标移至需要选择文本的第一个字符前面，按住鼠标左键拖动至需要选择文本的最后一个字符后面即可。
- **选择不连续文本：** 拖动鼠标左键选择第一个文本后，按住Ctrl键不放，松开鼠标，在下一个需要被选中的文本处再次拖动鼠标左键，即可选择不连续的文本。
- **选择整段文本：** 将光标放在需要选择整段文本左侧空白处，双击即可选中整段文本。
- **选择整篇文本：** 将光标放在文本的右侧，连续快速地单击三次可选择整篇文本。

● 复制文本

在文本输入过程中，若需要输入之前已经输入过的文本，可以采用复制的方法快速输入，具体操作如下。

步骤01 选中需要进行复制的文本，单击鼠标右键，在弹出的快捷菜单中选择“复制”命令，如下左图所示。

步骤02 将光标定位到需要粘贴复制文本的位置，单击鼠标右键，在弹出的快捷菜单中“粘贴选项”选项区域中选择粘贴方式，即可将复制的文本粘贴到指定位置，如下右图所示。

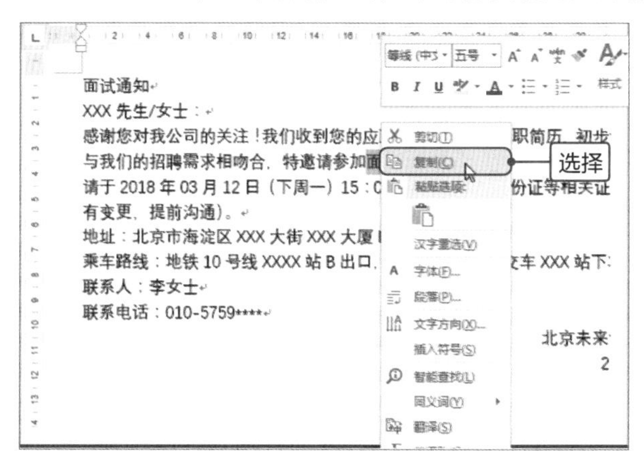

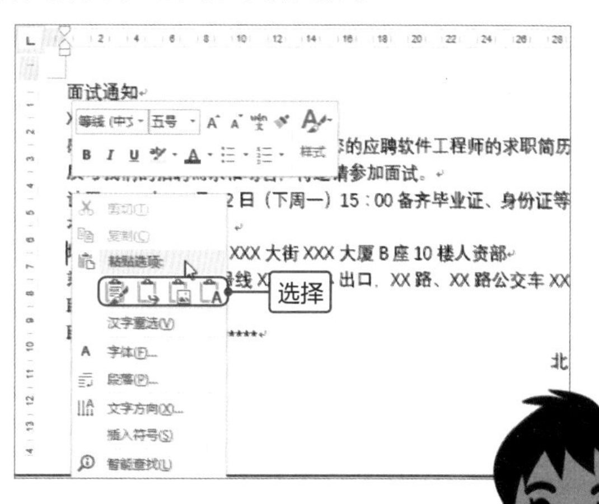

Tips　其他执行复制操作的方法

我们也可以选中需要复制的文本，按下Ctrl+C组合键，执行复制操作。然后选择需要粘贴文本的位置，按下Ctrl+V组合键，执行粘贴操作。

使用快捷键执行复制操作时，默认的粘贴方式是“保留源格式”。要想修改粘贴方式，在执行粘贴操作后，单击粘贴后文本右下角出现的“粘贴选项”下三角按钮，在打开的面板中选择所需的粘贴选项即可。

● 剪切文本

在文本输入过程中，若需要将文档中的文本从一个位置移动到另一个位置，可以对文本执行剪切操作，具体操作方法如下。

步骤01 选中需要执行剪切操作的文本，在“开始”选项卡的“剪贴板”选项组中单击“剪切”按钮，如下左图所示。

步骤02 此时原文档选中位置的文本内容消失不见了，将光标定位到文本要剪切到的位置，在“开始”选项卡的“剪贴板”选项组中单击“粘贴”按钮，如下右图所示。

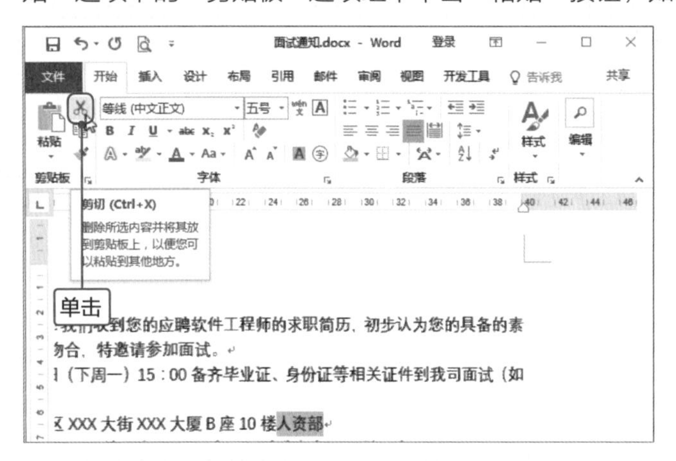

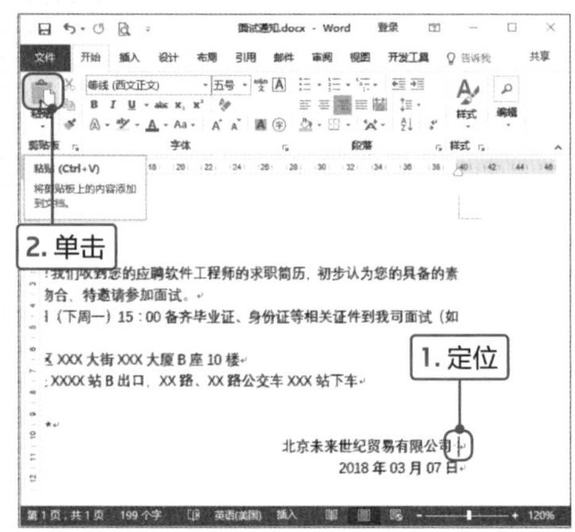

步骤03 操作完成后，即可将选中的文本剪切到光标定位点，如右图所示。

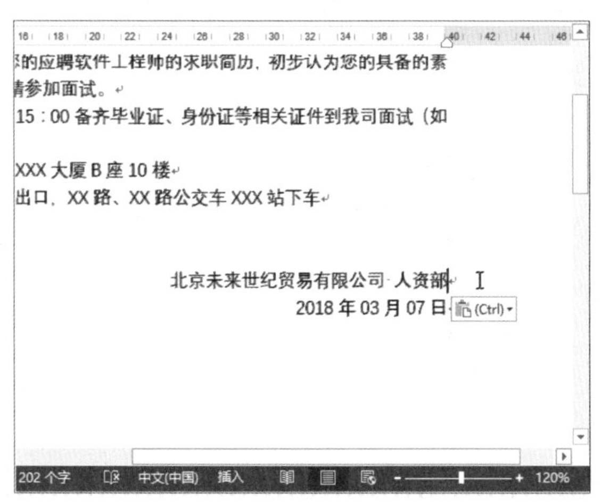

Tips　其他剪切文本的操作方法

- 方法1：选中需剪切的文本并右击，在快捷菜单中选择“剪切”命令；在目标位置右击，在快捷菜单的“粘贴选项”选项区域中选择所需的粘贴选项。
- 方法2：选中文档中要剪切的文本，按住鼠标左键不放，将其拖至目标位置，释放鼠标左键即可。
- 方法3：选中要剪切的文本内容，按下Ctrl+X组合键剪切文本；然后将光标定位到要剪切到的位置，按下Ctrl+V组合键粘贴文本。

● 查找文本

在文本编辑过程中，使用Word 2016的替换功能，可以快速帮助用户批量替换文档中的指定内容，具体操作方法如下。

步骤01 将光标定位到文档中的任意位置，在“开始”选项卡的“编辑”选项组中，单击“查找”按钮，或按下Ctrl+F组合键，如下左图所示。

步骤02 此时在Word操作界面的左侧将打开导航窗格，在文本框中输入需要查找的文本，文档中对应的文本将以黄色底纹显示，如下右图所示。

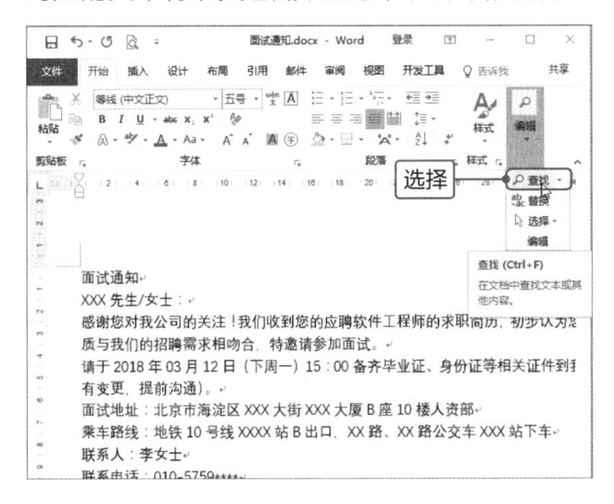

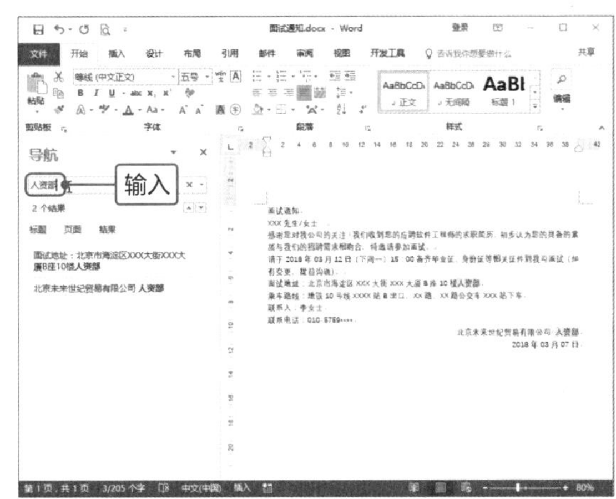

步骤03 单击导航窗格“结果”列表中所需的选项，即可快速定位到所需的文本，如下图所示。

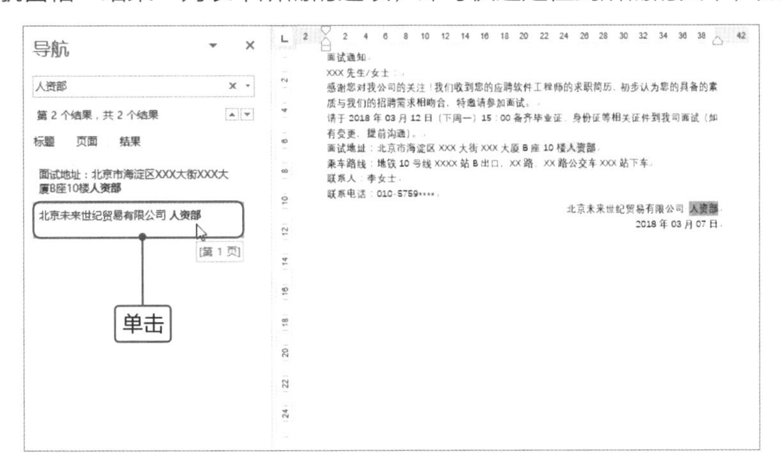

Tips 退出文档查找模式

要退出文档查找模式，直接单击导航窗格右上角的“关闭”按钮即可。

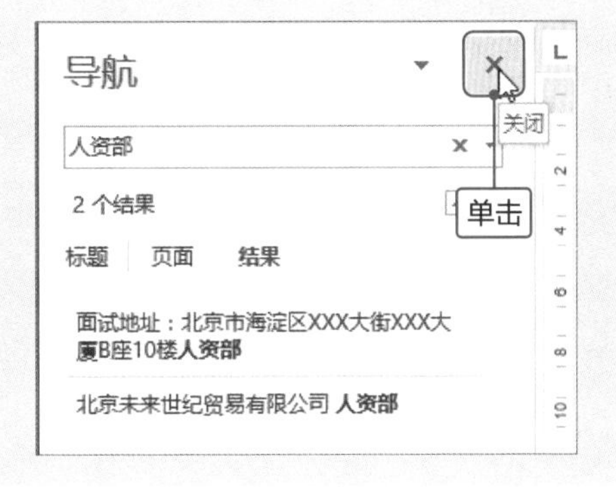

● 替换文本

在文本编辑过程中，若需要批量替换文档中指定的内容，可以使用Word的替换功能，具体操作方法如下。

步骤01 将光标定位到文档中的任意位置，在“开始”选项卡的“编辑”选项组中，单击“替换”按钮，或按下Ctrl+H组合键。

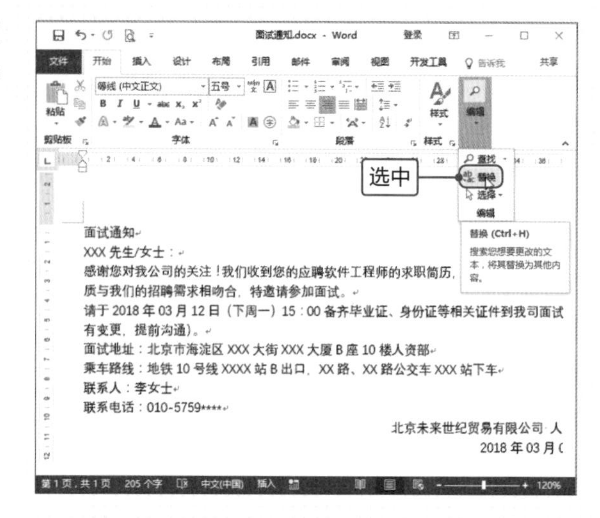

步骤02 打开“查找和替换”对话框的“替换”选项卡，在“查找内容”文本框中输入要查找的文本内容，在“替换为”文本框中输入要替换的内容，单击“查找下一处”按钮，即可在文档中显示查找结果。

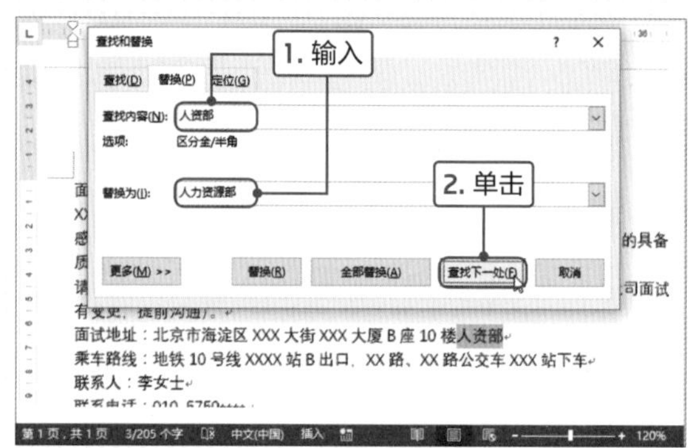

步骤03 若单击“替换”按钮，则Word将自动替换查找到的内容；若单击“全部替换”按钮，将替换所有。

文档页面设置篇

在日常办公中，我们在Word中创建的文档默认是左对齐，页面背景是白色的，而且没有页眉和页脚等，为了文档的美观、整齐，我们可以对其进行设置。本章以制作聘用协议书、员工手册和邀请函为例介绍文档页面的设置方法。

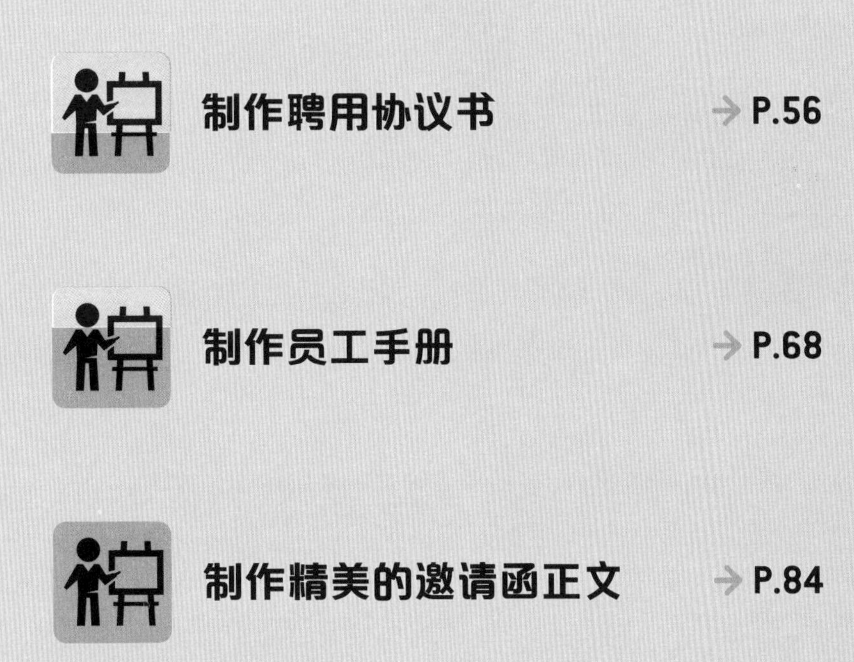

Mission

制作聘用协议书

通过几轮激烈的面试和复试后，人事部门经过讨论最终决定聘用部分优秀的应聘者。历历哥需要一份正式的聘用协议书与聘用者签订协议，需要明确劳动合同的期限、工作内容、劳动报酬、双方的责任和义务，以及保密协议等相关信息。历历哥详细地交代了小蔡聘用协议书的制作要点，小蔡感觉这项工作责作重大，一定不辱使命，于是他查阅相关资料，开始尽职尽责地制作聘用协议书。

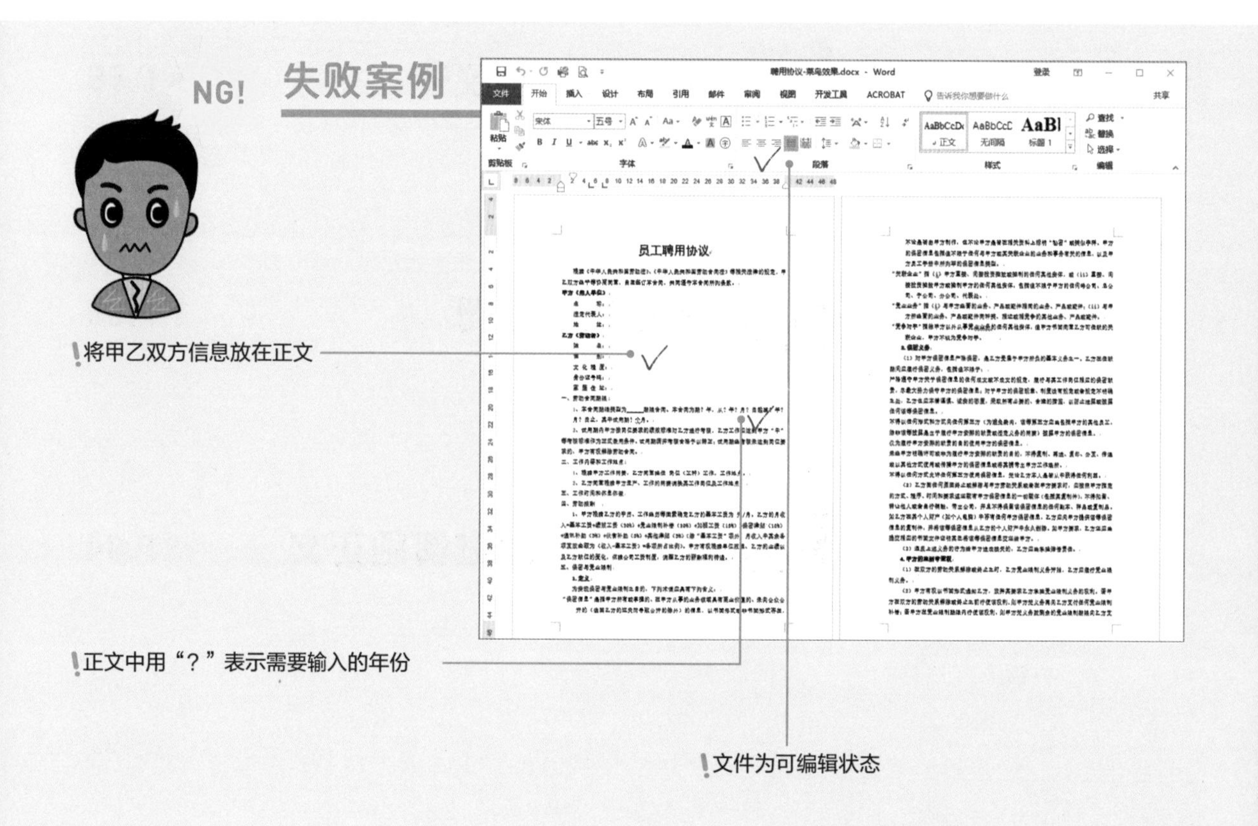

小蔡在制作聘用协议时，将签定协议的双方信息放在正文中显示，没有制作成封面，不是很正式；在设置聘用员工的日期时，使用“？”表示需要输入的年份，和前面用下划线不一致，也不专业；文档制作完成后，没有对其设置保护，他人可以修改内容。

MISSION! 1

通常合同或协议书之类的文书都有现成的范文，只需根据企业的实际情况进行相应的修改即可。下面将通过员工聘用协议书的编辑，具体介绍设置文档页边距、添加下划线、设置只读文档、为文档添加封面以及文档视图方式查看的操作方法。

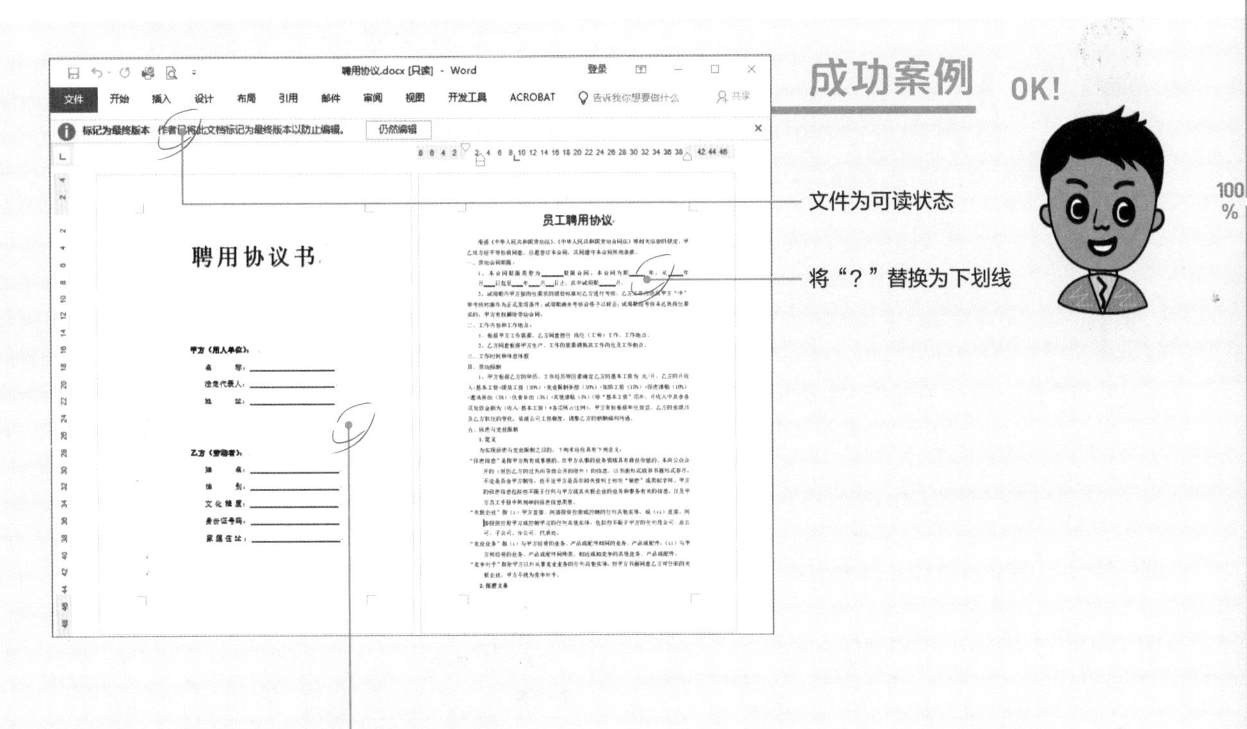

修改后的聘用协议书，添加封面并将双方的信息输入在封面上；将聘用员工的日期中“？”替换为下划线，使相关内容在形式上统一；最后将文档标记为最终版本，其他用户在浏览时不能对其进行修改，有效保护文档。

Point 1 设置页边距

创建员工聘用协议文档后，在输入文本内容前，通常需要对文档的页面进行相应的设置，例如纸张大小、页边距等，以便后续打印输出，具体操作如下。

新建空白文档，切换到“布局”选项卡，单击“页面设置”选项组中的“纸张大小”下三角按钮，在列表中选择A4选项。

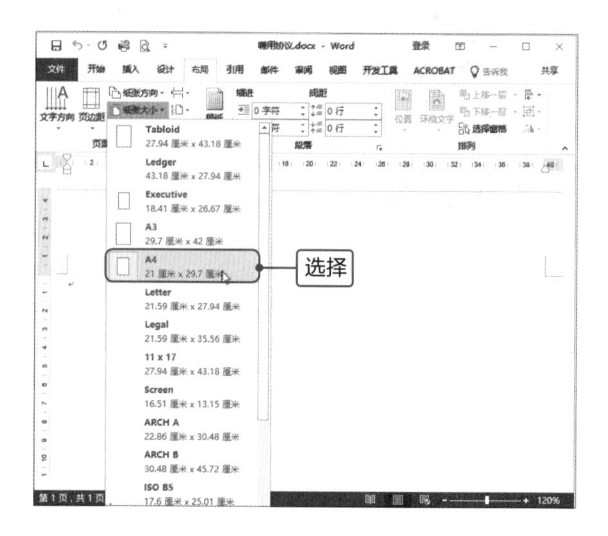

Tips 设置纸张方向

在Word 2016中，可以根据需要设置纸张的方向，即在“布局”选项卡的“页面设置”选项组中单击“纸张方向”下三角按钮，在下拉列表中选择“横向”或“纵向”选项。

单击“页面设置”选项组的对话框启动器按钮，打开“页面设置”对话框，在“页边距”选项卡中，在“页边距”选项区域中根据需要分别设置“上”、“下”、“左”、“右”的页边距值，单击“确定”按钮，即可完成版面设置。

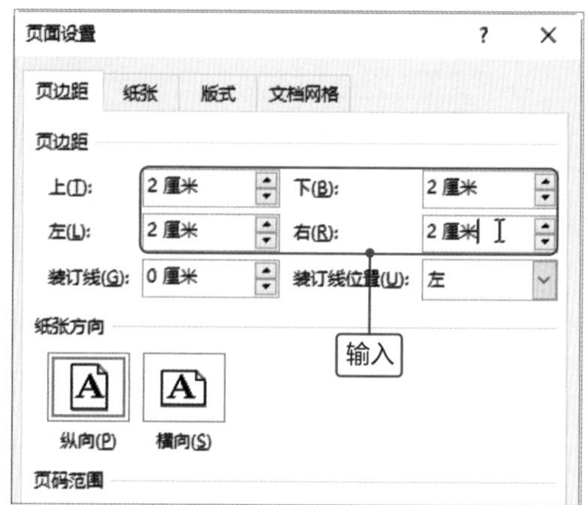

Tips 设置装订线参数

一般情况下，还可以根据需要预留一定的装订线位置，方便文档打印后的装订操作。

单击“页面设置”选项组的对话框启动器按钮，打开“页面设置”对话框，在“页边距”选项卡的“页边距”选项区域中，单击“装订线”右侧的微调按钮，设置装订线的大小；单击“装订线位置”下拉按钮，在下拉列表中选择装订线的位置。

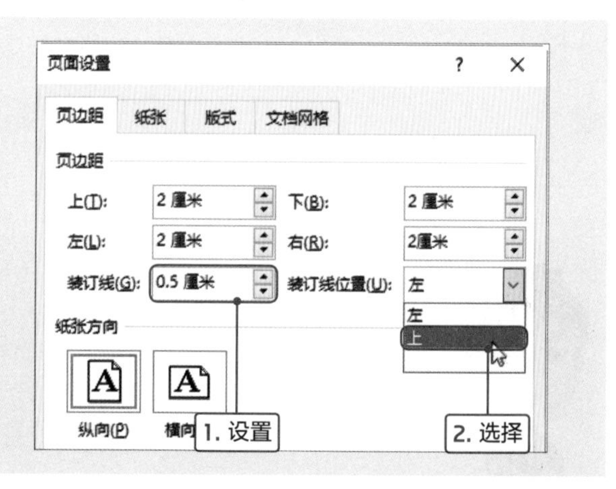

Point 2 查找并替换指定文本格式

在进行较长文档的编辑操作时，要想快速查找文档中某些内容，或者快速将某些字符替换格式，可以使用Word 2016的查找和替换功能进行操作。下面介绍使用查找和替换功能将文档中的“？”替换为下划线的操作方法，具体如下。

1

在聘用协议文档中按下Ctrl+H组合键，打开“查找和替换”对话框的“替换”选项卡。在“查找内容”文本框中输入“？”，接着将光标定位到“替换为”文本框，多次按下空格键，然后单击对话框左下角的“更多”按钮。

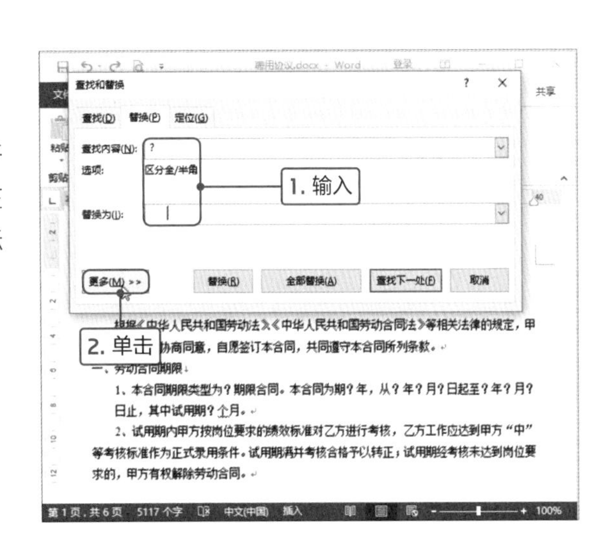

2

在打开的扩展区域中单击“格式”下拉按钮，在下拉列表中选择“字体”选项，打开“替换字体”对话框，在“所有文字”选项区域中单击“下划线线型”下拉按钮，在下拉列表中选择所需的下划线样式，单击“确定”按钮。

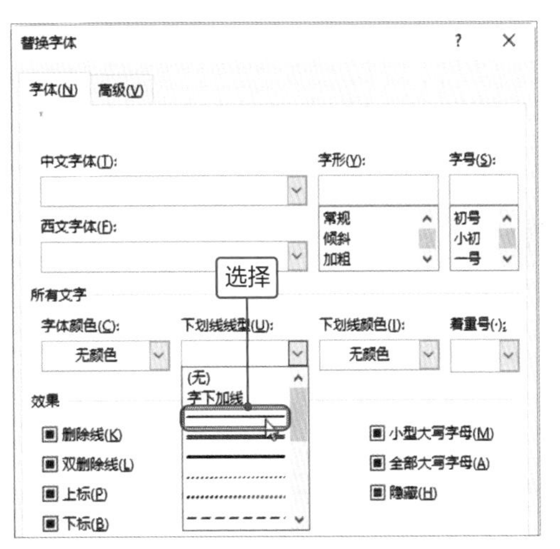

3

返回“查找和替换”对话框，可以看到设置的替换格式。单击“替换”按钮，Word将自动查找第一个“？”并替换为设置的下划线。

4

单击“全部替换”按钮，则可以一次性将文档中所有的“？”全部替换为设置的下划线。在弹出的“Microsoft Word”提示框中单击“确定”按钮。

5

然后单击“关闭”按钮，返回文档中查看将“？”替换为下划线的效果。

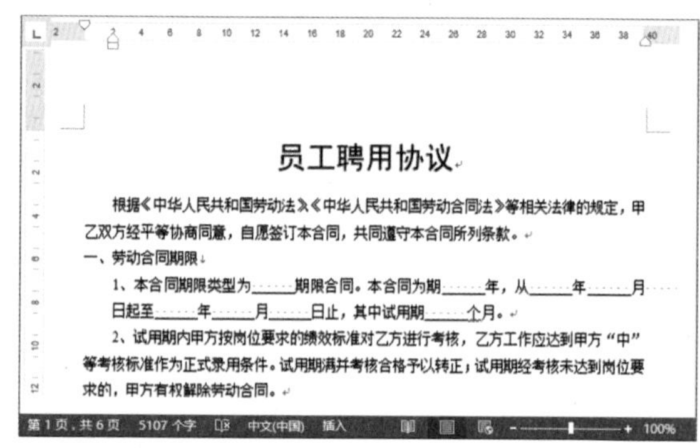

Tips 设置下划线参数

如果想在文档中指定位置添加下划线，可以使用Word的“下划线”功能进行绘制。

首先将光标定位到文档中需要添加下划线的位置，在“开始”选项卡的“字体”选项组中单击“下划线”下三角按钮，在下拉列表中选择所需的下划线样式。然后在插入点位置按下空格键，即可添加下划线。若需要添加较长的下划线，则多按几次空格键即可。

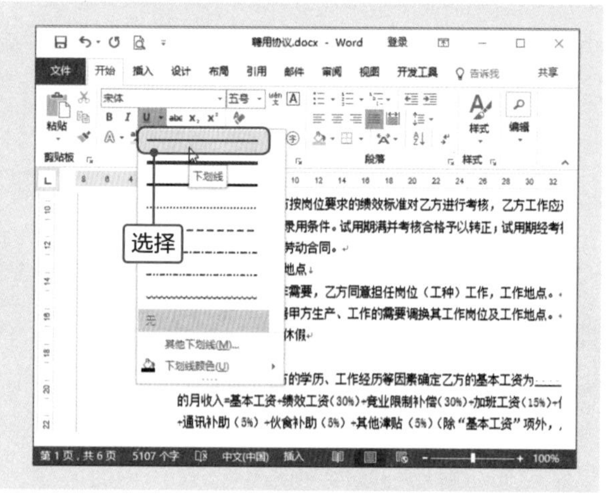

Point 3 为文档添加自定义封面

封面提供了文档的简介或需要呈现给读者的重要信息，在Word 文档中，可以根据需要为文档添加封面，使文档主题更突出，内容更鲜明。Word中内置了多种文档封面效果，可以根据需要进行选择，也可以根据实际需要自定义封面样式。

1

要自定义文档封面，将光标定位在文档的最前面，即标题最左侧，切换至“插入”选项卡，单击“页面”选项组中的“空白页”按钮。

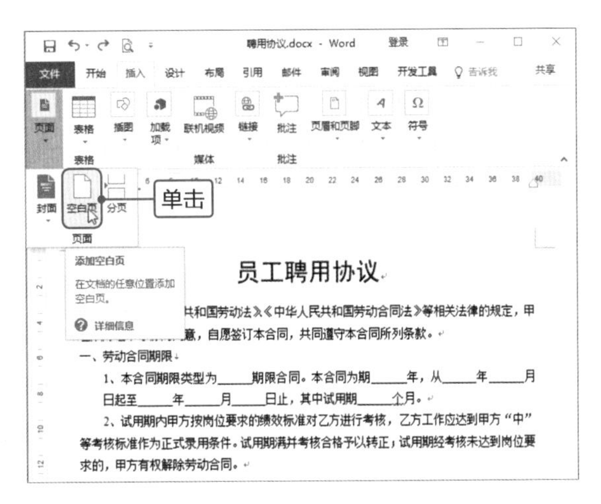

2

操作完成后，在光标前面插入一页空白页，输入封面的相关内容。

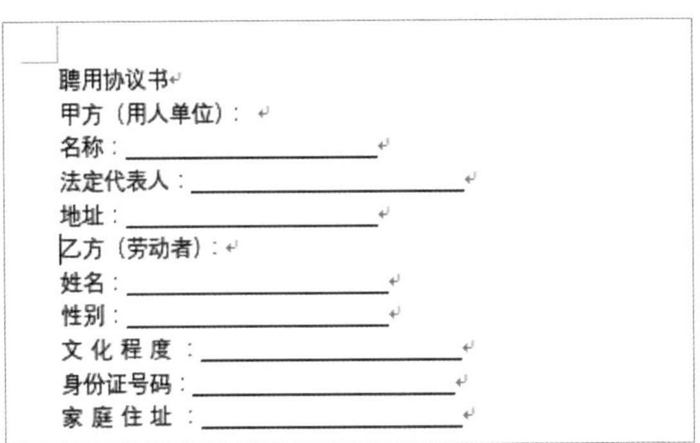
聘用协议书
甲方（用人单位）：
名称：
法定代表人：
地址：
乙方（劳动者）：
姓名：
性别：
文化程度：
身份证号码：
家庭住址：

3

选中“聘用协议书”文本，单击“字体”选项组的对话框启动器按钮，打开“字体”对话框，在“字体”选项组中设置中文字体为“宋体”，字形为“加粗”，字号为“初号”。切换至“高级”选项卡，单击“间距”下三角按钮，在展开的列表中选择“加宽”选项，在“磅值”文本框中输入“3磅”，然后单击“确定”按钮。

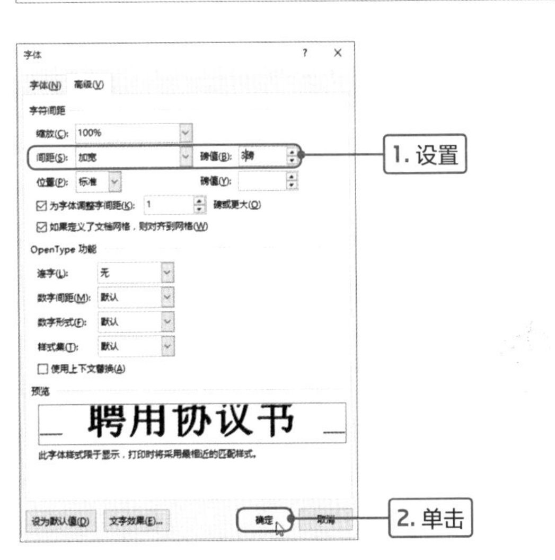

4

保持标题为选中状态，单击“段落”下三角按钮，打开“段落”对话框，在“缩进和间距”选项卡中设置“对齐方式”为“居中”，在“间距”选项区域中设置段前为“3行”，段后为“2行”，单击“确定”按钮。

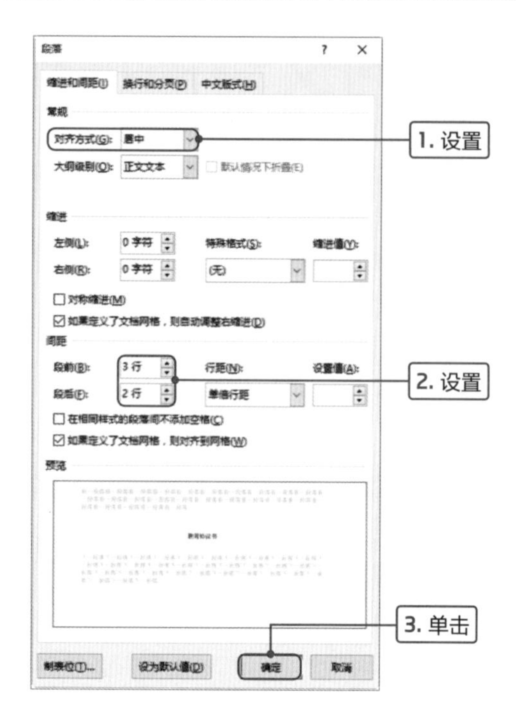

5

设置封面其他文字字体为“宋体”，字号为“四号”，并调整各区域的位置，使用封面更和谐。然后设置“甲方”和“乙方”字形为加粗，在“段落”对话框中设置缩进8个字符，其他文字设置缩进10个字符。

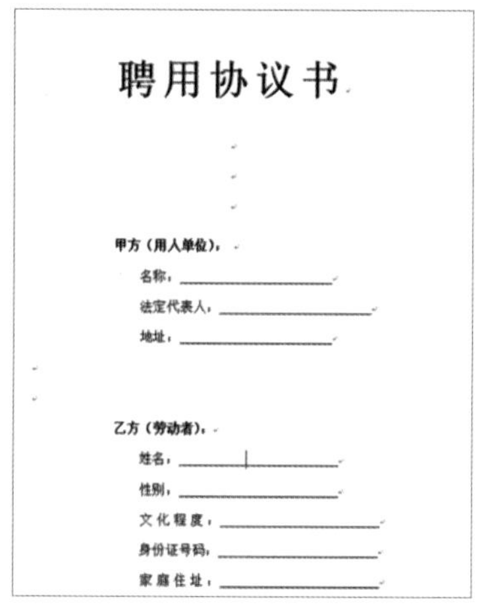

6

选中“名称”文本，单击“段落”选项组中的“分散对齐”按钮。

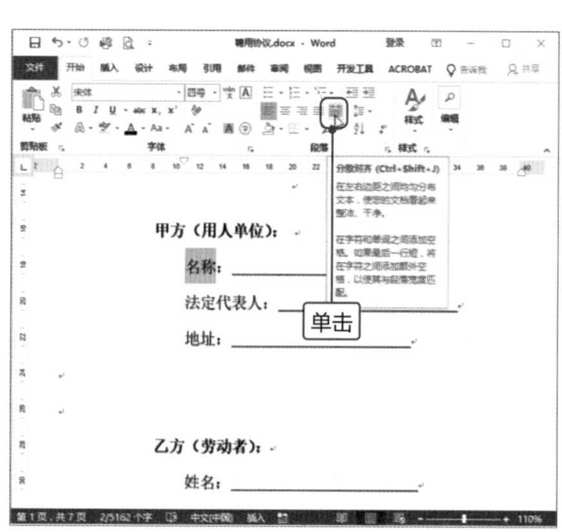

Tips **设置字符占位的宽度**

在封面中需要输入信息的文字有的是2个字符，有的是5个字符，这样看起来不整齐，对此可以设置文字占统一的字符宽度，这样封面信息就会很整齐了。

7

打开“调整宽度”对话框，在“新文字宽度”数值框中输入“5字符”，单击“确定”按钮。

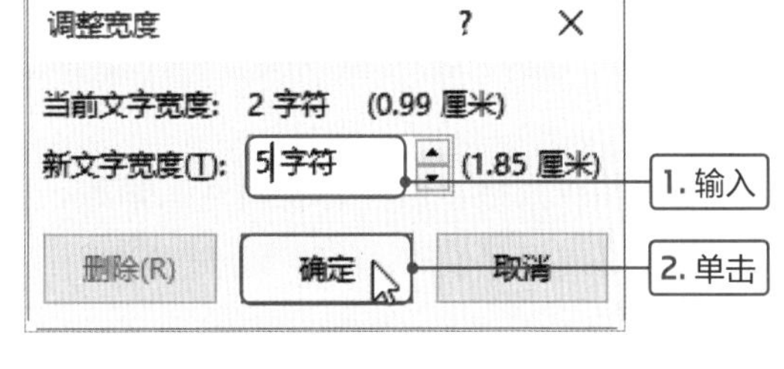

8

返回文档中可见“名称”文本占了5个字符的宽度，和“法定代表人”文本对齐显示。

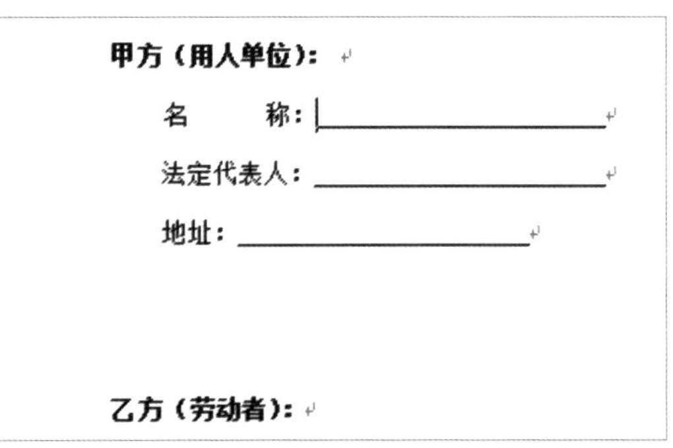

9

按照相同的方法设置其他需要分散对齐的文本。至此，聘用协议书的封面制作完成，查看效果。

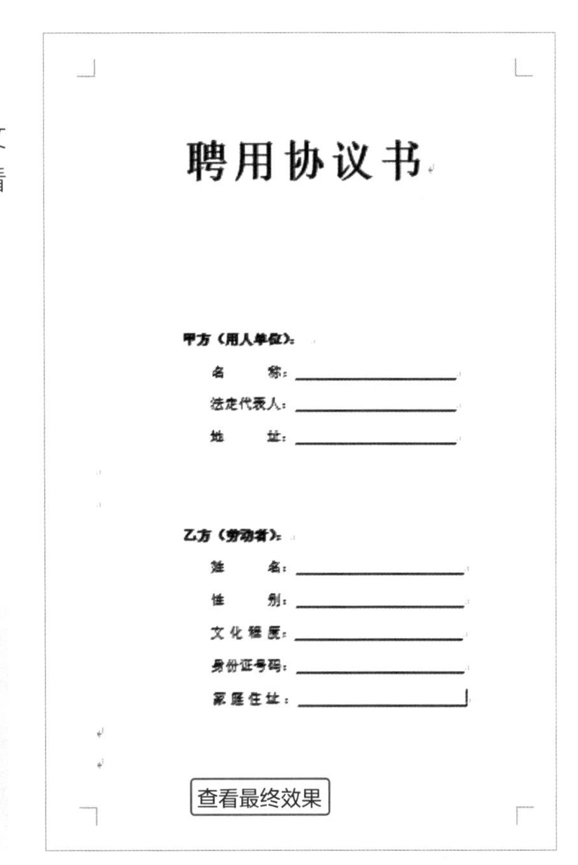

Tips 使用空格设置分散对齐的弊端

有的用户在设置分散对齐的时候是通过添加空格实现的，这样会不精确。如在本案例中，如果是2个字符对齐5个字符，只需输入3个空格即可，如果将4个字符对齐5个字符时，只能输入1个空格，会使4个字符显示效果参差不齐。

Tips 添加Word内置的封面

打开需要添加封面的文档后，切换至“插入”选项卡，单击“页面”选项组中的“封面”下三角按钮，在打开的封面列表中选择所需的封面选项，即可在文档中插入所选样式的文档封面。我们可以根据需要对封面内容进行相应的输入和编辑，即可完成封面的插入操作。

Point 4 设置只读文档

文档内容编辑完成后，若不想让其他人修改，可以将文档标记为最终状态，设置后文档就会变成只读模式，具体操作方法如下。

1

文档编辑完成后执行“文件>信息”命令，在打开的“信息”面板中单击“保护文档”下三角按钮，在下拉列表中选择“标记为最终状态”选项。

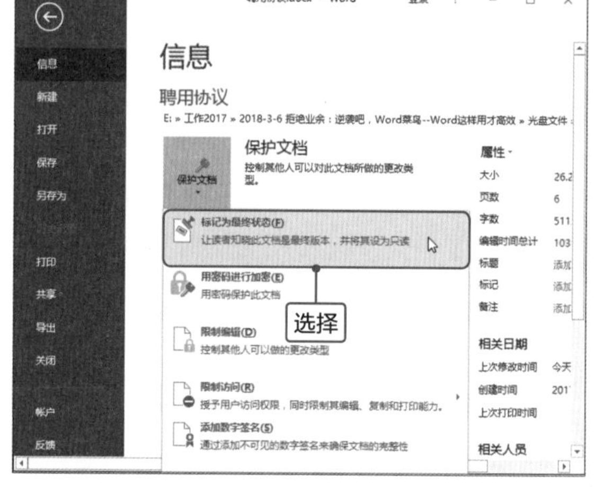

2

在打开的“Microsoft Word”提示框中单击“确定”按钮。

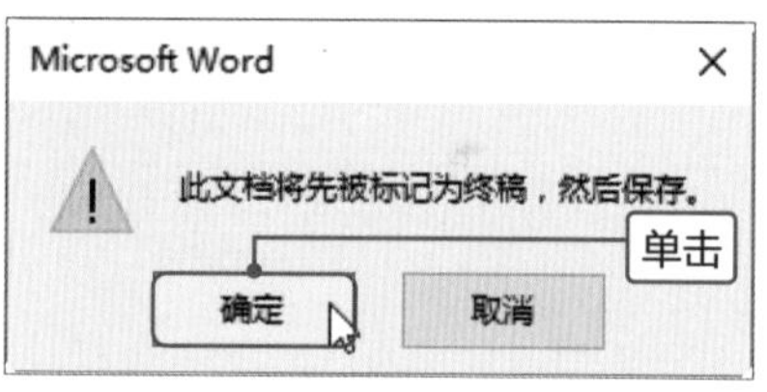

3

接着会弹出提示文档已经标记为最终状态的提示框，单击“确定”按钮。

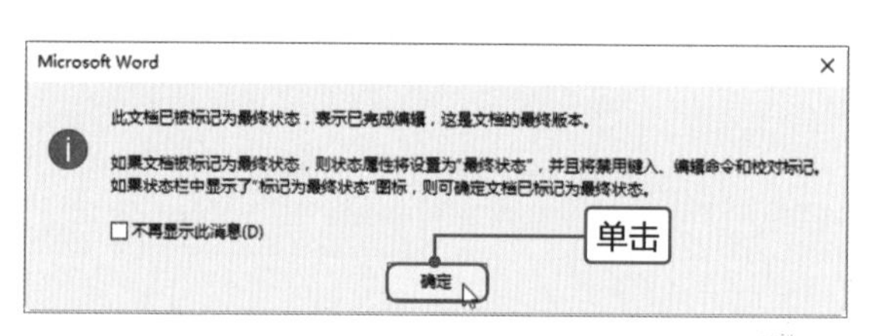

4

此时在文档标题的右侧出现了“[只读]”字样，表明该文档被标记为最终状态。

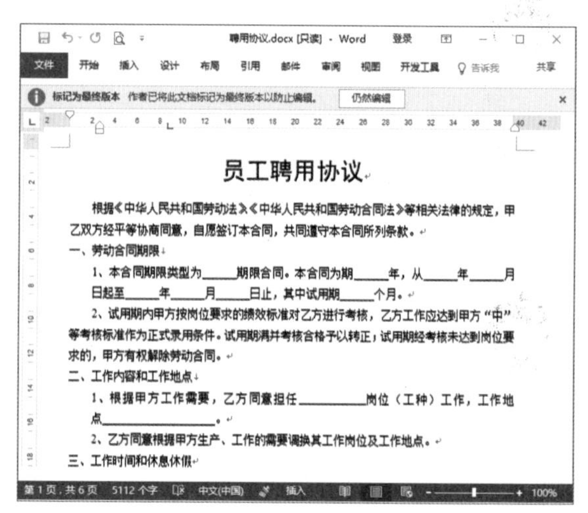

Tips 取消文档最终状态标记

要取消文档最终状态的标记，则单击文档菜单栏下的“仍然编辑”按钮即可。

Point 5 调整文档视图比例

Word文档默认的页面显示比例为100%，聘用协议文档编辑完成后，我们可以根据需要调整页面不同大小的显示比例，以方便查看整个文档的显示效果。

1

在“聘用协议”文档中，切换至“视图”选项卡，在“显示比例”选项组中，单击“显示比例”按钮。

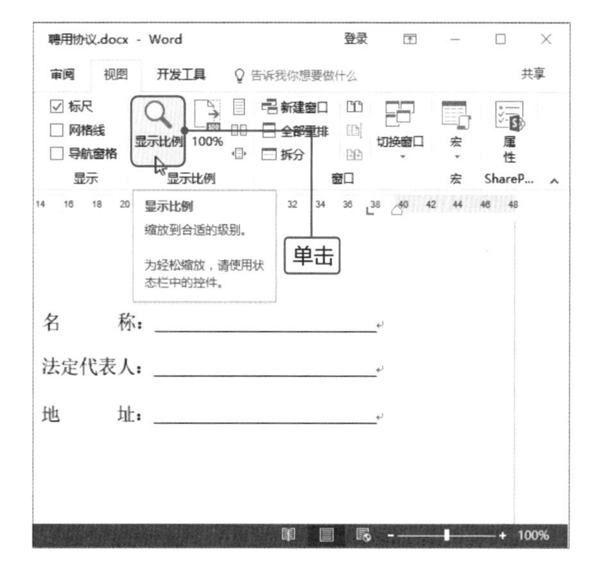

2

打开“显示比例”对话框，可以根据需要选择相应的页面显示比例单选按钮，也可以直接在“百分比”数值框中输入所需的页面显示比例值。

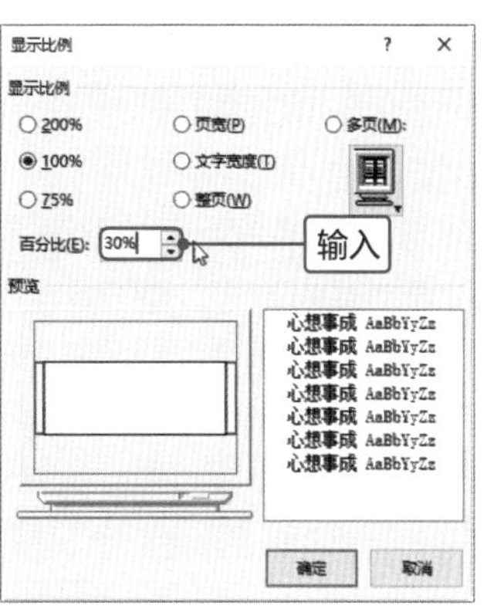

3

单击“确定”按钮，返回文档，查看设置显示比例为30%后的页面显示效果。

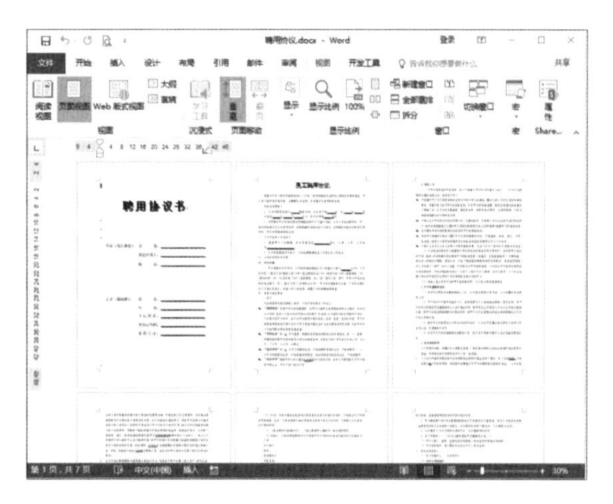

Tips 其他设置页面显示比例的方法

可以在Word界面右下角的状态栏中拖动页面显示比例滑块，或单击“放大”、“缩小”按钮来改变显示比例；也可以按住键盘上的Ctrl键不放，同时滚动鼠标中键来快速缩放文档显示比例。

Point 6 打印文档

聘用协议文档编辑完成后，需要打印输出以便双方进行聘用协议的签署，下面介绍文档打印的操作方法。

文档编辑完成后，执行“文件>打印”命令，或按下Ctrl+P组合键，在打开的“打印”面板中可以根据需要设置文档打印的相关属性，包括打印范围、打印方向、纸张大小、单/双面打印以及打印份数等，然后选择要使用的打印机，单击“打印”按钮即可打印。

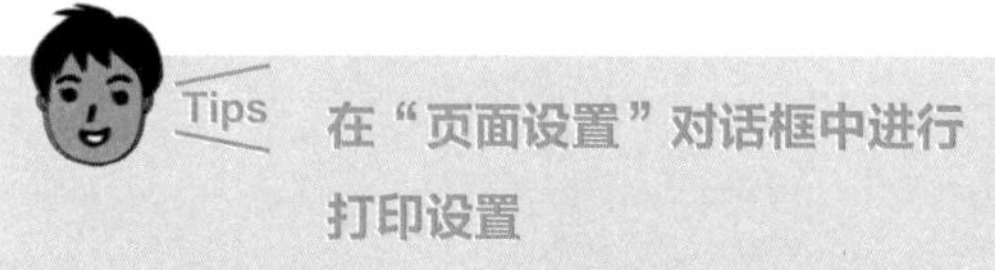

Tips 在“页面设置”对话框中进行打印设置

还可以切换至“布局”选项卡，单击“页面设置”选项组的对话框启动器按钮，在打开的“页面设置”对话框中对要打印文档的页边距、纸张方向、装订线距离、纸张大小等进行设置。

此外，还可以在“页面设置”对话框中单击“打印选项”按钮，在打开的“Word选项”对话框中对打印的相关选项进行设置。

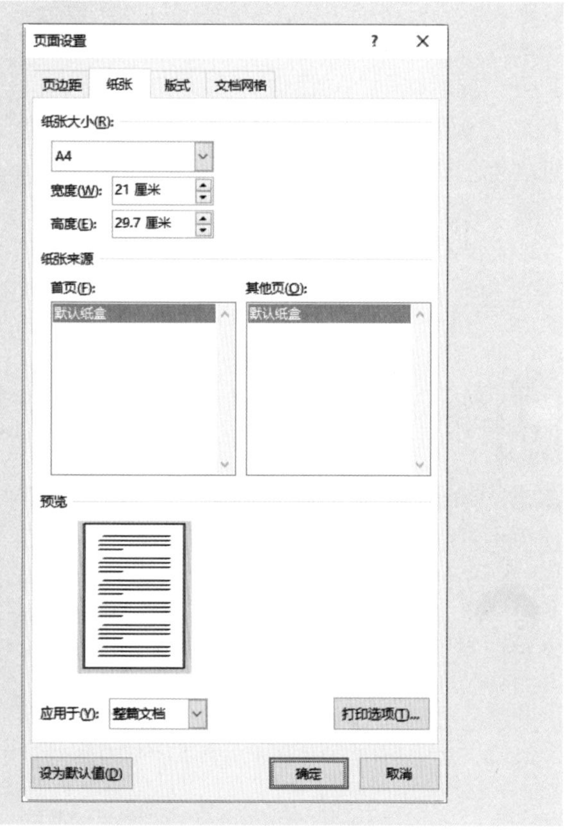

以只读方式打开文档

除了可以设置文档为只读模式外，当我们只需要查看文档而不需要修改文档时，可以通过只读方式打开文档，以避免误操作删改了文档中的内容。

步骤01 执行“文件>打开”命令，在打开的“打开”面板中选择“浏览”选项，打开“打开”对话框，选择要打开的文档后，单击“打开”按钮右侧的下三角按钮，在下拉列表中选择“以只读方式打开”选项。

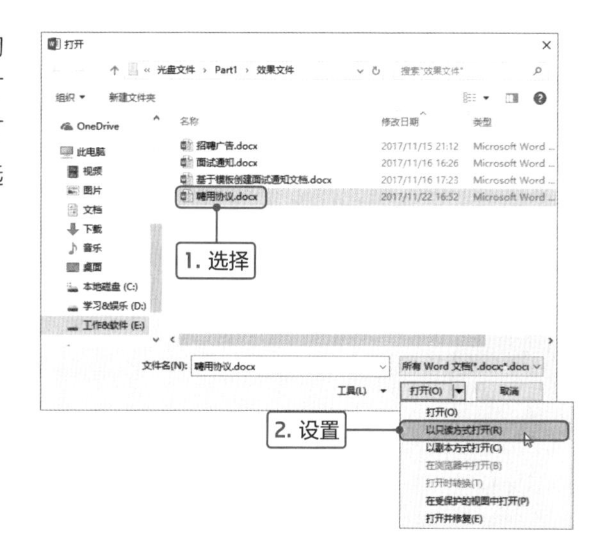

步骤02 选择以只读方式打开文件后，即可看到文档已经以只读方式打开了，在文档标题后面显示“[只读]”字样。

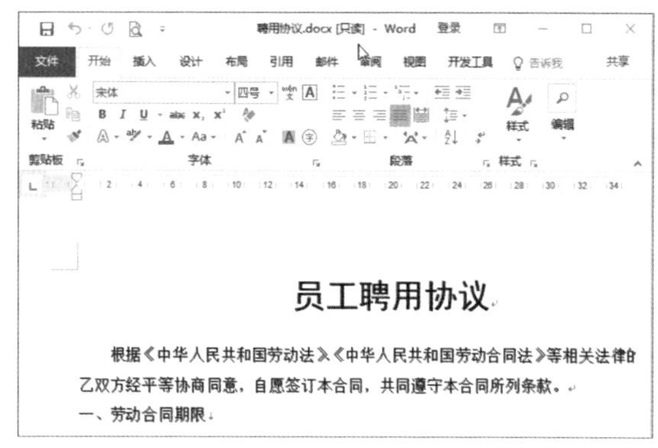

Tips **以受保护视图打开文档**

当我们收到或从网上下载文档后，若不能确定该文档是否含有病毒等不安全因素，可以以只读方式打开。

操作方法是：执行“文件>打开>浏览”命令，打开“打开”对话框，选择要打开的文档后，单击“打开”按钮右侧的下三角按钮，在下拉列表中选择“在受保护的视图中打开”选项，即可以受保护的视图方式打开文档。

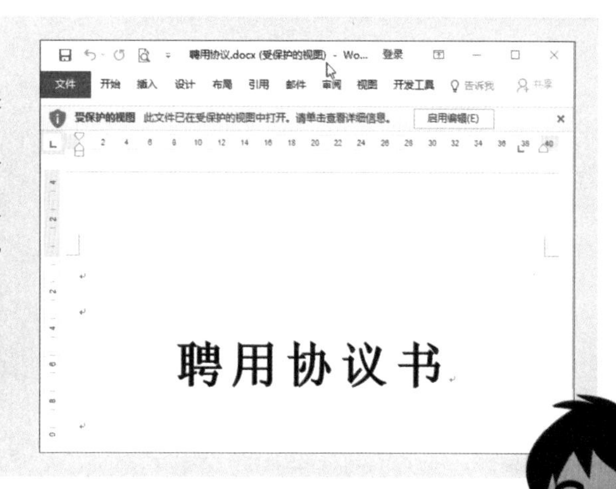

文档页面设置篇

制作员工手册

企业和新入职的员工签定聘用协议后，为了使新员工能更快熟悉公司制度和环境，还需要对他们进行入职培训。培训的内容主要以员工手册为主，具体包括企业文化、组织结构、企业历史、企业的产品和服务以及企业员工的成长过程等。历历哥又一次想到了小蔡，让他制作一本有含金量的员工手册，好尽快帮助新员工融入企业。小蔡入职时也接受过入职培训，他当时的一些想法和建议今天终于可以展示了。

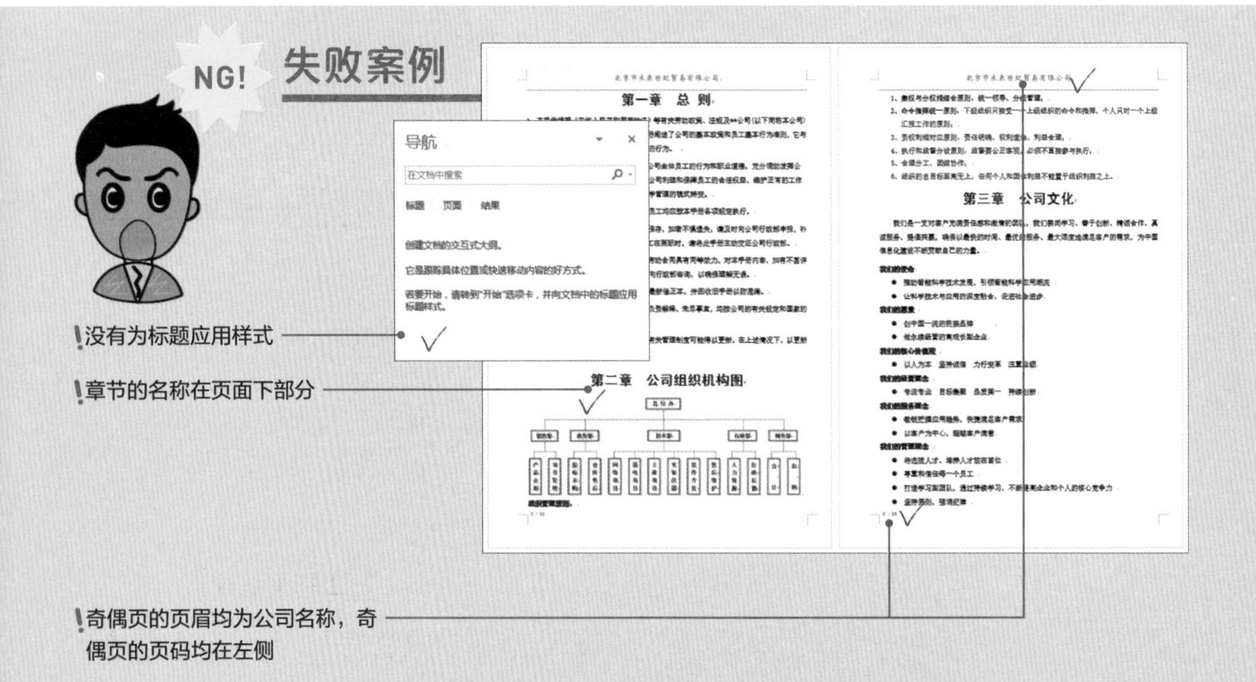

首次制作员工手册时，没有对章节的名称应用样式，在长文档中无法快速查看文档的结构和查找相关信息；章节的名称有的在页面的下部分，文档整体比较拥挤，而且不整齐；页眉只设置企业的名称，比较单调，页码均在左侧，如果装订成书时，奇数页码会在装订线附近，不方便查看。

MISSION! 2

企业人事部招新同事后，首先需要对员工进行培训，了解公司的基本情况，此时就会需要一份员工手册。本案例介绍利用文档样式、换行和分页、插入页眉和页脚等功能制作员工手册的具体操作。

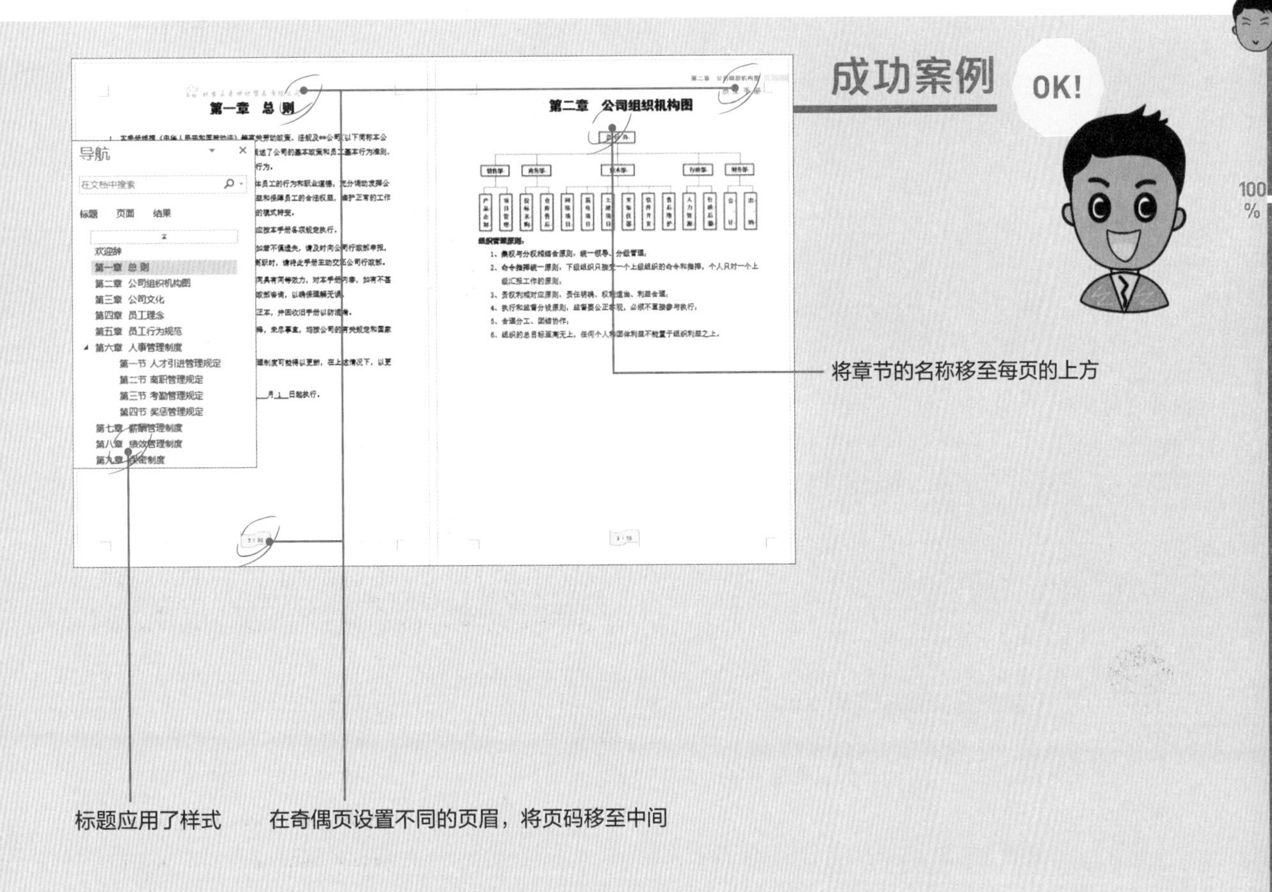

员工手册经过修改后，为章节名称应用样式，在“导航”窗格中清晰地显示了文档的内容和结构；将所有章节的名称放在页面的上方，这样便于浏览内容，文档也比较整齐；在奇偶页的页眉设置不同的信息，偶数页页眉显示企业名称和Logo，奇数页页眉显示手册名称和当页的章节名称，将页码移至中间位置。

Point 1 为段落文本应用样式

样式是一种带有名称且保持在文档或模板中的格式设置集合，Word 2016提供了多种不同的文本样式集，我们可以根据需要快速地将这些样式应用到所选文本。

1

打开“员工手册”文档，选中需要应用样式的文本，这里选中“欢迎辞”文本，在“开始”选项卡下单击“样式”下三角按钮，在下拉列表中选择合适的样式选项，此处选择“标题1”选项。

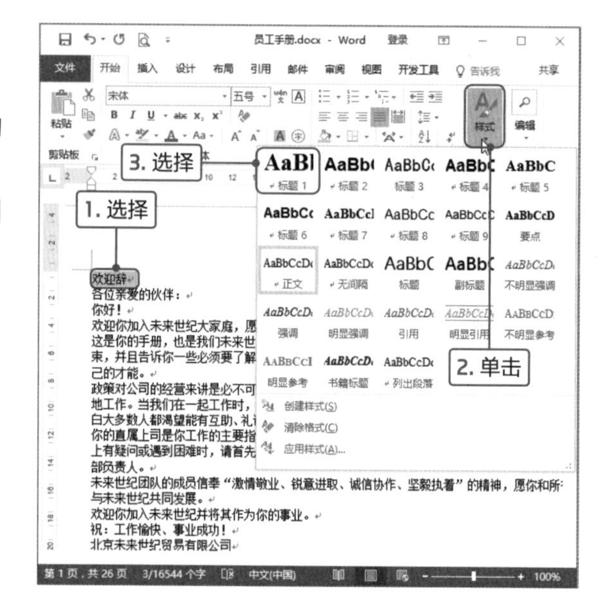

2

单击需要应用的样式后，文档中所选文本即可应用该样式。

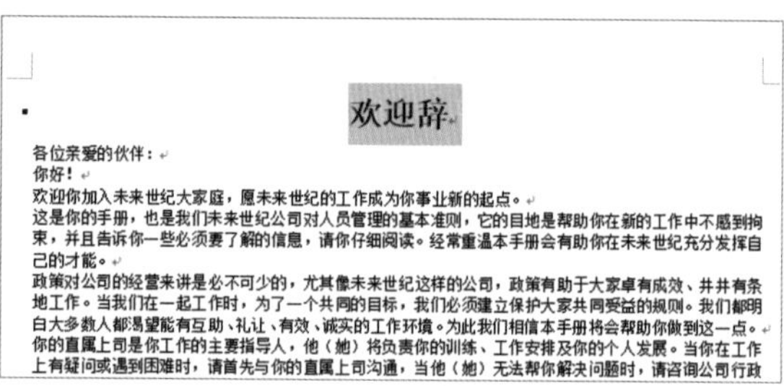

欢迎辞

各位亲爱的伙伴：
你好！
欢迎你加入未来世纪大家庭，愿未来世纪的工作成为你事业新的起点。
这是你的手册，也是我们未来世纪公司对人员管理的基本准则，它的目地是帮助你在新的工作中不感到拘束，并且告诉你一些必须要了解的信息，请你仔细阅读。经常重温本手册会有助你在未来世纪充分发挥自己的才能。
政策对公司的经营来讲是必不可少的，尤其像未来世纪这样的公司，政策有助于大家卓有成效、井井有条地工作。当我们在一起工作时，为了一个共同的目标，我们必须建立保护大家共同受益的规则。我们都明白大多数人都渴望能有互助、礼让、有效、诚实的工作环境。为此我们相信本手册将会帮助你做到这一点。
你的直属上司是你工作的主要指导人，他（她）将负责你的训练、工作安排及你的个人发展。当你在工作上有疑问或遇到困难时，请首先与你的直属上司沟通，当他（她）无法帮你解决问题时，请咨询公司行政

Tips 清除为文本应用的样式

选中文本后，在“快速样式”样式下拉列表中，选择“正文”或“清除格式”选项，即可将所选文本的格式清除。

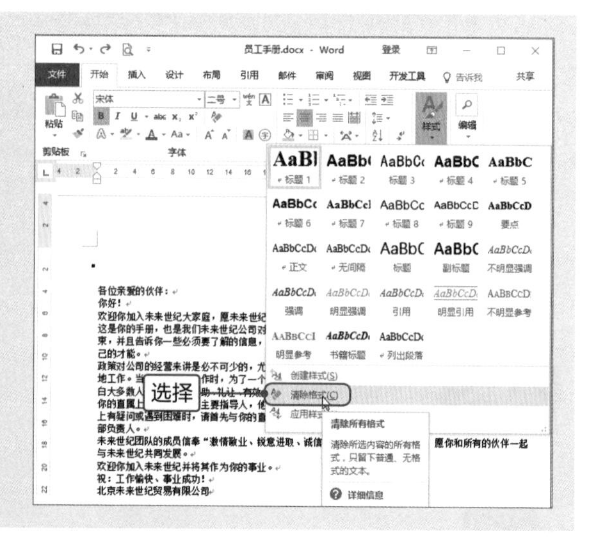

3

选中“第一章　总则”文本，单击“样式”下三角按钮，选择“标题1”选项，为其应用设置的样式。

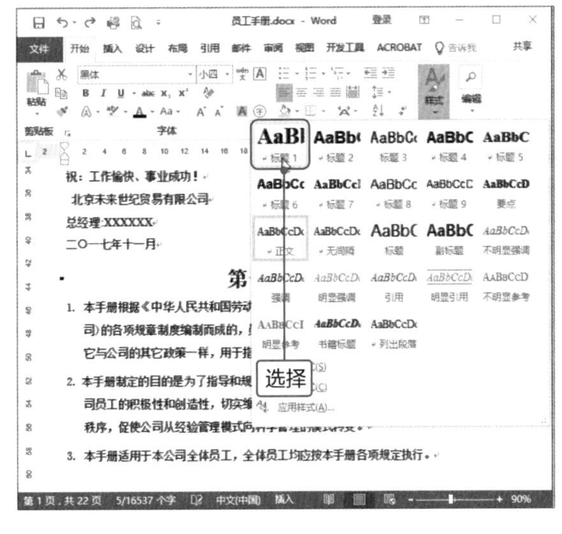

4

设置完成后，选中该文本，在“剪贴板”选项组中双击“格式刷”按钮，然后依次选中员工手册中各章的名称，即可复制格式。

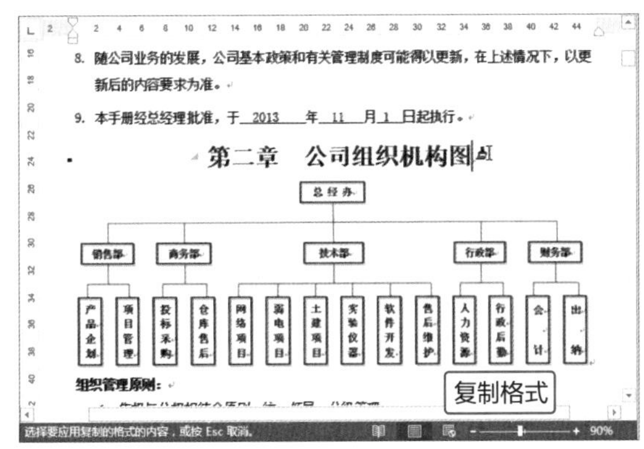

5

选中“第六章　人事管理制度”下的“第一节　人才引进管理规定”文本，单击“样式”选项组中的“其他”按钮，在展开的列表中选择“标题3”选项。

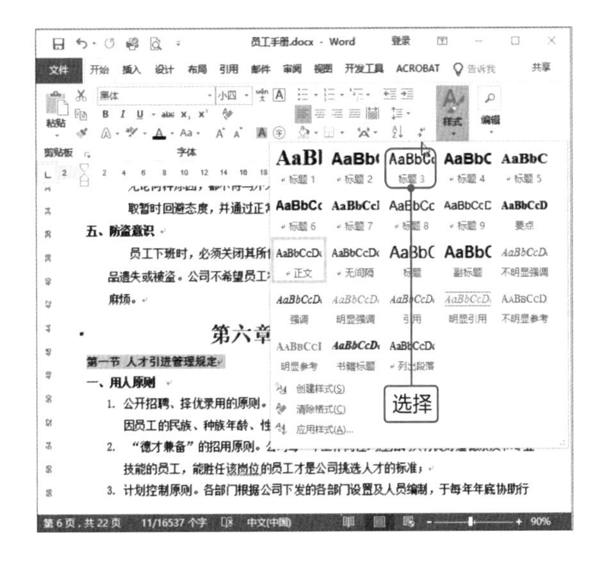

Tips　快速修改文本样式

当为文本应用样式后，如果感觉不满意，可以快速修改。将光标定位在需要修改样式的文本上，单击“样式”选项组中的“其他”按钮，在列表中重新选择样式即可。

6

按照相同的方法为其他标题文本应用相应的样式，然后切换至“视图”选项卡，勾选“显示”选项组中的“导航窗格”复选框。

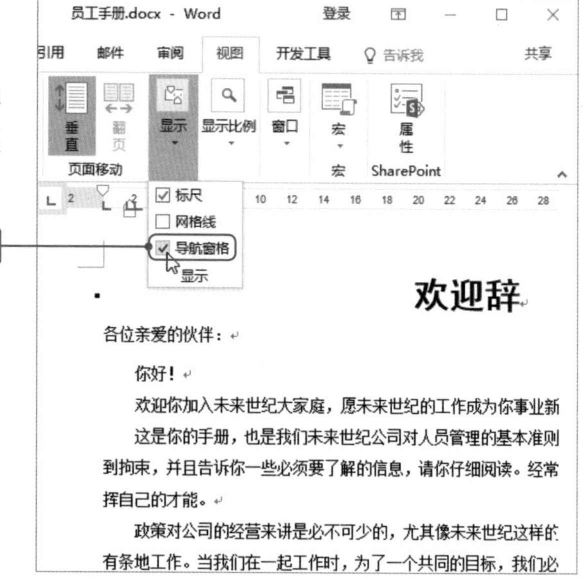

7

在打开的“导航”窗格中可以查看员工手册文档的大致结构，单击某一标题，即可快速跳转到该标题所在文档页面。

8

若要修改所应用样式的格式，则在“样式”下拉列表中选择要修改格式的样式，单击鼠标右键，在弹出的快捷菜单中选择“修改”选项。

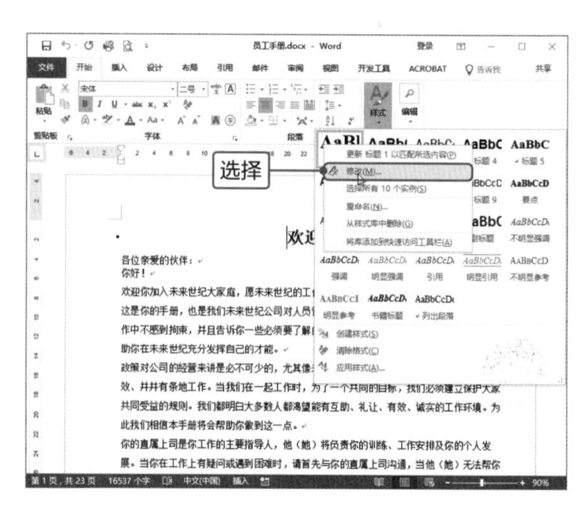

9

打开“修改样式”对话框，在“格式”选项区域对样式的文本格式进行设置。若需要对样式的段落格式进行设置，则单击“格式”下三角按钮，在下拉列表中选择“段落”选项。

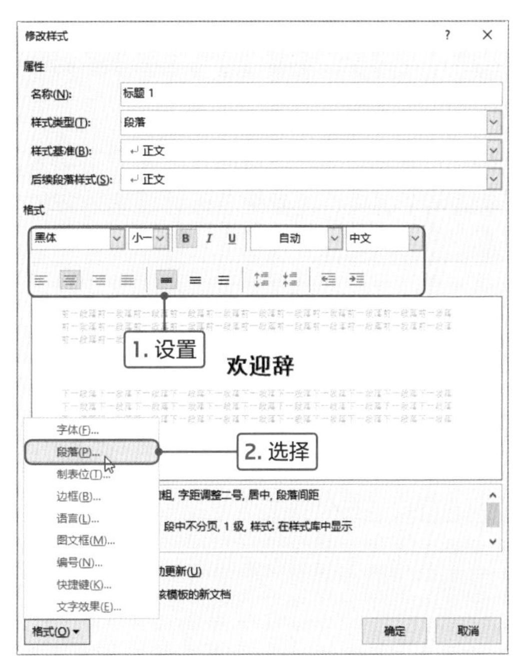

10

打开“段落”对话框，根据需要设置样式的段落格式后，单击“确定”按钮，返回“修改样式”对话框，在该对话框在预览区域可以查看设置样式的效果。

11

单击“确定”按钮返回文档，可以看到应用该样式的段落文字格式也发生了相应的变化。

查看修改样式后的效果

欢迎辞

各位亲爱的伙伴：
你好！
欢迎你加入未来世纪大家庭，愿未来世纪的工作成为你事业新的起点。
这是你的手册，也是我们未来世纪公司对人员管理的基本准则，它的目地是帮助你在新的工作中不感到拘束，并且告诉你一些必须要了解的信息，请你仔细阅读。经常重温本手册会有助你在未来世纪充分发挥自己的才能。
政策对公司的经营来讲是必不可少的，尤其像未来世纪这样的公司，政策有助于大家卓有成效、井井有条地工作。当我们在一起工作时，为了一个共同的目标，我们必须建立保护大家共同受益的规则。我们都明白大多数人都渴望能有互助、礼让、有效、诚实的工作环境。为此我们相信本手册将会帮助你做到这一点。
你的直属上司是你工作的主要指导人，他（她）将负责你的训练、工作安排及你的个人发展。当你在工作上有疑问或遇到困难时，请首先与你的直属上司沟通，当他（她）无法帮你

Point 2 设置正文的段落格式

在输入员工手册的相关内容时，所有文本均为左对齐，按照规则需要将每段设置首行缩进两个字符，还要根据版式需要对行与行之间的距离进行设置。下面介绍具体操作方法。

1

将光标定位在正文中需要设置段落缩进的文本中，切换至“开始”选项卡，单击“段落”选项组的对话框启动器按钮。

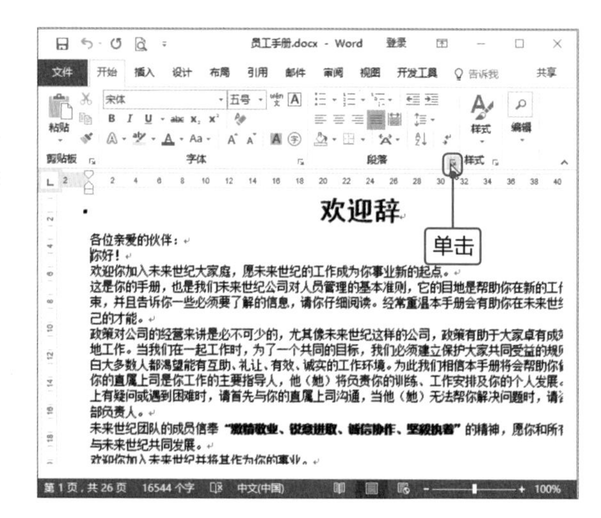

2

打开“段落”对话框，切换至“缩进和间距”选项卡，在“缩进”选项区域设置缩进方式，这里设置“左侧”缩进2字符，单击“确定”按钮，即可完成左缩进两个字符的操作。

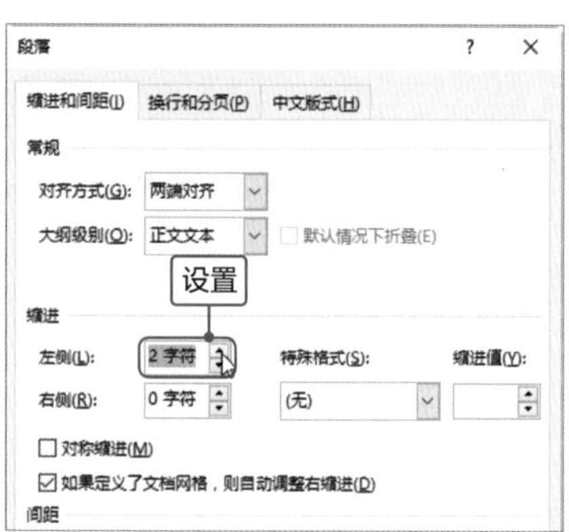

Tips 快速设置缩进

将光标定位在需要设置段落缩进的文本中，在“开始”选项卡的“段落”选项组中单击“增加缩进量”或“减少缩进量”按钮，也可以进行相应的段落缩进操作。

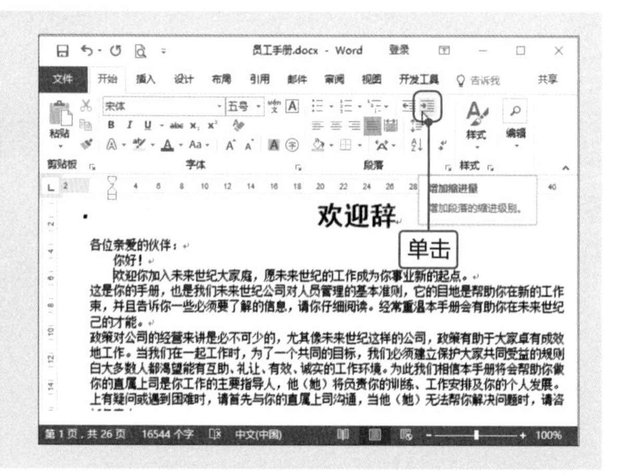

3

将光标定位在需要设置首行缩进的段落中，在“开始”选项卡下单击“段落”选项组中的“增加缩进量”按钮，可以看到整个段落都向右缩进了，这不符合我们的要求。

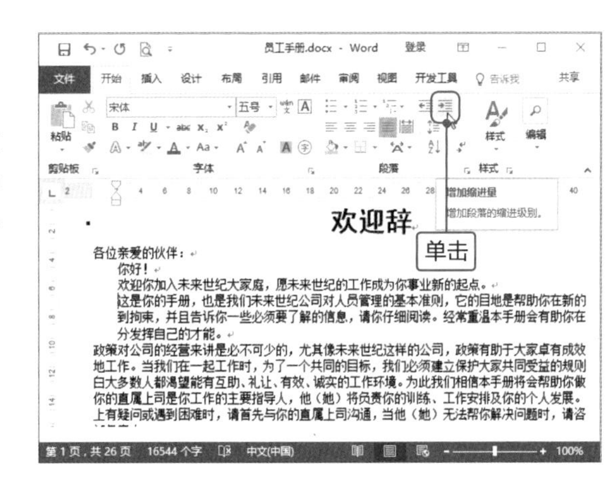

4

按下Ctrl+Z组合键撤销上一步的操作，重新将光标定位到需要设置首行缩进的段落中。单击“开始”选项卡下“段落”选项组的对话框启动器按钮，打开“段落”对话框的“缩进和间距”选项卡，然后在“缩进”选项区域中单击“特殊格式”下三角按钮，在列表中选择“首行缩进”选项，并设置“缩进值”为2字符。

5

单击“确定”按钮，返回文档，可以看到设置后的首行缩进效果。

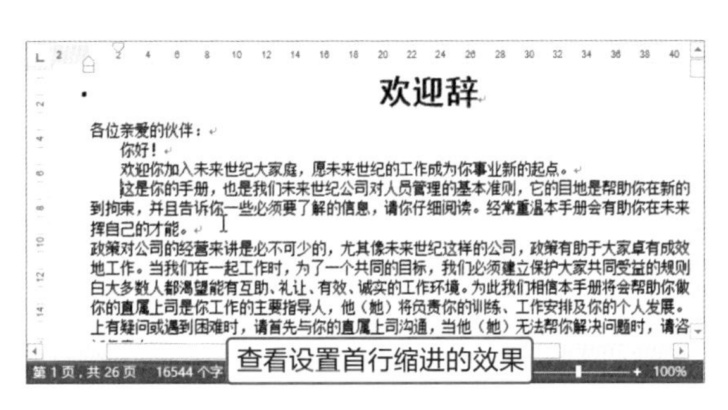

6

按照相同的方法将所有段落都设置首行缩进2字符。然后选择第一页落款处的企业名称和日期，单击“段落”选项组中的“右对齐”按钮。

欢迎辞

各位亲爱的伙伴：

　　你好！

　　欢迎你加入未来世纪大家庭，愿未来世纪的工作成为你事业新的起点。

　　这是你的手册，也是我们未来世纪公司对人员管理的基本准则，它的目地是帮助你在新的工作中不感到拘束，并且告诉你一些必须了解的信息，请你仔细阅读。经常重温本手册会有助你在未来世纪充分发挥自己的才能。

　　政策对公司的经营来讲是必不可少的，尤其像未来世纪这样的公司，政策有助于大家卓有成效、井井有条地工作。当我们在一起工作时，为了一个共同的目标，我们必须建立保护大家共同受益的规则。我们都明白大多数人都渴望能有互助、礼让、有效、诚实的工作环境。为此我们相信本手册将会帮助你做到这一点。

　　你的直属上司是你工作的主要指导人，他（她）将负责你的训练、工作安排及你的个人发展。当你在工作上有疑问或遇到困难时，请首先与你的直属上司沟通，当他（她）无法帮你解决问题时，请咨询公司行政部负责人。

　　未来世纪团队的成员信奉“激情敬业、锐意进取、诚信协作、坚毅执着”的精神，愿你和所有的伙伴一起与未来世纪共同发展。

　　欢迎你加入未来世纪并将其作为你的事业。

祝：工作愉快、事业成功！

北京未来世纪贸易有限公司
总经理:XXXXXX
二〇一七年十一月

查看效果

7

选中需要设置行距和段落间距的文本，在“开始”选项卡的“段落”选项组中，单击“行和段落间距”下拉按钮，在展开的列表中选择所需的间距值选项即可。

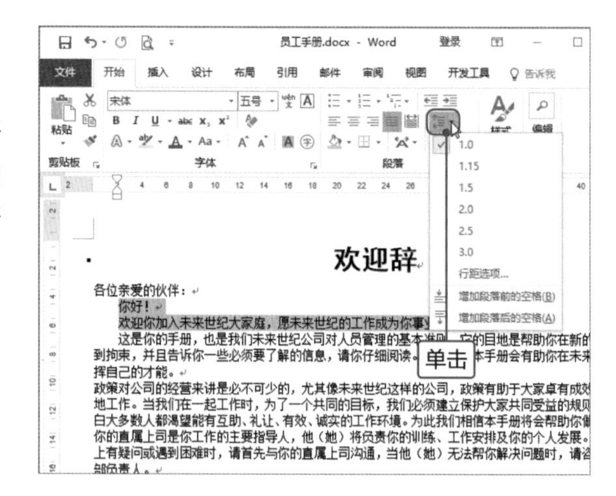

8

若需要增加段前或段后的空格，则在“行和段落间距”列表中选择“增加段落前的空格”或“增加段落后的空格”选项即可。

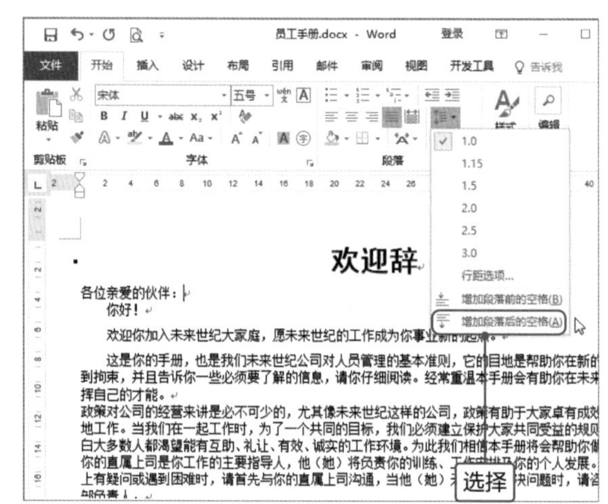

Tips 对行距与段落间距进行更多设置

也可以选中要设置行距和段落间距的文本，打开“段落”对话框的“缩进和间距”选择卡，在“间距”选项区域中对行距与段落间距参数进行更详细的设置。

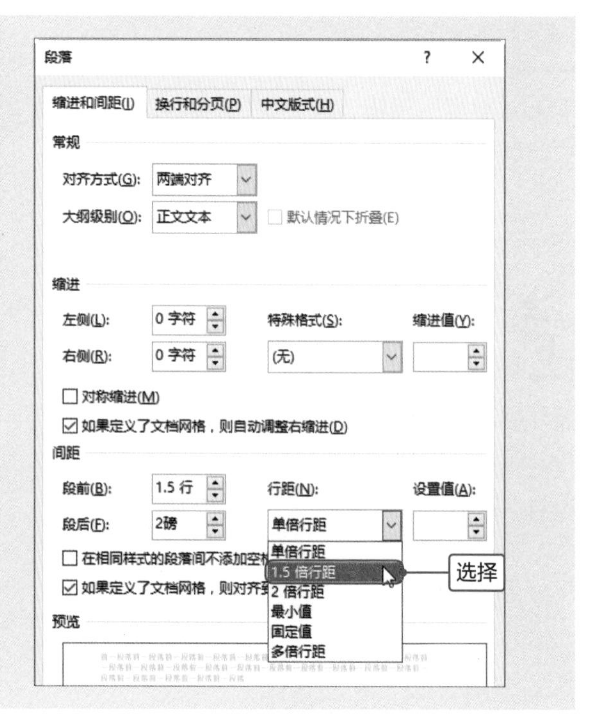

Point 3 设置段落的换行与分页

通常情况下，Word会在输入、排版文本或增加、删除文本时自动设置分页，但自动分页有时会使一个段落的第一行标题排在页面的最下面一行，或使一个段落的最后一行出现在下一页的顶部。为了保持段落的完整性，并获得更完美的外观效果，可以通过设置“换行与分页”条件来控制分页。

1

将光标定位在“第一章　总则”文本的左侧，切换至“开始”选项卡，单击“段落”选项组的对话框启动器按钮。

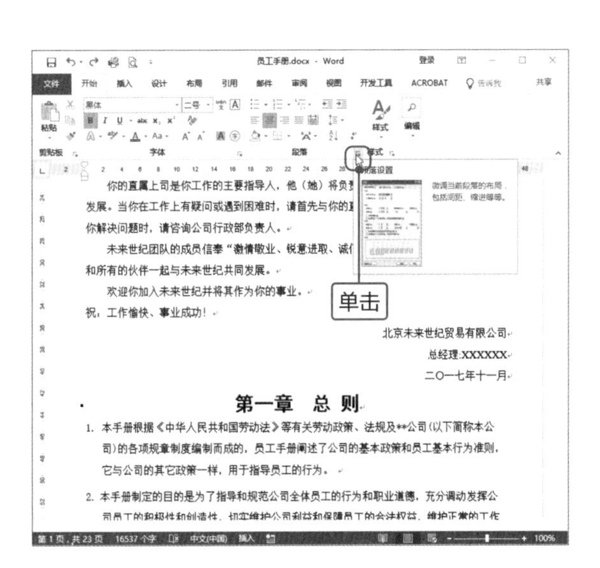

Tips 分页的原因

在员工手册中，有的章的名称在页面的下方，整体版式不整齐、不美观，要求将所有章的名称都调整到页面的上方。

2

打开“段落”对话框，切换至“换行和分页”选项卡，在“分页”选项区域中勾选“段前分布”复选框，单击“确定”按钮。

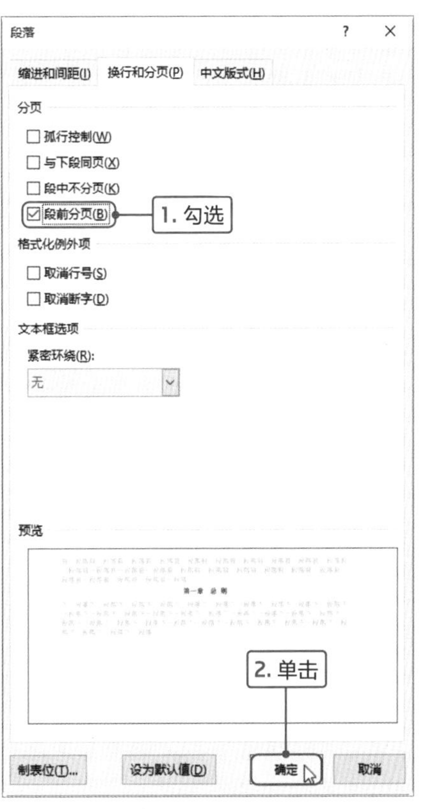

Tips “分页”选区各复选框的含义

- **孤行控制：** 该复选框会使Word自动调整分页，以避免将段落的第一行留在上页，或将段落的最后一行推至下一页。
- **与下段同页：** 该复选框可使当前段落与下一段落共处于同一页中。
- **段中不分页：** 该复选框会使一个段落的所有行共处于同一页中，中间不得分页。
- **段前分页：** 该复选框可以使当前段落排在新页的开头位置。

3

操作完成后，第一章的名称自动移至第2页的开头。按照相同的方法设置其他章的名称，查看效果。

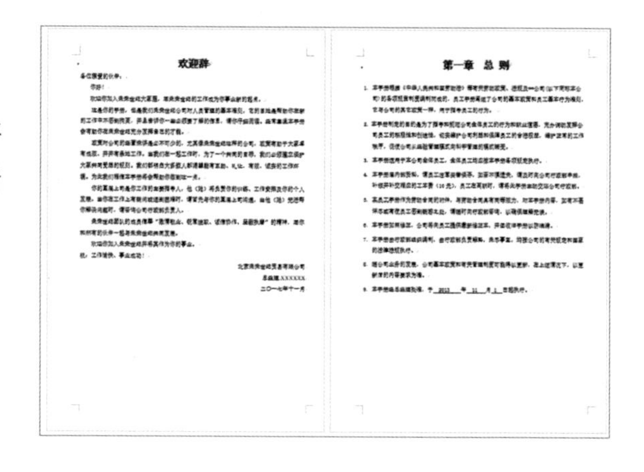

4

当文档中出现一段文字的最后一行排在下页，此时可以将光标定位在该行，然后单击“段落”选项组的对话框启动器按钮。

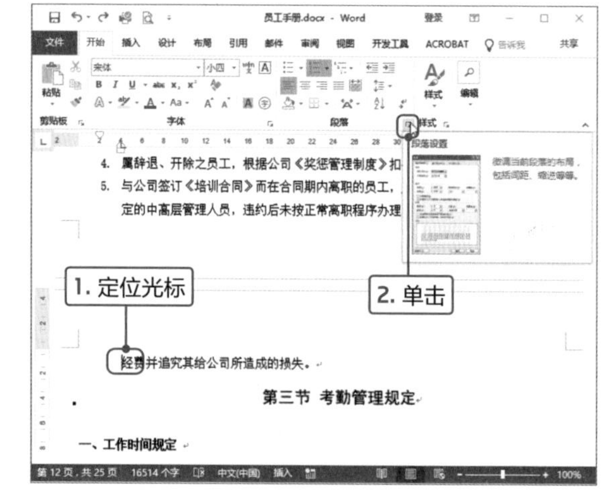

5

在打开的“段落”对话框中，切换至“换行和分页”选项卡，在“分页”选项区域中勾选“孤行控制”复选框，然后单击“确定”按钮。

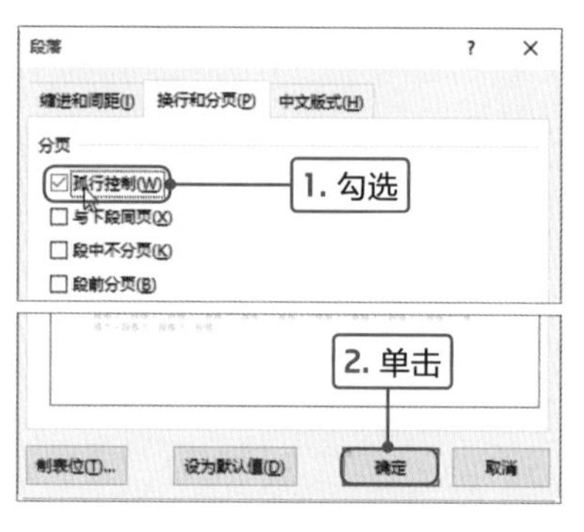

6

操作完成后，返回文档中可见该行所在的段落整体移至下一页，查看效果。

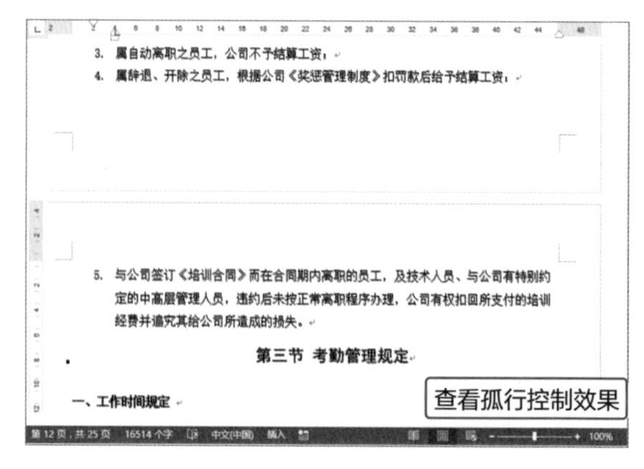

Point 4 插入封面

Word 2016提供了16种预设封面效果，可以直接套用，然后修改相关数据信息即可。下面介绍具体操作方法。

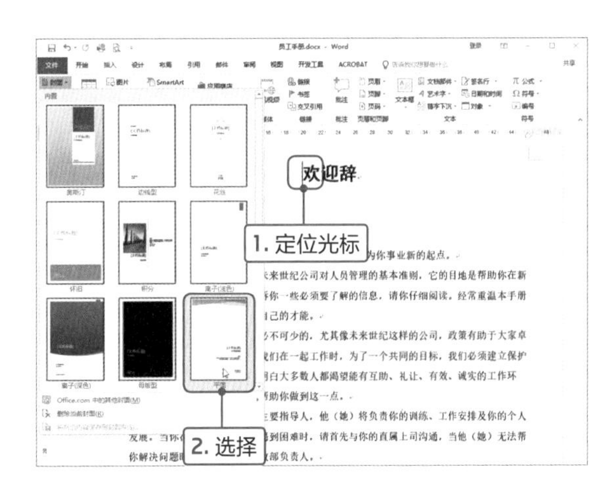

1

将光标移至“欢迎辞”左侧，切换至“插入”选项卡，单击“页面”选项组中“封面”下三角按钮，在列表中选择“平面”选项。

2

在光标所在位置的前面插入一页选中的封面模板，在封面中修改相关信息，并设置文本的格式即可。

Tips 删除封面

如果不需要插入的封面，切换至“插入”选项卡，单击“页面”选项组中的“封面”下三角按钮，在列表中选择“删除当前封面”选项即可。

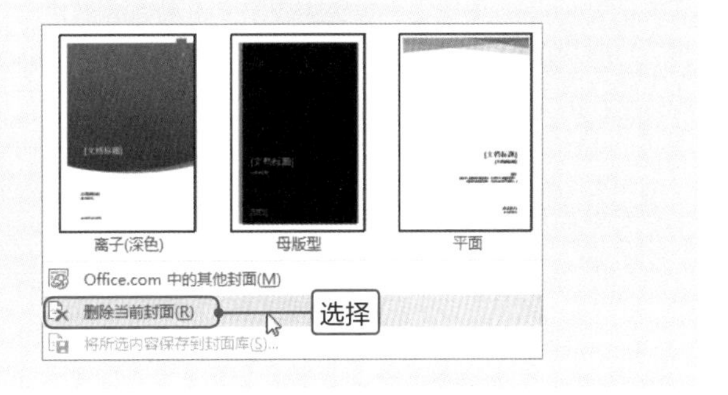

Point 5 插入页眉和页脚

在Word中编辑文档时，可以添加页眉和页脚，在页眉中可以输入企业名称或插入Logo标志，在页脚中可以插入日期、页码等。插入页眉和页脚后再进行美化处理，可以起到美化文档的效果。下面介绍具体操作方法。

1

将光标定位在文档中，切换至“插入”选项卡，单击“页眉和页脚”选项组中的“页眉”下三角按钮，在列表中选择“运动型（奇数页）”选项。

2

操作完成后，每页的页眉均处于可编辑状态，切换至“页眉和页脚工具-设计”选项卡，在“选项”选项组中勾选“奇偶页不同”复选框，然后在奇数页页眉中编辑文字，并设置文字的格式。

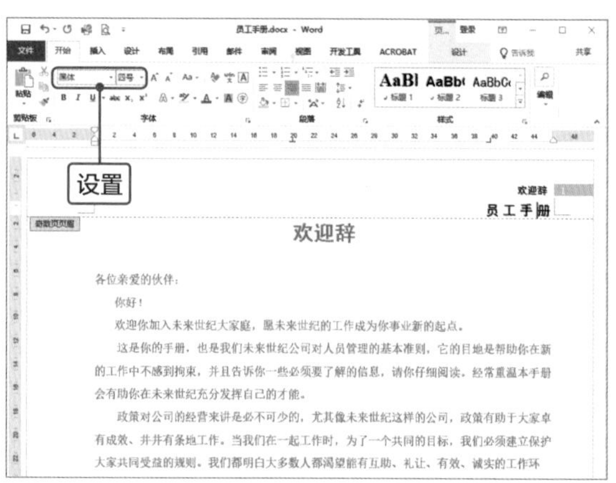

3

奇数页设置完成后，切换至偶数页的页眉，切换至“页眉和页脚工具-设计”选项卡，单击“插入”选项组中的“图片”按钮。

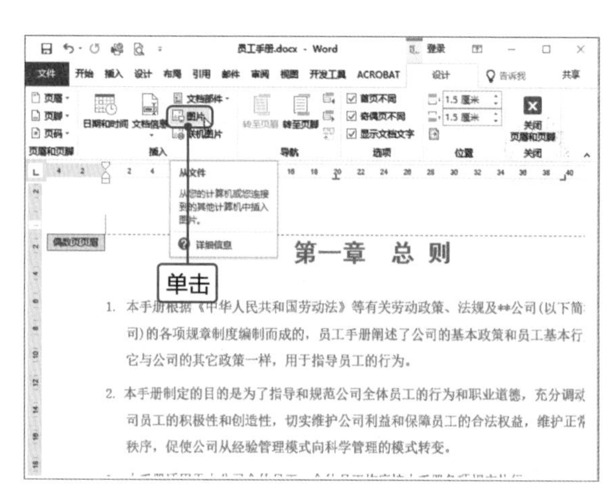

4

打开“插入图片”对话框，打开企业Logo所在的文件夹，选中“LOGO.png”图片，然后单击“插入”按钮。

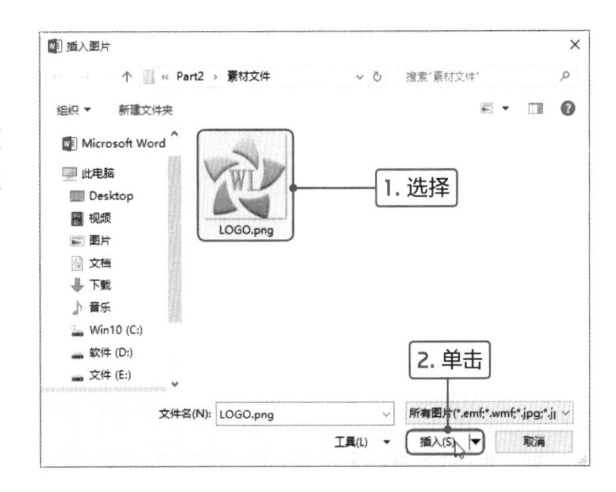

5

在页眉插入LOGO图片，设置图片浮于文字上方，适当缩小图片，并放在合适的位置，然后在页眉中间输入公司名称，并设置字体格式。

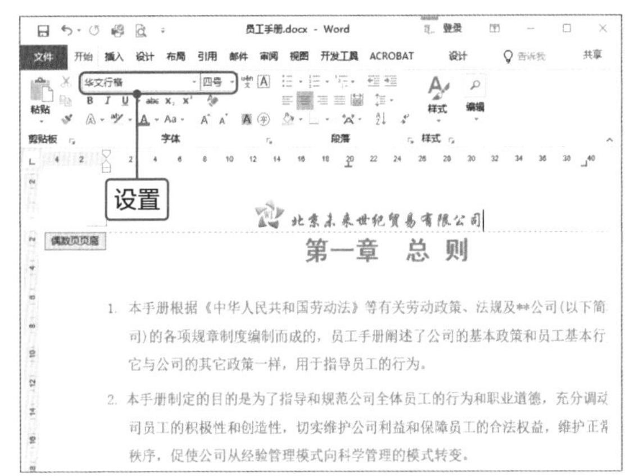

6

切换至“页眉和页脚工具-设计”选项卡，单击“关闭”选项组中的“关闭页眉和页脚”按钮，即可退出页眉的编辑。可以查看设置奇偶页页眉不同的效果。

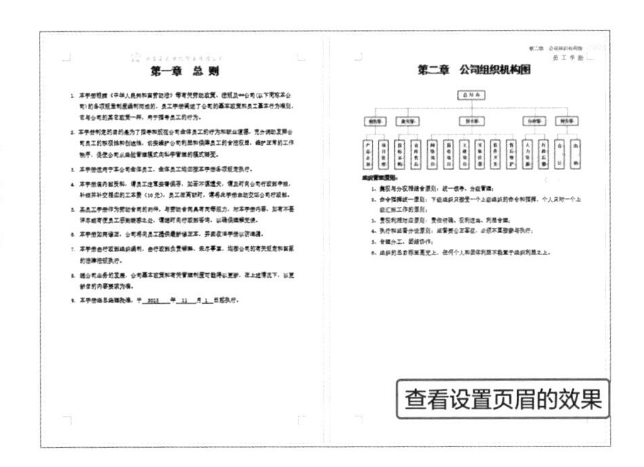

7

单击“页眉和页脚”选项组中的“页码”下三角按钮，在列表中选择“页面底端>加粗显示的数字2”选项。

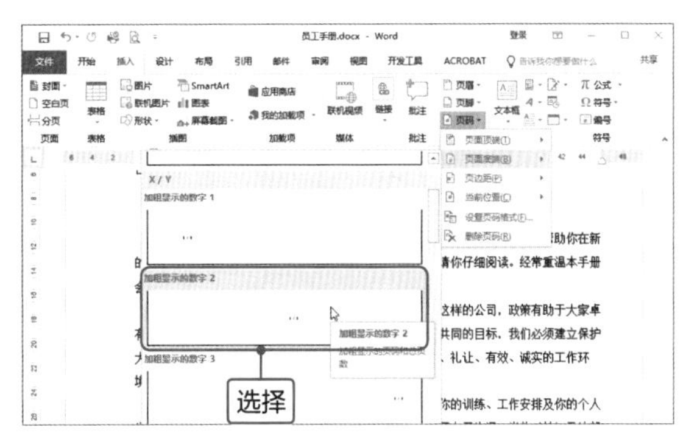

8

返回文档中可见在文档底部显示当前页码和总页码。切换至“插入”选项卡，单击“插图”选项组中的“形状”下三角按钮，选择合适的形状，在文档中绘制。

9

设置形状为浮于文字上方，切换至“绘图工具-格式”选项卡，在“形状样式”选项组中单击“形状填充”下三角按钮，在列表中选择浅绿色，在“形状轮廓”列表中选择橙色，然后将其移至页码上方。

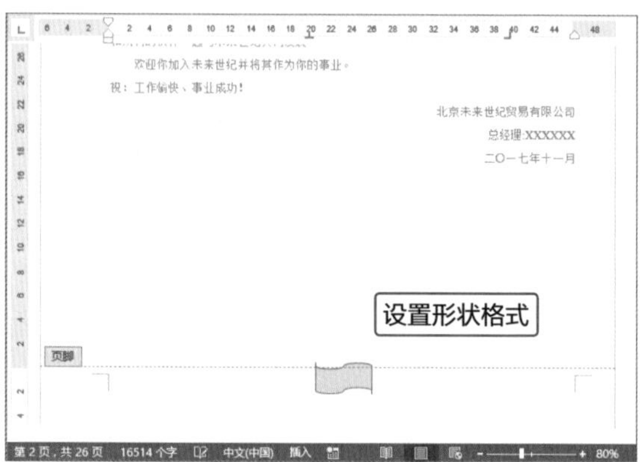

10

单击“排列”选项组中的“下移一层”下三角按钮，在列表中选择“衬于文字下方”选项。

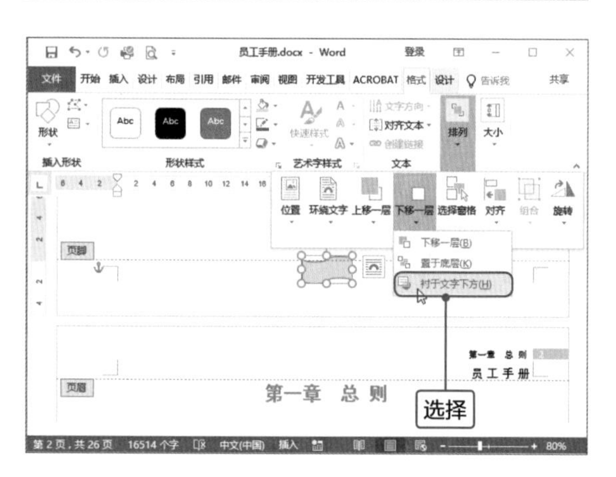

Tips **设置奇偶不同的页码**

如果想在奇偶页设置不同的页码样式，和设置奇偶页不同的页眉操作相似。进入页码编辑状态后，在“页眉和页脚工具-设计”选项卡中，勾选“选项”选项组中“奇偶页不同”复选框，然后分别设置即可。

11

单击“关闭”选项组中的“关闭页眉和页脚”按钮，查看设置页眉和页脚的效果。至此，本案例制作完成，查看最终效果。

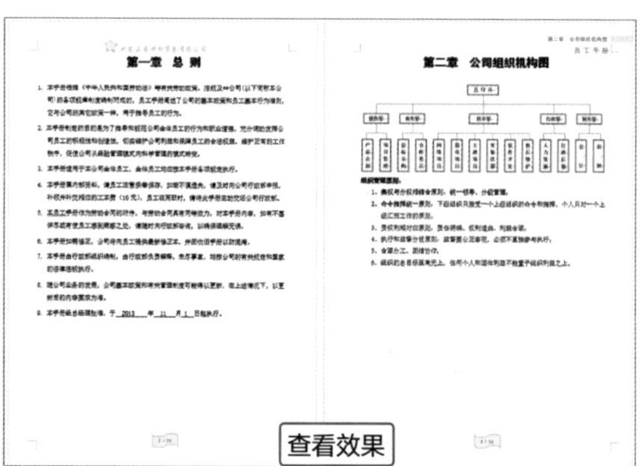

高效办公

创建样式

除了可以为文本应用内置的样式，还可以根据需要将自定义的文本格式保存到快速样式库中，下次单击即可直接使用该样式。下面介绍具体方法。

步骤01 选中需要将其保存为样式的文本，在“样式”下拉列表中选择“创建样式”选项。

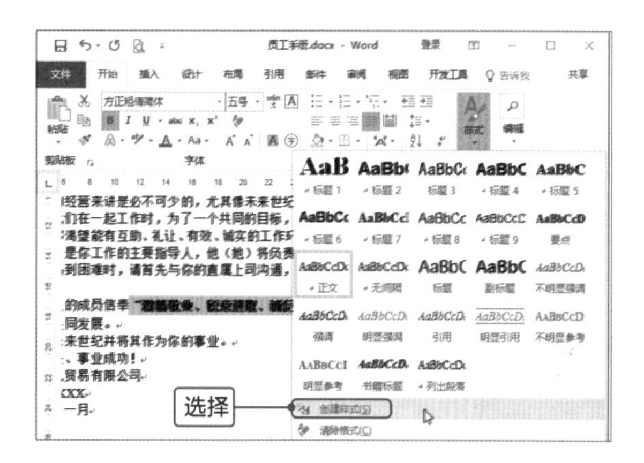

步骤02 打开“根据格式化创建新样式”对话框，可以在“名称”文本框中对新建的样式进行命名，单击“确定”按钮。

还可以根据需要单击该对话框中的“修改”按钮，在打开的“根据格式设置创建新样式”扩展对话框中修改文本的相关属性和格式。

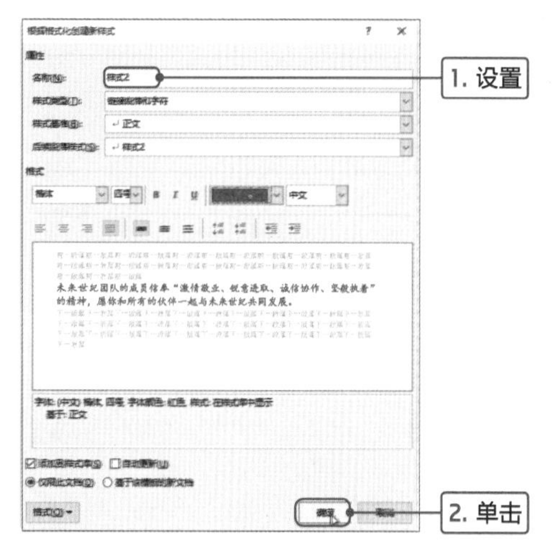

步骤03 返回文档，再次单击“样式”下三角按钮，即可看到刚刚创建的样式2。

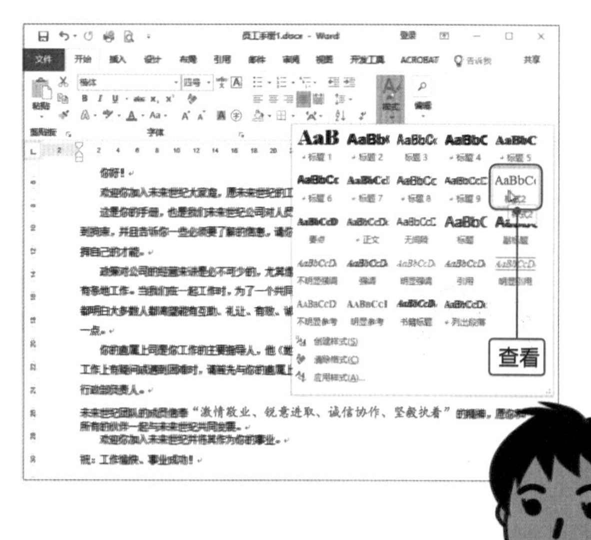

文档页面
设置篇

制作精美的邀请函正文

企业不但为新员工进行入职培训，还会为全体员工提供培训和学习的机会，会邀请著名的讲师或行业里知名人士为员工进行讲课，员工不断进步，企业才能更快、更好地发展。历历哥计划邀请一位著名的讲师以“如何做一个优秀的员工”为主题为员工进行培训，于是他安排小蔡制作一份邀请函向讲师发出邀请，以示对讲师的尊重。小蔡查阅了邀请函的行文规范，一般由标题、称谓、正文、落款组成，写作时语言要简洁明了，不失礼貌，然后开始了邀请函的制作。

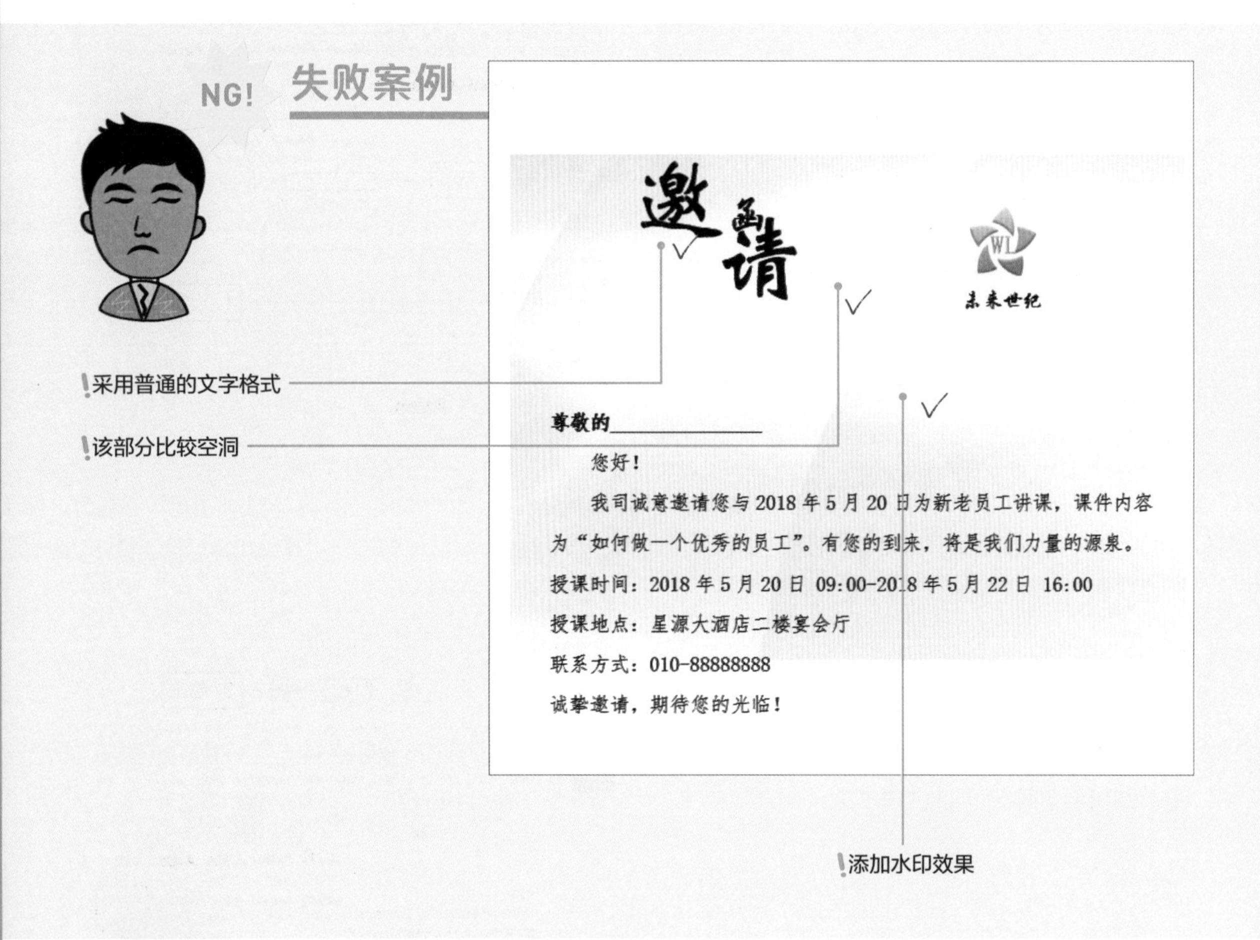

在制作邀请函时，首先“邀请函”这几个文字采用普通的文字格式，效果平淡；“邀请函”和Logo之间太空洞，像是完全隔离的两部分；为文档添加了图片水印效果，但只占据页面中间位置，比较窘迫。

MISSION! 3

邀请函也是企业经常使用的文档之一，需要邀请合作伙伴参加活动、邀请著名讲师为公司员工培训等，都需要发送邀请函。本案例只介绍制作邀请函的正文部分，主要使用到页眉页脚、插入图片等功能。

成功案例

OK!

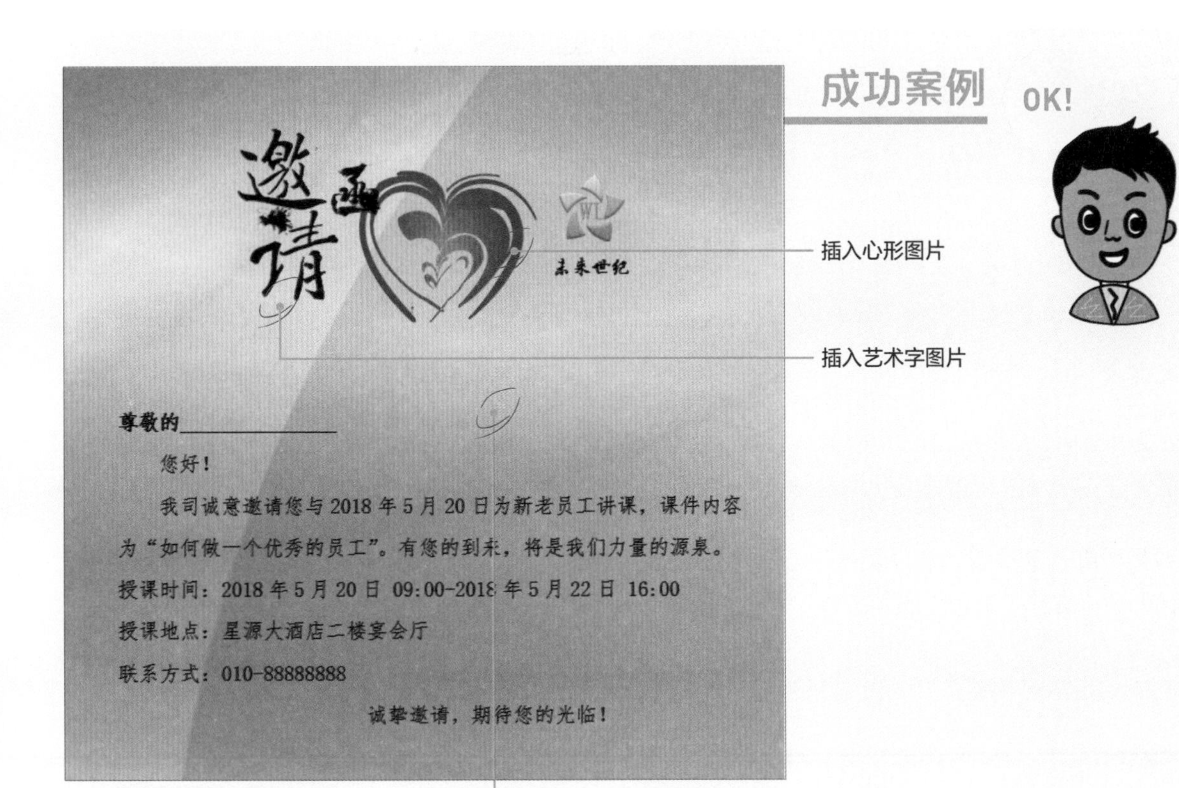

小蔡将邀请函进一步修改后，他使用艺术字效果的“邀请函”文本，起到美化文档作用；在“邀请函”文本和Logo之间插入心形图片，这样可以将独立的两部分连接起来；通过页眉功能让水印图片充满整个页面。

Point 1 制作水印效果

在文档编辑过程中，为了突显文档的特殊性和专用性，可以为其添加水印效果。在文档中插入水印，可以增强文档的识别性，一般是插入某种特别文本或企业Logo等图片。下面介绍具体操作方法。

1

打开Word文档，另存为“邀请函正文”，切换至“布局”选项卡，单击“页面设置”选项组的对话框启动器按钮，在打开的对话框中设置上、下、左、右的页边距均为“3厘米”，设置“纸张大小”为“25厘米×25厘米”，单击“确定”按钮。

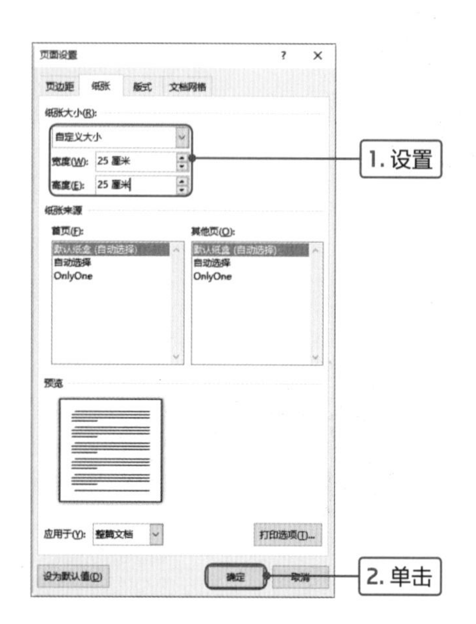

2

返回文档，切换至“插入”选项卡，单击“页眉和页脚”选项组中的“页眉”下三角按钮，在列表中选择“编辑页眉”选项。

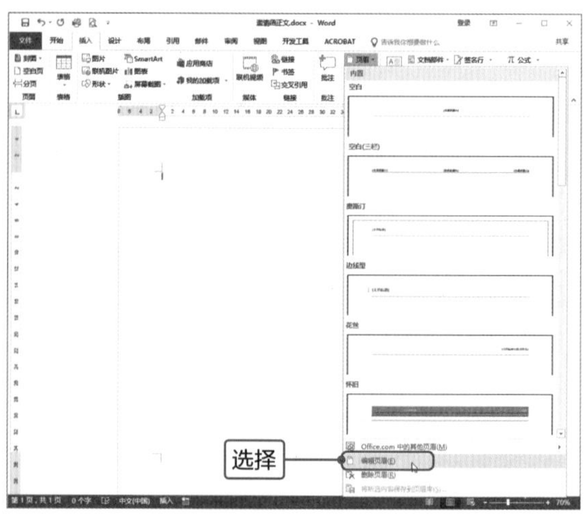

3

切换至“页眉和页脚工具-设计”选项卡，在“插入”选项组中单击“图片”按钮。

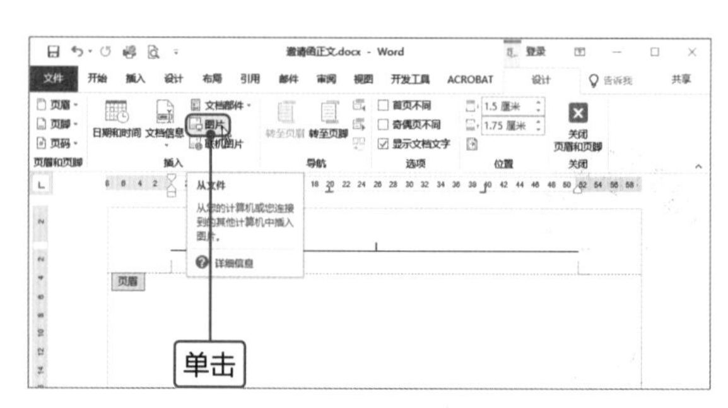

4

打开“插入图片”对话框，选择“背景.jpg”图片，单击“插入”按钮。

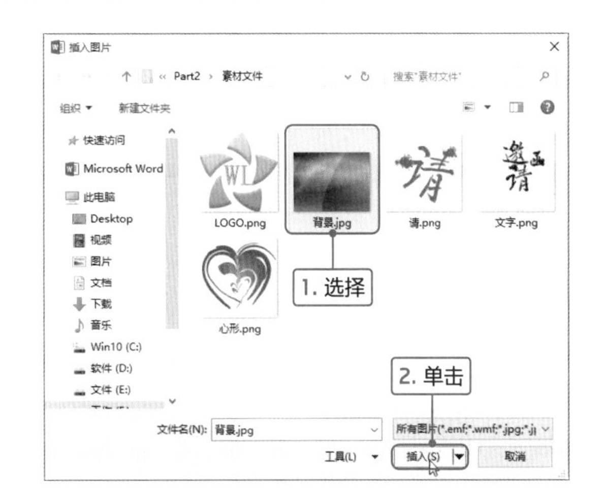

5

设置插入的图片浮于文字上方，适当调整图片大小，切换至“图片工具-格式”选项卡，单击“大小”选项组中的“裁剪”按钮，对图片适当修剪，使用图片充满页面。

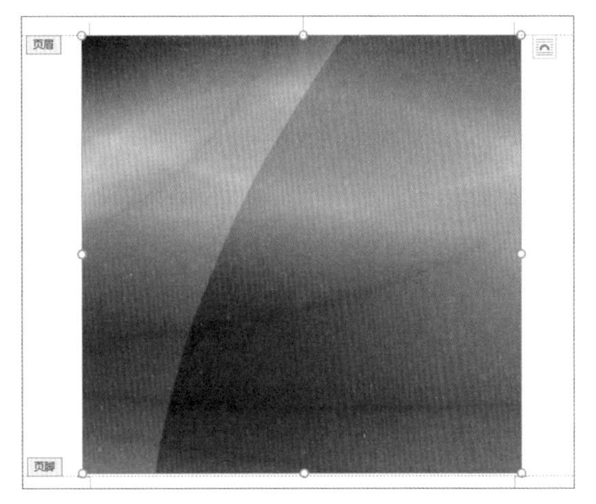

6

切换至“页眉和页脚工具-设计”选项卡，单击“关闭”选项组中的“关闭页眉和页脚”按钮，即可完成水印效果的设置。

Tips **功能区设置水印**

除上述方法，还可以在功能区中设置水印，切换至“设计”选项卡，单击“页面背景”选项组中的“水印”下三角按钮，在列表中选择相应的选项即可。这里之所以不使用功能区水印是因为效果需要。

Point 2 插入艺术字和相关图片

在制作邀请函正文时，通过插入艺术字素材和相关图片对文档进行修饰。下面介绍具体操作方法。

1

切换至“插入”选项卡，单击“插图”选项组中的“图片”按钮，在打开的对话框中选择“文字.png”素材，单击“插入”按钮。

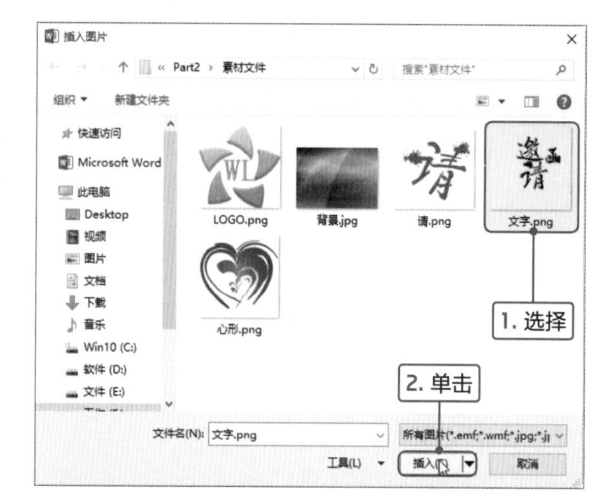

2

返回文档中，将插入的图片设置为浮于文字上方，然后适当缩小插入的图片并将其移至上方合适的位置。

Tips 艺术字的收集和下载

平时养成收集艺术字体或元素的习惯，也可以从网上下载好看的字体和装饰元素，以便随时取用。

3

按照相同的方法插入心形和企业Logo图片，适当调整大小放在合适的位置。在“图片工具-格式”选项卡的“排列”选项组中单击“下移一层”或“上移一层”按钮，调整图片顺序，查看效果。

Point 3 输入正文内容

邀请函的正文要简明扼要地介绍发出邀请的原因及要达到的目的，并注明时间、地点、联系方式等。下面介绍具体操作方法。

1

切换至“插入”选项卡，单击“文本”选项组中的“文本框”下三角按钮，在下拉列表中选择“绘制横排文本框”选项。

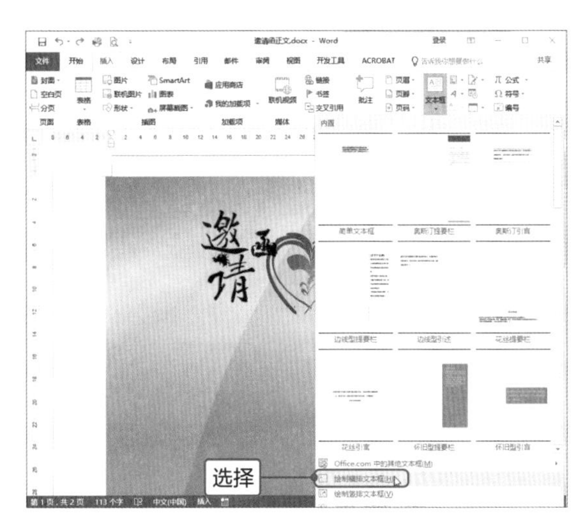

2

光标变为十字形状，在Logo下方绘制文本框，然后输入“未来世纪”文本，然后在“字体”选项组中设置字体为“华文行楷”，字号为“小三”。

3

选中文本框，切换至“绘图工具-格式”选项卡，单击“形状样式”选项组中“形状填充”下三角按钮，在列表中选择“无填充”，单击“形状轮廓”下三角按钮，选择“无轮廓”选项。

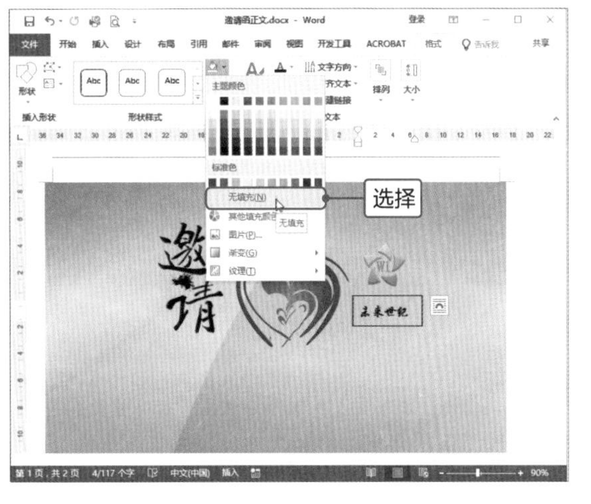

4

将光标移至文档的中间部分，然后输入邀请函的正文文本，需要将理由、时间、地点、称呼和联系方式描述清楚。

5

分别设置文本的字体格式和缩进字符等，至此，邀请函正文设计完成，查看最终效果。

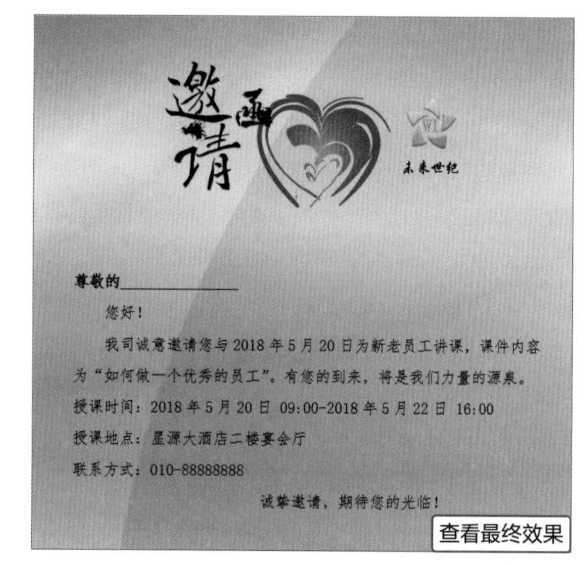

Tips 为文档应用主题

Word中内置了30多种主题，可以为文档应用主题样式进行美化。切换至“设计”选项卡，单击“文档格式”选项组中的“主题”下三角按钮，在列表中选择合适主题即可。

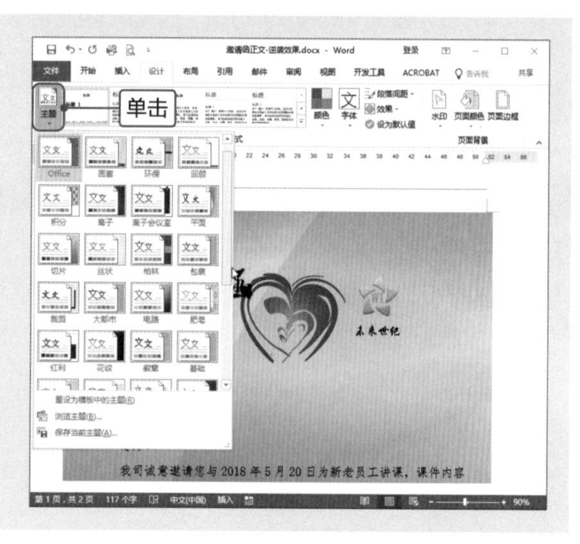

高效办公

为文档添加文字水印效果

在编辑文档时，如果某些文件比较重要，或者属于机密文件，或是仅限内容传阅的等，可以为文档添加文字水印效果。下面介绍具体操作。

步骤01 打开“为文档添加文字水印效果”文档，切换至“设计”选项卡，单击“页面背景”选项组中的“水印”下三角按钮，在列表中选择“自定义水印”选项。

步骤02 打开“水印”对话框，选中“文字水印”单选按钮，单击“文字”下三角按钮，在列表中选择“公司绝密”选项，然后设置字体为“华文楷体”，颜色为“红色”，单击“应用”按钮，查看效果，满意后单击“关闭”按钮。

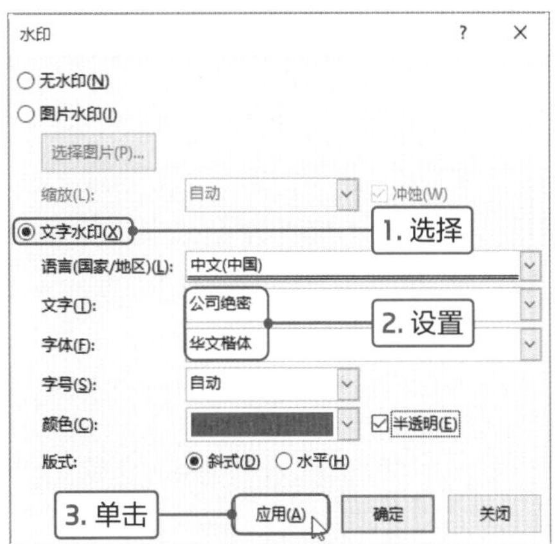

Tips 添加图片水印

在“水印”对话框中选中“图片水印”单选按钮，然后单击“选择图片”按钮，逐步操作即可插入图片水印。这种方法只能在文档中间插入，不能充满页面。

步骤03 返回文档，可见在文档的每张页面的中间显示设置的文字水印，查看效果。

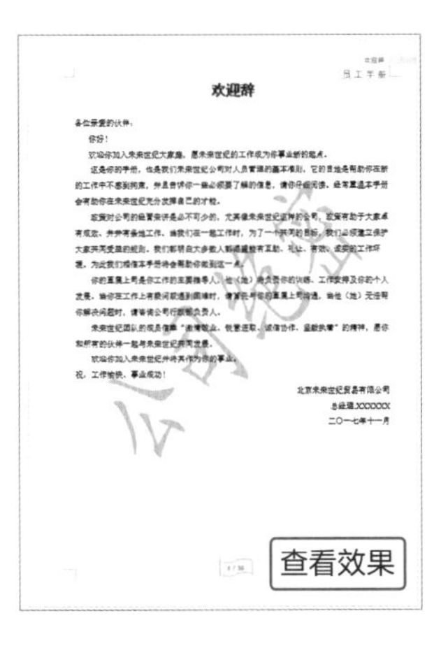

Tips 清除水印

如果需要清除水印，单击“水印”下三角按钮，在列表中选择“删除水印”选项，或者在“水印”对话框中选中“无水印”单选按钮。

菜鸟加油站

文档排版与添加页码

● 将文字垂直显示

在Word中输入文字，默认情况下是水平方式排版的，我们也可以根据需要将文字设置为垂直显示，具体操作如下。

步骤01 打开“古朗月行”文档，切换至“布局”选项卡，单击“页面设置”选项组中的“文字方向”下三角按钮，在列表中选择“垂直”选项，如下左图所示。

步骤02 返回文档中，可见文字为垂直显示，且整个文档为横向显示，查看效果，如下右图所示。

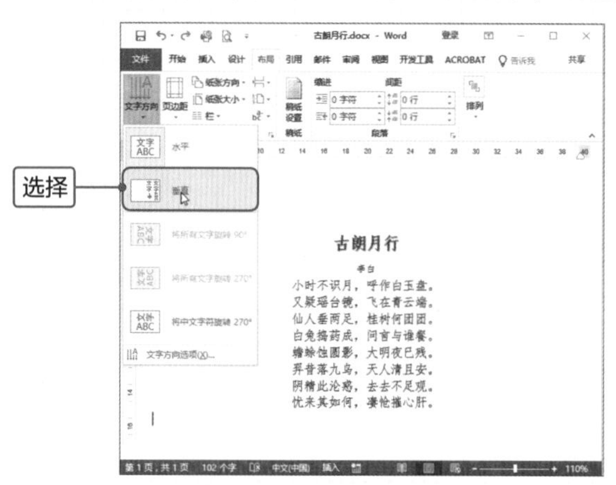

步骤03 也可以通过对话框设置文字方向，单击“文字方向”下三角按钮，在列表中选择“文字方向选项”选项，打开“文字方向-主文档”对话框，在“方向”选项区域中单击需要的版式按钮，然后单击“确定”按钮，如下左图所示。

步骤04 返回文档，可见文字的方向和设置的一样，如下右图所示。

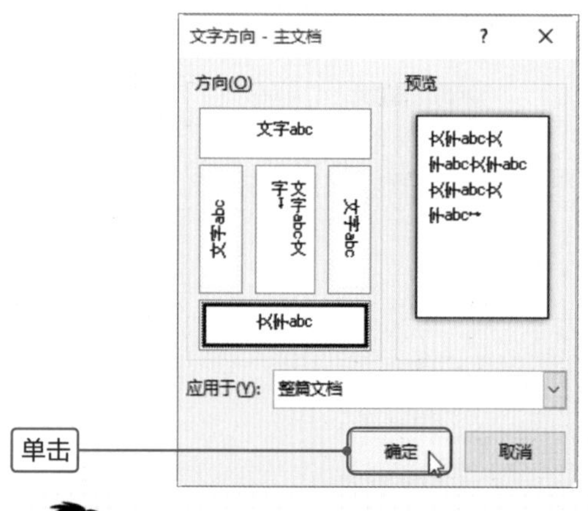

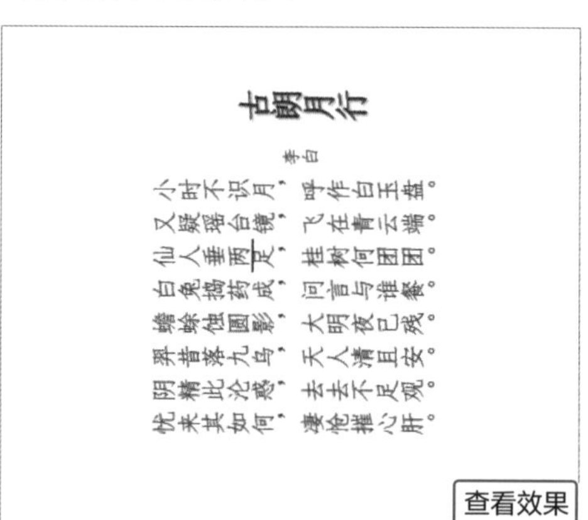

Tips 设置应用于的范围

上面介绍的都是将整篇文档应用相同的文字方向，在“文字方向-主文档”对话框中，单击“应用于”下三角按钮，在列表中包含“整篇文档”和“插入点之后”两个选项，可以根据需要选择合适的选项。如果选择“插入点之后”选项，则在文档中插入点之后的文本应用设置的文字方向，并且插入点之后的文本会在单独页面中显示。

● 纵横混排文字

在编辑文档时，可以通过“纵横混排”功能将文字垂直和水平混合显示。下面介绍具体操作。

步骤01 打开“古朗月行”文档，将文字方向设置为垂直显示，然后选中“古朗月行”文本，切换至“开始”选项卡，单击“段落”选项组中的“中文版式”下三角按钮，在列表中选择“纵横混排”选项，如下左图所示。

步骤02 打开“纵横混排”对话框，勾选“适应行宽”复选框，然后单击“确定”按钮，如下右图所示。

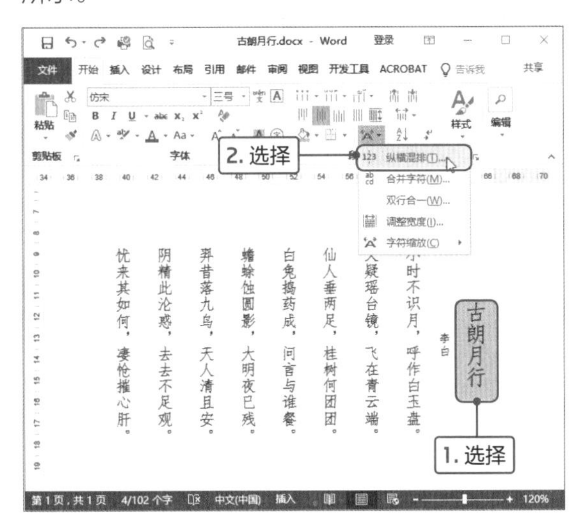

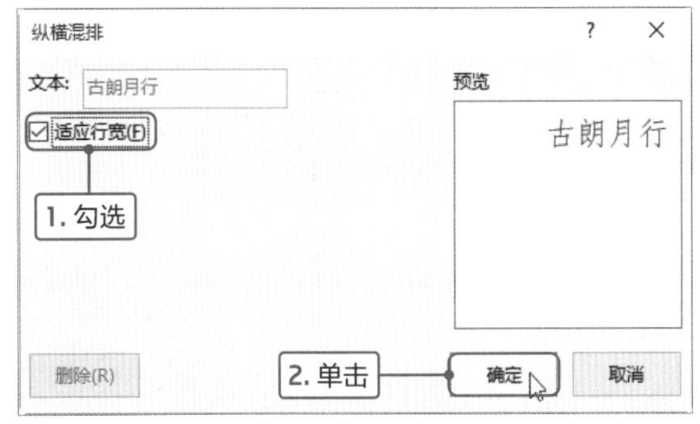

步骤03 返回文档，可见选中的文本为水平排列，其他文本还是垂直排列，如右图所示。

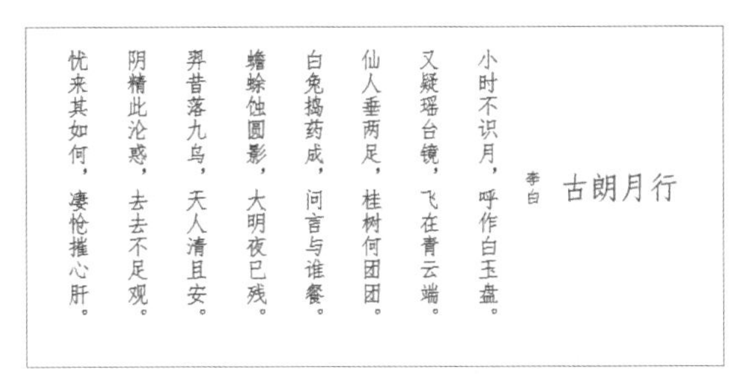

● 双栏显示文档

打开Word软件，输入相关文字，默认为通栏显示，我们可以根据需要设置分栏。下面以双栏形式显示文档为例介绍具体操作方法。

步骤01 打开“双栏显示文档”文档，切换至“布局”选项卡，单击“页面设置”选项组中的“栏”下三角按钮，在列表中选择“更多栏”选项，如右图所示。

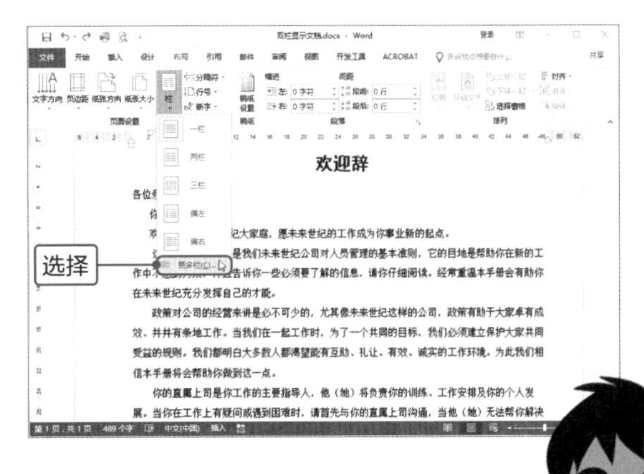

步骤02 打开“栏”对话框，在“预设”选项区域中选择“两栏”，在“宽度和间距”选项区域中设置间距为“1.5字符”，勾选“分隔线”复选框，单击“确定”按钮，如下左图所示。

步骤03 设置完成后返回文档，可见文档分两栏显示，如下右图所示。

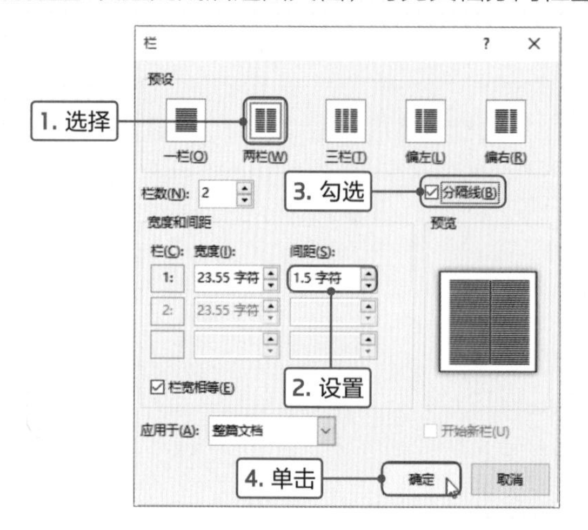

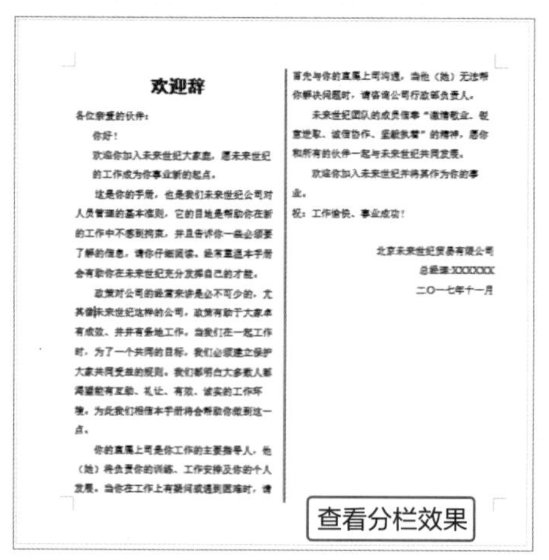

● 多栏混排

在排版文档时，很多情况下需要混排文档，下面介绍具体的操作方法。

步骤01 打开“多栏混排”文档，选择需要分栏的文档，单击“页面设置”选项组中的“栏”下三角按钮，在列表中选择“更多栏”选项，如下左图所示。

步骤02 打开“栏”对话框，在“预设”选项区域中选择“三栏”，设置间距为“1.5字符”，勾选“分隔线”复选框，单击“确定”按钮，如下右图所示。

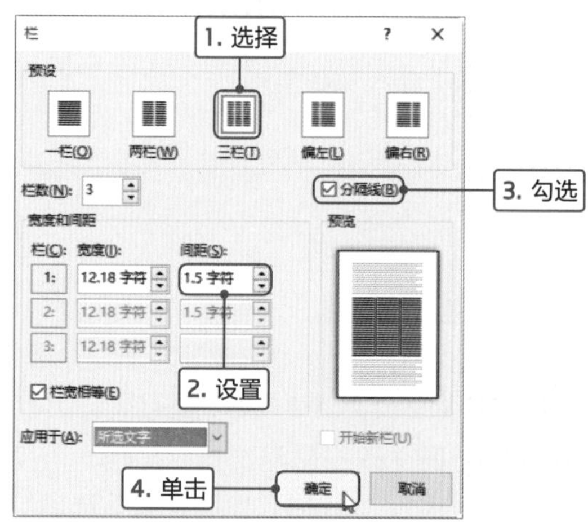

Tips **快速分栏**

选择需要分栏的文档，单击“栏”下三角按钮，在列表中选择“三栏”选项，即可快速分栏，此时分栏之间没有分隔线，栏之间的间距默认2.02字符。

步骤03 返回文档中，可见选中文本被分为三栏，如下图所示。

招 聘 启 事

北京未来世纪贸易有限公司是一个自营式电商企业，现因业务发展，需要招聘软件工程师 5 名，具体要求如下：

职位类型：软件工程师

发布时间：2017 年 11 月 13 日 有效日期：2018 年 03 月 29 日

招聘人数：5 名

薪资范围：4000-7000 元

工作年限：2 年以上

学历要求：本科及以上

岗位职责：

1、参与审计等网络安全相关产品的设计、开发实现及维护；

2、负责客户端相关功能研发和维护；

3、编写研发性文档；

4、负责已有模块性能优化以及新功能的开发；

5、协助部门经理研究新的技术及产品发展方向。

任职要求：

1、精通 C/C++程序设计，有一年以上 Windows 开发经验；

2、了解 Windows 内核运行原理；

3、熟悉多线程编程；

4、熟悉 Windows 驱动程序开发，熟悉文件过滤驱动优先；

5、熟悉 Hook 技术；

6、熟悉网络编程及网络协议（如：TCP/UDP/HTTP/FTP 等）优先；

7、有较强的沟通能力及逻辑思维能力。

联系方式：

联系人：王先生

联系电话：010-575***91

电子邮件：weilanshiji@maoyiyx.com

查看多栏混排效果

● 为分栏文档添加页码

为文档添加页码时，一张页面只有一个页码，那么如何为分栏的页面添加页码呢？下面以为双栏文档添加页码为例介绍具体操作方法。

步骤01 打开“为分栏文档添加页码”文档，可见从第2页开始文档分两栏显示。切换至“插入”选项卡，单击“页眉和页脚”选项组中的“页脚”按钮，在列表中选择“空白”选项，可见在页面中插入一个空白页脚，将其删除，如下左图所示。

步骤02 添加空格将光标移至左栏的中间位置，然后按两次Ctrl+F9组合键，即可在光标处插入两对大括号，如下右图所示。

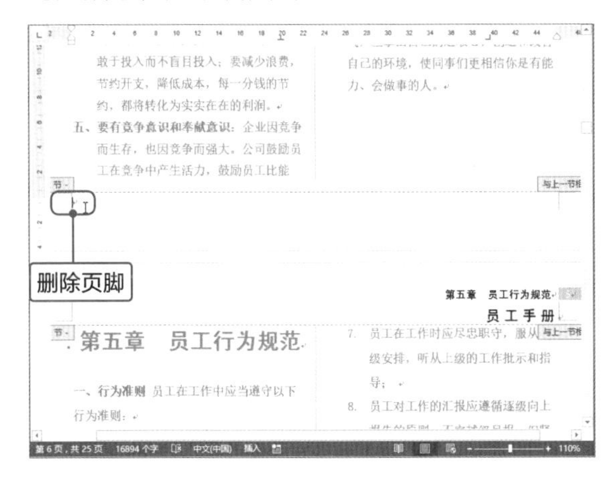

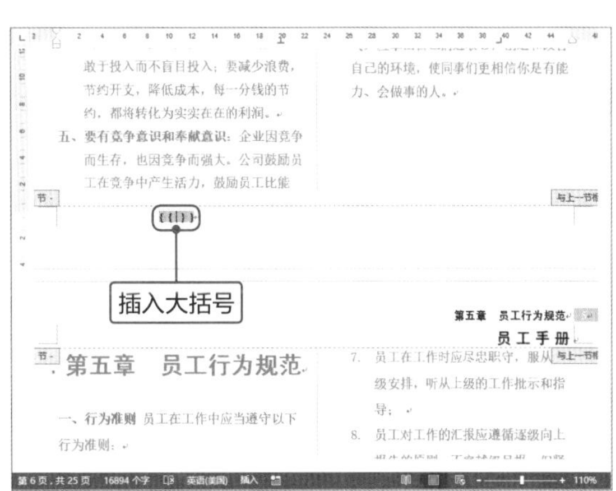

步骤03 删除大括号内的空格，并输入“{={page}*2-1}”，如下左图所示。

步骤04 然后在大括号最左侧输入“第”文字，在最右侧输入“页”文字，左侧页码设置完成，如下右图所示。

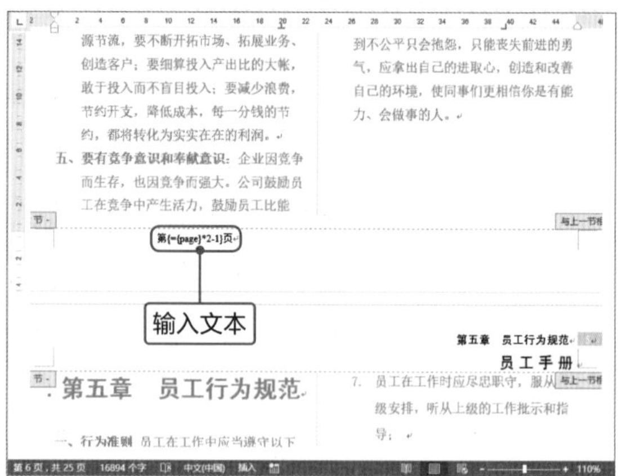

步骤05 通过添加空格的方法将光标移至右侧中间位置，同样按两次Ctrl+F9组合键添加两对大括号，如下左图所示。

步骤06 删除大括号内的所有空格，然后输入“第{={page}*2}页”文本，如下右图所示。

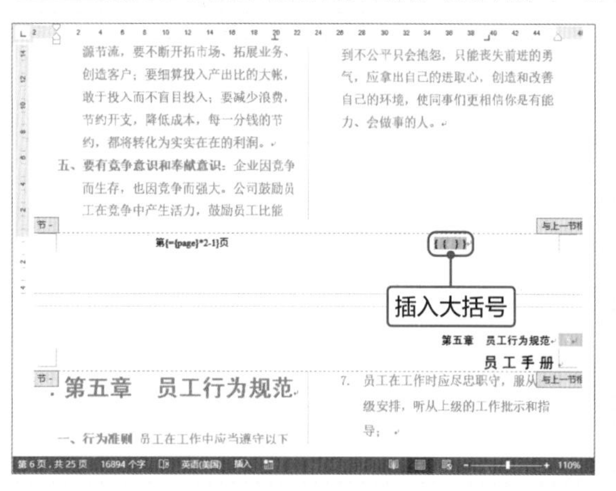

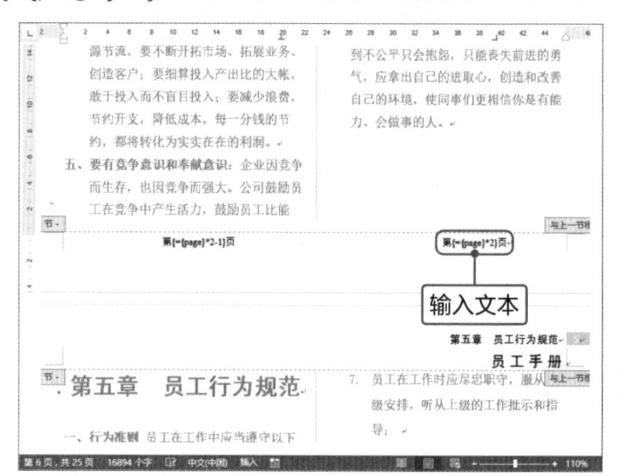

步骤07 选择右侧页脚中的大括号内的字符，然后右击，在快捷菜单中选择“更新域”选项，如下左图所示。

步骤08 按照相同的方法设置左侧页码，更新完成后单击“关闭页眉和页脚”按钮，可见插入两个页码，效果如下右图所示。

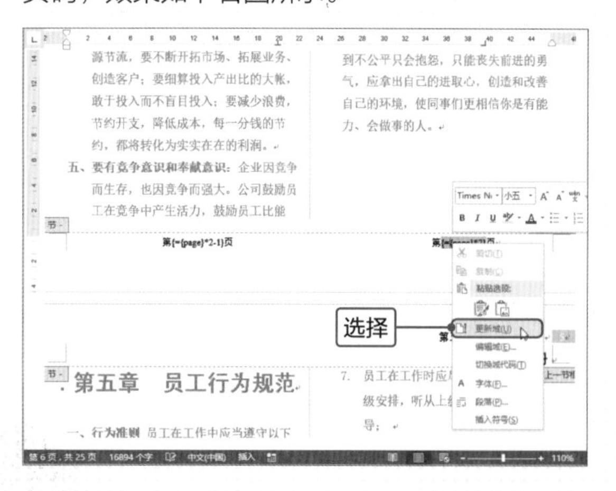

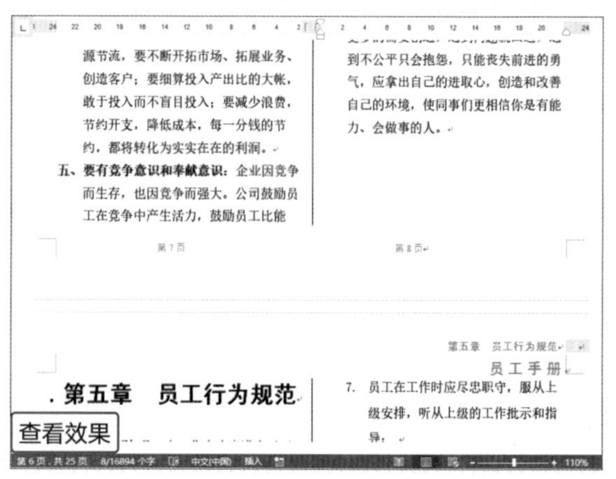

模板的制作篇

在日常办公学习中，经常需要使用Word制作各种文档，如企业合同、红头文件、企业旅游宣传单等，此时如果使用Word提供的模板可以达到事半功倍的效果。若没有合适的模板，也可以将制作好的模板保存为个人模板，以方便下次使用。

本部分以制作红头文件模板和工作证为例介绍模板的设计方法和模板的应用。

模板的制作篇

制作企业红头文件模板

当企业发布某些重要的信息时，会采用红头文件的形式体现此事件的重要性以及权威性。企业使用红头文件时需要统一模版，包括字体、字号、行距等。历历哥每次制作红头文件时都需要在格式上花费大量时间，于是他安排小蔡制作红头文件的模版，以方便下次直接使用。小蔡接受领导下达的任务后，就开始努力工作起来，以求制作出一个完美的红头文件模板。

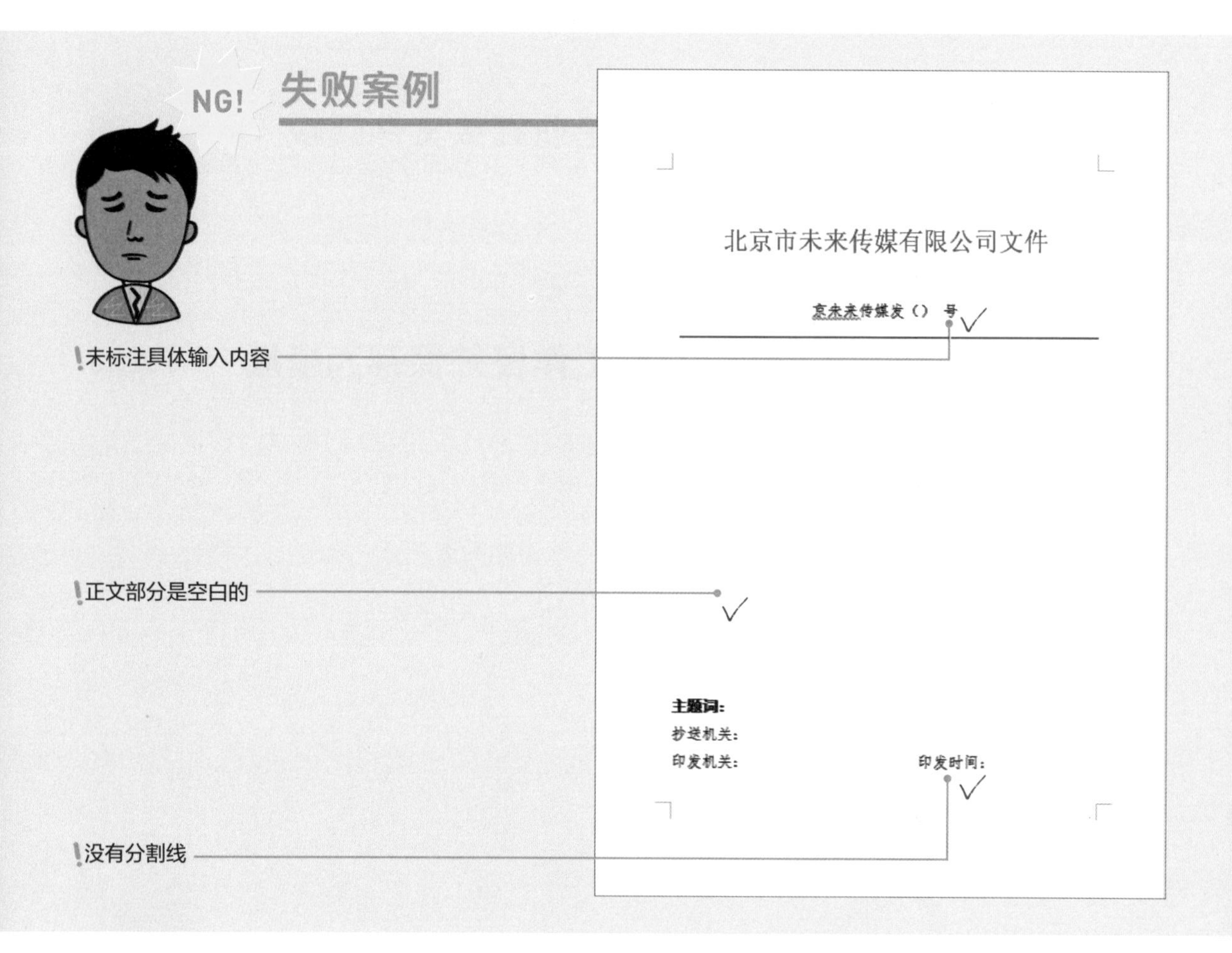

该红头文件模板中整体框架是正确的，局部细节没有设计到位，如在设计文号时未标明文号的输入内容；正文部分是空白的，需要每位发布通知的员工自行设置字体格式、段落格式，可能导致格式不统一；在主题词部分没有添加分割线。

MISSION! 1

红头文件是每个企事业单位经常用到文件之一，它是在向员工或其他人员发布重要通知时使用的。红头文件是带有大红标题和印章的文件，表明该通知的正规化和权威性。该文件使用比较多，下面介绍制作红头文件模板的方法。

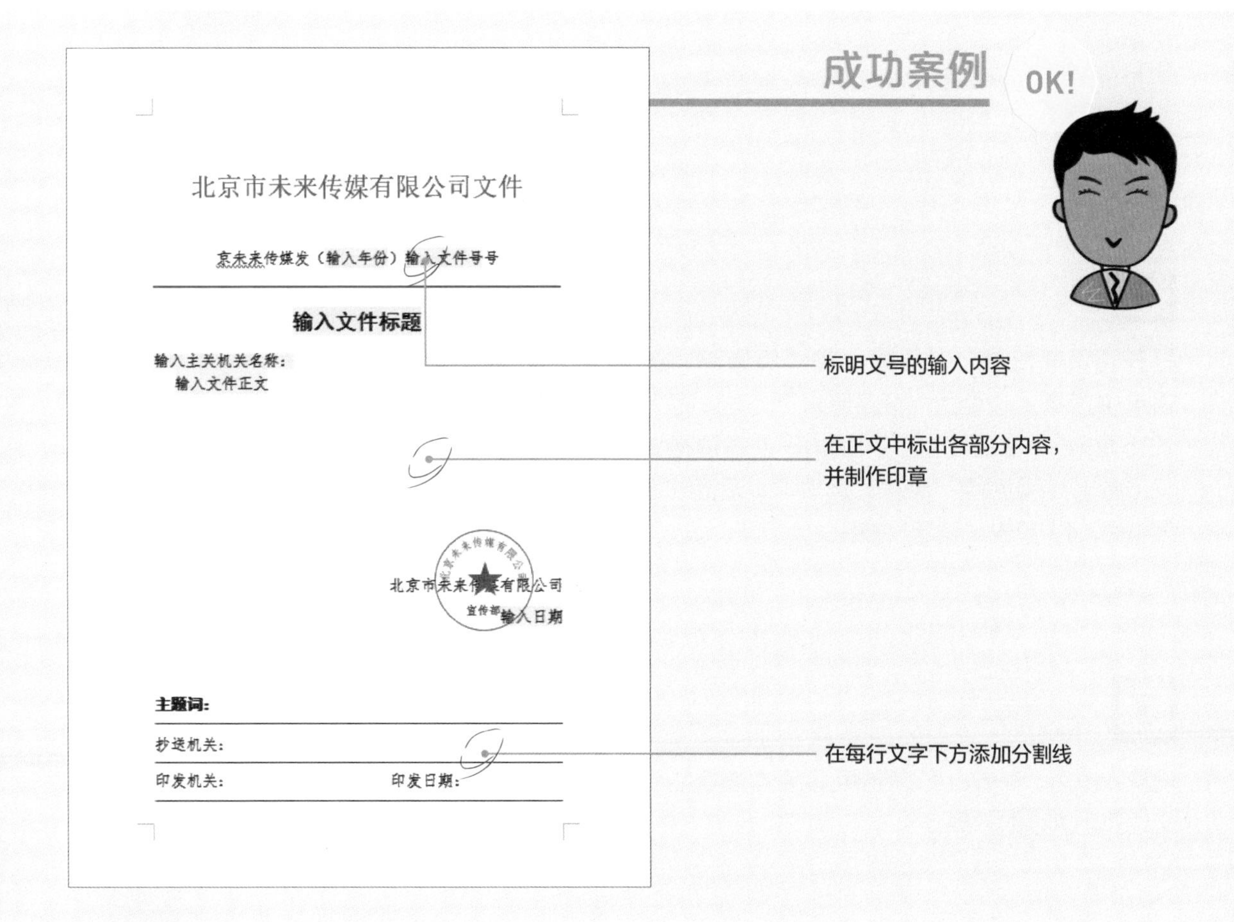
北京市未来传媒有限公司文件

京未来传媒发（输入年份）输入文件号号

输入文件标题

输入主关机关名称：

输入文件正文

北京市未来传媒有限公司

宣传部输入日期

主题词：

抄送机关：

印发机关：　　印发日期：

进一步修改后的红头文件模板整体内容比较充实，各部分细节比较完善，如在文号处添加内容控件标记输入内容；在正文部分不但使用内容控件标记输入的内容，还设置好各部分的格式并且制作印章；在主题词部分使用直线作为分割线。

Point 1 设计页面版式和文头

红头文件各部分都是有严格标准的，如整体的页面版式、文头的字号大小和行距等。下面介绍具体的设计方法。

1

打开Word 2016软件，新建空白文档，切换至“布局”选项卡，单击“页面设置”选项组中的“页边距”下三角按钮，在列表中选择“自定义页边距”选项。

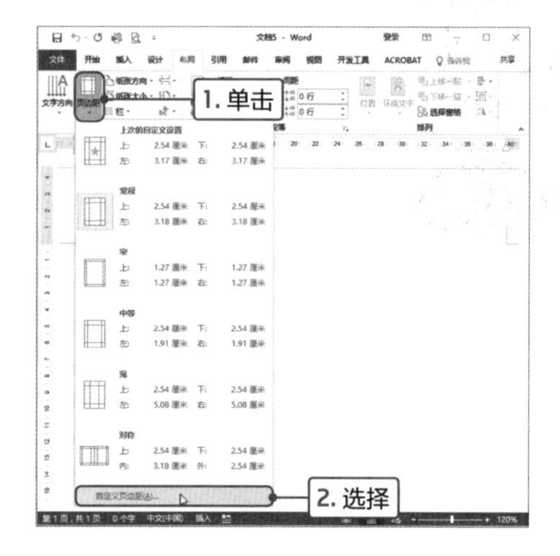

2

打开“页面设置”对话框，在“页边距”选项卡中设置上边距为“3.7厘米”，下边距为“3.5厘米”，左边距为“2.8厘米”，右边距为“2.6厘米”，切换至“纸张”选项卡，设置纸张大小为A4，单击“确定”按钮。

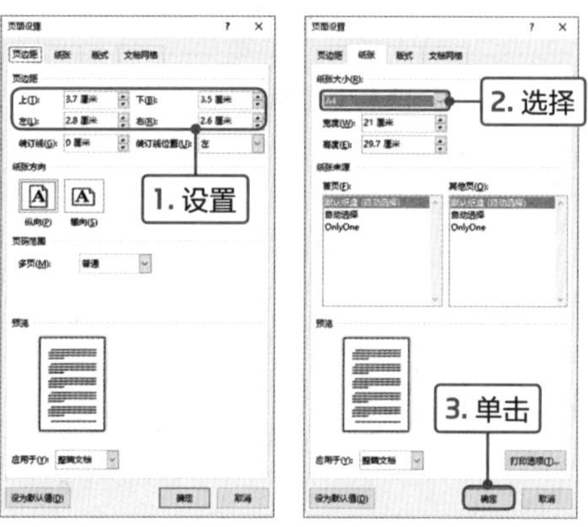

3

设置完成后，在Word文档中可以查看设置红头文件页面大小的效果。

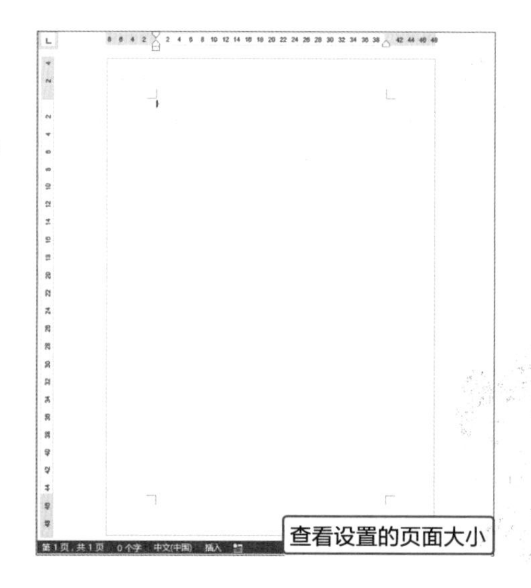

4

单击“文件”菜单按钮，选择“保存”选项，打开“另存为”对话框，选择保存路径，在“文件名”文本框中输入“红头文件模板”，单击“保存”按钮。

5

将光标定位在第一行，然后输入“北京市未来传媒有限公司文件”文本，切换至“开始”选项卡，在“字体”选项组中设置字体为“宋体”，字号为“一号”，颜色为“红色”。

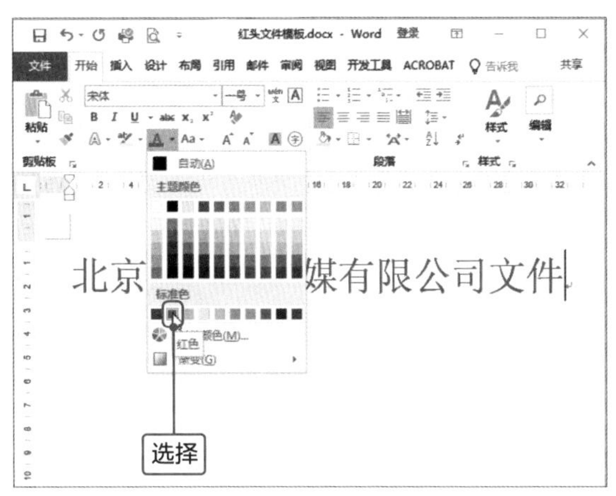

6

选中文本中任意位置，单击“段落”选项组的对话框启动器按钮，打开“段落”对话框，在“缩进和间距”选项卡的“常规”选项区域中设置对齐方式为“居中”，在“间距”选项区域中设置段前为“3行”，段后为“2行”，单击“确定”按钮。

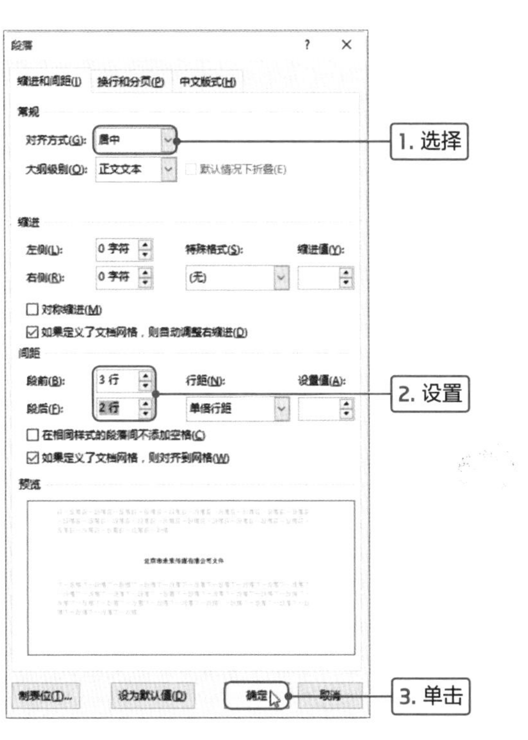

Tips　在功能区设置行间距

还可以在功能区中设置行间距。切换至“布局”选项卡，在“段落”选项组中设置段前和段后的值。

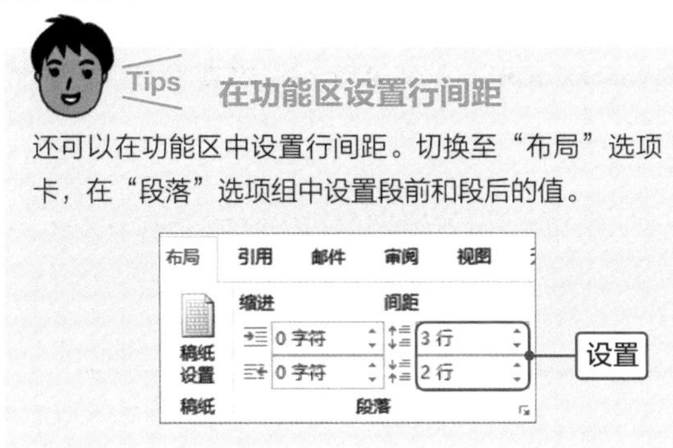

7

另起一行，输入“京未来传媒发（ ）号”文本，在“字体”选项组中设置字体为“仿宋”，字号为“三号”，按照相同的方法设置段前和段后均为“2行”，查看设置的效果。

北京市未来传媒有限公司文件

京未来传媒发（）号

输入文号内容

8

切换至“插入”选项卡，单击“插图”选项组中的“形状”下三角按钮，在列表中选择“直线”选项，然后按住Shift键在文号下方绘制水平直线。

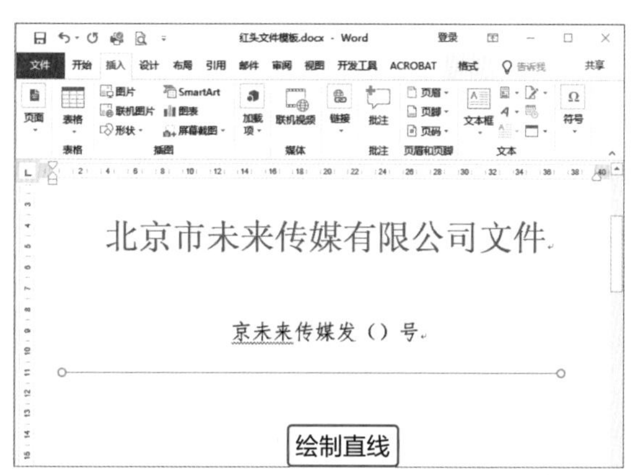

9

选中绘制的直线，切换至“绘图工具-格式”选项卡，单击“形状样式”选项组中的“形状轮廓”下三角按钮，设置直线颜色为“红色”，粗细为“2.25磅”；在“排列”选项组中的“对齐”列表中选择“左对齐”选项；在“大小”选项组中的“宽度”文本框中输入“14.6厘米”，查看直线的效果。

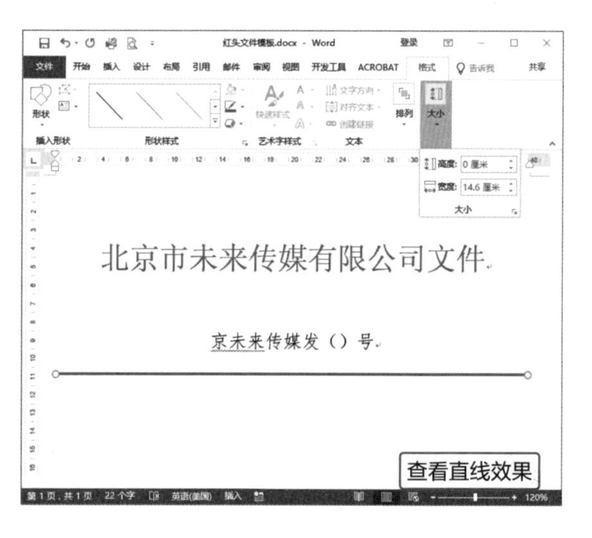

Tips **设置直线**

有的企业单位制作头文的直线时，会在中间绘制五角星，对此我们可以根据实际需要自行设置。

北京市未来传媒有限公司文件

京未来传媒发（）号

Point 2 设计主题词

在红头文件结尾都有公文标记，主要由“主题词”、“抄送机关”、“印发机关”、“印发日期”和分割线等组成。下面介绍具体的设计方法。

1

按Enter键将光标定位在文档的下方，然后输入相关文字。选中“主题词：”文本，在“字体”选项组中设置字体为“黑体”，字号为“三号”，字形为“加粗”，查看效果。

2

选中其他文字，在“字体”选项组中设置字体为“仿宋”，字号为“三号”。选中主题词中所有文字，切换至“布局”选项卡，在“段落”选项组中设置段前和段后均为“0.5行”，并适当调整文字的位置。

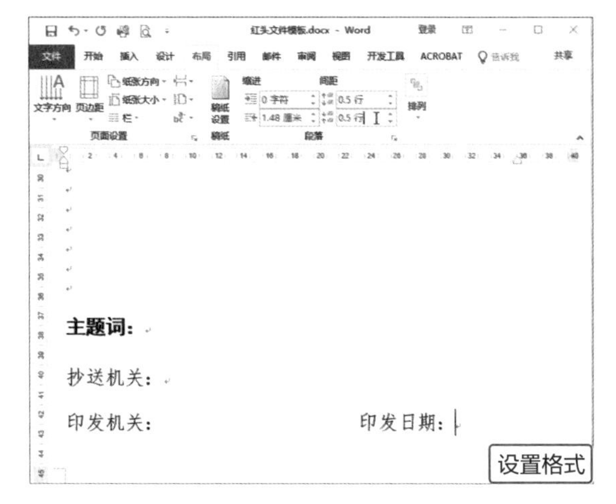

3

在“插图”选项组的“形状”列表中选择“直线”选项，在“主题词”的下方绘制水平的直线，然后在“绘图工具-格式”选项卡中设置直线长度为“14.6厘米”，颜色为“黑色”，粗细为“1磅”，然后复制两份并放在合适的位置。至此，红头文件框架制作完成，查看效果。

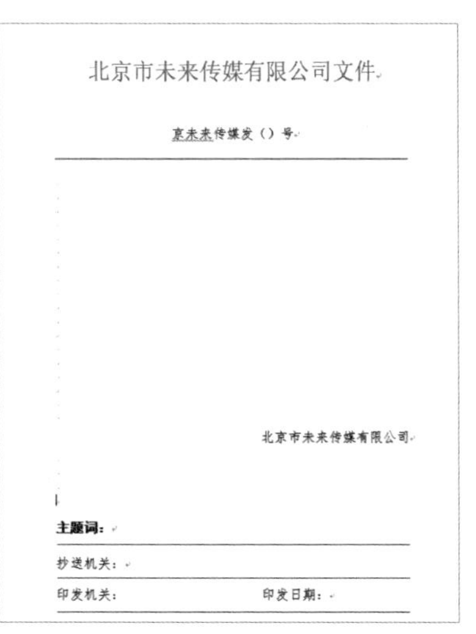

Point 3 制作印章

在制作公文文件时，印章是必不可少的，下面介绍使用形状和艺术字制作企业印章的具体操作方法。

1

切换至“插入”选项卡，单击“插图”选项组中的“形状”下三角按钮，在列表中选择“椭圆”选项，按住Shift键在文档中绘制正圆。然后在“绘图工具-格式”选项卡的“形状样式”选项组中设置“无填充”，轮廓粗细为“1磅”，颜色为“红色”。

2

在“形状”列表中选择“星形:五角”选项，绘制小点的五角星，然后在“形状样式”选项组中设置填充颜色为“红色”，轮廓也为“红色”。按住Ctrl键选中五角星和圆形，在“排列”选项组的“对齐”列表中选择“水平居中”和“垂直居中”选项。

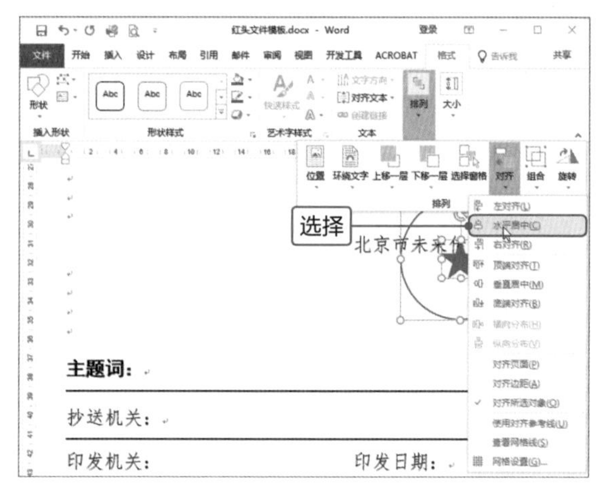

3

在“插入”选项卡的“文本”选项组中单击“艺术字”下拉按钮，在列表中选择“填充：黑色,文本色1;阴影”选项。

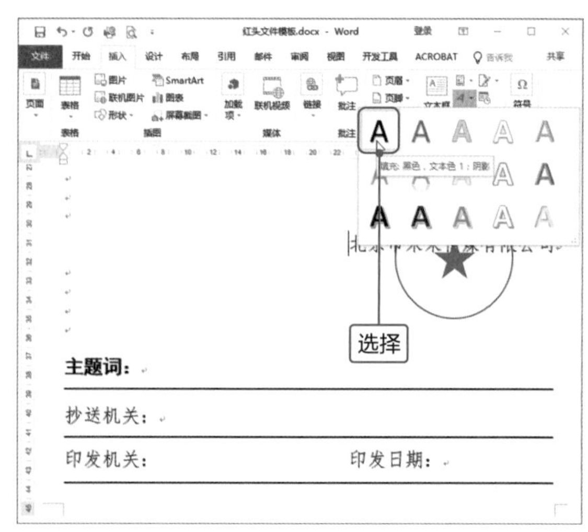

4

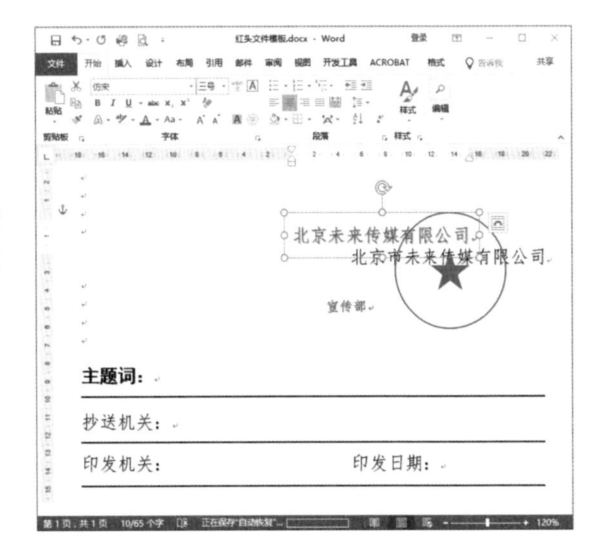

在艺术字文本框中删除提示文字，然后输入企业的名称，在“字体”选项组中设置字体为“仿宋”，字号为“三号”，颜色为“红色”。按照相同的方法插入“宣传部”艺术文字，并设置字体格式。

5

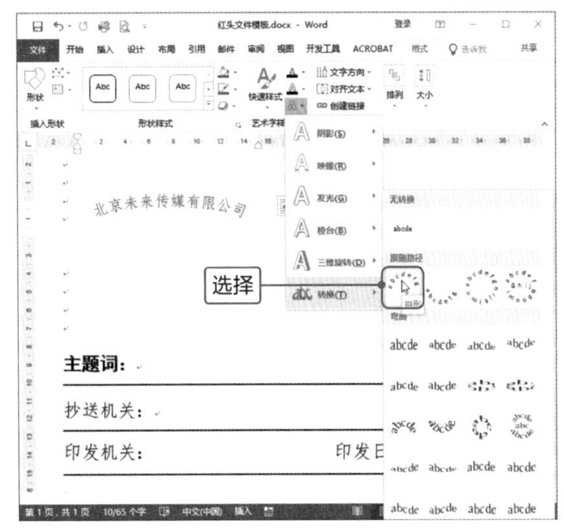

选中企业名称的艺术字，切换至“绘图工具-格式”选项卡，单击“艺术字样式”选项组中的“文字效果”下三角按钮，在列表中选择“转换”选项，在子列表的“跟随路径”选项区域中选择“拱形”选项。

6

北京市未来传媒有限公司文件

京未来传媒发（）号

北京市未来传媒有限公司

宣传部

主题词：

抄送机关：

印发机关： 印发日期：

通过拖曳文本的控制点将文字调整至合适的弧度和大小，并放在正圆的上方。再将“宣传部”文本框移至正圆的下方。然后选择所有形状和艺术字的文本框，单击“排列”选项组中“组合”按钮，在下拉列表中选择“组合”选项。至此，印章制作完成。

Point 4 添加控件

在本案例中主要使用的控件包括“格式文本内容控件”和“日期选取器内容控件”，然后通过设置相关的格式，用户在使用该模板时，根据提示信息直接输入内容即可，不需要再设置格式。下面介绍具体操作方法。

1

将光标移至文头文号的括号内，切换至“开发工具”选项卡，单击“控件”选项组中的“格式文本内容控件”按钮。

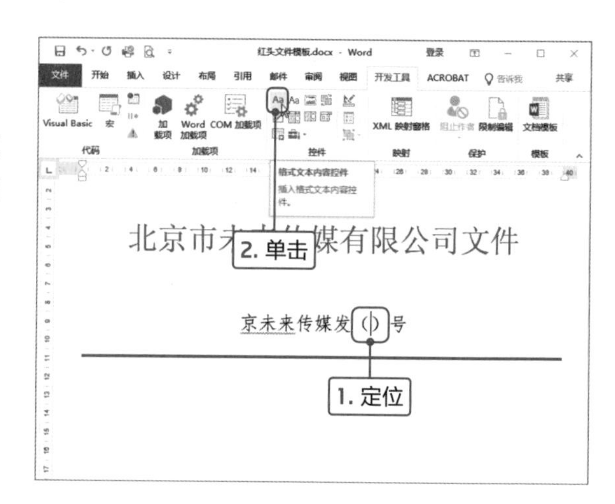

2

操作完成后，在光标插入点处即可显示内容控件输入框，然后单击“控件”选项组中的“设计模式”按钮。

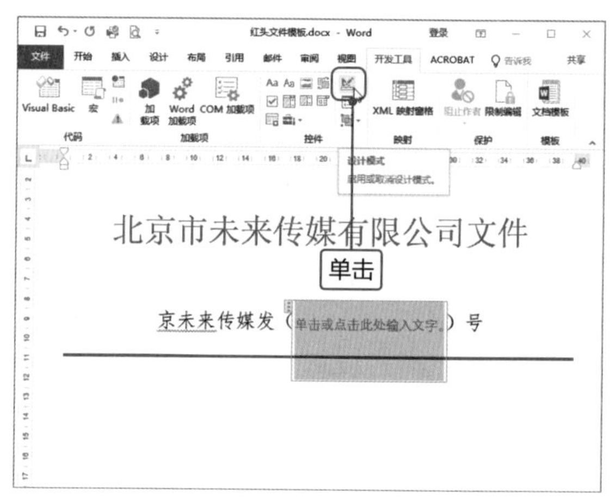

3

删除控件文本框内的提示内容，并输入“输入年份”文本，然后再次单击“设计模式”按钮即可退出设计模式。

4

选择添加的控件，切换至“开始”选项卡，在“字体”选项组中设置字体为“仿宋”，字号为“三号”；在“段落”选项组中单击“居中”按钮，并设置主题颜色。

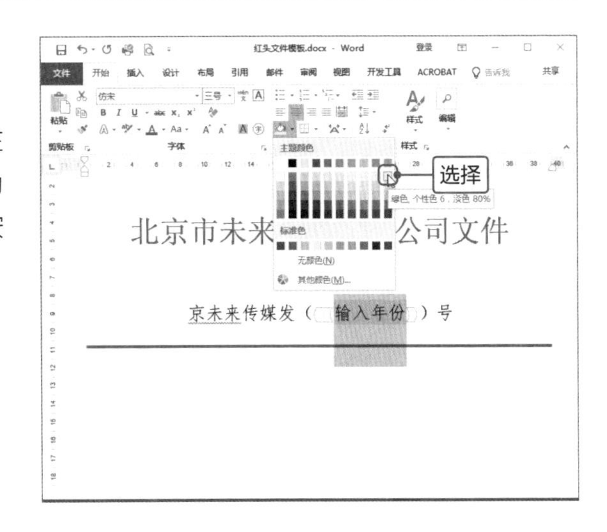

5

按照相同的方法，将光标定位在“号”字前，添加格式文本内容控件，然后对其进行编辑。至此，完成为文头添加控件，查看效果。

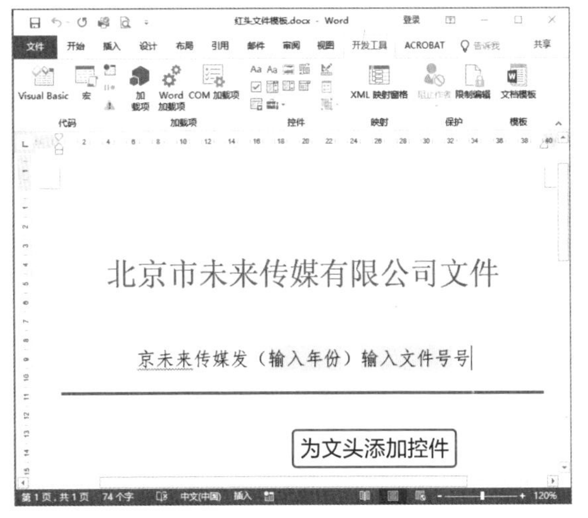

Tips **设置文字格式**

在控件中还可以根据需要在“字体”选项组中设置文字的格式。

6

如果需要输入相关文字时，将光标定位在需要输入内容的控件上，然后直接输入即可，如年份输入2018，文件号为188，查看效果。

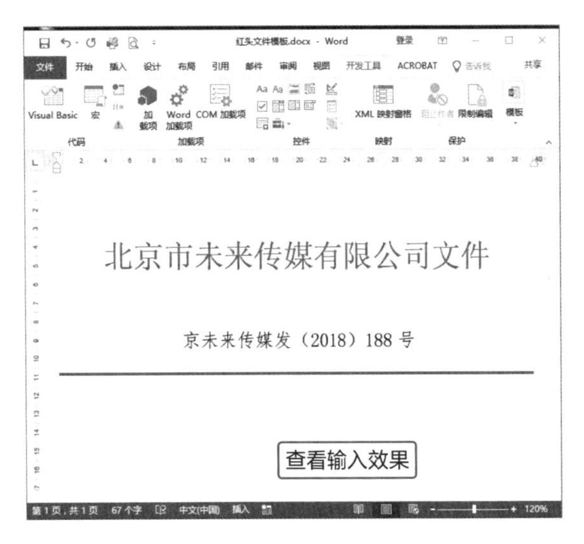

Tips **删除添加的控件**

选择需要删除的内容控件，然后右击，在快捷菜单中选择“删除内容控件”选项，即可快速删除选中的内容控件。

7

将光标移至文号的下一行，单击“控件”选项组中的“格式文本内容控件”按钮，然后单击“设计控件”按钮，输入“输入文件标题”文本。

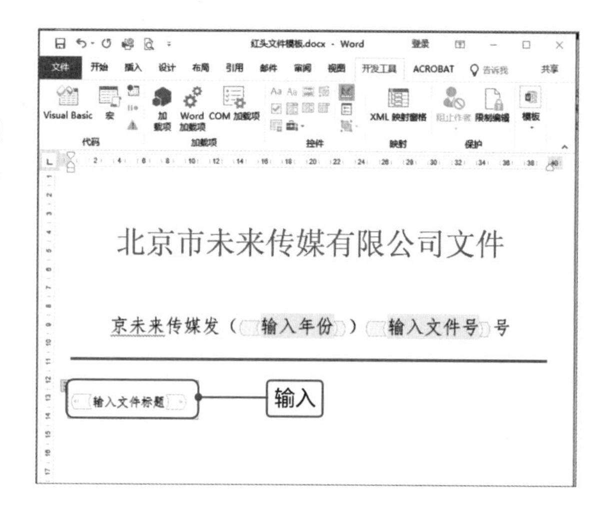

8

选择添加的控件，切换至“开始”选项卡，在“字体”选项组中设置字体为“黑体”，字号为“二号”；然后在“段落”选项组中单击“居中”按钮。

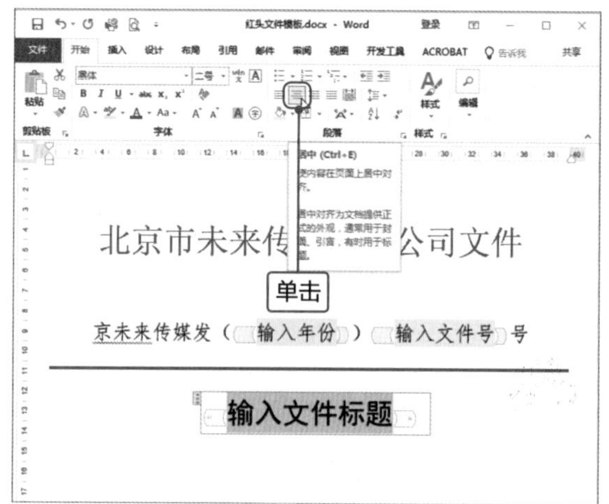

9

保持控件为选中状态，单击“段落”选项组的对话框启动器按钮，打开“段落”对话框，在“缩进和间距”选项卡的“间距”选项区域中设置段前为“2行”，段后为“1行”，然后单击“确定”按钮。

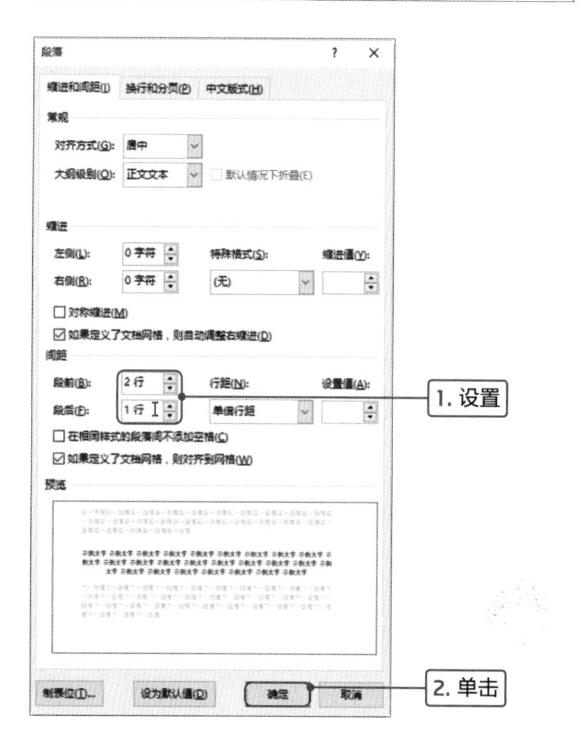

10

同样为该控件添加浅绿色的底纹，然后再次单击“控件”选项组中的“设计模式”按钮，再单击“控件属性”按钮。

11

打开“内容控件属性”对话框，在“标题”文本框中输入“标题要求简明扼要”文本，勾选“内容被编辑后删除内容控件”复选框，单击“确定”按钮。

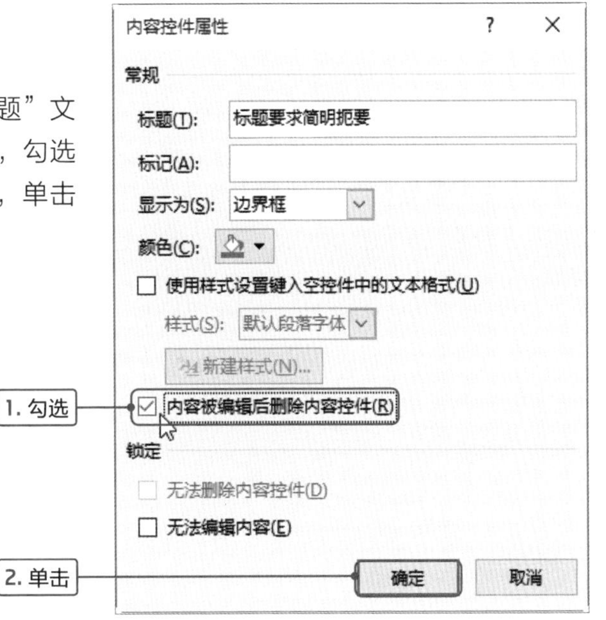

12

然后在“开始”选项卡的“段落”选项组中单击“底纹”下三角按钮，在列表中选择浅绿色，完成文件标题控件的添加。

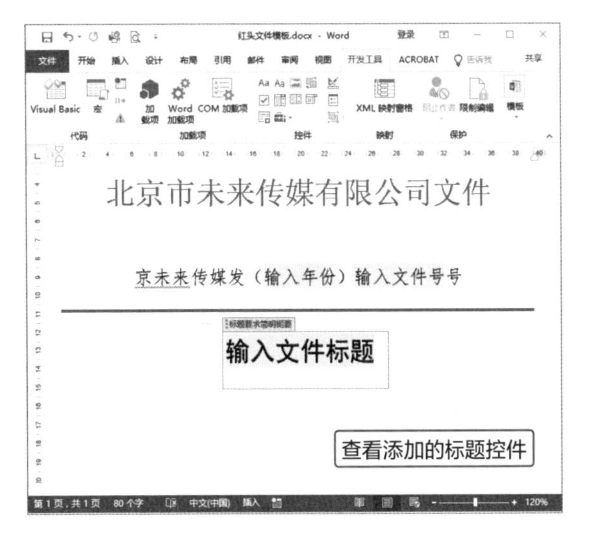

13

将光标移至标题下一行，单击“格式文本内容控件”按钮，插入控件，单击“设计模式”按钮，更改内容，设置字体为“仿宋”，字号为“三号”。

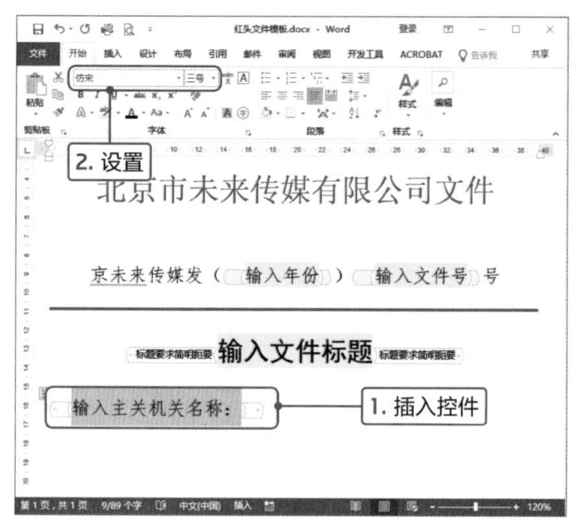

14

为该控件添加底纹，然后打开“段落”对话框，在“间距”选项区域中设置“行距”为“固定值”，在“设置值”数值框中输入“16磅”，单击“确定”按钮，返回文档查看设置控件的效果。

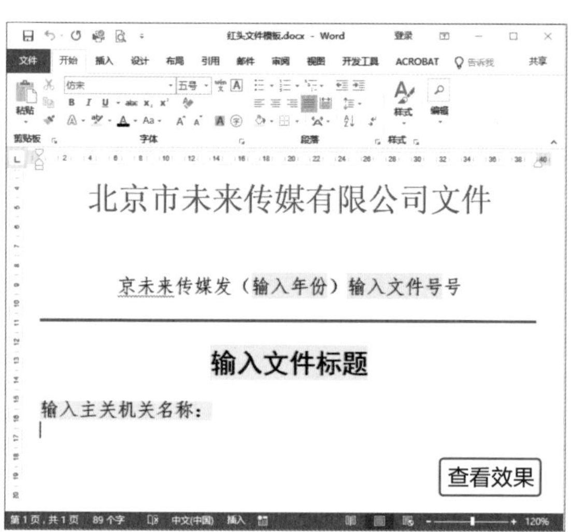

15

将光标向下移动一行，然后插入格式文本内容控件，单击“设计模式”按钮，更改控件内容，并设置字体为“仿宋”，字号为“三号”。

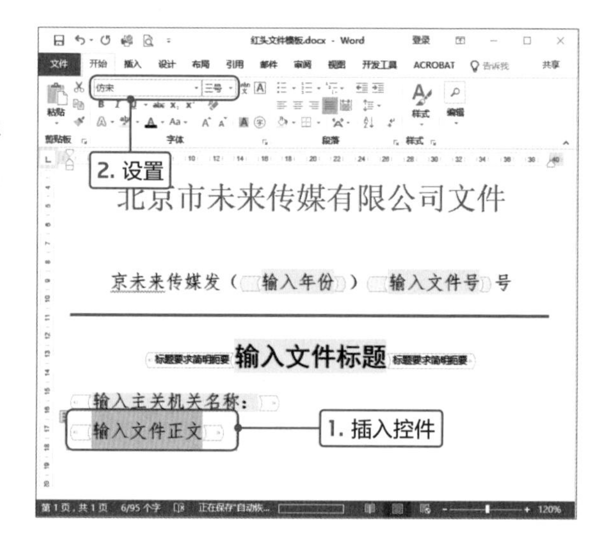

16

单击“段落”选项组的对话框启动器按钮，打开“段落”对话框，在“缩进”选项区域中设置“缩进值”为“2字符”，在“间距”选项组中设置行距为“固定值”，“设置值”为“25磅”，单击“确定”按钮。

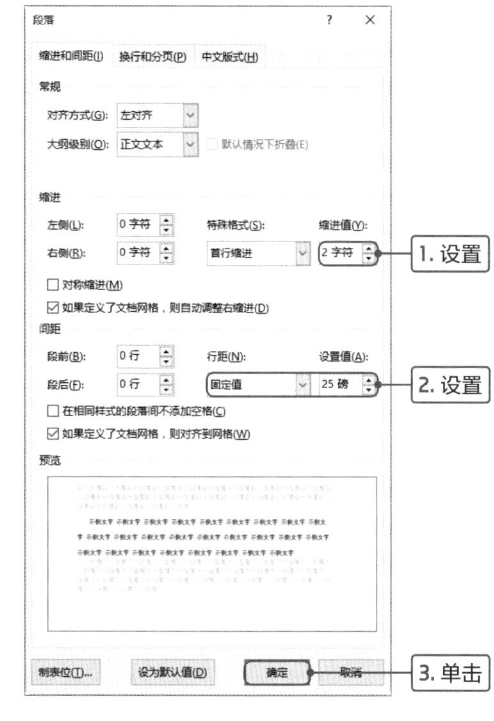

17

右击内容控件，在快捷菜单中选择“属性”命令，打开“内容控件属性”对话框，在“标题”文本框中输入“输入正文”文本，勾选“内容被编辑后删除内容控件”复选框，单击“确定”按钮。

18

在内容控件的左上方显示“输入正文”，输入正文后该控件自动清除。为该内容控件添加底纹，查看效果。

19

将光标移至印章处企业名称的下一行，单击“控件”选项组中的“日期选取器内容控件”按钮。

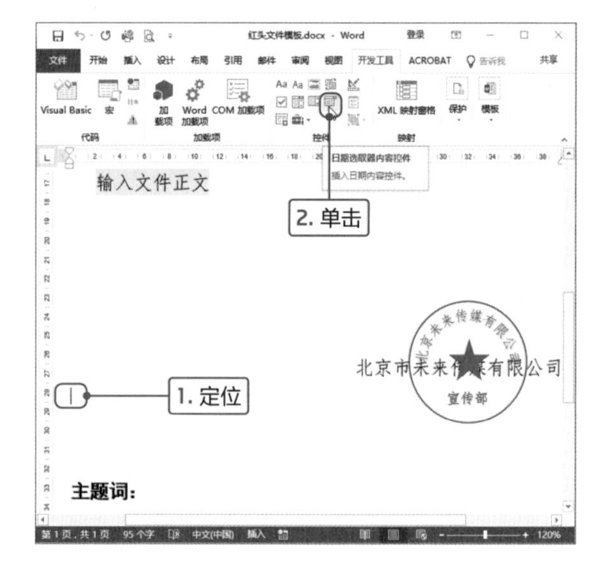

20

即可在光标处添加日期控件，如果单击右侧下三角按钮，即可在弹出的面板中选择日期。

21

单击“设计模式”按钮，输入“输入日期”文本，然后设置字体为“仿宋”，字号为“三号”；再在“段落”选项组中单击“右对齐”按钮。

22

选中插入的日期内容控件，单击“控件”选项组中的“属性”按钮，打开“内容控件属性”对话框，在“标题”文本框中输入“输入发布日期”文本，勾选“内容被编辑后删除内容控件”复选框，然后在“日期显示方式”列表框中选择合适的日期格式，设置完成后单击“确定”按钮。

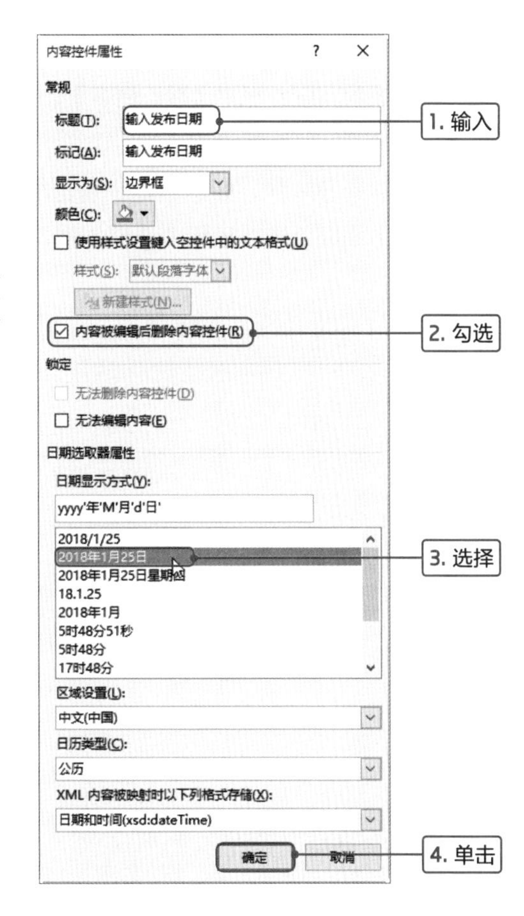

23

为添加的日期添加浅绿色的底纹，至此，红头文件模板制作完成，查看最终效果。

北京市未来传媒有限公司文件

京未来传媒发（输入年份）输入文件号号

输入文件标题

输入主关机关名称：

输入文件正文

北京市未来传媒有限公司

输入日期

主题词：

抄送机关：

印发机关： 印发日期：

查看最终效果

高效办公

单选按钮和复选框的应用

Word提供的控件有很多种，如组合框、复选框、单选按钮、列表框以及命令按钮等，控件的应用也相当广泛。下面以单选按钮和复选框为例介绍控件的具体使用方法。

步骤01 打开“员工满意度调查问卷”文档，将光标定位在“性别”文字的下一行，切换至“开发工具”选项卡，单击“控件”选项组中的“旧式窗体”下三角按钮，在打开的列表中选择“选项按钮”选项。

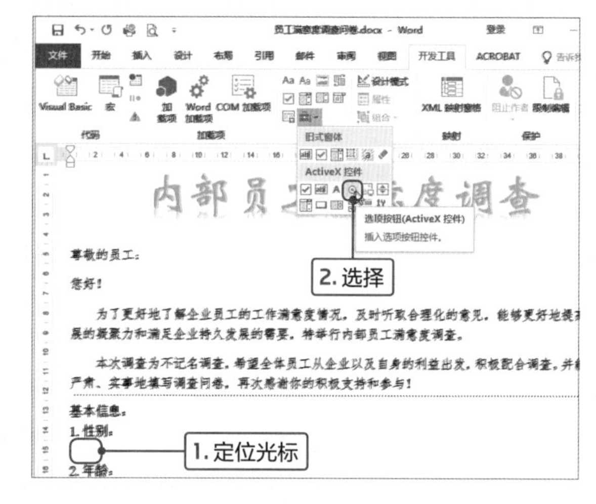

步骤02 在光标处添加选项按钮，单击“控件”选项组中“设计模式”按钮，然后右击添加的选项按钮，在快捷菜单中选择“属性”选项。

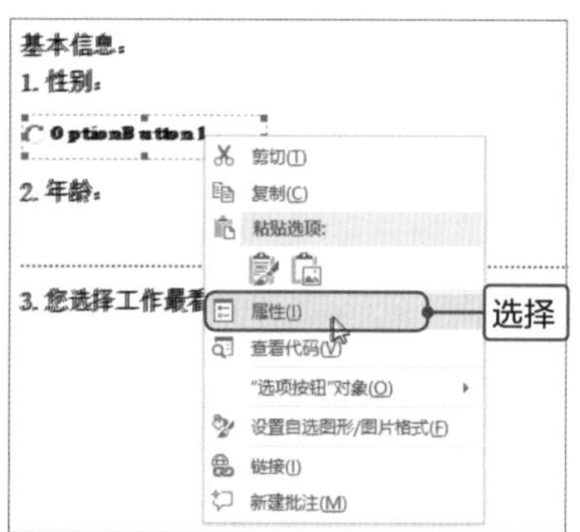

步骤03 打开“属性”窗口，选择Caption，并在右侧输入“男”，选择GroupName，在右侧输入“1”，关闭该窗口。

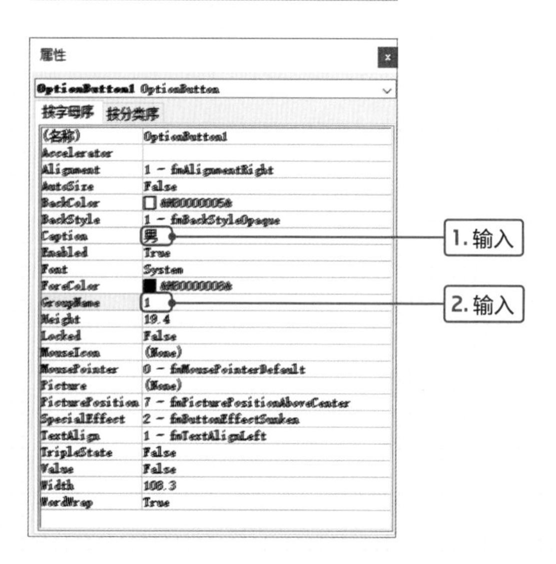

步骤04 返回文档中可见添加控件显示设置的“男”文本，适当调整选项按钮的大小，并按Ctrl+C组合键进行复制，然后按Ctrl+V组合键进行粘贴。

尊敬的员工：

您好！

为了更好地了解企业员工的工作满意度情况，及时听取合理化的意展的凝聚力和满足企业持久发展的需要，特举行内部员工满意度调查。

本次调查为不记名调查，希望全体员工从企业以及自身的利益出发，严肃、实事地填写调查问卷，再次感谢你的积极支持和参与！

基本信息：

1. 性别：

男

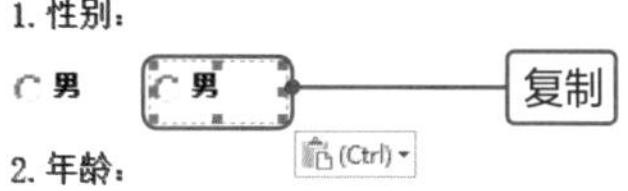

2. 年龄：

3. 您选择工作最看重的是什么？

步骤05 右击复制的控件，在快捷菜单中选择“属性”选项，打开“属性”窗口，将文本“男”修改为“女”，关闭该窗口。

尊敬的员工：

您好！

为了更好地了解企业员工的工作满意度情况，及时听取合理化的意展的凝聚力和满足企业持久发展的需要，特举行内部员工满意度调查。

本次调查为不记名调查，希望全体员工从企业以及自身的利益出发，严肃、实事地填写调查问卷，再次感谢你的积极支持和参与！

基本信息：

1. 性别：

男

2. 年龄：

3. 您选择工作最看重的是什么？

步骤06 单击“控件”选项组中的“设计模式”按钮，退出设计模式。返回文档中可见在选择性别时只能选择一个选项。

尊敬的员工：

您好！

为了更好地了解企业员工的工作满意度情况，及时听取合理化的意展的凝聚力和满足企业持久发展的需要，特举行内部员工满意度调查。

本次调查为不记名调查，希望全体员工从企业以及自身的利益出发，严肃、实事地填写调查问卷，再次感谢你的积极支持和参与！

基本信息：

1. 性别：

男　女

2. 年龄：

查看效果

3. 您选择工作最看重的是什么？

步骤07 将光标定位在“年龄”下一行，添加选项按钮，打开“属性”窗口，在Caption右侧输入“18-20”，在GroupName右侧输入“2”，关闭该窗口。

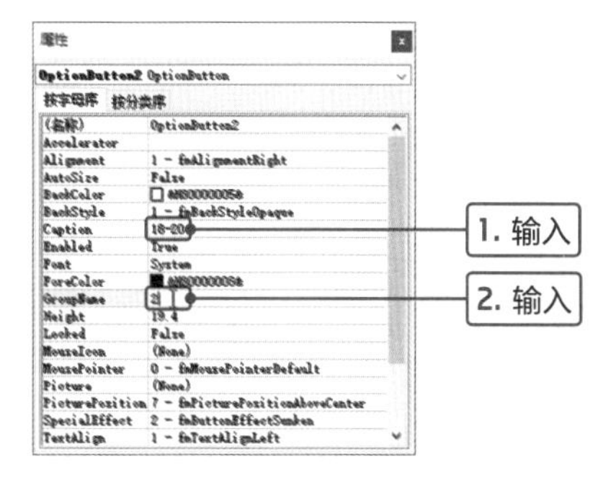

步骤08 复制选项按钮，分别在“属性”窗口中设置Caption的年龄范围，GroupName中的数值保持不变，退出设计模式后，查看设置效果。

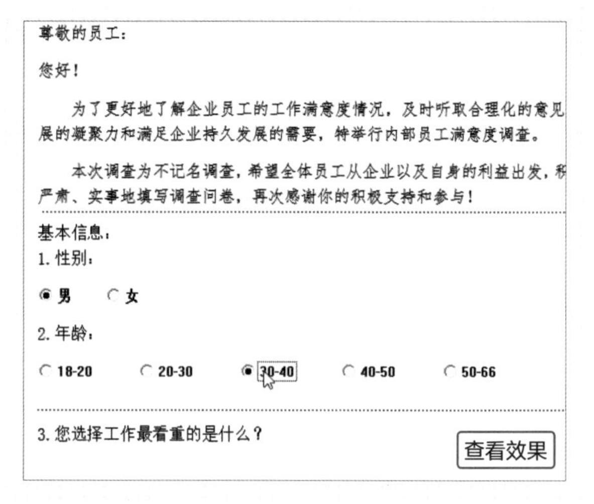

Tips 设置选项按钮时注意GroupName的值

在为多道题添加选项按钮时，每道题中的选项按钮的GroupName数值需要设置相同值，否出会出现错误，在使用过程中一定要注意。

步骤09 将光标定位在第3道题下一行，切换至“开发工具”选项卡，单击“控件”选项组中的“旧式窗体”下三角按钮，在列表中选择“复选框”选项。

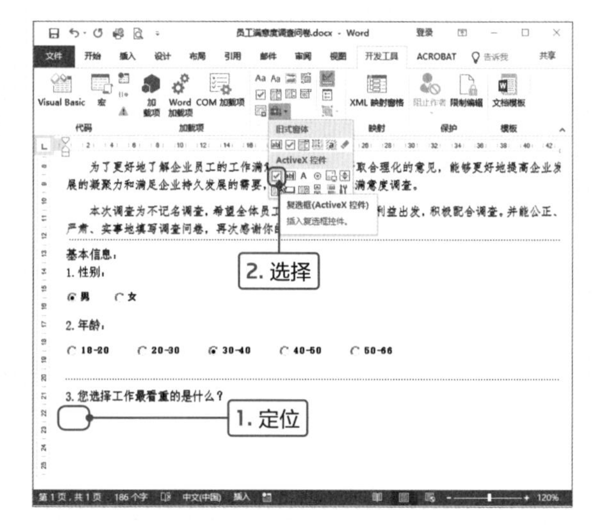

步骤10 可见在光标处添加了复选框控件，单击“设计模式”按钮，右击添加的控件，在快捷菜单中选择“属性”命令，在打开的窗口的Caption右侧输入“工资待遇”文本，关闭该窗口。

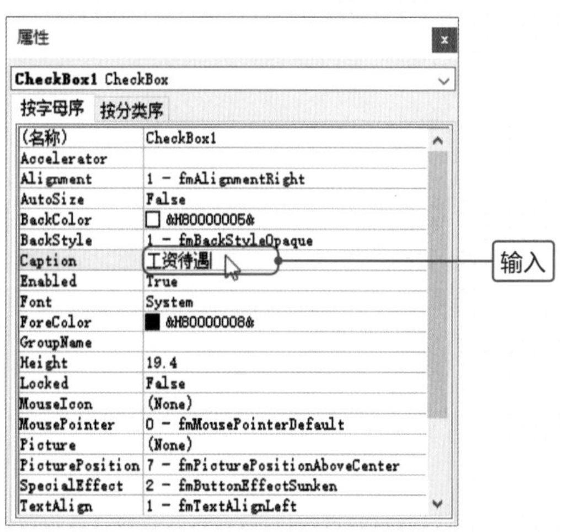

步骤11 返回文档，可见添加的复选框内容更改为设置的文本。

步骤12 复制添加的复选框控件，按照相同的方法依次修改相关的信息，然后退出设计模式。检验添加复选框控件的效果。

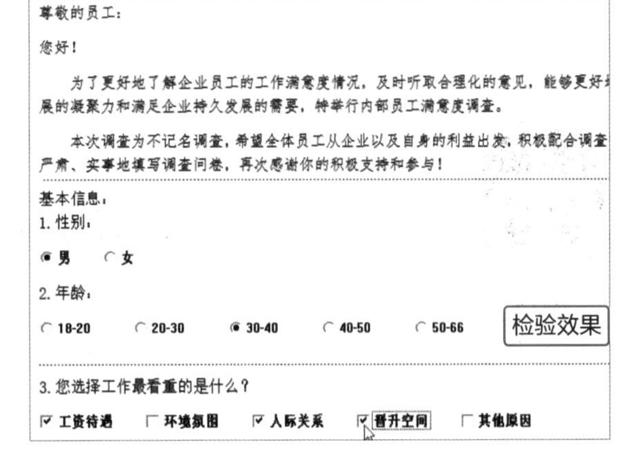

Tips 设置控件的文字格式

在添加选项按钮和复选框控件时，内容的格式都是默认的，如何修改文字格式呢？

打开“属性”窗口，单击Font右侧 ... 按钮，打开“字体”对话框，设置字体、字形和大小的参数。

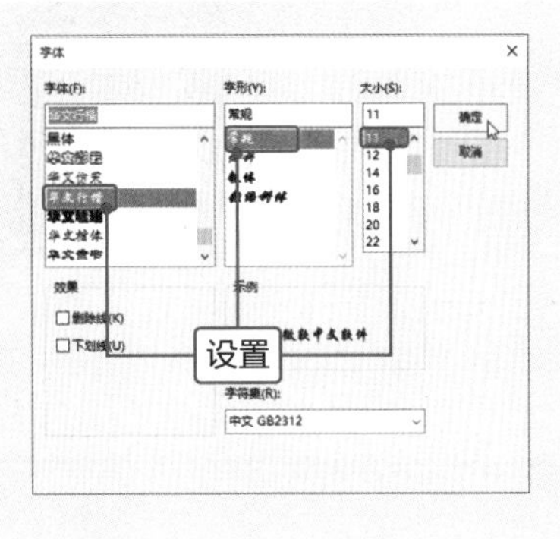

设置完成后单击“确定”按钮，再关闭“属性”窗口，返回文档中可见“其他原因”控件中的文字应用了设置的格式。

模板的制作篇

制作工作证并保存为模板

企业每年都会招开各种类型的会议，历历哥需要为各会议的参会人员准备工作证，而他又要开始为企业的年终总结大会作准备，于是他将制作工作证的任务交给了小蔡。小蔡领命后开始发挥他的无限创意，并将其保存为模板，以便下次使用，这样可以大大提高工作效率。工作证内容比较简单，主要包括主题、与会人员的信息等，为了美观可以适当添加修饰元素。

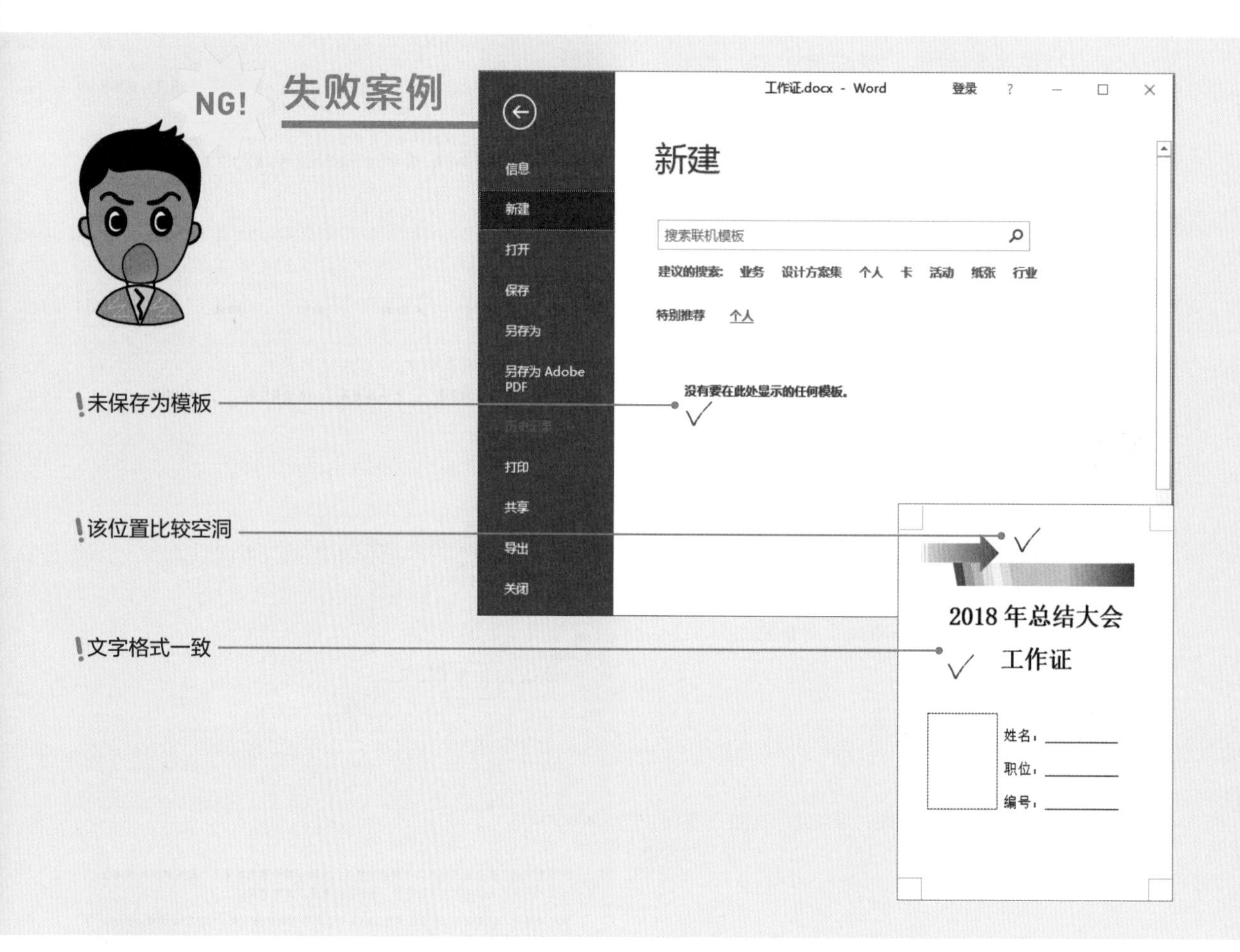

小蔡在初次制作工作证时，整体内容比较简单，其中缺少最主要的企业信息；在设置工作证文字时使用相同字体和字号，分不出主次关系；制作完成后没有保存为.dotx格式的模板，下次使用时还需要重新制作。

MISSION! 2

工作证是员工的另一种“身份证”，上班时需要工作证，参加某些会议、论坛等也需要配备工作证。可以将设计好的工作证保存为模板，以便下次直接使用。下面就介绍使用Word制作精美、大方的工作证。

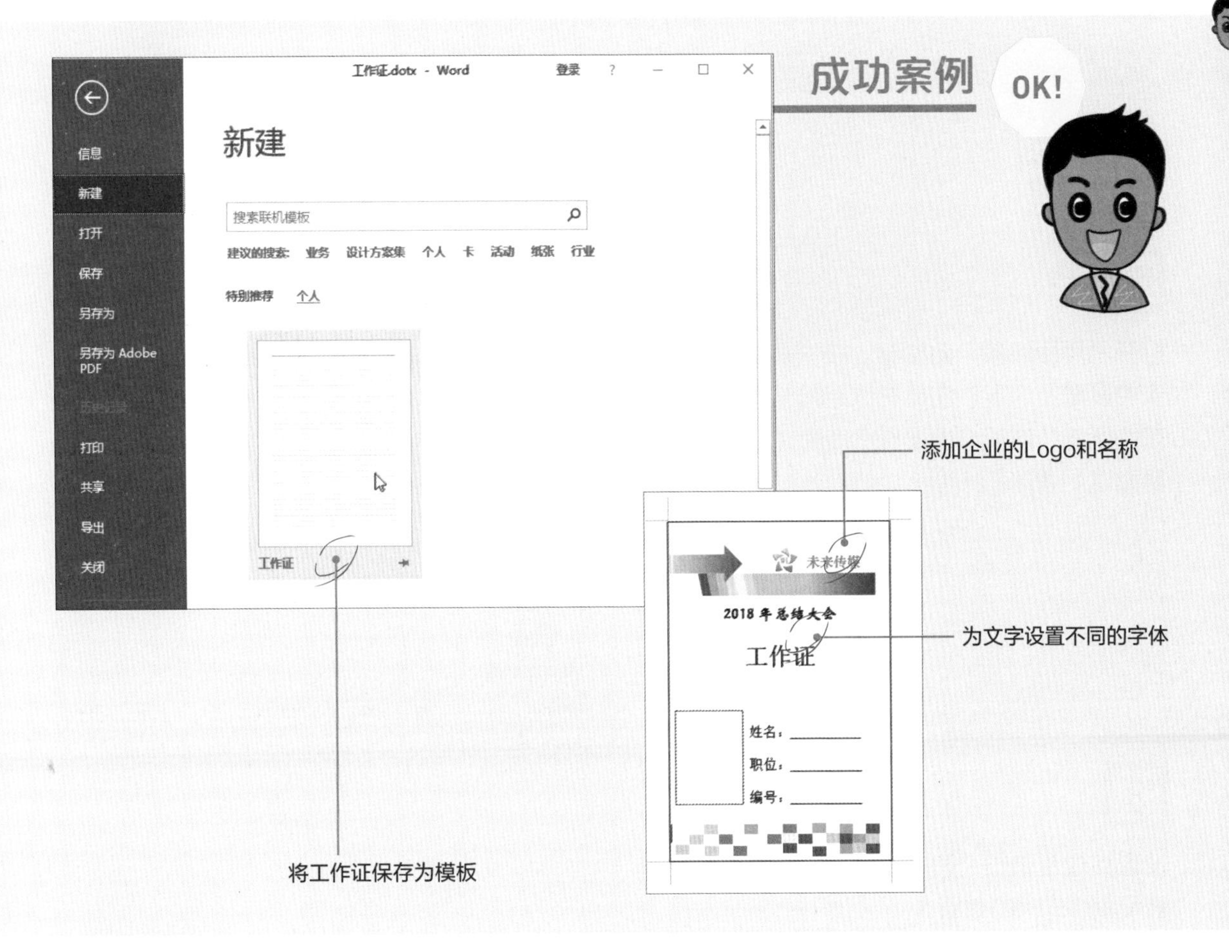

经过小蔡精心修改后，工作证整体信息比较全面，并在工作证的右上角添加了企业的Logo和名称；将工作证中间文字设置不同字体和字号，层次感比较强；将设计好的工作证保存为模板，下次使用时直接在“个人”选项区域应用该模板即可。

Point 1 设计工作证的修饰元素

在本案例中主要应用不同的形状制作工作证的修饰元素，对工作证顶端和底端进行修饰。下面介绍具体的操作方法。

1

打开“工作证”文档，切换至“布局”选项卡，单击“页面设置”选项组中“页边距”下三角按钮，在列表中选择“自定义页边距”选项。

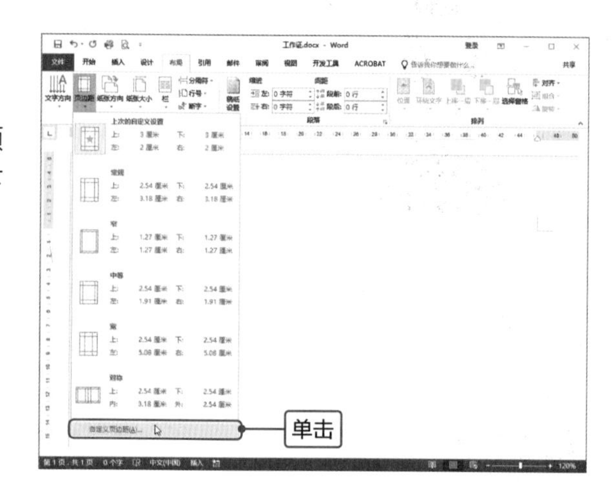

2

打开“页面设置”对话框，在“页边距”选项卡中设置上、下、左、右边距均为“1厘米”，在“纸张”选项卡中设置宽度为“8厘米”，高度为“11厘米”。

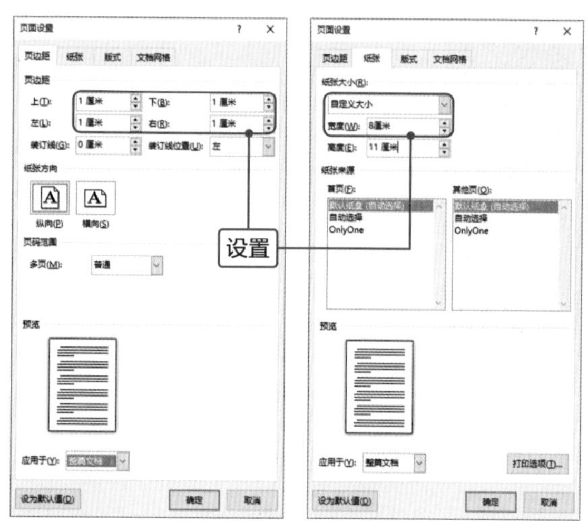

3

设置完成后单击“确定”按钮，返回文档中查看设置版式后的效果。

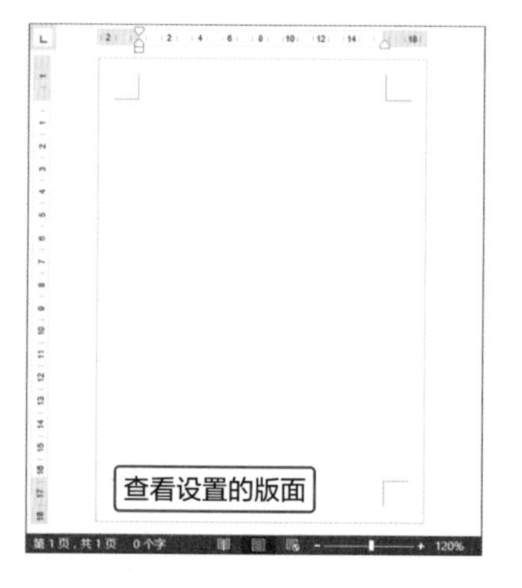

4

切换至“插入”选项卡，单击“插图”选项组中的“形状”下三角按钮，在列表中选择“箭头:虚尾”形状。

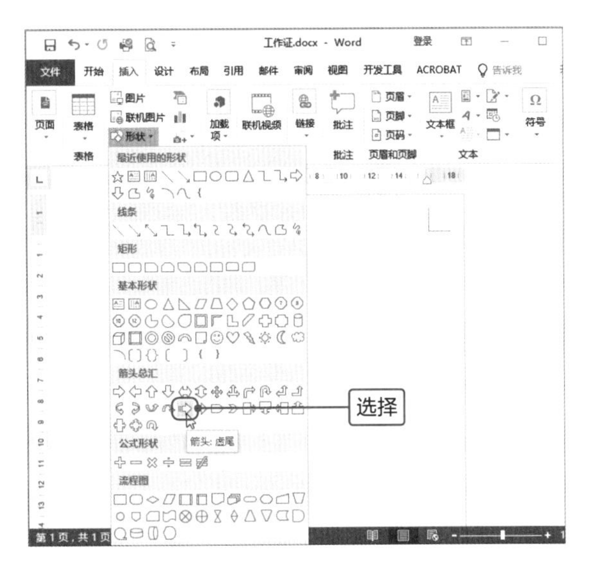

5

在页面的左上角绘制形状，切换至“绘图工具-格式”选项卡，在“大小”选项组中设置高度为“1厘米”，宽度为“2.05厘米”。

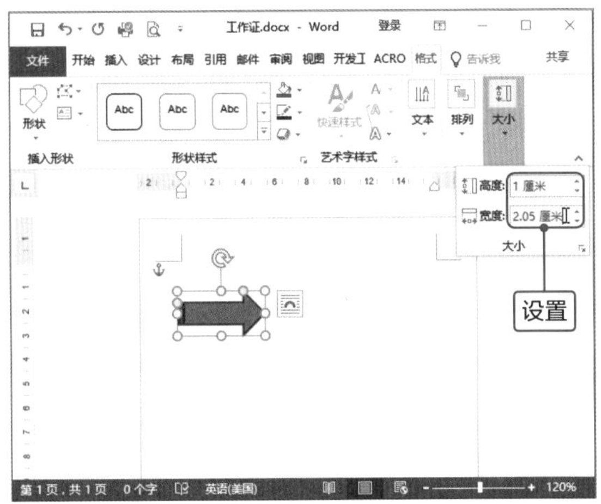

6

选中绘制的形状，切换至“绘图工具-格式”选项卡，单击“形状样式”选项组中“形状轮廓”下三角按钮，在展开的列表中选择“无轮廓”选项，单击“形状填充”下三角按钮，在列表中选择“渐变>其他渐变”选项。

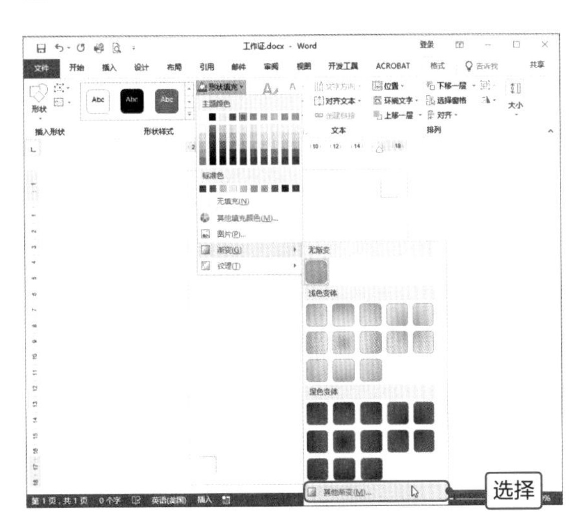

Tips **形状的参考**

形状的相关知识将在图文Word文档制作篇中详细介绍，如插入形状、编辑和美化形状以及在形状中输入文字等。

7

打开“设置形状格式”导航窗格，在“填充与线条”选项卡中选择“渐变填充”单选按钮，设置类型为“线形”，角度为“180°”，设置渐变光圈的颜色。

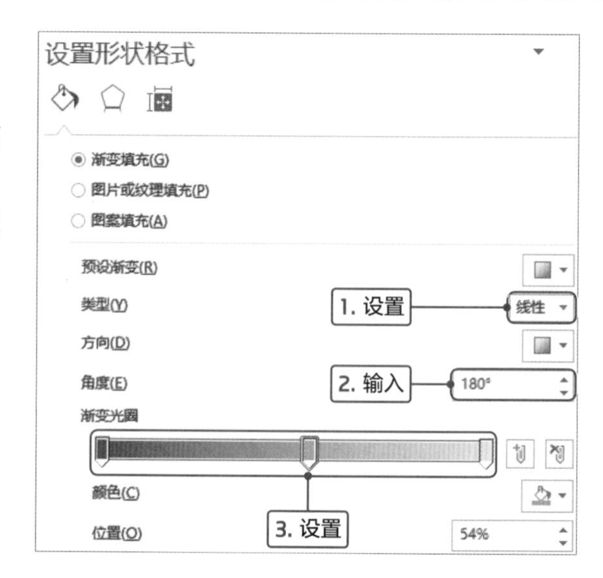

8

按照相同的方法在页面中绘制小矩形，高度为“0.6厘米”，宽度为“0.36厘米”，然后切换至“绘图工具-格式”选项卡，单击“插入形状”选项组中“编辑形状”下三角按钮，在列表中选择“编辑顶点”选项。

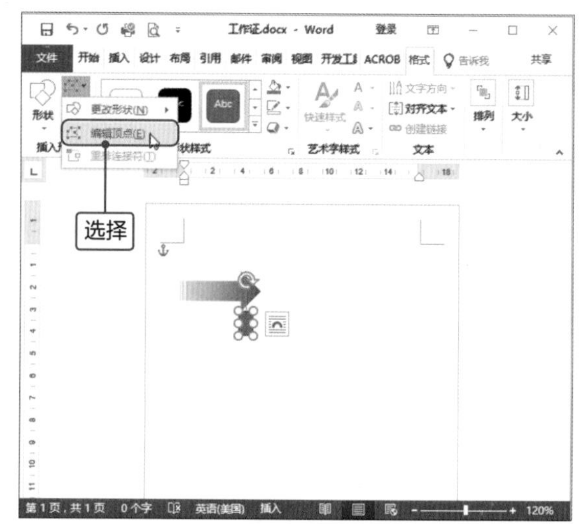

9

返回文档中，4个顶点均变为黑色点，将光标移至右下角点上按住鼠标向右平行拖动，然后再将左下角点向右平行拖动，调整为平行四边形。调整完成后单击形状外任意点即可退出编辑顶点。

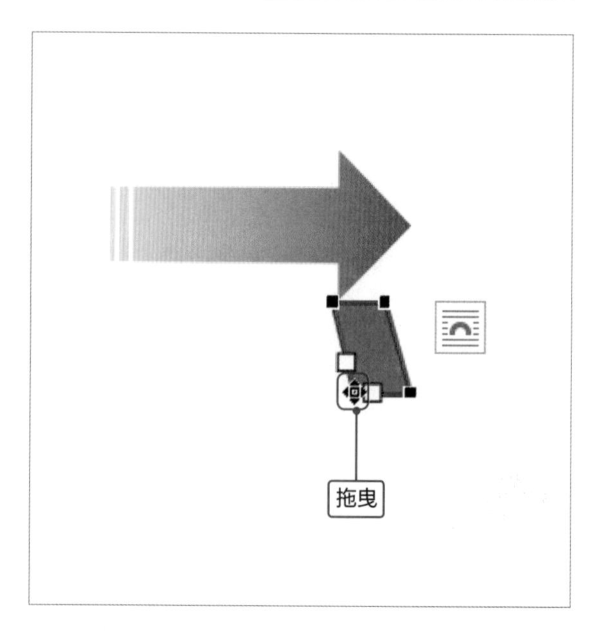

10

在“形状样式”选项组中单击“形状轮廓”下三角按钮，在列表中选择“无轮廓”选项，然后按Ctrl+C和Ctrl+V组合键复制5份，并依次向右挨个排列，然后选择所有平行四边形形状，切换至“绘图工具-格式”选项卡，单击“排列”选项组中的“对齐”下三角按钮，在列表中选择“顶端对齐”选项。

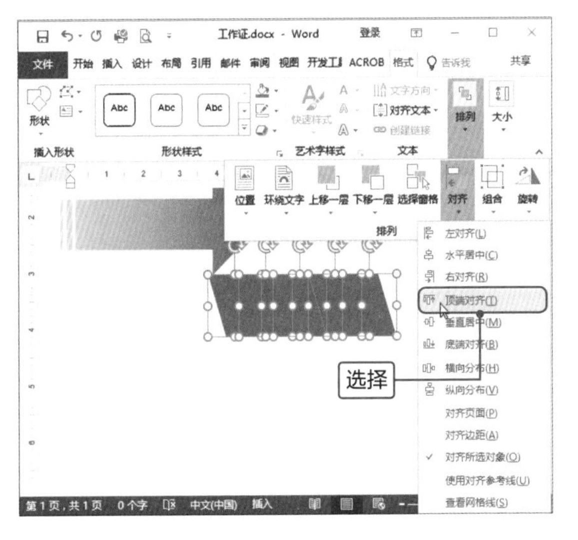

11

在平行四边形右侧绘制矩形，宽度为“3.33厘米”，高度为“0.6厘米”，设置无轮廓，单击“排列”选项组中“下移一层”下三角按钮，在列表中选择“置于底层”选项。

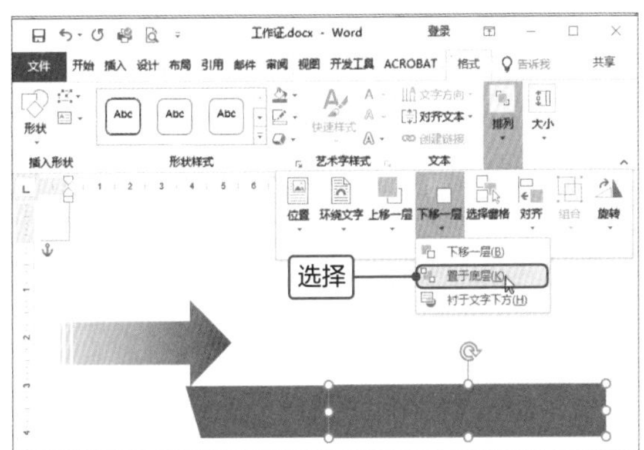

12

为平行四边形从左到右填充由深到浅的颜色，为长的矩形设置渐变颜色。然后依次选中平行四边形和矩形，单击“排列”选项组中“组合”下三角按钮，在列表中选择“组合”选项。

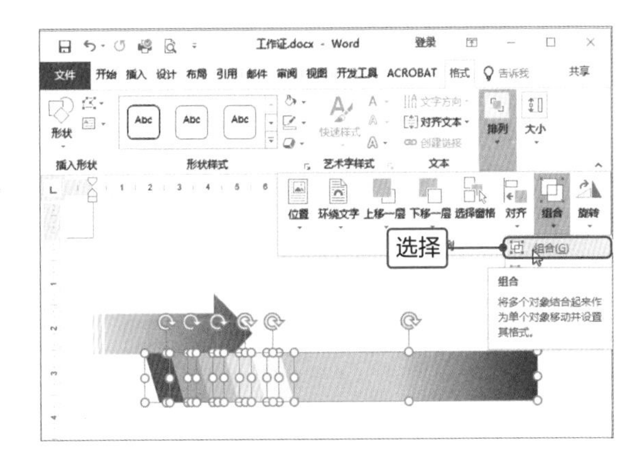

Tips 设置矩形渐变

在步骤12中，为矩形设置由浅绿色到深绿色的渐变，渐变类型和角度具体参数请参照右图所示。

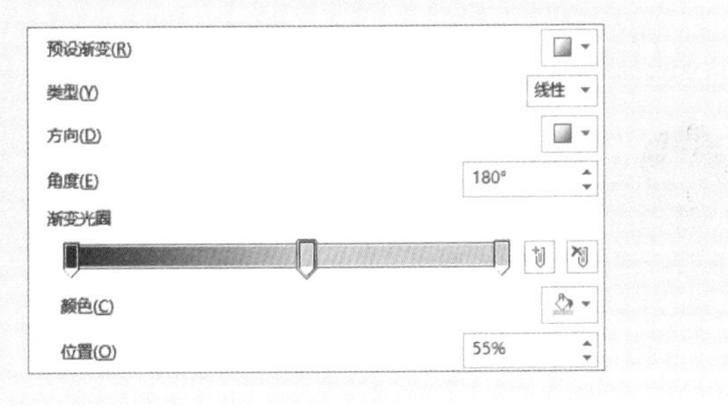

13

在“形状”列表中选择“矩形”选项，在文档的下方绘制高度为“0.27厘米”、宽度为“0.38厘米”的矩形，并设置为“无轮廓”。

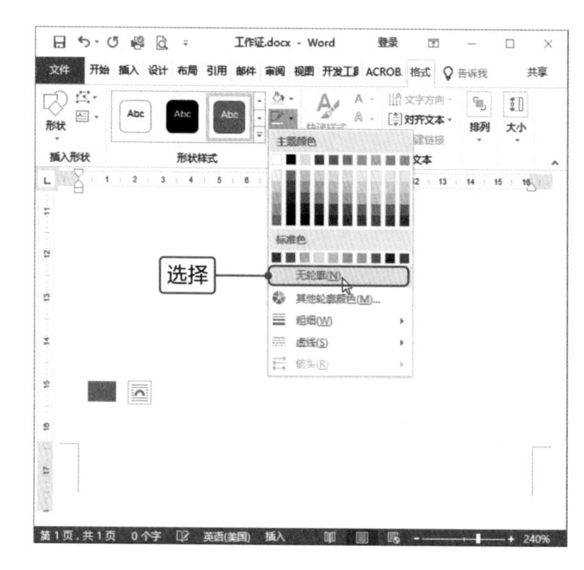

14

将矩形复制很多份，并错落有致地排列在文档底部，具体摆放的顺序没有限定，根据用户个人喜好进行排列，但需要注意一点排列的面积不能过大。

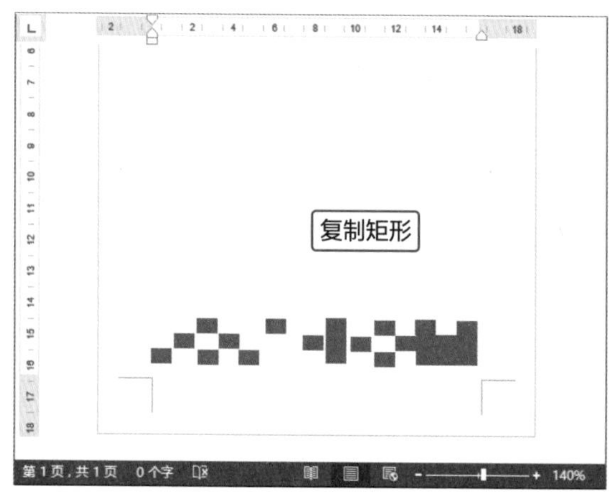

15

然后在“形状样式”选项组中单击“形状填充”下三角按钮，在列表中选择填充颜色，根据需要为小矩形填充不同的颜色。

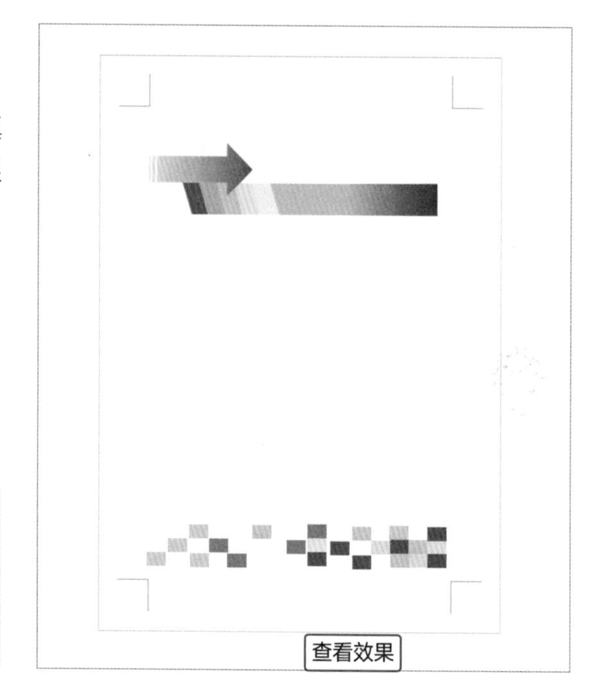

Tips 快速填充多个形状

在填充矩形颜色时，如果多个矩形需要填充相同的颜色，可以按住Ctrl键依次选中需要填充相同颜色的矩形，然后在“形状填充”列表中选择颜色即可。

Point 2 设计工作证的内容

下面将为工作证设置主体内容部分，主要包括工作证文字部分、企业Logo等。下面介绍具体的操作方法。

1

切换至“插入”选项卡，单击“插图”选项组中的“图片”按钮，在打开的“插入图片”对话框中选择“LOGO.png”图片，单击“插入”按钮。

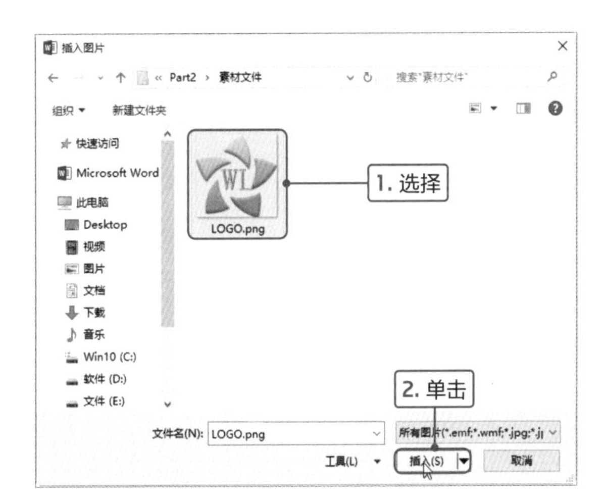

2

单击插入图片右侧“布局选项”按钮，在列表中选择“浮于文字上方”选项，然后适当缩小图片并放在文档的右上角。

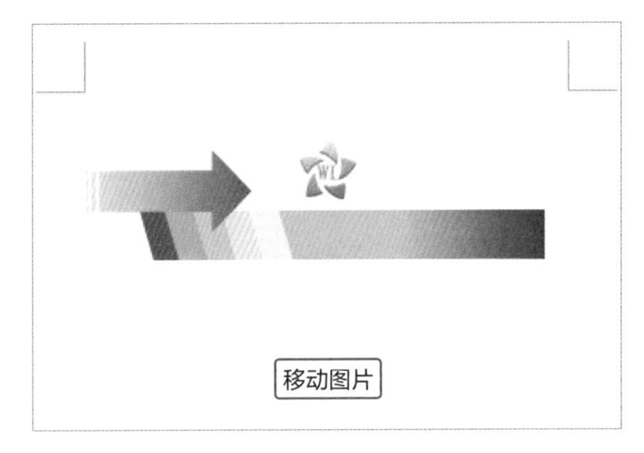

3

切换至“插入”选项卡，在“文本”选项组中单击“文本框”下三角按钮，在列表中选择“绘制横排文本框”选项。

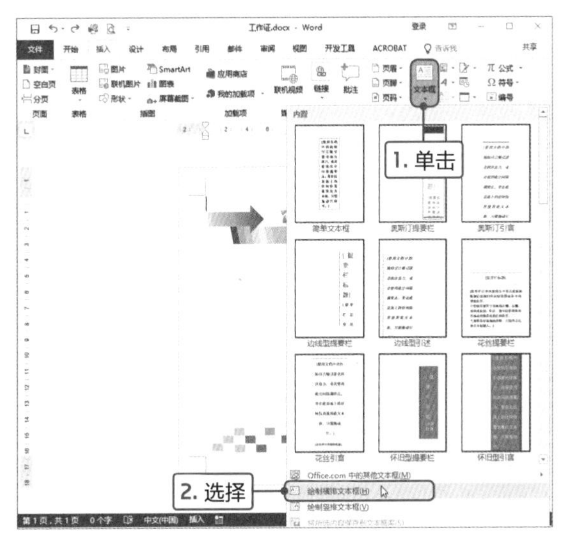

4

此时光标变为十字形状，在文档页面中单击并拖曳鼠标绘制文本框，然后在文本框中输入“未来传媒”文本。

5

在“字体”选项组中设置字体为“华文中宋”，字号为“五号”，颜色为“金色”，让文字的颜色与Logo相对应。

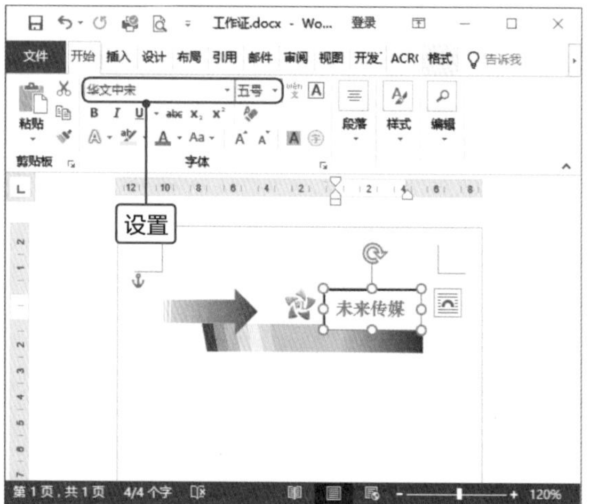

6

切换至“绘图工具-格式”选项卡，单击“形状样式”选项组中“形状填充”下三角按钮，在列表中选择“无填充”选项，然后再设置文本框为无轮廓。

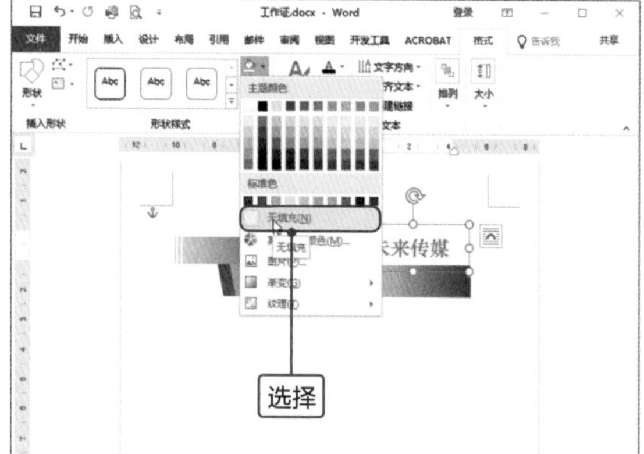

7

切换至“插入”选项卡，单击“文本”选项组中的“艺术字”下三角按钮，在列表中选择“填充:黑色,文本色1;阴影”选项。

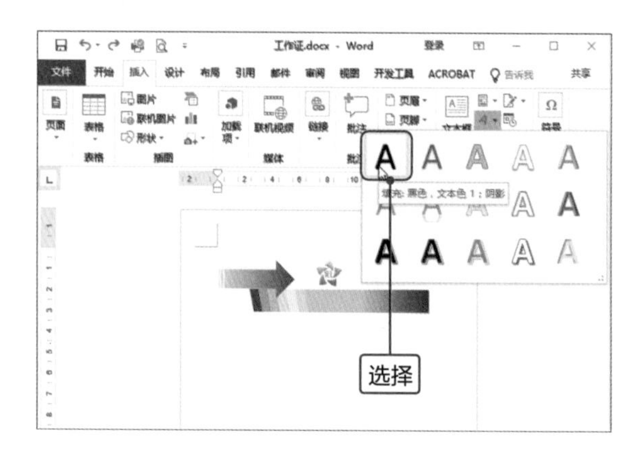

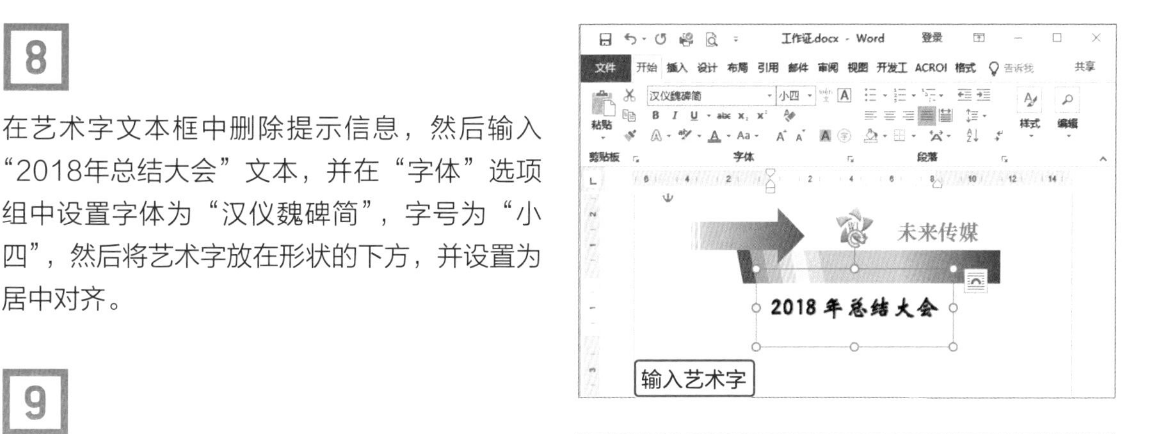

8

在艺术字文本框中删除提示信息，然后输入“2018年总结大会”文本，并在“字体”选项组中设置字体为“汉仪魏碑简”，字号为“小四”，然后将艺术字放在形状的下方，并设置为居中对齐。

9

在艺术字下方绘制横排文本框，然后输入“工作证”文本，在“字体”选项组中设置字体为“宋体”，字号为“小二”，然后将文本框设置为无填充和无轮廓，最后调整其位置。

Tips 设置艺术字

在此可以将文字设置为艺术字。选中“工作证”文本框，切换至“绘图工具-格式”选项卡，在“艺术字样式”选项组中设置艺术字的效果。例如，设置为“发光:5磅;橙色,主题色2”，效果如右图所示。

10

在文档中间插入横排文本框，输入“姓名：”文本，设置字体为“宋体”，字号为“五号”，并在文本右侧添加下划线，设置文本框为无填充和无轮廓。

11

复制两份文本框，并修改文字信息，调整三个文本框的位置，切换至“绘图工具-格式”选项卡，单击“排列”选项组中的“对齐”下三角按钮，在列表中选择“右对齐”。

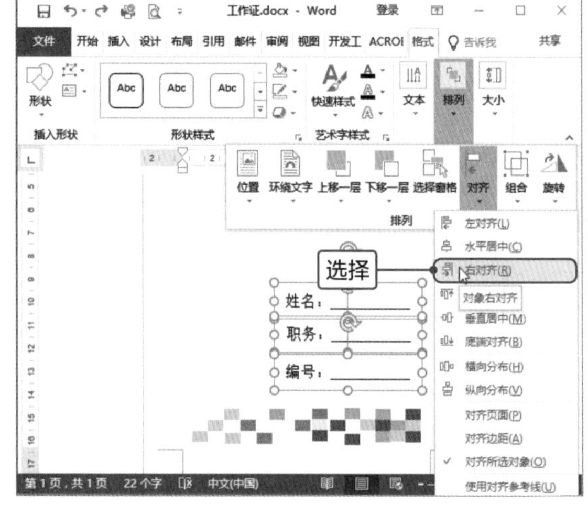

12

在三个文本框的左侧绘制矩形，然后设置“无填充”，单击“形状轮廓”下三角按钮，在列表中选择“黑色”，再选择“虚线>方点”选项，在该列表中再选择“粗细>0.75磅”选项，用于制作照片粘贴处。

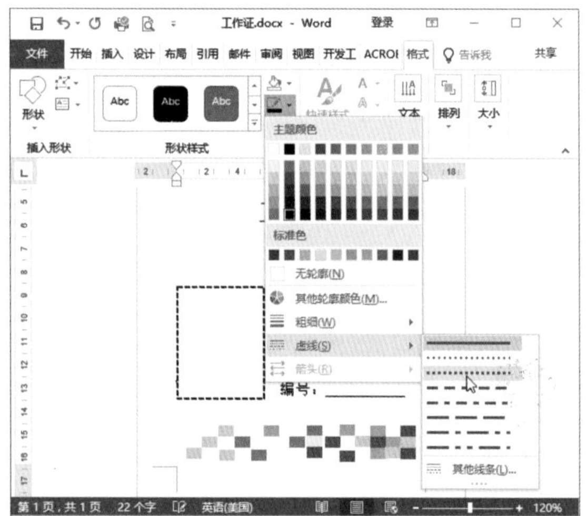

13

绘制和文档一样大小的矩形，设置“无填充”，轮廓为“黑色实线”，粗线为“0.75磅”，再适当调整各部分的位置，使工作证看起来更加和谐。至此，2018年总结大会的工作证制作完成，查看最终效果。

Tips　充分利用模板资源

Word为用户提供了丰富多样的模板资源，包括内置模板和网络模板。应用模板是创建具有专业外观和设计感文档最快捷的方法之一。

Point 3 将工作证保存为模板

我们可以将制作好的工作文档保存为Word模板，下次使用时修改信息即可直接应用。下面介绍具体的操作方法。

10%

100%

1

单击“文件”菜单按钮，在列表中选择“另存为”选项，在右侧选项区域中选择“浏览”选项。

2

打开“另存为”对话框，选择保存路径，此处选择“自定义Office模板”文件夹，单击“保存类型”下三角按钮，在列表中选择“Word模板(*.dotx)”选项，在“文件名”文本框中输入名称“工作证”，单击“保存”按钮。

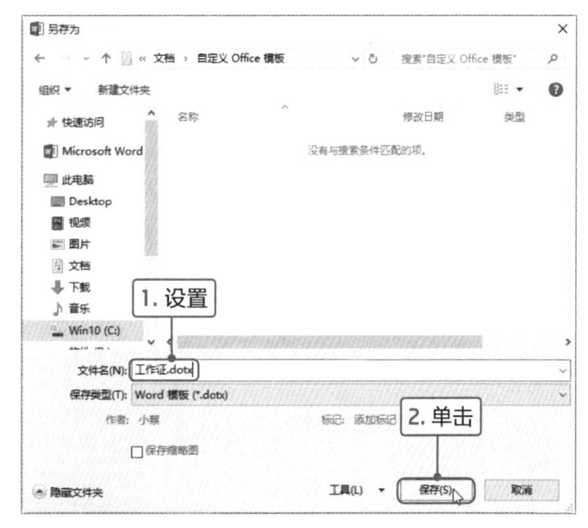

3

如果想要应用该模板，打开Word软件，单击“文件”菜单按钮，选择“新建”选项，在“新建”选项区域中选择“个人”模板，即可查看保存的模板，选中模板，即可在新的文档中打开工作证。

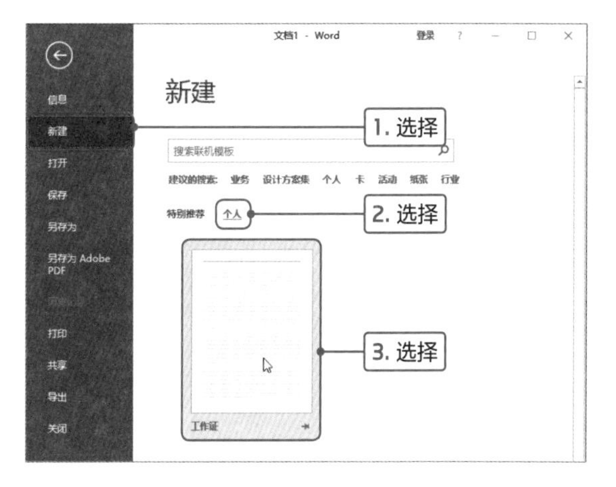

高效办公

应用模板格式

在Word中，可以将模板应用到需要使用相同格式的文本或段落，以便提高排版的效率。下面介绍具体操作方法。

步骤01 打开“房屋租赁合同”文档，切换至“布局”选项卡，在“段落”选项组中可见文档的段前和段后均为“0行”。

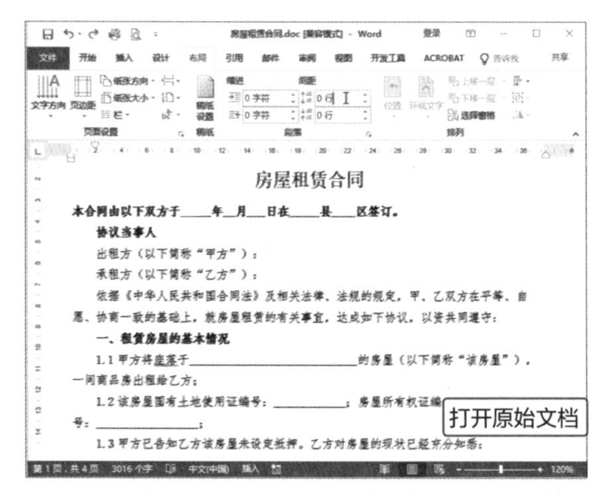

步骤02 单击“文件”菜单按钮，在列表中选择“选项”选项，打开“Word选项”对话框，在左侧选择“加载项”选项，单击右侧“管理”下三角按钮，在列表中选择“模板”选项，单击“转到”按钮。

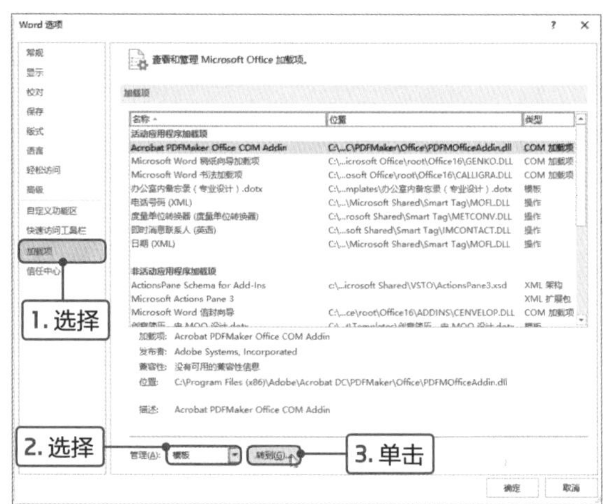

步骤03 打开“模板和加载项”对话框，在“模板”选项卡中单击“文档模板”选项区域中的“选用”按钮。

步骤04 打开“选用模板”对话框，在打开的路径文件夹中选择“办公室内备记录（专业设计）.dotx”文档，然后单击“打开”按钮。

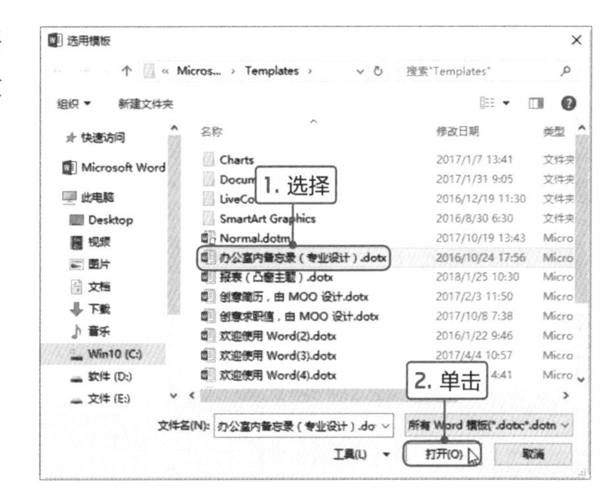

步骤05 返回“模板和加载项”对话框，单击“添加”按钮，在打开的“添加模板”对话框中选择相同的模板，即可将选中的模板添加至“所选项目当前已经加载”列表框中，勾选“自动更新文档样式”复选框，单击“确定”按钮。

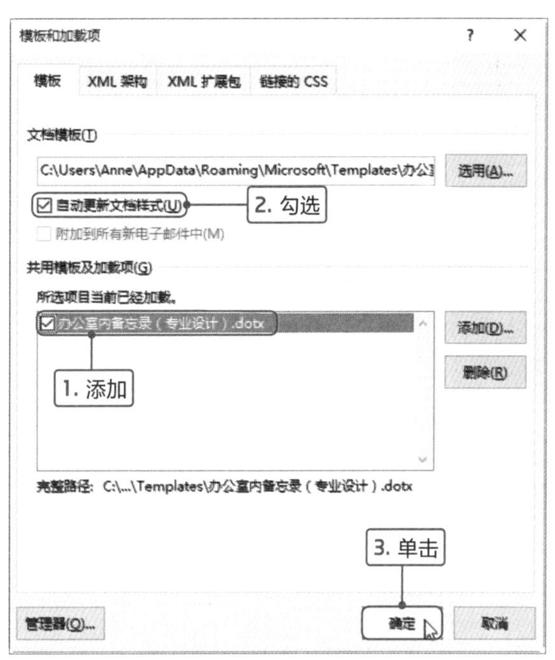

步骤06 操作完成后稍等片刻，可见文档内容应用选中模板的格式，此时，在“段落”选项组中可见段前间距变为“14磅”。

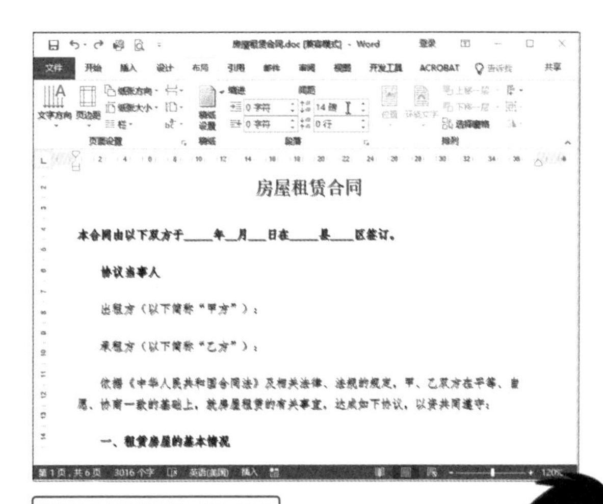

查看应用模板格式的效果

Tips 应用Word内置模板

我们也可以直接应用Word中内置的模板，单击“文件”菜单按钮，选择“新建”选项，在“新建”选项区域中选择合适的模板，或者在文本框中输入关键字，单击“开始搜索”按钮，即可联机搜索模板。

菜鸟加油站

插入下拉列表内容控件

● 添加“开发工具”选项卡

当我们向Word文档中添加控件时，需要在“开发工具”选项卡中添加，如果打开Word发现没有“开发工具”选项卡，那该怎么办呢？下面介绍具体操作方法。

步骤01 打开Word文档，单击“文件”菜单按钮，在列表中选择“选项”选项，如下左图所示。

步骤02 打开“Word选项”对话框，在左侧选择“自定义功能区”选项，在右侧“自定义功能区”列表中勾选“开发工具”复选框，然后单击“确定”按钮，如下右图所示。

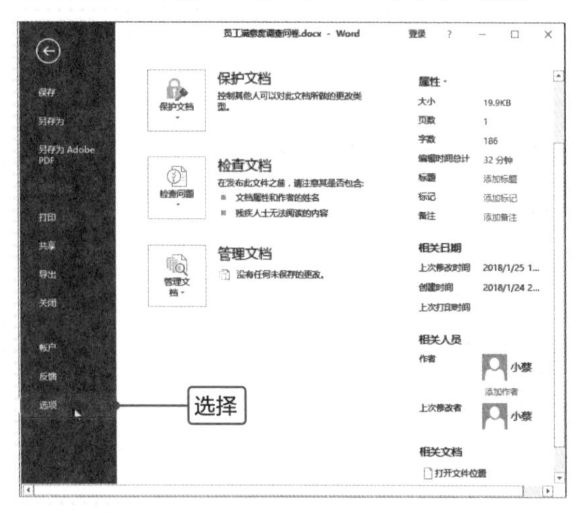

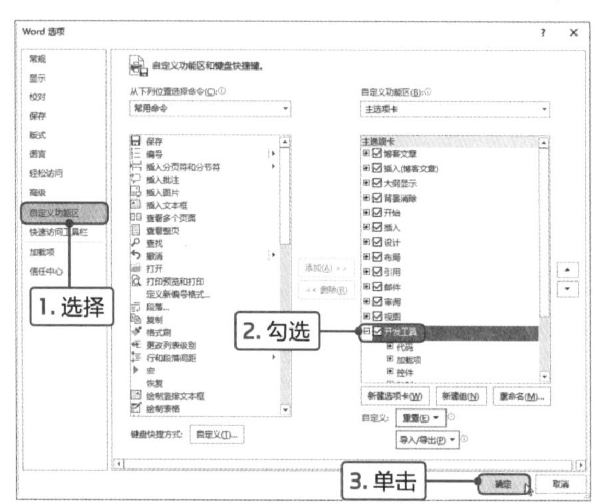

步骤03 返回文档，可见已经添加了“开发工具”选项卡，如下图所示。

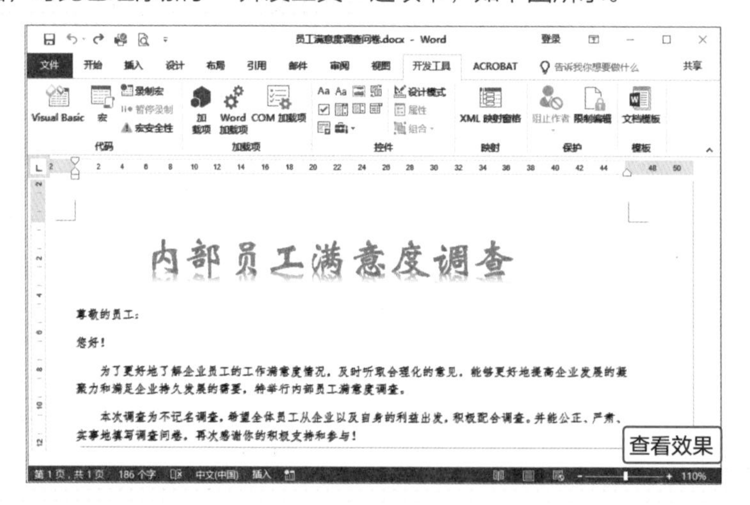

● 添加下拉列表内容控件

下面介绍添加选项按钮和复选框控件，其实在Word中常用的控件还有很多，下面以下拉列表内容控件为例介绍具体操作方法。

步骤01 打开“员工满意度调查问卷”文档，将光标定位在“性别”文本的右侧，切换至“开发工具”选项卡，单击“控件”选项组中的“下拉列表内容控件”按钮，如下左图所示。

步骤02 在光标处插入控件，在“控件”选项组中分别单击“设计模式”和“控制属性”按钮，如下右图所示。

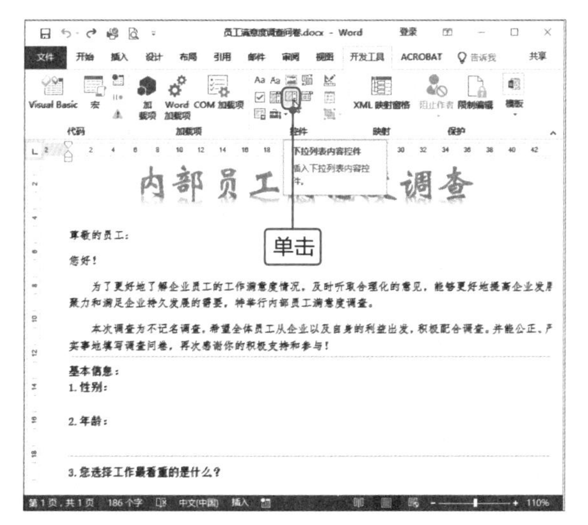

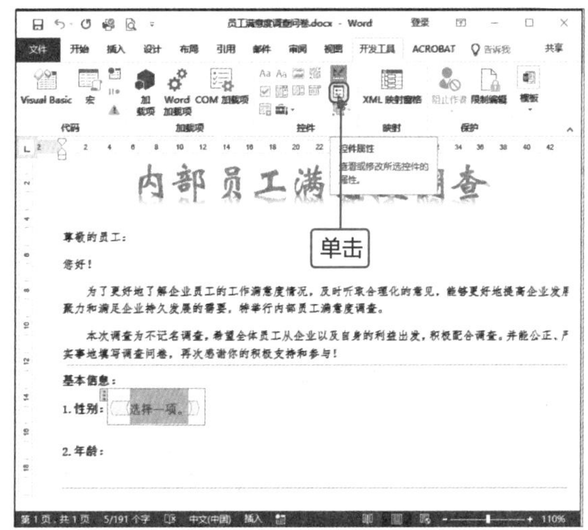

步骤03 打开“内容控件属性”对话框，在“常规”选项区域的“标题”文本框中输入“选择女或男”，然后单击“添加”按钮，如下左图所示。

步骤04 打开“添加选项”对话框，在“显示名称”文本框中输入“女”文本，然后单击“确定”按钮，如下中图所示。

步骤05 返回“内容控件属性”对话框，在“下拉列表属性”列表框中显示设置的选项，再次单击“添加”按钮，如下右图所示。

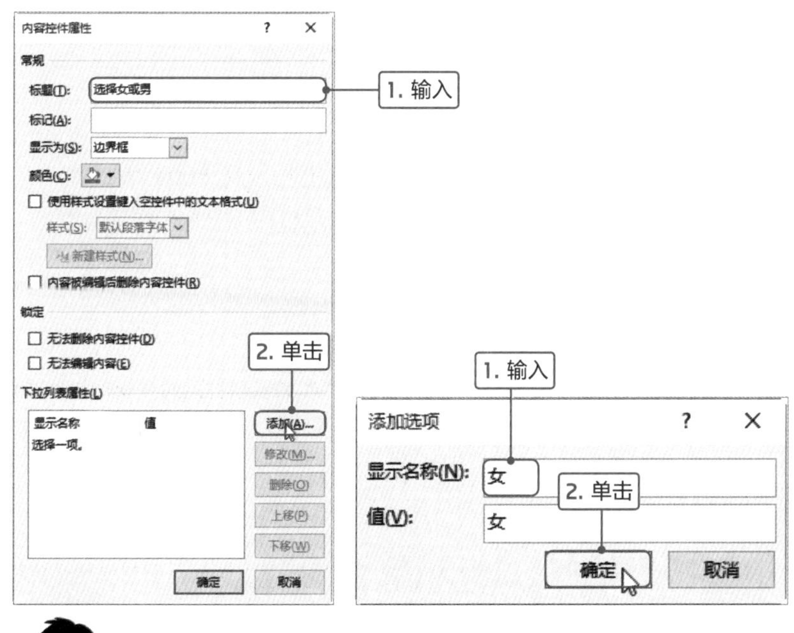

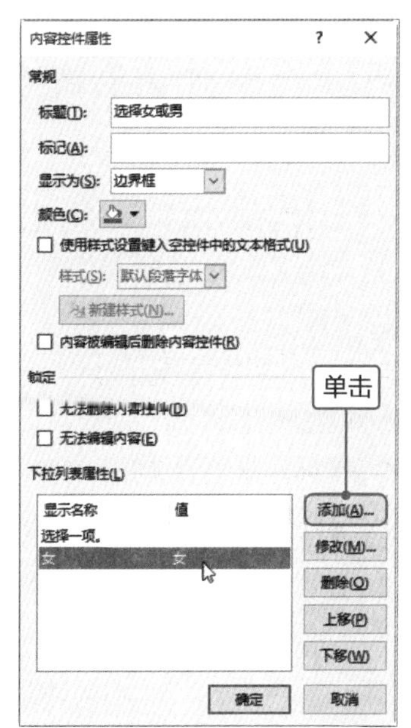

Tips 编辑设置的选项

在“内容控件属性”对话框中，可以对设置的选项进行编辑，如修改、删除、上移和下移。首先选中需要编辑的选项，然后单击右侧对应的按钮即可。

步骤06 打开“添加选项”对话框，在“显示名称”文本框中输入“男”文本，然后单击“确定”按钮，如下左图所示。

步骤07 返回“内容控件属性”对话框，查看添加的选项，然后勾选“内容被编辑后删除内容控件”复选框，单击“确定”按钮，如下右图所示。

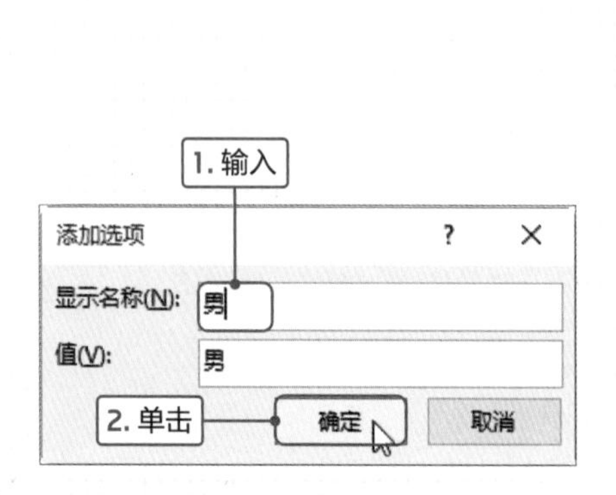

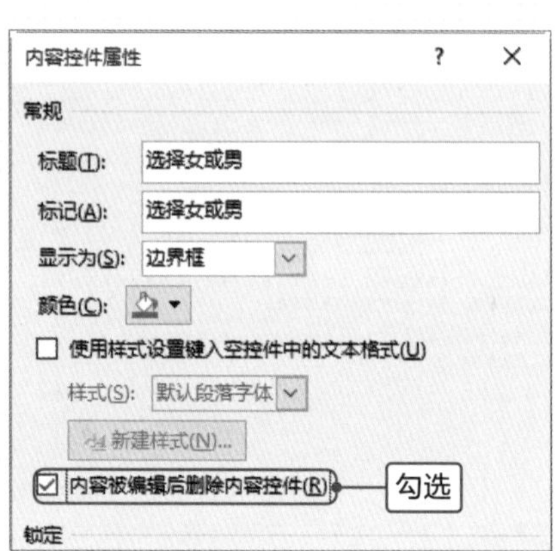

步骤08 然后单击“控件”选项组中的“设计模式”按钮，在控件的左上角显示设置的标题内容，然后单击控件的下三角按钮，在列表中可见设置的选项，选择“女”选项，如下左图所示。

步骤09 操作完成后，可见在“性别”的右侧显示选中的内容，控件和标题提示内容均不可见，如下右图所示。

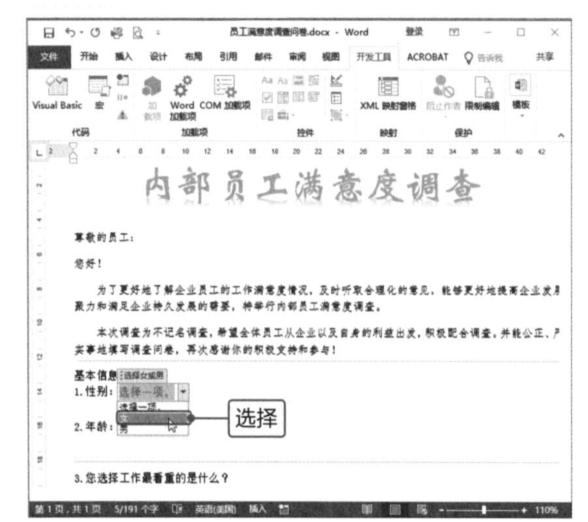

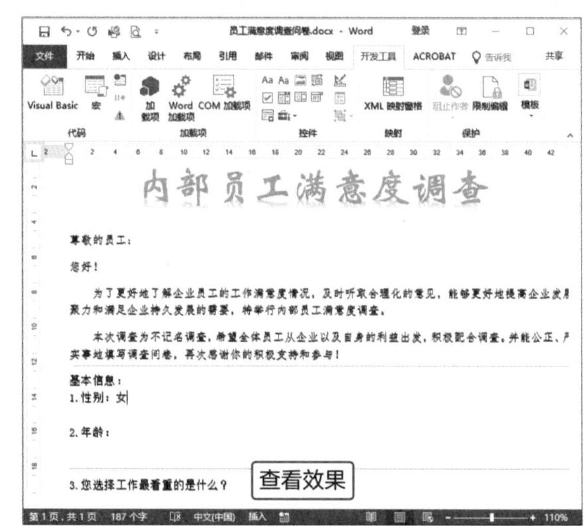

步骤10 按照相同的方法为年龄添加下拉列表内容控件，并设置年龄的范围，然后选择对应的年龄即可，如右图所示。

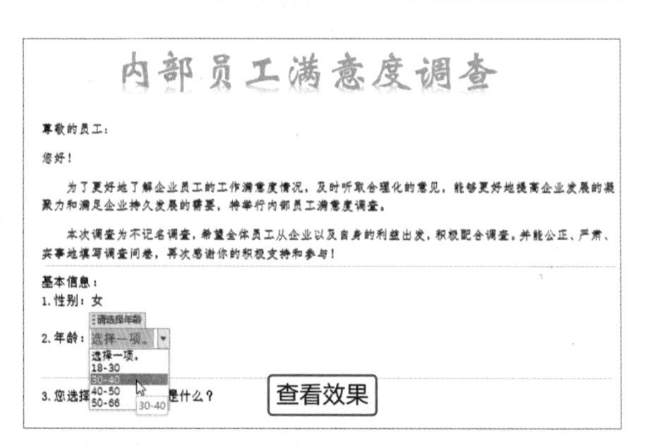

图文Word文档制作篇

使用Word编辑文档时，为了使文档更加美观、内容更清晰明了，可以适当添加图片、艺术字、图形等，然后对其进行编辑操作。图文并茂的文档更能吸引浏览者的眼睛，并加深浏览者的印象。

本部分以制作企业宣传手册为例介绍在文档中使用图片、艺术字、图形以及SmartArt图形的应用。

制作企业宣传手册封面

企业为了更好地发展，会通过多种途径进行大力宣传，历历哥为了响应号召决定进一步改进企业的宣传手册。他打算将企业宣传手册的封面制作成彩色、图文并茂的样式，能够体现企业的文化和精神。为了让小蔡能够快捷成长，历历哥将这项工作交给了他，小蔡深刻意识到领导对他的信任，于是开始查找大量素材、收集信息，着手制作富有朝气、简单大气的封面。

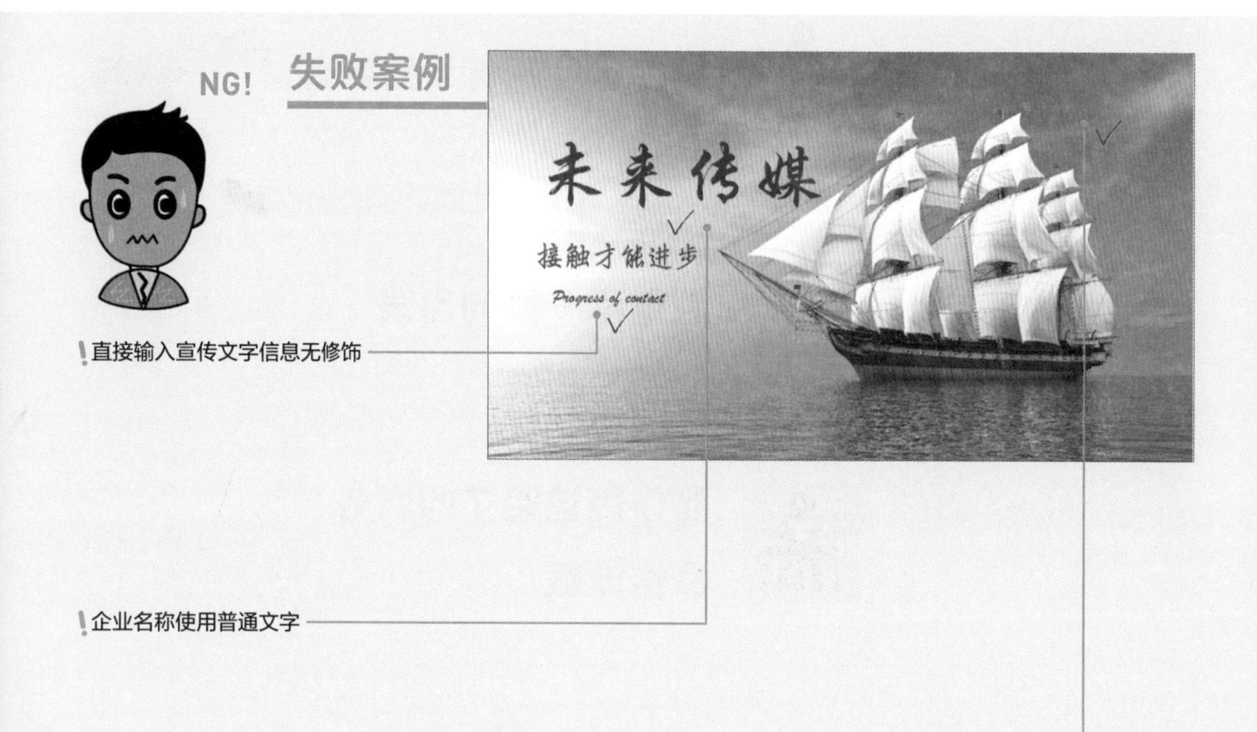

小蔡在制作企业宣传手册封面时，使用背景图片作为底纹，图片的长宽比例不是很协调，而且背景图片没有修饰元素，比较空洞；在图片上输入企业的名称和宣传语，使用的是普通文字，填充渐变颜色，没有修饰文字，比较单调。

MISSION! 1

在制作企业宣传手册的封面时，使用图文并茂的方式，让封面简洁大方，富有某种特殊含义。在本案例中将使用Word中的图片、艺术字、图形等功能，进一步美化文档，从而制作出完美的封面。

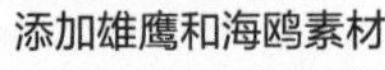

添加雄鹰和海鸥素材

在文字旁边添加直线形状进行修饰

使用艺术字输入企业名称

首先将图片进行水平翻转，让帆船驶向东方，体现企业富有远大理想和生机勃勃的气象，并为背景图片添加雄鹰和海鸥素材，使用背景更加丰富；在输入企业名称时，使用艺术文字并添加发光效果，使其更突出；在企业名称和宣传语中间使用直线形状，不但起到了分隔作用，还可以美化封面。

Point 1 设置页面并插入图片

在制作企业宣传手册前需要设置页面的大小，如设置页边距和版面的大小，本案例是制作企业封面，以图片为背景，所以还需要插入图片，并根据版面进行裁剪。下面介绍具体的操作方法。

1

打开Word 2016软件，新建空白文档，切换至“布局”选项卡，单击“页面设置”选项组中的“页边距”下三角按钮，在列表中选择“自定义页边距”选项。

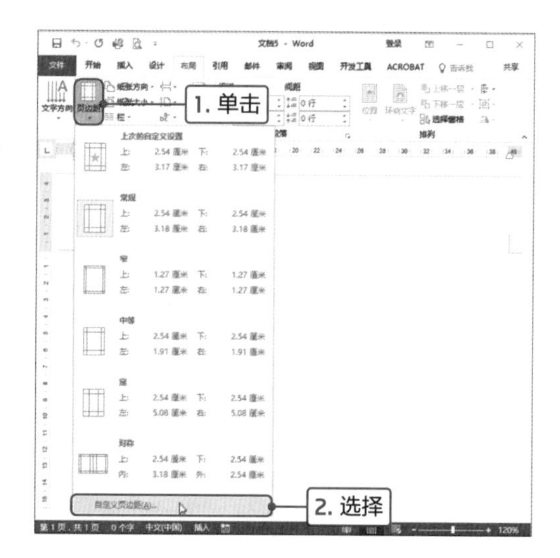

2

打开“页面设置”对话框，在“页边距”选项卡中设置上、下页边距均为“1.4厘米”，左、右页边距均为“2厘米”。切换至“纸张”选项卡，设置宽度为“21厘米”，高度为“14厘米”，单击“确定”按钮。

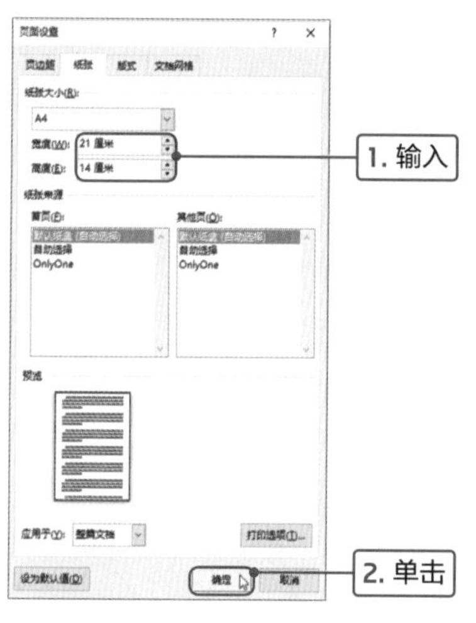

3

设置完成后，在Word文档中可以查看设置页面大小的效果。

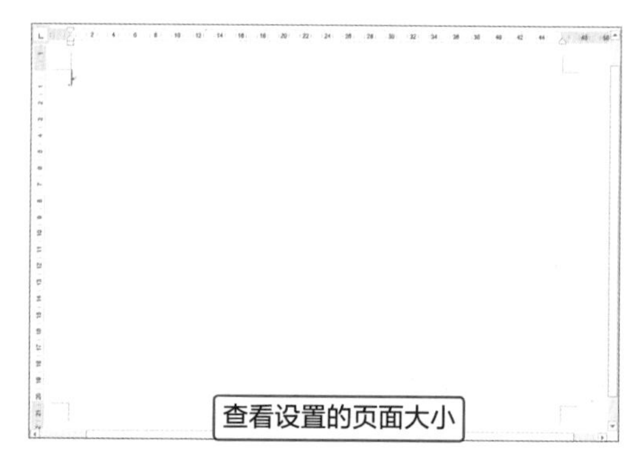

4

单击“文件”菜单按钮，选择“保存”选项，打开“另存为”对话框，选择保存路径，在“文件名”文本框中输入“企业宣传手册封面”，单击“保存”按钮。

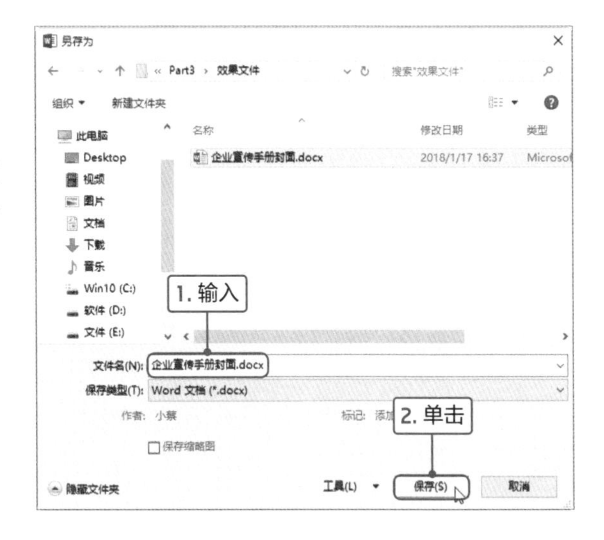

5

切换至“插入”选项卡，单击“插图”选项组中的“图片”按钮。

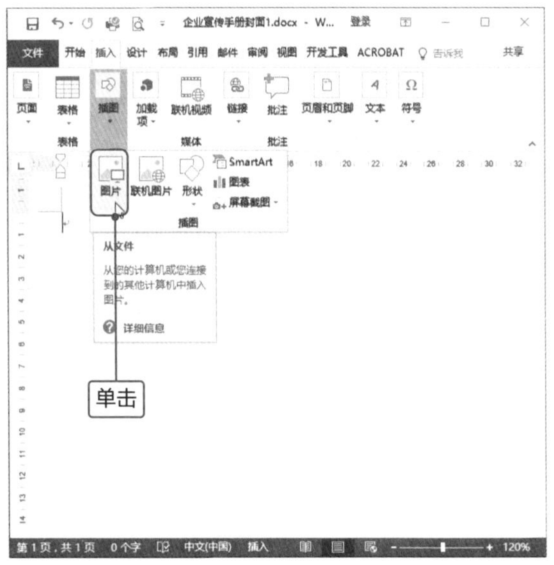

Tips 插入联机图片

也可以通过“联机图片”功能，联网进行插入图片。切换至“插入”选项卡，单击“插图”选项组中的“联机图片”按钮，在打开的面板的文本框中输入关键字，然后进行联网搜索，选择合适的图片，单击“插入”按钮即可。

6

打开“插入图片”对话框，打开图片所在的路径，选择需要插入的图片，然后单击“插入”按钮。

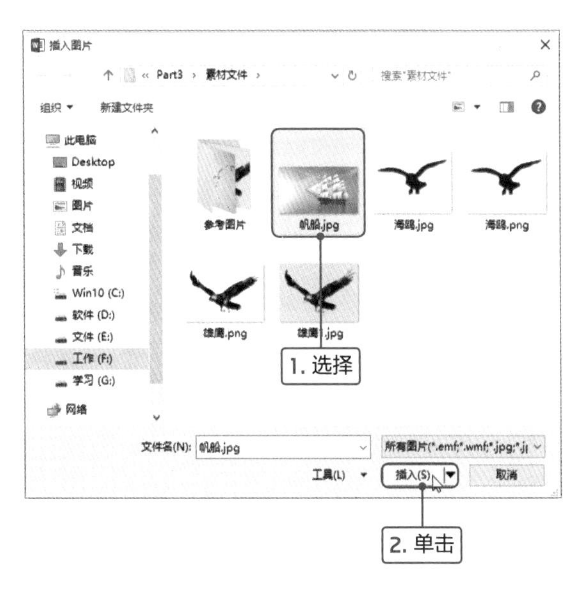

7

返回文档，可见图片已经插入，选中图片后，在功能区中显示“图片工具-格式”选项卡。

8

切换至“图片的工具-格式”选项卡，单击“大小”选项组中的“裁剪”按钮，将光标移至图片右侧边的控制点上，向左侧进行拖曳适当裁剪图片。

9

将图片右侧适当裁剪，裁剪完成后，再次单击“裁剪”按钮，退出裁剪。然后将光标移至图片的右下角控制点上，进行拖曳，使用图片充满整个版面。

Tips **精确调整图片的大小**

可以根据需要精确设置图片的大小，选中图片，切换至“图片工具-格式”选项卡，在“大小”选项组中的“高度”和“宽度”数值框中输入数值即可。

或单击“大小”选项组的对话框启动器按钮，在打开的“布局”对话框的“大小”选项卡中设置大小参数。

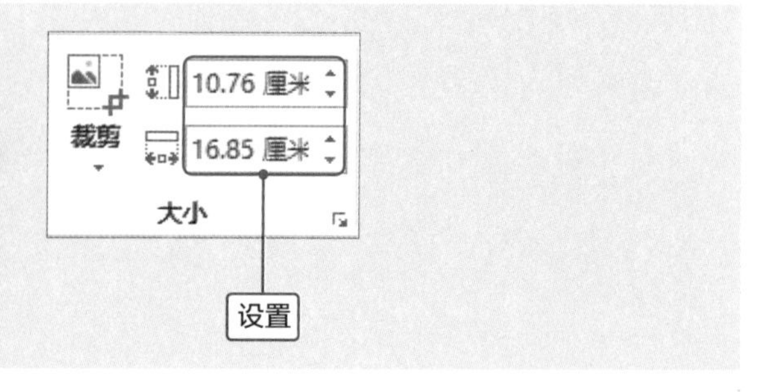

Point 2 编辑图片

在Word中插入图片后，可以对图片进行编辑操作，如对图片进行旋转以校正图片。下面介绍具体的操作方法。

1

选中图片，切换至“图片工具-格式”选项卡，单击“排列”选项组中的“旋转”下三角按钮，在下拉列表中选择“水平翻转”选项。

Tips 设置任意角度旋转

可以根据需要对图片进行任意角度旋转，选中图片，切换至“图片工具-格式”选项卡，单击“排列”选项组中的“旋转”下三角按钮，在列表中选择“其他旋转选项”选项，打开“布局”对话框，在“大小”选项卡的“旋转”选项区域中设置旋转的角度，然后单击“确定”按钮，即可完成图片任意角度的旋转。

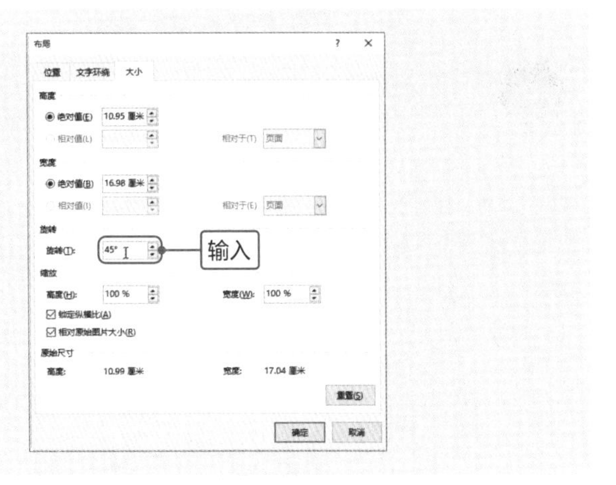

2

切换至“图片工具-格式”选项卡，单击“调整”选项组中的“颜色”下三角按钮，在列表中选择“色温:8800K”色调，调整图片整体的色调。

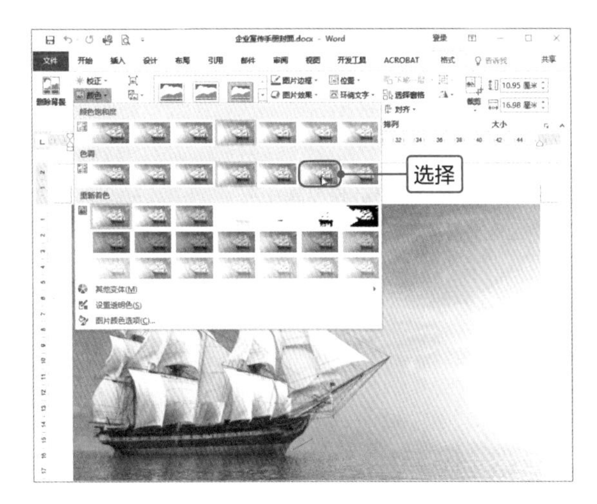

3

右击图片，在快捷菜单中选择“设置图片格式”命令，打开“设置图片格式”导航窗格，切换至“图片”选项卡，在“图片校正”选项区域中设置清晰度为“-10%”，亮度为“5%”，对比度5%。

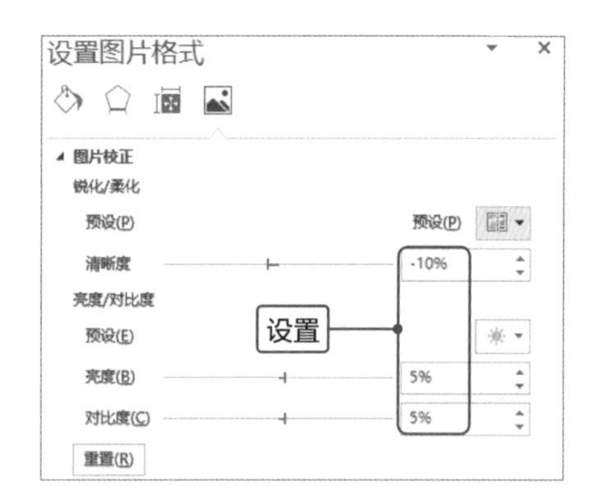

4

设置完成后，可见图片要稍微模糊一点，亮度也稍微提高一点。

Tips 应用图片样式

可以为插入的图片应用Word中预设的样式，选中图片，单击“图片样式”选项组中的“其他”下三角按钮，在打开的样式库面板中选择合适的样式即可。

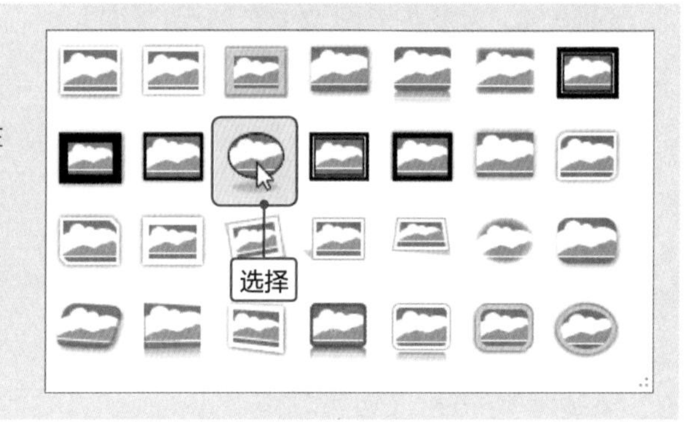

5

切换至“插入”选项卡，再次单击“插图”选项组中的“图片”按钮，在打开的对话框中选择“雄鹰1.jpg”图片，单击“插入”按钮。

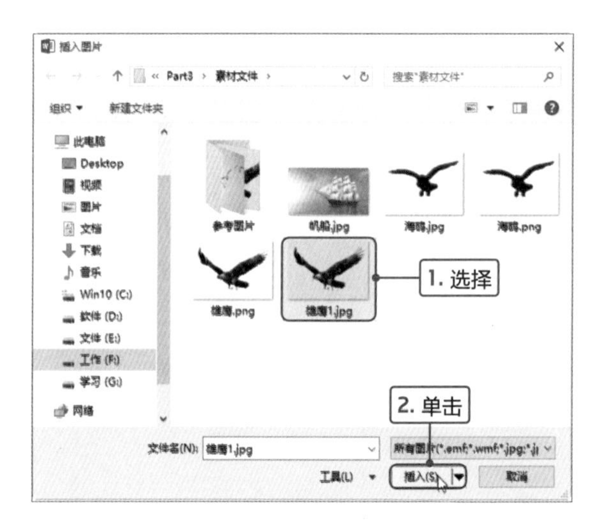

6

在文档中插入选中的图片，单击图片右侧的“布局选项”按钮，在“文字环绕”选项区域中选择“浮于文字上方”选项。

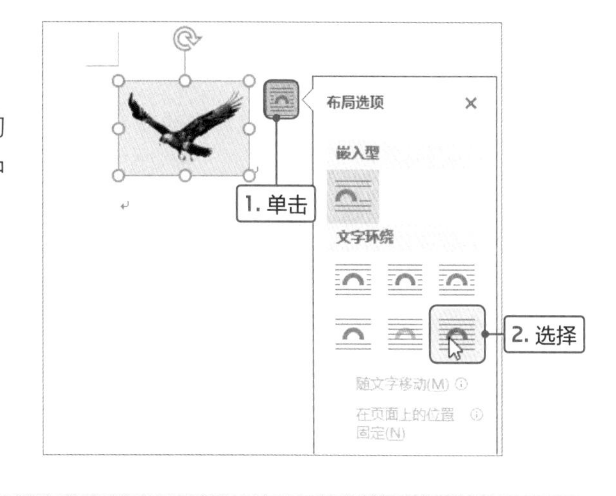

Tips 功能区环绕文字的方式

除了使用上述方法设置环绕文字的方式外，还可以在功能区设置。选中图片，切换至“图片工具-格式”选项卡，单击“排列”选项组中的“环绕文字”下三角按钮，在列表中选择相应的选项即可。

7

此时，雄鹰图片在帆船图片的上方，将光标移至雄鹰图片上变为✣形状时，按住鼠标左键进行拖曳，将图片移至帆船的右上方。

8

选中雄鹰图片，切换至“图片工具-格式”选项卡，单击“调整”选项组中的“删除背景”按钮。

9

通过调整控制点，设置保留的区域，切换至“背景消除”选项卡，然后单击“关闭”选项组中的“保留更改”按钮。

10

即可将图片的背景删除，然后拖曳控制点，将雄鹰适当缩小。

11

切换至“图片工具-格式”选项卡，单击“旋转”下三角按钮，在列表中选择“水平翻转”选项。

Tips **手动旋转图片**

可以通过拖曳控制点对图片进行翻转或旋转。将光标移至图片上方旋转标志处，光标变为旋转的标志，按住鼠标左键拖动即可进行旋转。选中图片左侧边上的控制点，按住鼠标左键向右拖曳超过右侧边，至合适位置释放鼠标，即可完成图片的水平翻转。

12

选择雄鹰图片，按下Ctrl+C组合键进行复制，然后按下Ctrl+V组合键粘贴图片，将复制的图片适当放大并移至版面的右上角。

13

选中复制的图片，切换至“图片工具-格式”选项卡，单击“调整”选项组中的“艺术效果”下三角按钮，在下拉列表中选择“十字图案蚀刻”效果。

14

按照相同的方法插入海鸥图片，并删除背景，然后适当缩小图片，将其放在帆船的左上方，并多复制几个海鸥放在不同的位置。

Tips **重设图片**

如果感觉设置的图片不是很满意，可以恢复到插入图片时的状态，然后重新设置图片。选中图片，切换至“图片工具-格式”选项卡，单击“调整”选项组中的“重设图片”下三角按钮，在列表中选择需要重设的内容选项，如“重设图片”或“重设图片和大小”。

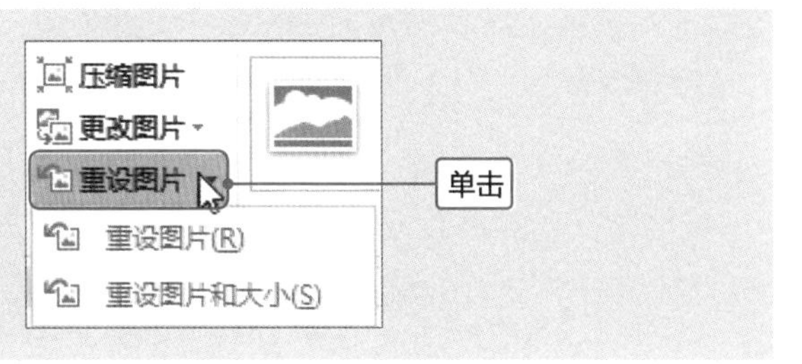

Point 3 插入艺术字

在Word中可以通过两种方法插入艺术字，一种是通过选择艺术字样式，在文本框中输入艺术文字；另一种是先输入文本，然后将输入的文本应用艺术字样式。下面介绍具体的操作方法。

1

切换至“插入”选项卡，单击“文本”选项组中的“艺术字”下三角按钮，在打开的艺术字样式库中选择“填充:黑色,文本色1;边框:白色,背景色1;清晰阴影:蓝色,主题色5”选项。

2

在文档的左上角插入设置的对应艺术样式的文本框，并在其中显示相应的提示文字，可以查看艺术字的效果。

3

删除提示文字，然后输入企业的名称，此处输入“未来传媒”。

Point 4 编辑艺术字

插入艺术字后，可以根据需要对艺术字进行编辑。艺术字是作为图形对象放置在文档中的，可以将其作为图形进行处理。下面介绍编辑艺术字的具体操作方法。

1

将光标移至文本框的边框上，变为⁜形状时，按住鼠标左键进行拖曳，将艺术字移至页面中合适的位置。

2

选中插入的艺术字，切换至“绘图工具-格式”选项卡，单击“文本”选项组中“文字方向”下三角按钮，在列表中选择“垂直”选项。

3

艺术字变为垂直显示，切换至“开始”选项卡，在“字体”选项组中设置字体为“方正行楷简体”，字号为“48”，并适当调整文本框的大小让文字显示完全。

4

选择艺术字，切换至“绘图工具-格式”选项卡，在“艺术字样式”选项组中单击“文本填充”下三角按钮，在列表中选择“渐变>其他渐变”选项。

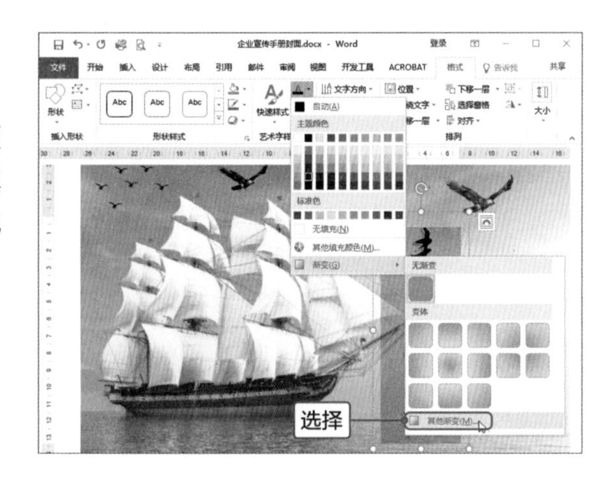

5

打开“设置形状格式”导航窗格，在“文本填充与轮廓”选项卡下，选中“渐变填充”单选按钮，设置渐变类型为“射线”，设置渐变光圈的颜色为从红色至紫色至红色的渐变。

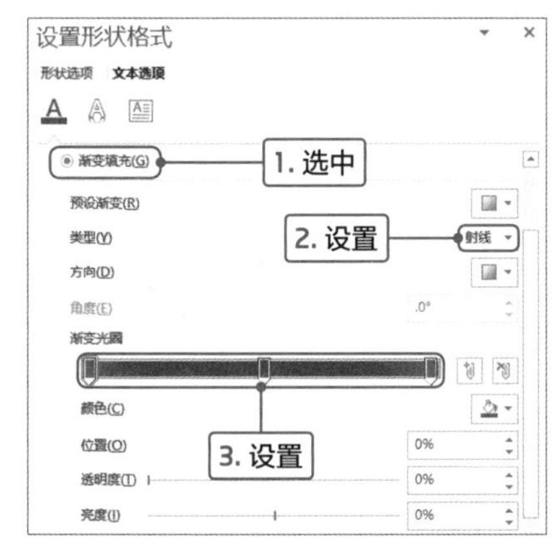

6

在“文本边框”选项区域中选中“实线”单选按钮，设置颜色为“黑色”，宽度为“0.5磅”。

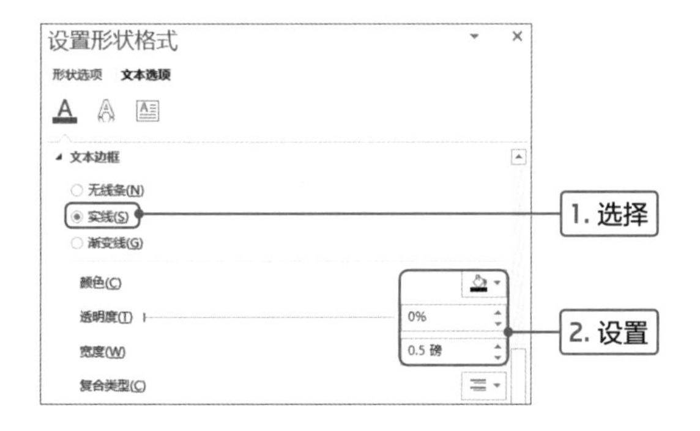

Tips **在功能区设置轮廓的格式**

除了上面介绍的在“设置形状格式”导航窗格中设置轮廓外，还可以在功能区中设置。选择文字，切换至“绘图工具-格式”选项卡，单击“艺术字样式”选项组中的“文本轮廓”下三角按钮，在列表中选择轮廓的颜色、粗细以及虚线样式等。

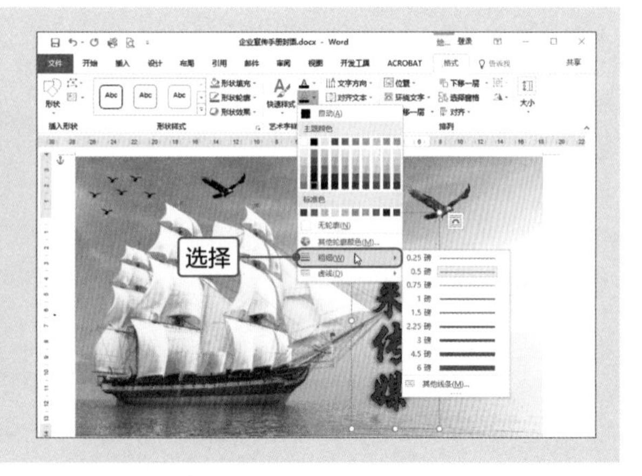

7

关闭“设置形状格式”导航窗格，返回文档查看为艺术文字添加渐变颜色和边框的效果。

8

保持文本为选中状态，切换至“绘图工具-格式”选项卡，单击“艺术字样式”选项组中的“文本效果”下三角按钮，在列表中选择“发光”选项，在子列表中选择“发光:5磅;橙色,主题色2”效果。

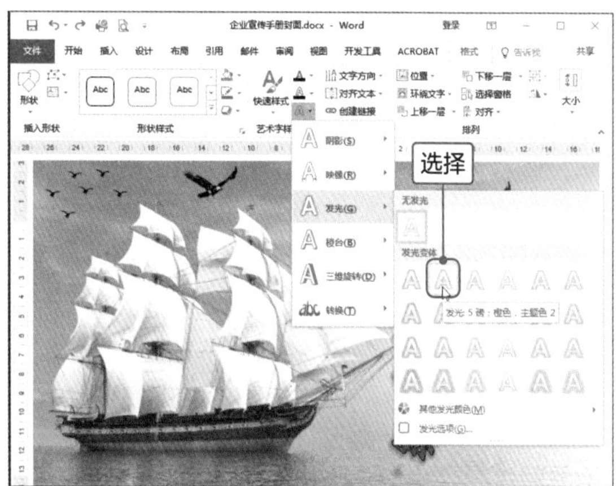

9

操作完成后，查看设置橙色发光的效果。

Tips 具体设置文字的效果

如果想进一步设置应用的文本效果，以设置发光效果为例，单击“艺术字样式”选项组中的“文本效果”下三角按钮，在列表中选择“发光>发光选项”选项，打开“设置形状格式”导航窗格的“文字效果”选项卡，在“发光”选项区域中设置相关参数。

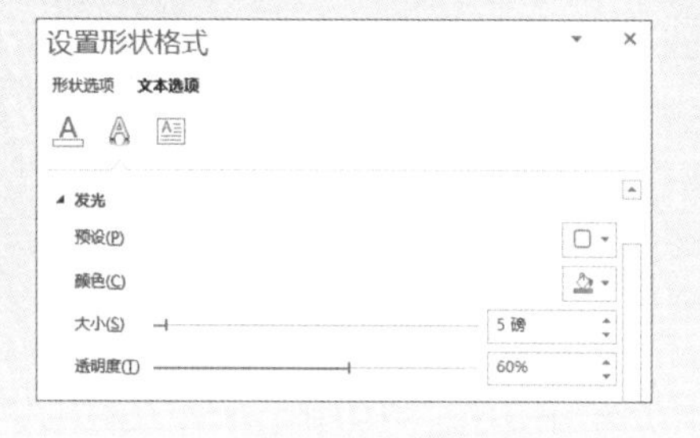

Point 5 插入文本框和线条

在制作文档的过程中，如果需要在图片上输入文字，可以通过插入文本框输入文本。在本案例中还通过插入线条对画面进行了装饰。下面介绍插入文本框和线条的具体操作方法。

1

切换至“插入”选项卡，单击“文本”选项组中的“文本框”下三角按钮，在列表中选择“绘制竖排文本框”选项。

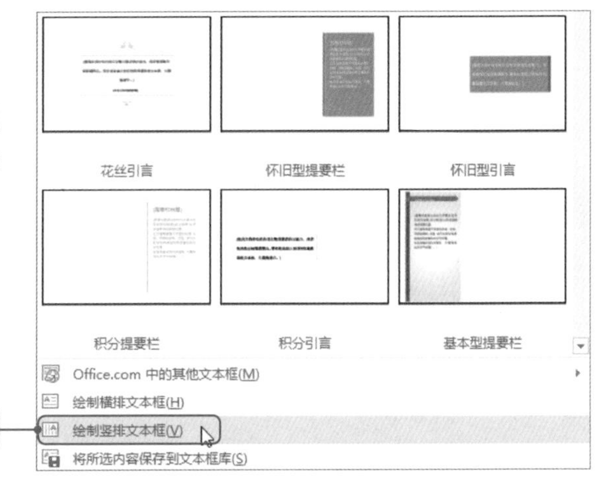

2

在艺术字右侧拖曳创建文本框，然后在文本框内输入“接触才能进步”文本。

3

选择文本框，切换至“绘图工具-格式”选项卡，单击“形状样式”选项组中“形状填充”下三角按钮，在列表中选择“无填充”选项。

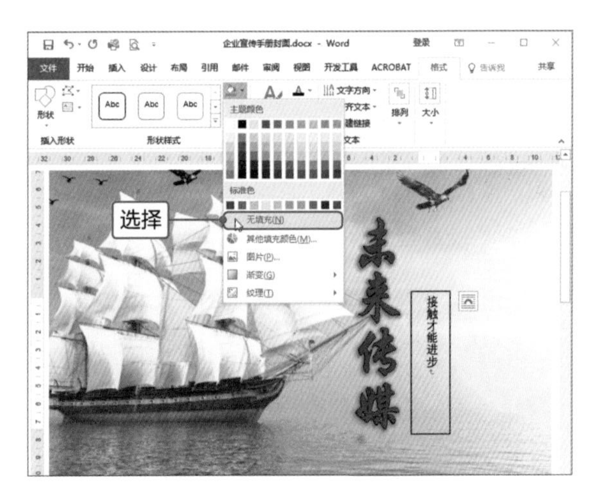

4

单击“形状样式”选项组中的“形状轮廓”下三角按钮，在列表中选择“无轮廓”选项。

5

选中“接触”文本，在“开始”选项卡的“字体”选项组中设置字体为“汉仪行楷简”，字号为“小二”；“才能进步”文本的格式为“华文楷体”、“四号”。

6

选中文本框，切换至“绘图工具-格式”选项卡，单击“艺术字样式”选项组中的“文本填充”下三角按钮，在列表中选择“渐变>其他渐变”选项，在打开的导航窗格中设置渐变。

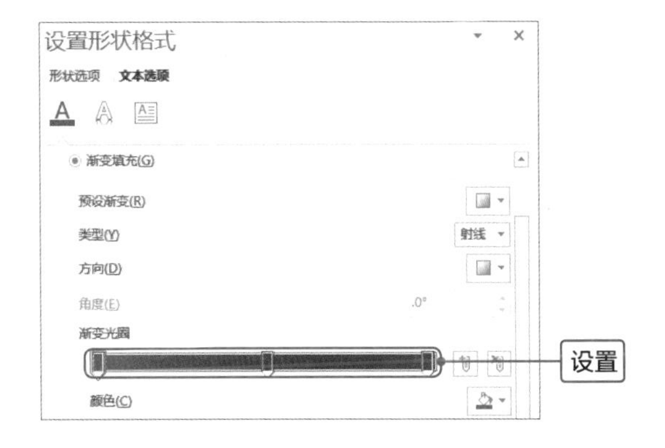

7

按照相同的方法在文本框右侧输入英文，并设置相同的渐变填充。适当调整文本框的位置。

8

切换至“插入”选项卡，单击“插图”选项组中的“形状”下三角按钮，在列表中“线条”选项区域选择“直线”选项。

9

按住Shift键在图片上绘制垂直直线，通过调整控制点调整直线的长短。

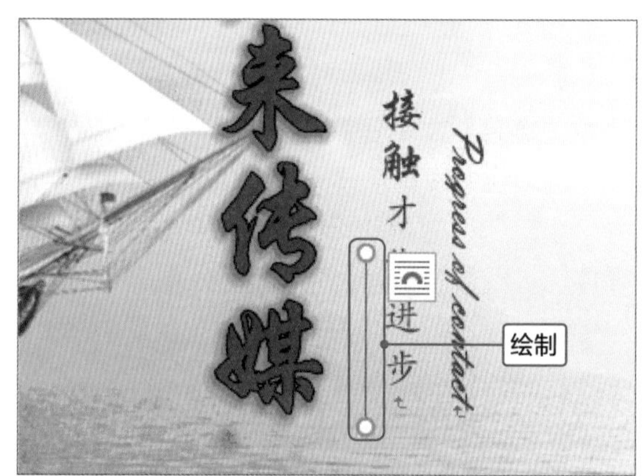

10

选中绘制的直线，切换至“绘图工具-格式”选项卡，单击“形状样式”选项组中的“其他”按钮，在展开的列表中选择“中等线-强调颜色2”选项。

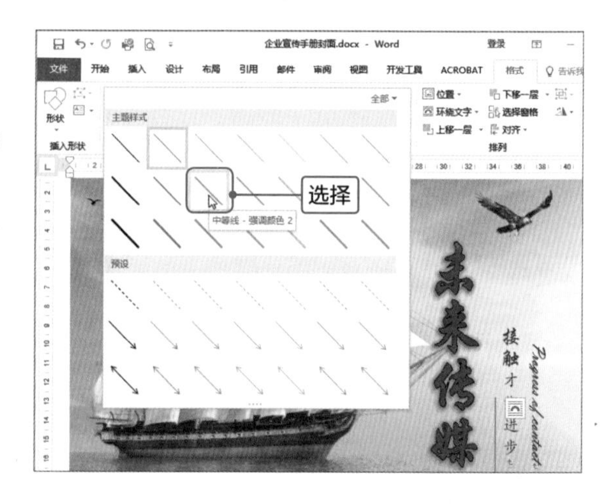

Tips 插入文本框的另一种方法

切换至“插入”选项卡，单击“插图”选项组中“形状”下三角按钮，在列表的“最近使用的形状”选项区域中选择文本框即可。

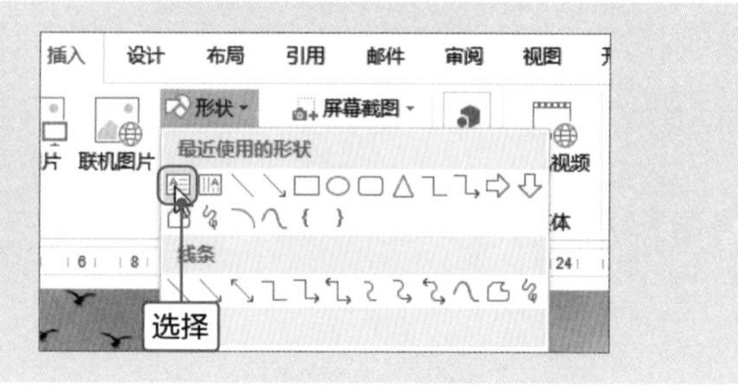

11

按照相同的方法再绘制一条横向的直线，并设置相同的样式，将其放在垂直直线的下方。

12

选中帆船图片，切换至“图片工具-格式”选项卡，单击“调整”选项组中的“艺术效果”下三角按钮，在列表中选择“胶片颗粒”选项。

13

至此，企业宣传手册的封面制作完成，将背景图片进行虚化，重点突出文字。

Tips **组合多张图片**

当插入多张图片时，如果需要统一复制或移动等操作，可以对图片进行组合。按住Ctrl键依次选中图片，切换至“图片工具-格式”选项卡，单击“排列”选项组中的“组合”按钮，在列表中选择“组合”选项，即可组合图片。

高效办公

应用图片样式并设置位置

在Word中插入图片后，可以为其快速应用图片样式，还可以调整图片在整个文档中的位置。下面介绍具体的操作方法。

步骤01 打开“应用图片样式并设置位置”文档，选中图片，切换至“图片工具-格式”选项卡，单击“图片样式”选项组中的“其他”按钮，在展开的列表中选择“柔化边缘椭圆”选项。

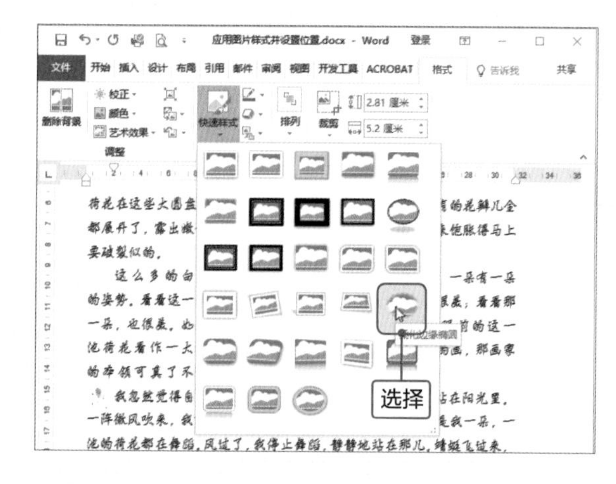

步骤02 单击“图片样式”选项组中的“图片效果”下三角按钮，在列表中选择“柔化边缘>柔化边缘选项”选项。

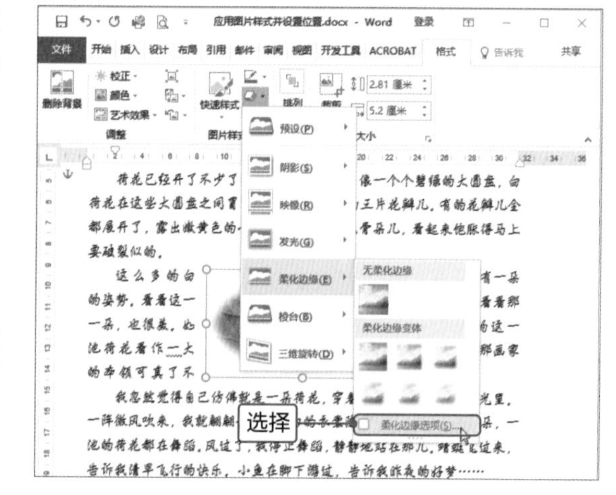

图片的效果

在“图片效果”列表中可以根据需要应用不同的效果，如阴影、映像、发光、棱台和三维旋转。

步骤03 打开“设置图片格式”导航窗格，在“效果”选项卡的“柔化边缘”选项区域中设置大小为“5磅”。

步骤04 设置完成后返回文档中，可见矩形的图片变为椭圆形状，并且应用设置边缘柔化的值，使荷花的主体更加鲜明突出。

荷花　叶圣陶

清晨，我到公园去玩，一进门就闻到一阵清香，我赶紧往荷花池边跑去。

荷花已经开了不少了，荷叶挨挨挤挤的，像一个个碧绿的大圆盘，白荷花在这些大圆盘之间冒出来，有的才展开两三片花瓣儿，有的花瓣儿全都展开了，露出嫩黄色的小莲蓬，有的还是花骨朵儿，看起来饱胀得马上要破裂似的。

这么多的白荷花，一朵有一朵的姿势，看看这一朵，很美；看看那一朵，也很美。如果把眼前的这一池荷花看作一大幅活的画，那画家的本领可真了不起。

我忽然觉得自己仿佛就是一朵荷花，穿着雪白的衣裳，站在阳光里，一阵微风吹来，我就翩翩起舞，雪白的衣裳随风飘动，不光是我一朵，一池的荷花都在舞蹈。风过了，我停止舞蹈，静静地站在那儿，蜻蜓飞过来，告诉我清早飞行的快乐，小鱼在脚下游过，告诉我昨夜的好梦……

步骤05 图片应用样式后，选中图片，切换至“图片工具-格式”选项卡，单击“排列”选项组中的“位置”下三角按钮，在展开的列表的“文字环绕”选项区域中选择“中间居右,四周型文字环绕”选项，选中的图片即可在页面中垂直居中且水平右对齐显示。

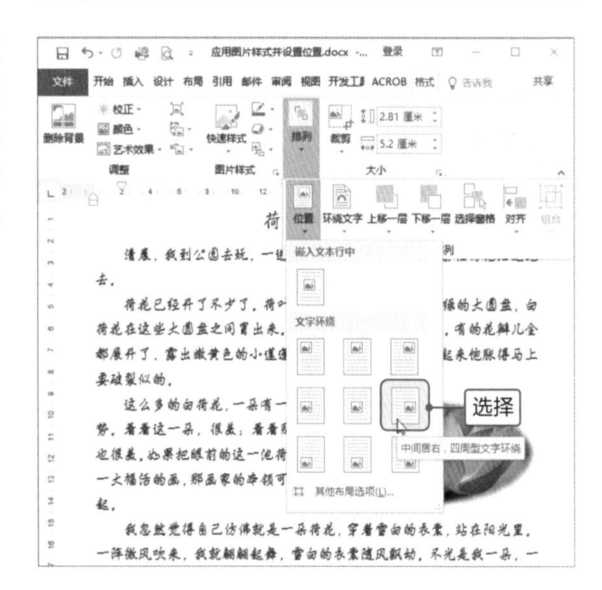

Tips 在对话框中设置图片位置

选中图片，单击“排列”选项组中的“位置”下三角按钮，在列表中选择“其他布局选项”选项，打开“布局”对话框，在“位置”选项卡的“水平”和“垂直”选项区域中设置对齐方式，然后单击“确定”按钮即可。

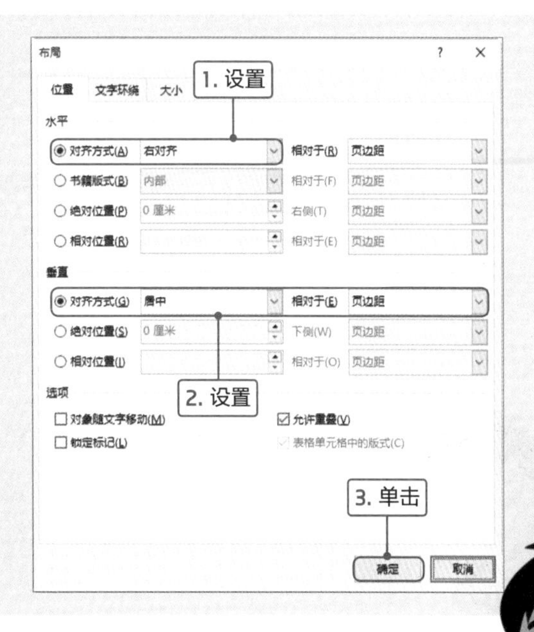

制作不一样的目录

小蔡经过不断修改终于制作出令人满意的企业宣传手册的封面，历历哥很看好小蔡，于是又进一步安排小蔡制作企业宣传手册的目录，要求将内容制作得充实、美观，以便能够吸引浏览者的眼球。小蔡对宣传手册也很用心，他决定在制作目录时不拘于传统，要多添加一些装饰元素，以便使少量文字的目录页更加丰富。

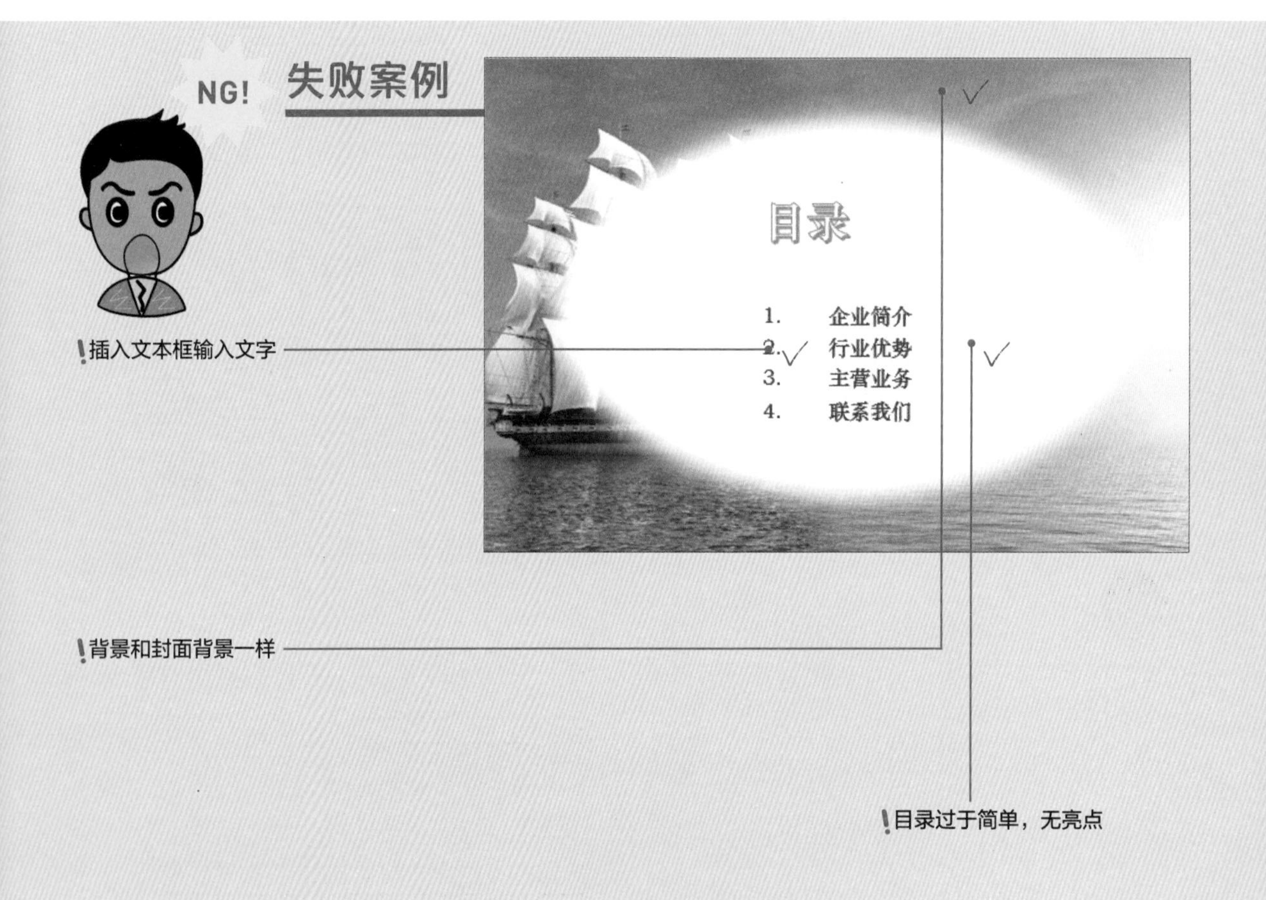

在制作企业宣传手册目录时，使用和封面相同的背景，整体感觉雷同没有创意；在背景图片上添加椭圆的形状并设置颜色，是一个亮点；在输入目录文字时，为文字添加艺术字效果，但还是略显单调。

MISSION!

2

制作目录时，首先想到的是文字和页码。本案例制作企业宣传手册的目录，因为目录中的文字较少，如果没有修饰元素衬托会显得很简单。这里我们将介绍使用各种不同的形状制作不一样的目录。

成功案例

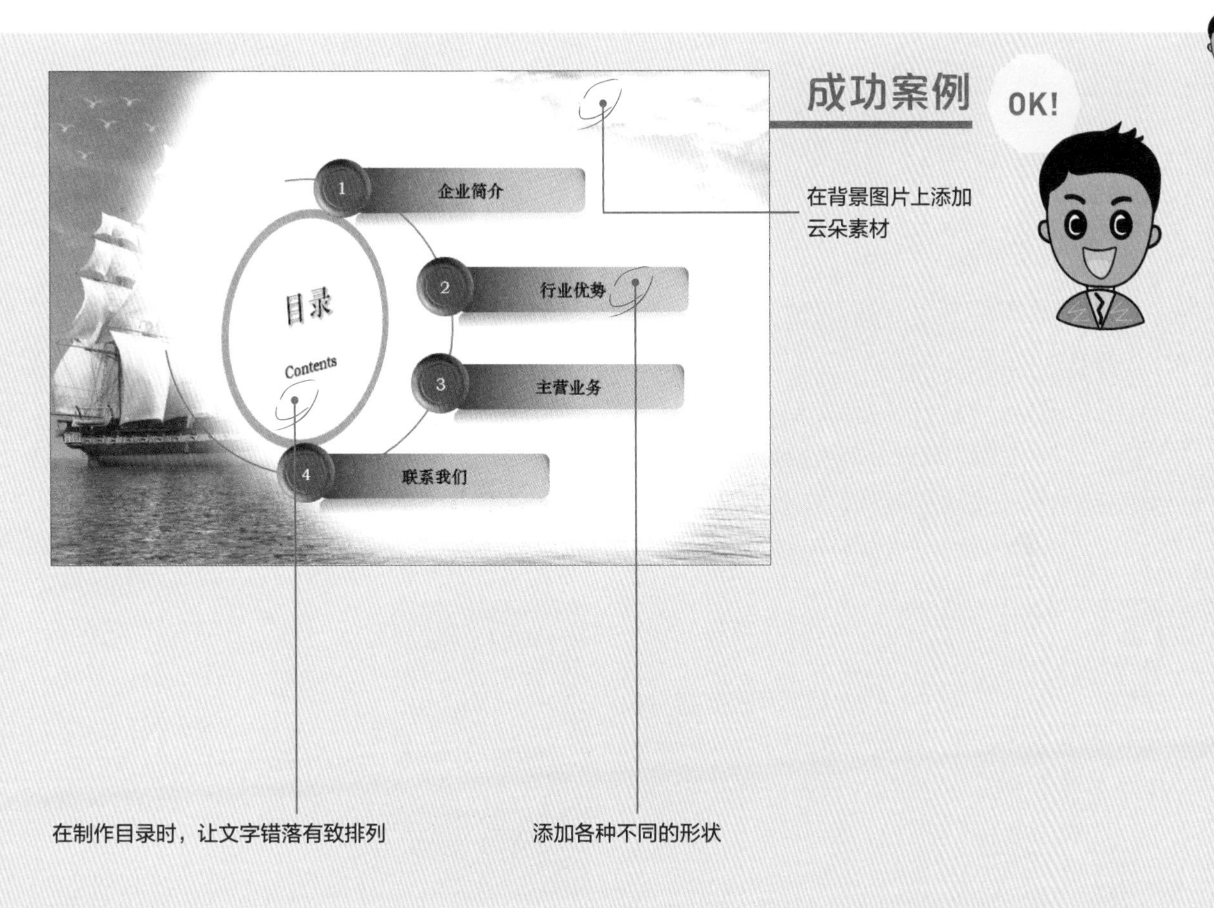

修改后的目录，在原有背景图片基础上添加云朵素材，并使用自由曲线将图片自然连接；为目录添加不同的形状，并对形状进行美化操作，为目录增加亮点；在形状中输入目录相关信息，使用文字错落有致排列。

Point 1 制作丰富的背景

在本案例中为了美化目录页面，首先需要添加背景图片，并对图片进行编辑处理，然后添加相应的元素进行修饰，最后添加形状使用画面过渡更自然。下面介绍制作目录背景的操作方法。

1

打开“企业宣传手册目录”文档，纸张大小和页边距设置和封面一样。单击“插图”选项组中的“图片”按钮，在打开的“插入图片”对话框中，选择需要插入的图片，按住Ctrl键选中“帆船.jpg”和“云朵.jpg”图片，单击“插入”按钮。

2

在文档中插入选中的图片。选中“帆船.jpg”图片，切换至“图片工具-格式”选项卡，单击“大小”选项组中“裁剪”按钮，修剪图片并调整图片的大小。最后将图片进行水平翻转。

3

选中“云朵.jpg”图片，切换至“图片工具-格式”选项卡，单击“排列”选项组中“环绕文字”下三角按钮，在列表中选择“浮于文字上方”选项，适当调整图片，放在页面右上角。

Tips 压缩图片

在Word中裁剪图片后，裁掉部分并没有被删除，这样会占用部分存储空间。可以通过“压缩图片”功能删除多余部分。选择图片，单击“调整”选项组中“压缩图片”按钮，打开“压缩图片”对话框，勾选“删除图片的剪裁区域”复选框，单击“确定”按钮即可。

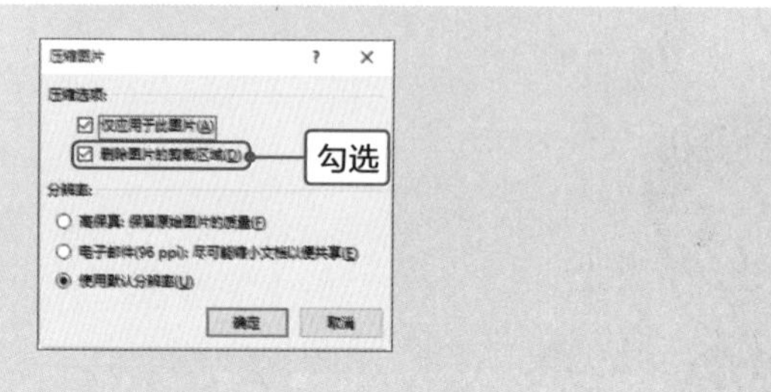

4

将“云朵.jpg”图片进行垂直翻转，右击该图片，在快捷菜单中选择“设置图片格式”选项，在打开的导航窗格的“图片”选项卡中，设置图片校正参数，清晰度为“10%”，对比度为“-10%”。

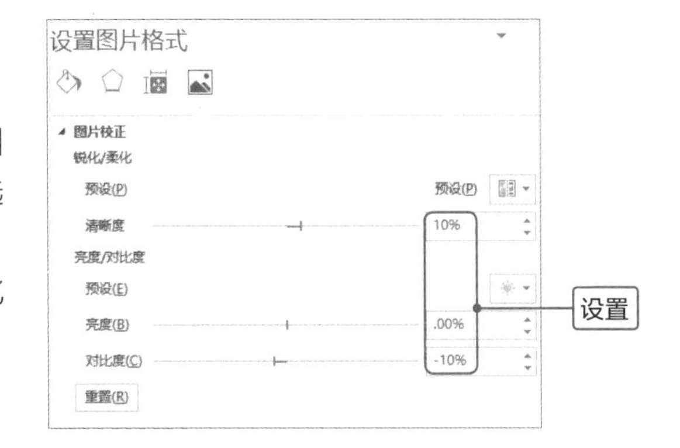

5

选中“帆船.jpg”图片，在“设置图片格式”导航窗格中设置“图片颜色”相关参数，色温为“9000”，然后关闭该导航窗格，查看两张图片的效果。

6

切换至“插入”选项卡，单击“插图”选项组中的“形状”按钮，在打开的下拉列表的“线条”选项区域中选择“任意多边形:自由曲线”选项。

7

此时，光标变为十字形状，在页面中绘制封闭曲线，以能覆盖住画面中间和两张图片连接处即可。

8

切换至“绘图工具-格式”选项卡，单击“形状样式”选项组中的“形状填充”下三角按钮，在列表中选择“白色”，单击“形状轮廓”下三角按钮，选择“无轮廓”选项，查看绘制的形状效果。

9

单击“形状效果”下三角按钮，在列表中选择“柔化边缘>柔化边缘选项”选项。

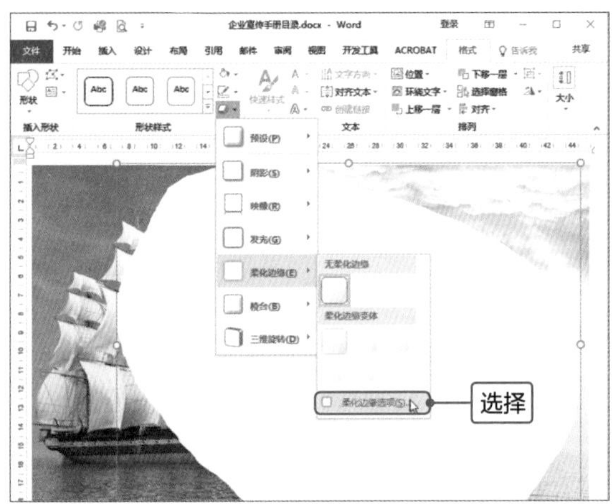

Tips **套用预设柔化边缘效果**

在“柔化边缘”列表中可以直接套用预设的效果，柔化边缘的大小分别为1磅、2.5磅、5磅、10磅、25磅和50磅。

10

打开“设置形状格式”导航窗格，在“柔化边缘”选区设置柔化边缘的大小为“30磅”。

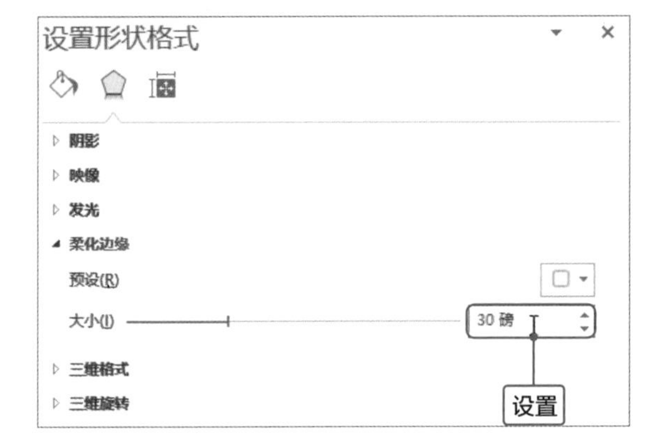

11

关闭导航窗格，适当调整形状的大小，使形状能够遮挡两张图片的连接处，让图片的过渡很自然。

12

复制“企业宣传手册封面”文档中的海鸥素材，粘贴到目录文档中，并将其移至页面的左上角。

Tips　快速复制多张图片

在Word中如果需要复制多张图片，可以按住Ctrl键选中需要复制的多张图片，然后按Ctrl+C组合键进行复制，再将光标定位在需要粘贴的位置，按Ctrl+V组合键粘贴即可。

13

按住Ctrl键选中复制的海鸥图片，切换至“图片工具-格式”选项卡，单击“调整”选项组中的“颜色”下三角按钮，在列表的“重新着色”选项区域中选择“冲蚀”选项。

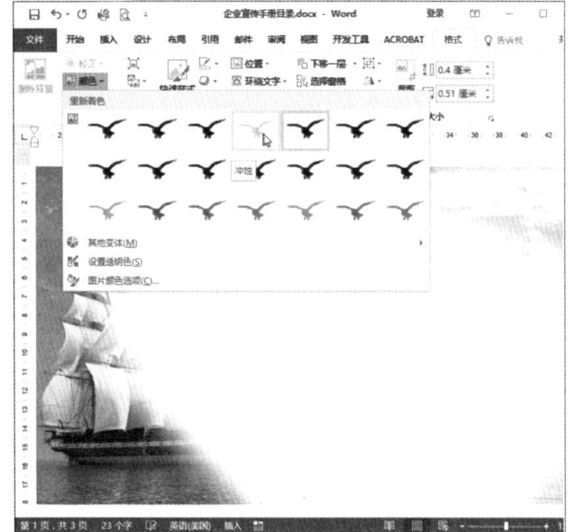

14

至此，目录页面的背景设置完成。我们可以根据需要设置图片的艺术效果、形状的外观和大小。

Tips　如何调整形状的外观

在Word中绘制形状后，如果需要调整形状的外观，只需选中形状，切换至“绘图工具-格式”选项卡，单击“插入形状”选项组中“编辑形状”按钮，在列表中选择“编辑顶点”选项，在形状周围出现黑色的顶点，使用鼠标拖曳，也可以拖曳白色控制点以调整边的弧度。

Point 2 插入形状

在制作企业宣传手册目录时，以形状为主要元素，需要用到圆形、弧形以及圆角矩形。下面介绍插入各种形状的具体方法。

1

切换至“插入”选项卡，单击“插图”选项组中的“形状”下三角按钮，在展开的列表的“基本形状”选项区域中选择“椭圆”选项。

2

按住Shift键在文档中绘制正圆，将光标移至圆形形状的任意位置，按住鼠标左键拖曳调整圆形的位置。

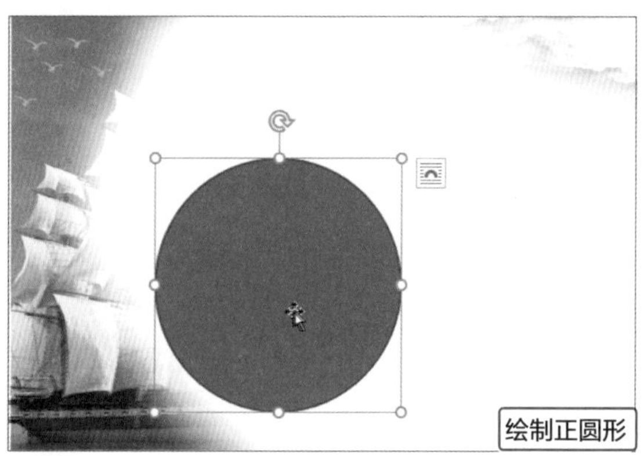

3

选择“弧形”选项，按住Shift键绘制圆弧，然后将圆弧复制两份。

Tips 配合快捷键绘制圆形

当绘制圆形或方形时，如果按住Shift键即可绘制正圆或正方形；如果按住Ctrl键，会以插入点为圆心或正方形的中心绘制圆形或方形；如果按住Shift+Ctrl组合键，即可以插入点为中心绘制正圆或正方形。

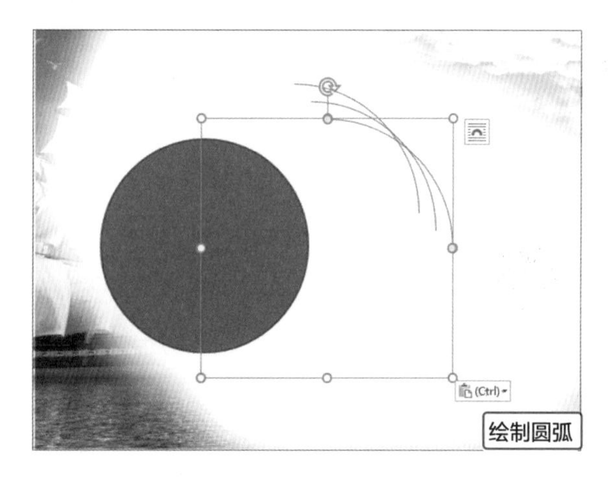

4

选中任意一条圆弧，切换至“绘图工具-格式”选项卡，单击“排列”选项组的“旋转”下三角按钮，选择“垂直翻转”选项，并移至另一条圆弧的下方，使两条圆弧紧密连接在一起。

5

按照相同的方法将另一条圆弧进行水平翻转，然后和其他两段圆弧连接。按住Ctrl键依次选择三条圆弧，切换至“绘图工具-格式”选项卡，单击“排列”选项组的“组合”下三角按钮，在列表中选择“组合”选项。

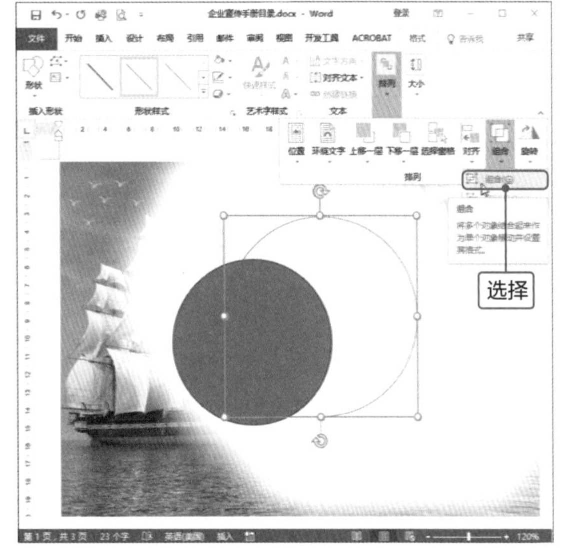

6

按住Ctrl键选中圆弧和正圆形，单击“排列”选项组的“对齐”下三角按钮，在列表中选择“水平居中”和“垂直居中”选项。

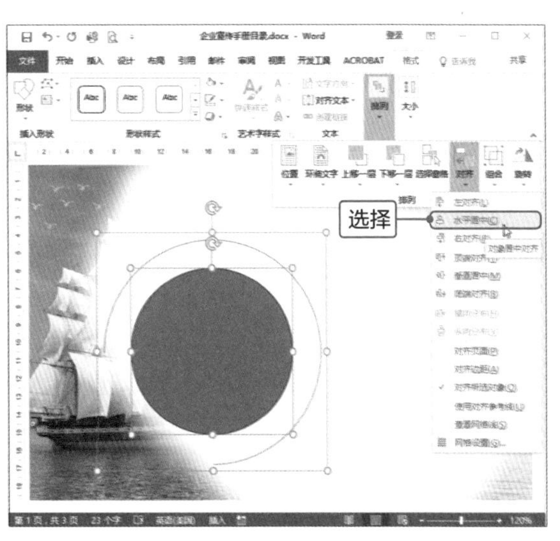

7

在“形状”列表中选择“椭圆”选项，在文档中绘制小点的正圆，并将其移至大圆的上方与其相切的位置。

绘制正圆形

8

在“形状”列表中选择“矩形:圆角”选项，在文档中绘制圆角矩形，并将其移至小圆的右侧位置。

绘制圆角矩形

9

选中绘制的圆角矩形，切换至“绘图工具-格式”选项卡，单击“排列”选项组中“下移一层”按钮，在列表中选择“下移一层”选项，即可将圆角矩形移至小圆形的下方。

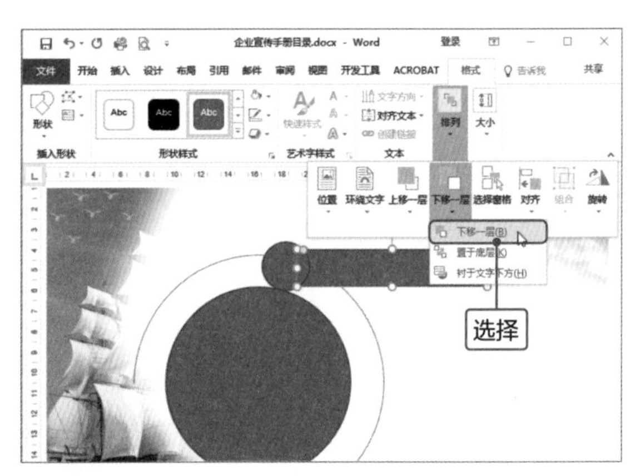

10

选中小圆形和圆角矩形，复制三份分别移至大圆形的右侧并与大圆形相切，适当调整圆弧的大小，并进行旋转。至此，企业宣传手册中所有形状插入完成。

插入形状效果

Point 3 美化形状

在Word中插入形状后，所有形状都是默认填充颜色和边框颜色，我们可以根据需要对形状进行美化操作，如设置填充颜色、设置边框格式、应用形状效果等。下面介绍具体的操作方法。

1

按住Ctrl键，依次选择小点的圆形，然后切换至“绘图工具-格式”选项卡，单击“形状样式”选项组中的“形状填充”下三角按钮，在列表中选择“橙色,个性色2,深色25%”选项。

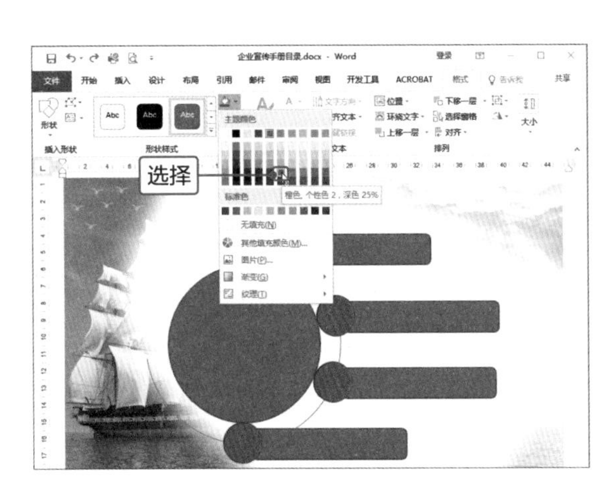

2

然后设置无轮廓。保持小圆为选中状态，单击“形状样式”选项组中的“形状效果”下三角按钮，在列表中选择“棱台>棱纹”选项。

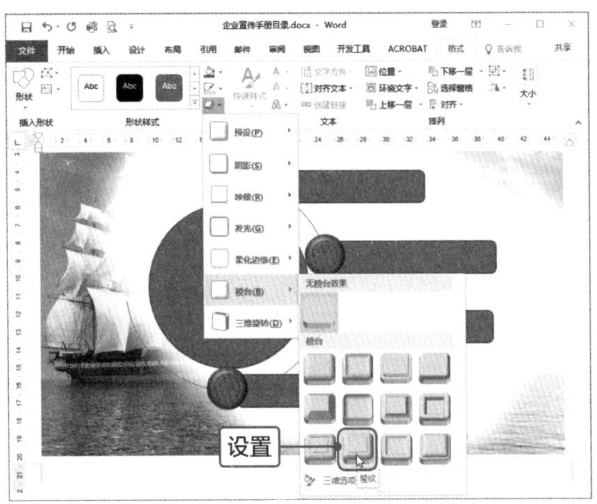

3

右击选中圆形，在快捷菜单中选择“设置对象格式”命令，打开“设置形状格式”导航窗格，在“效果”选项卡的“三维格式”选项区域中设置相关参数，顶部棱台宽度为“7磅”，高度为“6磅”，光源为“日出”。对此也可以根据需要设置其他参数。

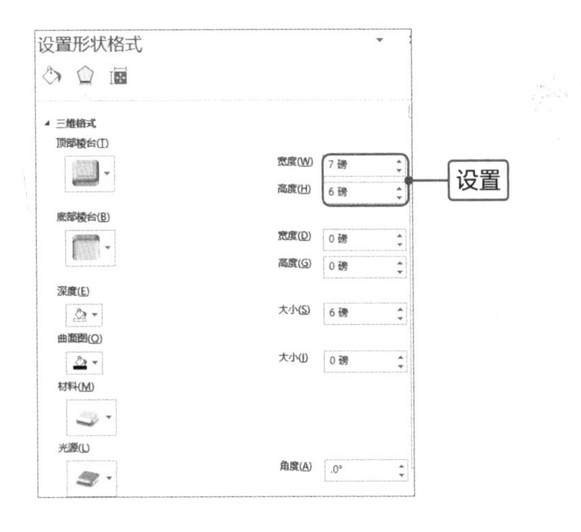

4

选中4个圆角矩形，单击“形状样式”选项组的“形状填充”下三角按钮，在列表中选择“渐变>其他渐变”选项，打开“设置形状格式”导航窗格，选中“渐变填充”单选按钮，设置渐变类型为“射线”，然后设置各滑块的颜色。

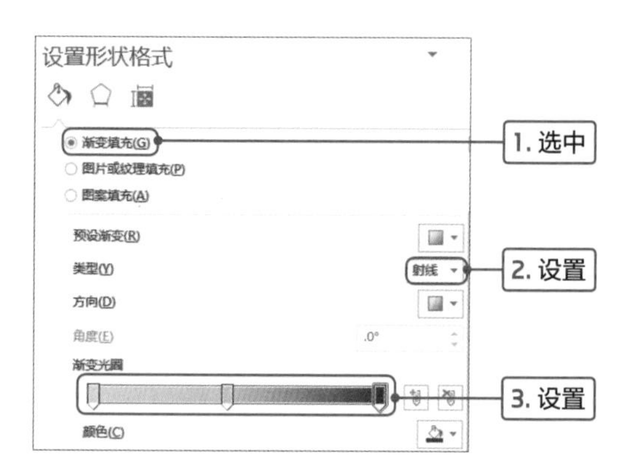

5

在“形状轮廓”列表中选择“无轮廓”选项，然后再次单击“形状效果”下三角按钮，在列表中选择“映像>紧密映像:接触”选项。

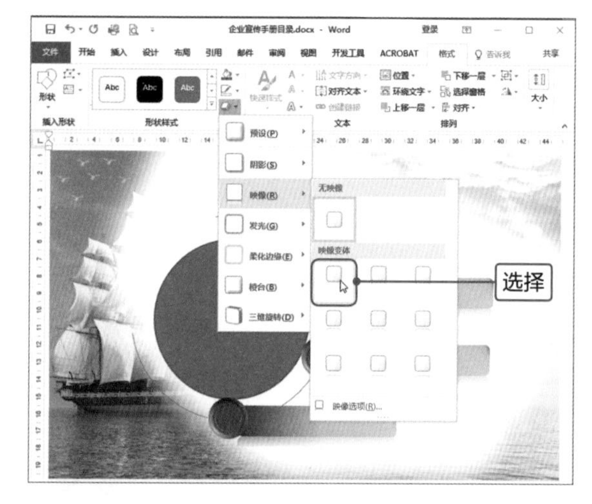

6

设置完成后返回文档查看设置矩形渐变填充和应用映像效果。

在此可以根据需要设置渐变颜色，以及颜色的透明度等。

查看圆角矩形的效果

Tips **删除封面**

如果不需要插入的封面时，可以切换至“插入”选项卡，单击“页面”选项组中的“封面”下三角按钮，在列表中选择“删除当前封面”选项即可。

7

选中大点的正圆，设置无填充，单击“形状轮廓”下三角按钮，在列表中选择浅蓝色，在“形状轮廓”列表中选择“粗细>6磅”选项。

8

保持大圆为选中状态，单击“形状效果”下三角按钮，在下拉列表中选择“三维旋转”选项，在子列表的“透视”选项区域中选择“透视:右向对比”选项。

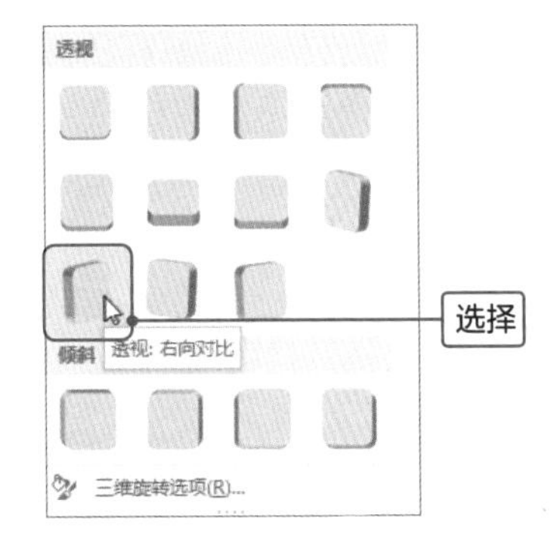

9

选择圆弧，在“形状样式”选项组中设置圆弧的轮廓颜色为“橙色”，粗细为“1磅”。至此，企业宣传手册目录中的形状美化完成。

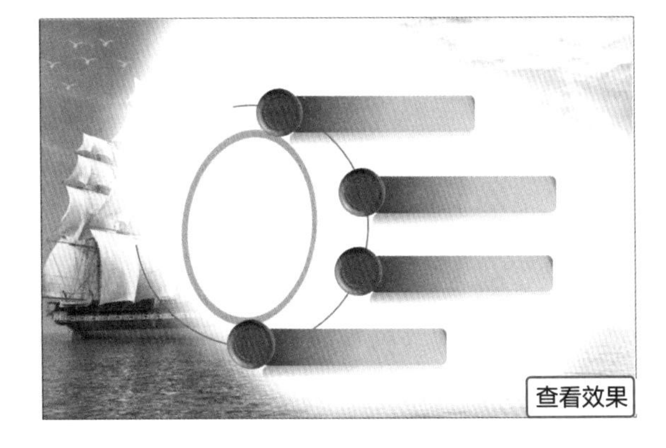

Tips **为圆弧添加箭头**

选择圆弧，打开“设置形状格式”导航窗格，在“填充与线条”选项卡的“线条”选项区域中，单击“开始箭头类型”下三角按钮，在列表中选择箭头，然后在“开始箭头粗细”列表中设置箭头的大小即可。按照相同的方法设置结尾箭头的类型和大小。

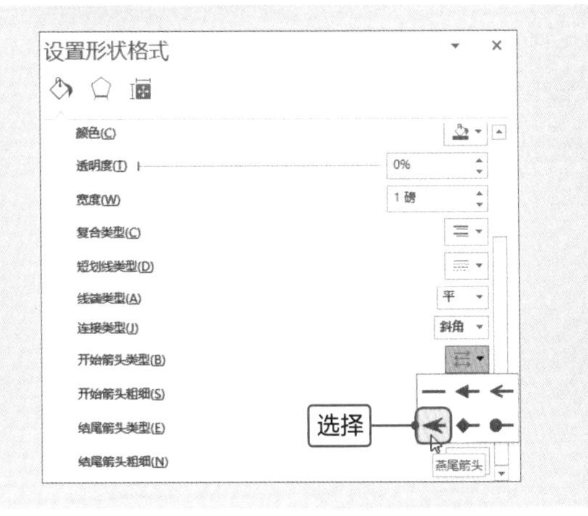

Point 4 在形状中添加文字

形状创建完成后，还可以在形状中输入文字。本案例中需要在形状中输入目录信息。下面介绍具体的操作方法。

1

选中最上方的小圆形并右击，在快捷菜单中选择“添加文字”选项。

Tips 使用文本框输入文字

也可以在形状上方创建文本框，然后在文本框中输入相关文字。

2

可见该形状未显示应用的效果，在键盘上输入数字1，输入完成后将光标移至形状外任意位置单击，即可退出输入文字状态。

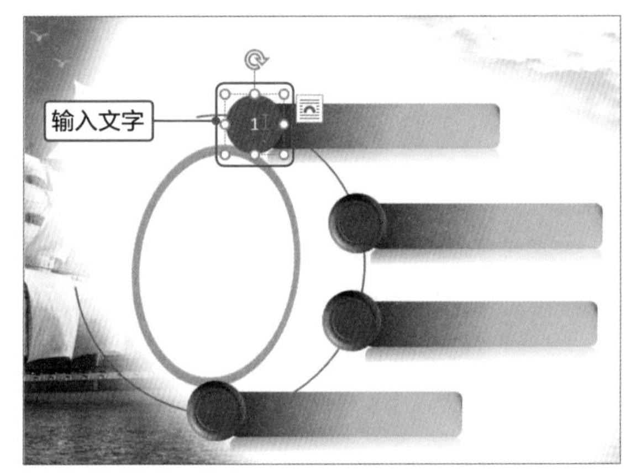

3

按照相同的方法为其他形状添加文字。因为默认情况下文字为白色，大圆形底色也为白色，所以将大圆形内文字颜色设置为黑色。

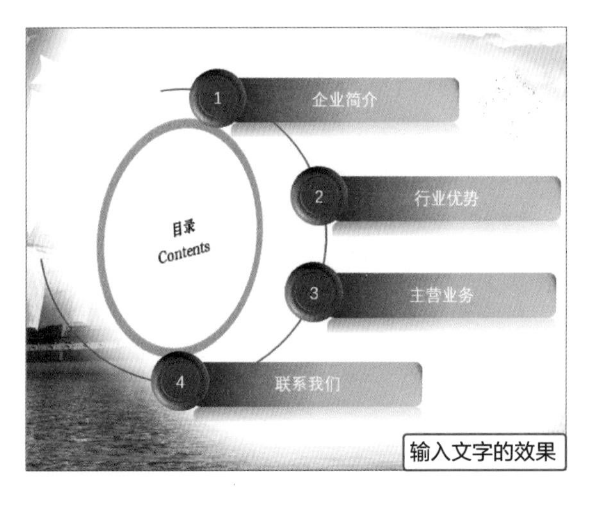

4

将所有文字的字体设置为"华文中宋"，字号为"五号"，其中圆角矩形形状内的文字设置为黑色，其他保持不变。

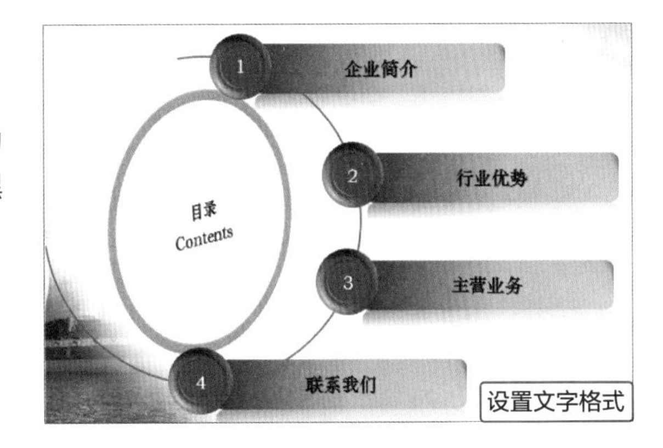

5

选中"目录"文本，在"字体"选项组中设置字号为"二号"，切换至"绘图工具-格式"选项卡，单击"艺术字样式"选项组中"其他"按钮，在列表中选择合适的艺术字样式。

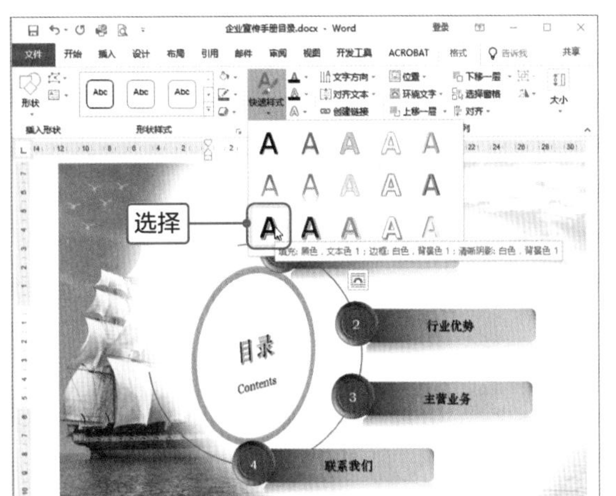

6

选择"目录Contents"文本，单击"艺术字样式"选项组中"文字效果"下三角按钮，在列表中选择"阴影>偏移:右下"选项。

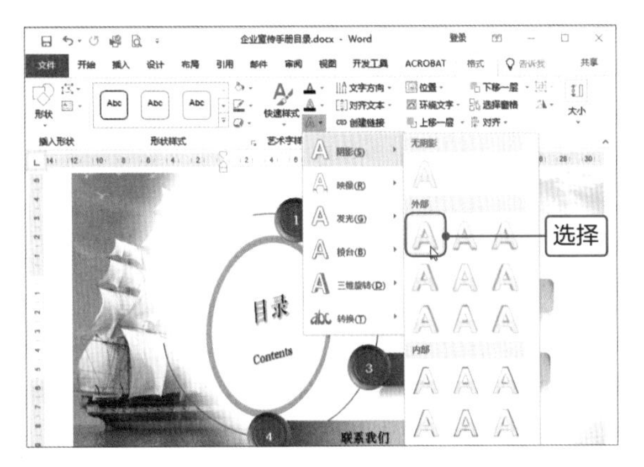

7

至此，企业宣传手册的目录制作完成，最终效果如右图所示。

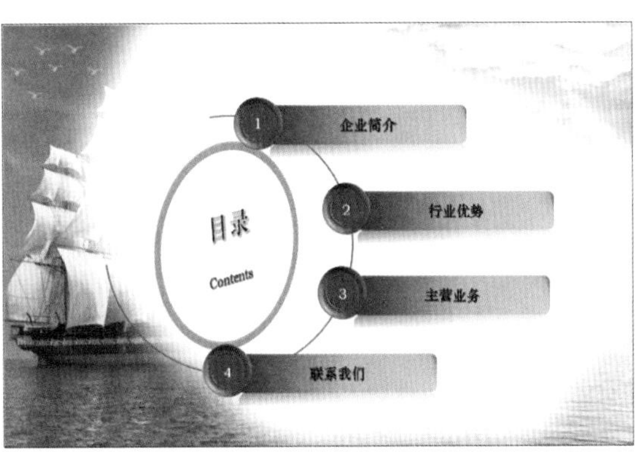

高效办公

更改形状并填充图片

插入形状后，如果感觉不满意可以根据需要更改形状，还可以为形状添加图片。下面介绍具体操作方法。

步骤01 打开“更改形状并填充图片”文档，选中需要更改形状的大圆形，切换至“绘图工具-格式”选项卡，单击“插入形状”选项组中“编辑形状”下三角按钮，在列表中选择“更改形状”选项，在子列表的“基本形状”选项区域中选择“心形”选项。

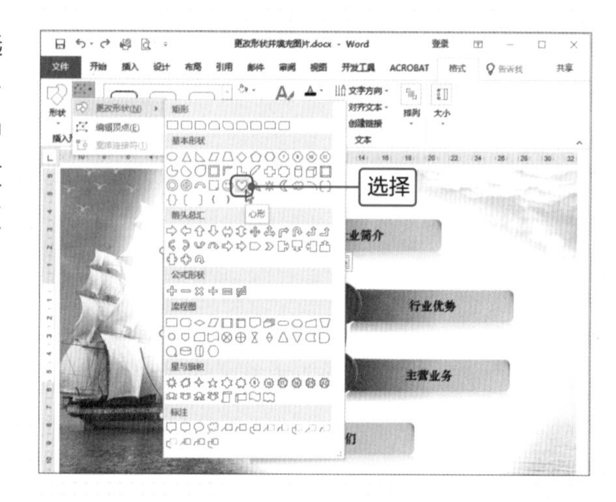

步骤02 返回文档，可见圆形变为了心形，单击“形状样式”选项组中“形状轮廓”下三角按钮，在列表中选择“红色”，查看心形的效果。

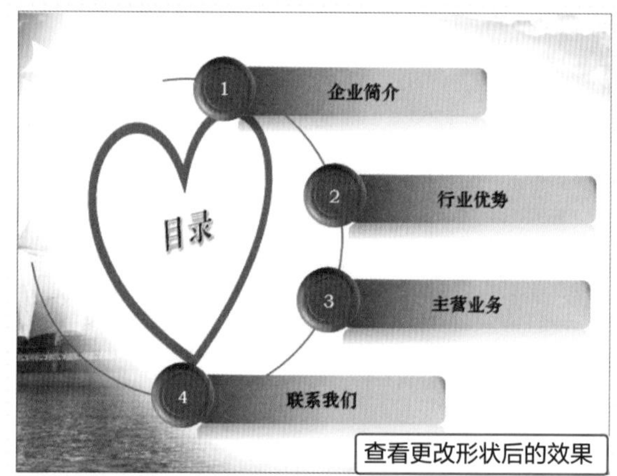

步骤03 选择心形，单击“形状样式”选项组中的“形状填充”下三角按钮，在列表中选择“图片”选项。

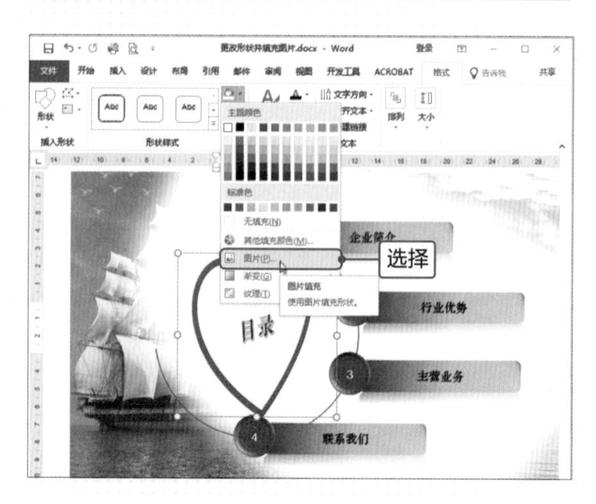

步骤04 打开“插入图片”面板，在“必应图像搜索”文本框中输入“玫瑰花”关键字，然后单击“搜索必应”按钮。

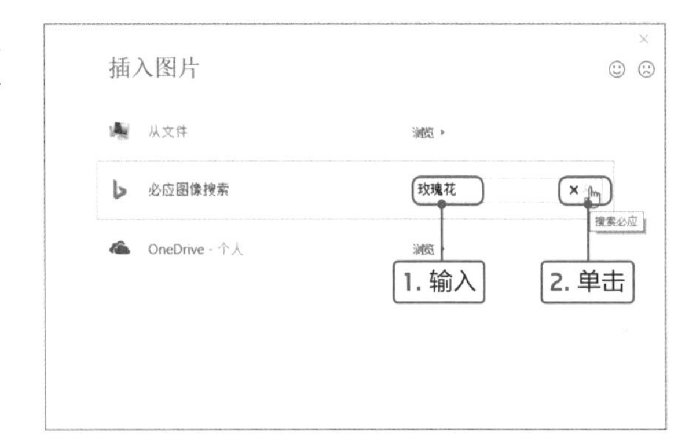

步骤05 在“搜索结果”选项区域中向下拖动滚动条，浏览联网搜索的图片，选择合适的图片，勾选图片左上角的复选框，单击“插入”按钮。

步骤06 操作完成后，返回文档可见在心形的形状中填充选中的图片。选中该图片，在功能区中显示“图片工具”选项卡，在该选项卡中可以对图片进行调整。

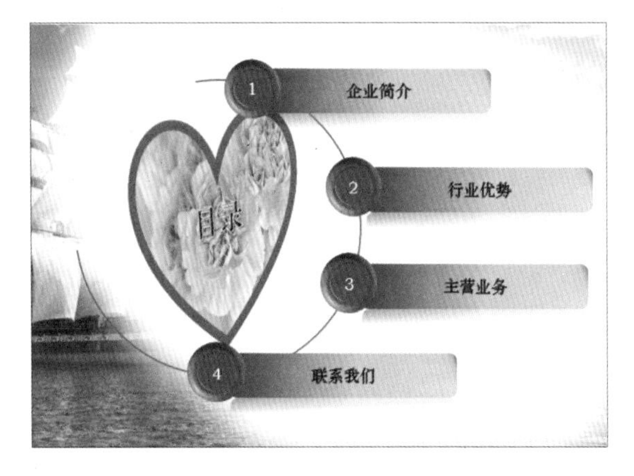

步骤07 切换至“图片工具-格式”选项卡，在“调整”选项组中设置校正、颜色，并应用“画图刷”艺术效果。

制作简洁明了的商务合作流程

制作企业宣传手册最终的目的是宣传企业并寻求合作客户，这样商务合作流程就是不能缺少的组成。历历哥要求小蔡在宣传手册中添加商务合作流程，要求简洁明了、层次清晰，让客户能够清楚地了解合作的流程。小蔡首先想到的是用Word中的SmartArt图形来制作流程图，然后再搭配背景图片进一步美化，使流程图美观、大方。

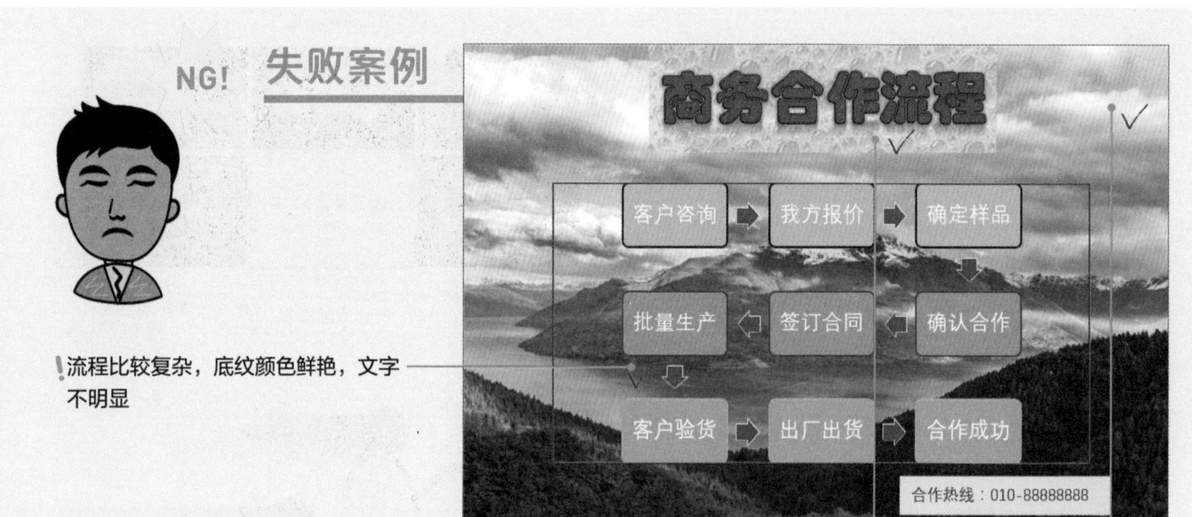

在制作商务合作流程时，对标题应用映像和发光效果，而且为文本框填充纹理，其边缘与背景图片显得过于生硬；背景图片有点灰暗，比较突出；制作SmartArt图形时，流程比较复杂，各形状的颜色过于鲜艳，不能突出文字。

在Word文档中制作商务合作流程时，可以使用SmartArt图形，并对SmartArt图形进行一定的美化操作，可以很直观地展示合作的流程。本案例本着使合作流程简洁化的原则制作了流程图形。

10%

50%

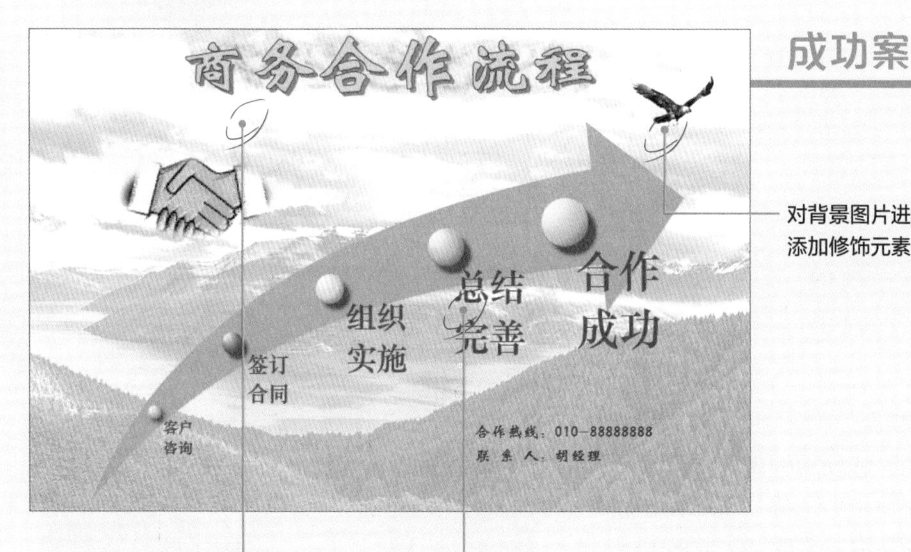

成功案例 OK!

100%

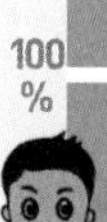

对背景图片进设置，并添加修饰元素

流程图的文字字号形成从小到大的变化，让整体效果更显活泼

将流程简化，并使用向上箭头SmartArt图形

对商务合作流程进行相应的修改，标题填充纹理，但对其进行柔化边缘设置，使纹理和背景图片过渡更自然；对背景图片的颜色、饱和度以及透明度进行设置，使整体画面更明亮，充满活力；使用向上箭头的SmartArt图形，并简化流程，使流程更清晰，层次更鲜明。

Point 1 制作商务合作流程的背景

在制作商务合作流程时，背景需要选择空阔、气势磅礴的图片，以彰显企业业务范围很宽广，很有发展前景。下面介绍具体的操作方法。

1

打开“商务合作流程”文档，其版式大小与封面相同。切换至“插入”选项卡，单击“插图”选项组中的“形状”下三角按钮，在列表中选择“矩形”选项，在文档中绘制和页面大小一样的矩形。

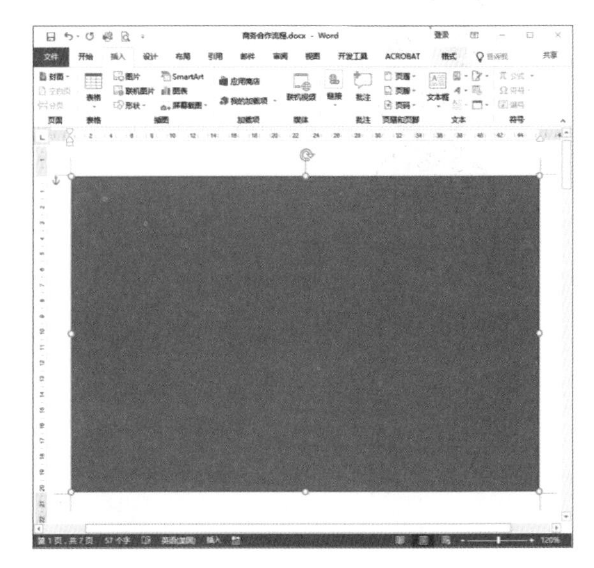

2

选中绘制的矩形，切换至“绘图工具-格式”选项卡，在“形状样式”选项组中单击“形状轮廓”下三角按钮，在列表中选择“无轮廓”选项，单击“形状填充”下三角按钮，在列表中选择“图片”选项。

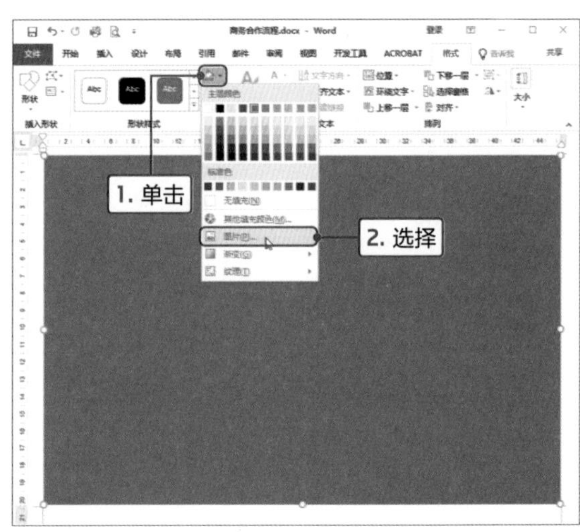

3

打开“插入图片”面板，单击“从文件”右侧的“浏览”按钮。

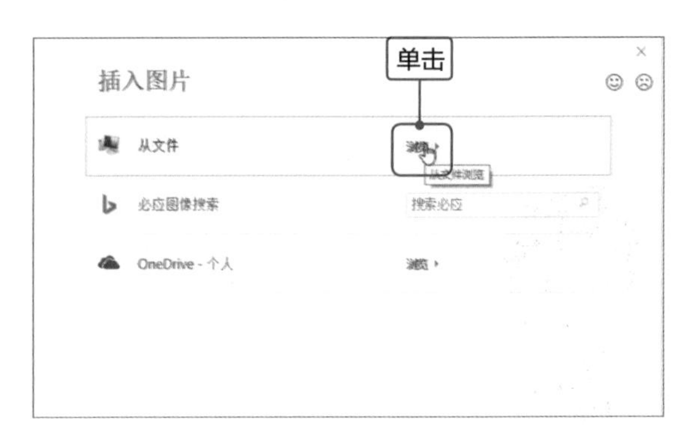

4

打开“插入图片”对话框，选择图片所在的路径，选择“背景.jpg”图片，然后单击“插入”按钮。

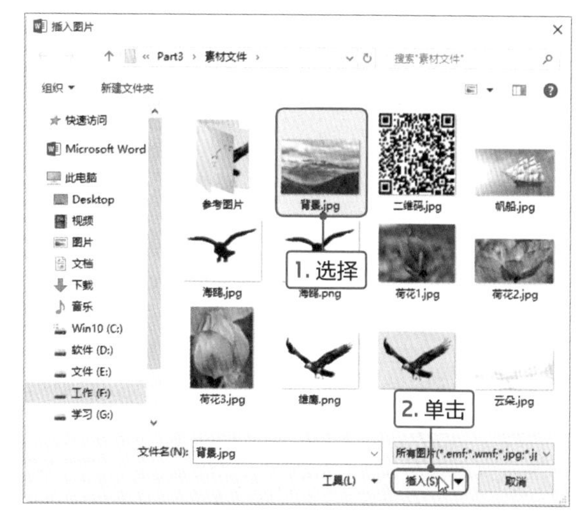

5

操作完成后即可在矩形形状内填充选中的图片。然后右击图片，在快捷菜单中选择“设置形状格式”选项。

6

打开“设置图片格式”导航窗格，切换至“填充与线条”选项卡，设置图片的透明度为“50%”，关闭该导航窗格。

7

然后切换至“图片工具-格式”选项卡，单击“调整”选项组中的“校正”下三角按钮，在“锐化/柔化”选项区域中选择“锐化25%”，在“亮度/对比度”选项区域中选择“亮度:+20% 对比度:-40%”选项。

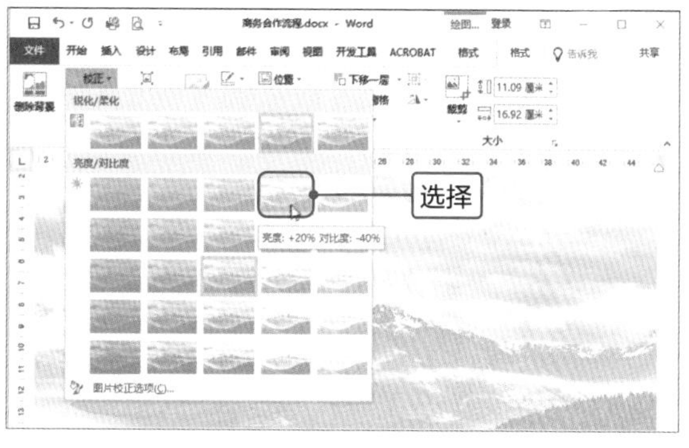

8

单击“颜色”下三角按钮，在列表的“颜色饱和度”选项区域中选择“饱和度:200%”选项，查看设置的效果。

设置饱和度

9

在图片的右上角绘制小矩形，在“形状样式”选项组中设置无轮廓，然后填充“雄鹰.png”素材图片，并对图片进行水平翻转，适当调整大小和位置。

绘制形状并填充图片

10

在“调整”选项组中设置校正的相关参数，锐化为“25%”，亮度为“40%”，对比度为“-40%”，查看效果。

设置校正参数

11

然后在“颜色”列表中设置图片的饱和度为“200%”，至此，商务合作流程的背景制作完成。

设置颜色参数

Point 2 设置标题

在设置商务合作流程的标题时，使用艺术字并对文字进行变形操作，从而让正式的商务文件不缺乏活泼的因素。下面介绍具体操作方法。

1

切换至“插入”选项卡，单击“文本”选项组中的“艺术字”下三角按钮，在展开的列表中选择“填充;白色;边框;橙色,主题色2;清晰阴影:橙色,主题色2”艺术字样式。

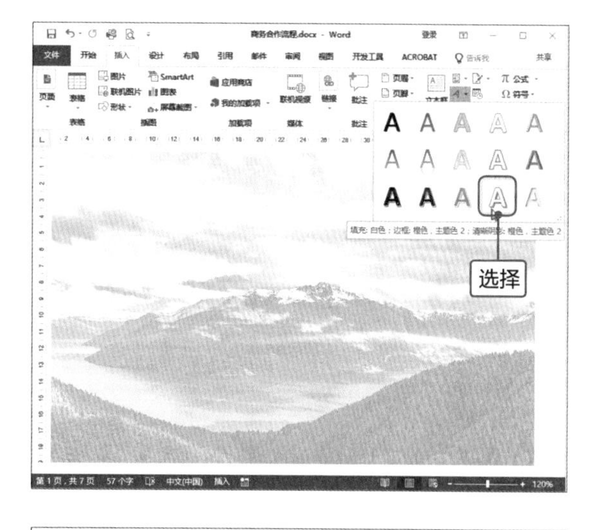

2

插入艺术字的文本框，删除提示文字，并输入“商务合作流程”文本，切换至“绘图工具-格式”选项卡，单击“排列”选项组中“位置”下三角按钮，在列表的“文字环绕”选项区域中选择“顶端居中,四周型文字环绕”选项。

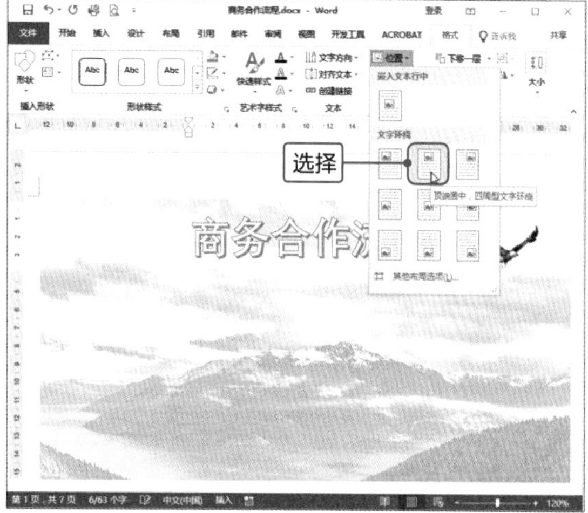

3

选择文字，切换至“开始”选项卡，在“字体”选项组中设置字体为“汉仪魏碑简”，字号为“小二”，查看效果。

4

选中文本框，切换至“绘图工具-格式”选项卡，在“艺术字样式”选项组中单击“文本填充”下三角按钮，在列表中选择“浅绿色”，在“文本轮廓”列表中选择“深橙色”，查看设置填充和轮廓的效果。

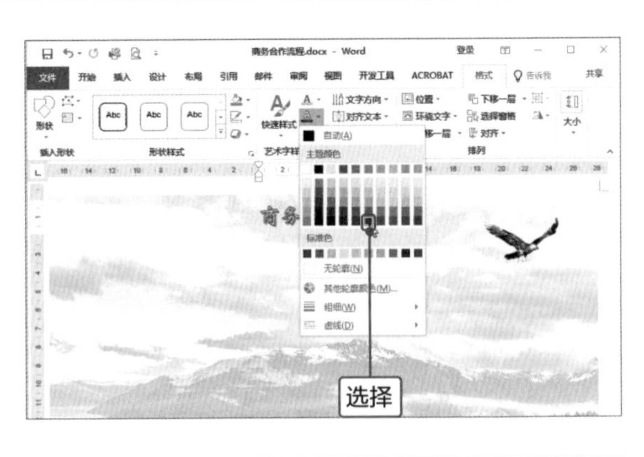

5

单击“文本效果”下三角按钮，在下拉列表的“弯曲”选项区域中选择“腰鼓”选项。

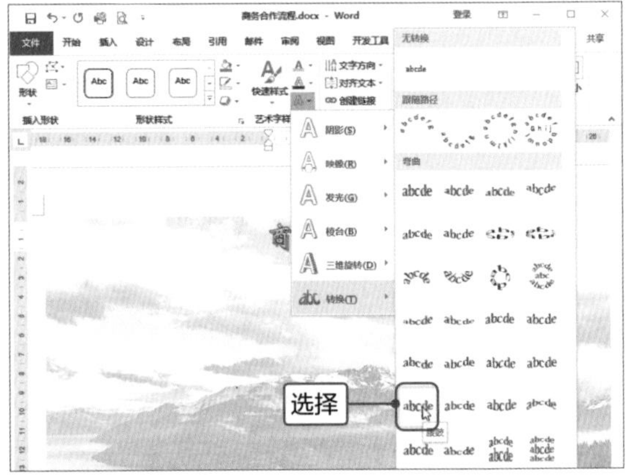

6

设置完成后适当调整文本框的大小，调整文字至合适的大小，单击“形状填充”下三角按钮，在列表中选择“纹理>白色大理石”选项。

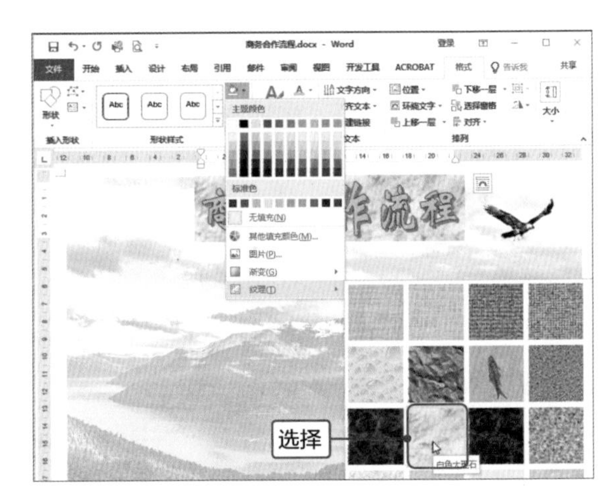

7

单击“形状样式”选项组中“形状效果”下三角按钮，在列表中设置柔化边缘为“10磅”。至此，商务合作流程标题设置完成。

Point 3 插入SmartArt图形

前面介绍了使用形状创建图形，在Word中还可以使用SmartArt图形绘制各种结构图或流程图。下面介绍应用SmartArt的操作方法。

1

切换至“插入”选项卡，单击“插图”选项组中的SmartArt按钮。

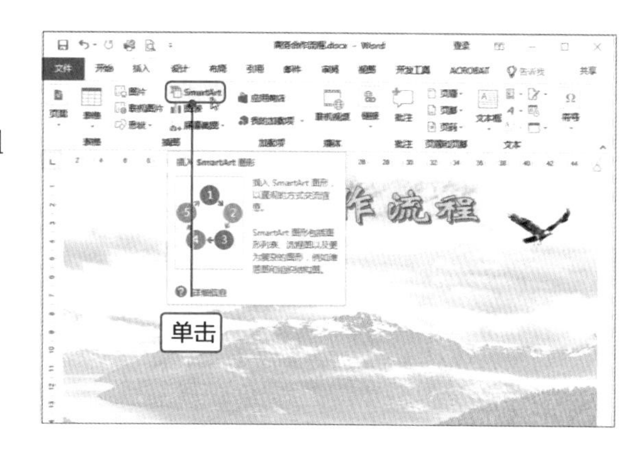

2

打开“选择Smartart图形”对话框，在左侧选择“流程”选项，在中间列表中选择“向上箭头”选项，单击“确定”按钮。

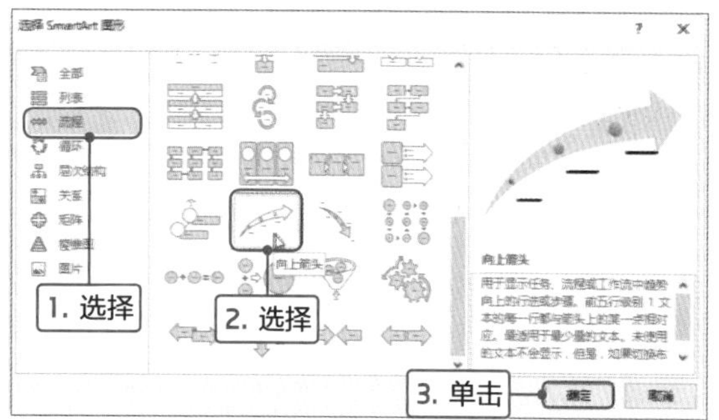

3

在新的页面中插入选中的SmartArt图形，单击右侧“布局选项”按钮，在列表中选择“浮于文字上方”选项，然后将SmartArt图形移至背景上并适当调整大小。

Tips **SmartArt图形的类型**

在Word中SmartArt图形包括8种类型，分别为列表、流程、循环、层次结构、关系、矩阵、棱锥图和图片。在“选择SmartArt图形”对话框中，可以根据需要选择不同的类型，在中间选择具体的SmartArt图形，在右侧可以预览选中的图形，在右下方区域会有选中的SmartArt图形的应用范围的具体介绍。

4

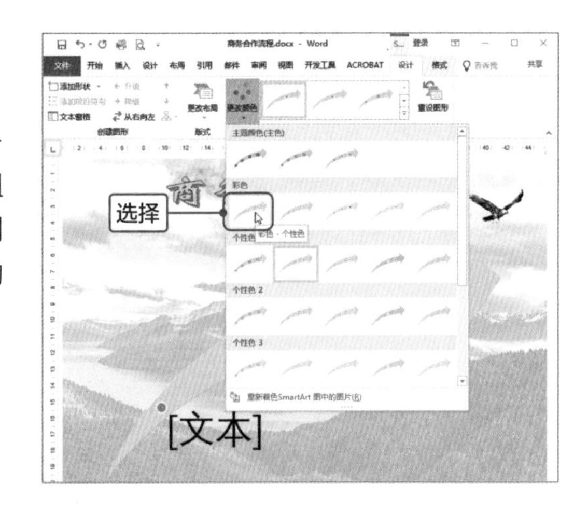

选中SmartArt图形，切换至“SmartArt工具-设计”选项卡，在“SmartArt样式”选项组中单击“更改颜色”下三角按钮，在打开的列表中选择“彩色-个性色”选项，可见选中的SmartArt图形应用了选中的颜色。

5

本案例还需要两个形状才能满足要求。选中SmartArt图形，单击“SmartArt工具-设计”选项卡的“创建图形”选项组中“添加形状”下三角按钮，在列表中选择“在后面添加形状”选项。

Tips 删除形状

选中需要删除的形状，然后按Delete键即可删除。

6

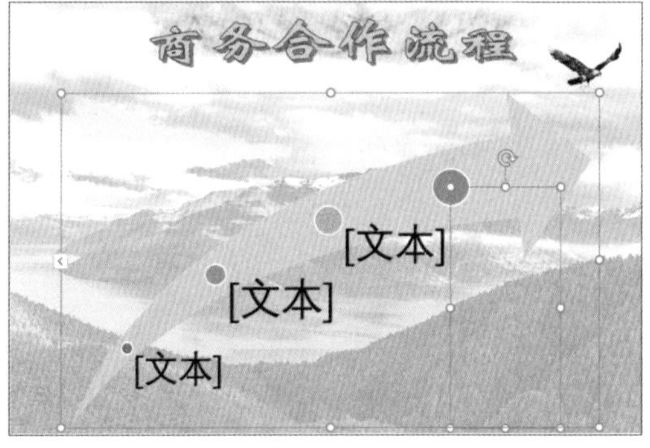

可见在SmartArt图形的最上方新创建一个形状，并在形状的右下角显示文本框，其他形状的大小和位置都依次发生相应的变化。

Tips 在指定位置添加形状

可以选中某形状，然后单击“添加形状”下三角按钮，选择相应的选项，即可在选中形状的前面或后面添加形状。如在第二个形状前面添加形状，查看效果。

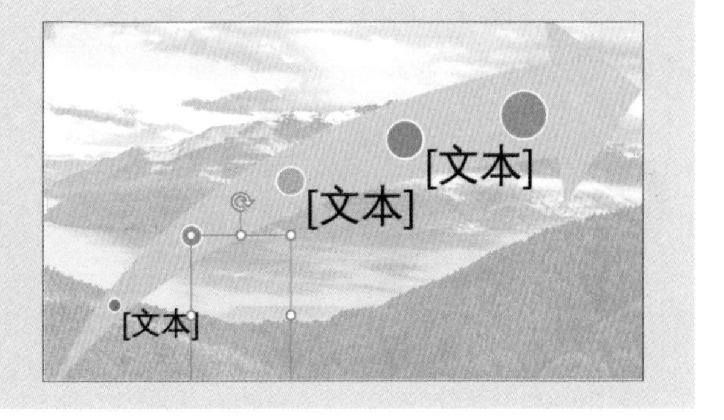

7

选择SmartArt图形中向上的箭头，切换至“SmartArt工具-格式”选项卡，单击“形状样式”选项组中“形状填充”下三角按钮，在列表中选择合适的颜色，此处选择“浅橙色”，可见向上箭头的颜色发生改变，查看效果。

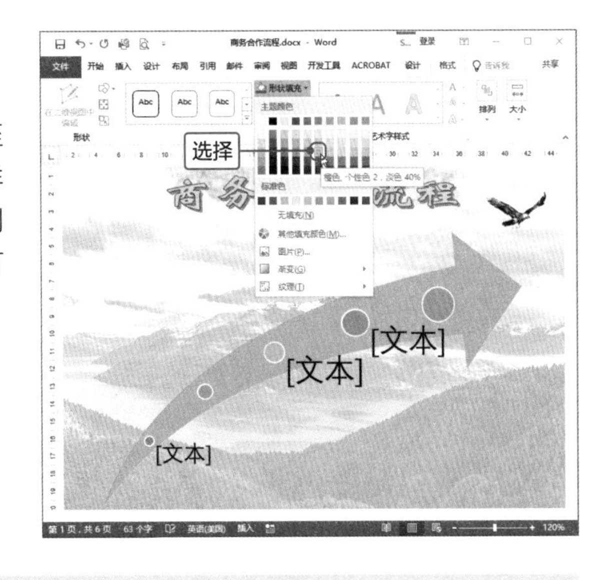

Tips 填充SmartArt图形

也可以根据需要对SmartArt图形进行美化操作。选中SmartArt图形，切换至“SmartArt工具-格式”选项卡，单击“形状填充”下三角按钮，在列表中选择合适的颜色即可。也可以填充图片、纹理或者渐变颜色。

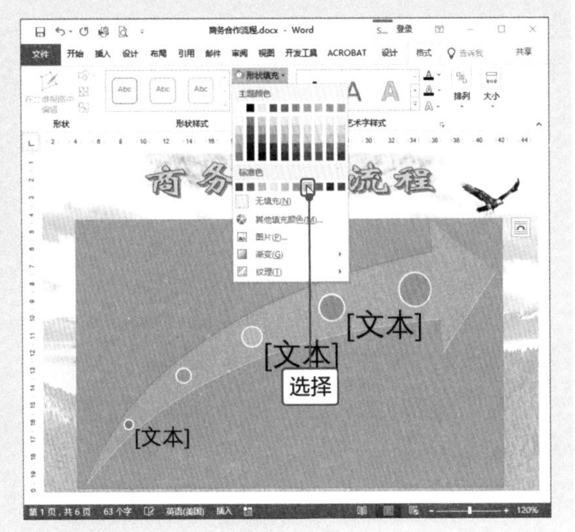

8

选最大的圆形形状，在“形状样式”选项组中单击“形状轮廓”下三角按钮，在列表中选择“无轮廓”选项，单击“形状填充”下三角按钮，在列表中选择“渐变>其他渐变”选项。

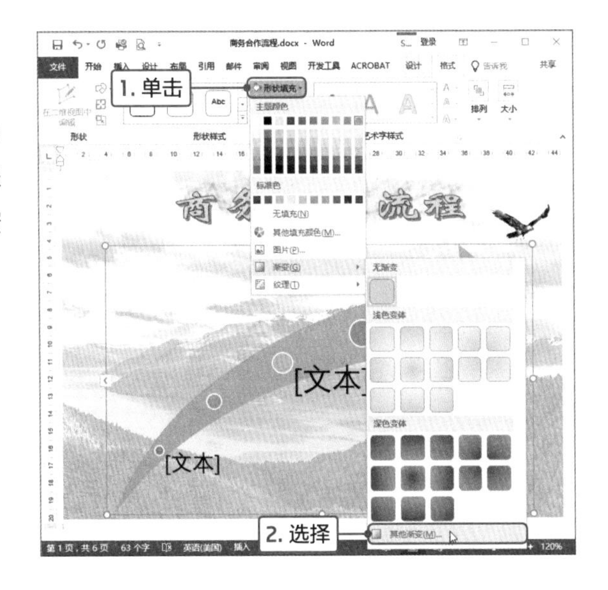

9

打开“设置形状格式”导航窗格，在“填充与线条”选项卡的“填充”选项区域中选择“渐变填充”单选按钮，设置类型为“射线”，方向为“从左上角”，然后设置各渐变光圈的颜色和位置。

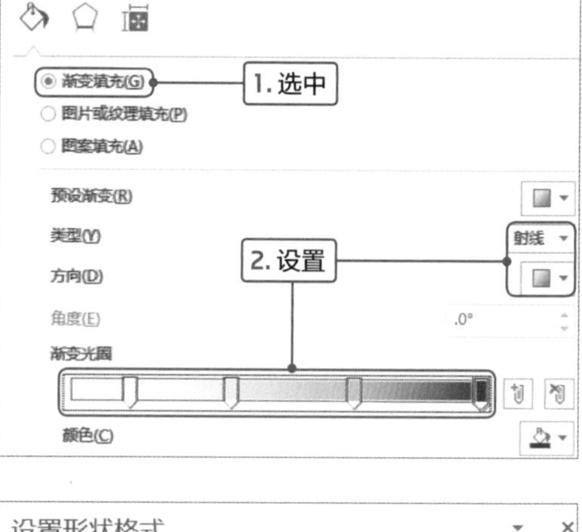

10

切换至“效果”选项卡，在“阴影”选项区域中设置预设为“偏移:右下”，透明度为“50%”，模糊为“3磅”，距离为“8磅”。

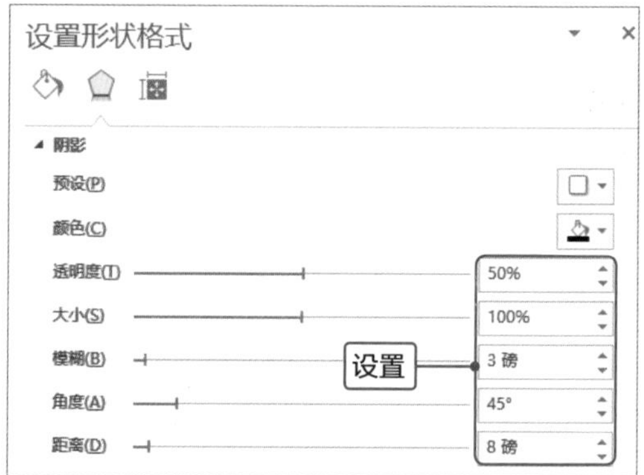

11

设置完成后可见选中圆形形状应用渐变和阴影的效果，圆形像是一个球体。

12

按照相同的方法为其他圆形形状设置不同的渐变颜色，应用阴影效果，在设置阴影的距离时，根据实际需要设置不同的参数值。至此，SmartArt图形设计完成。

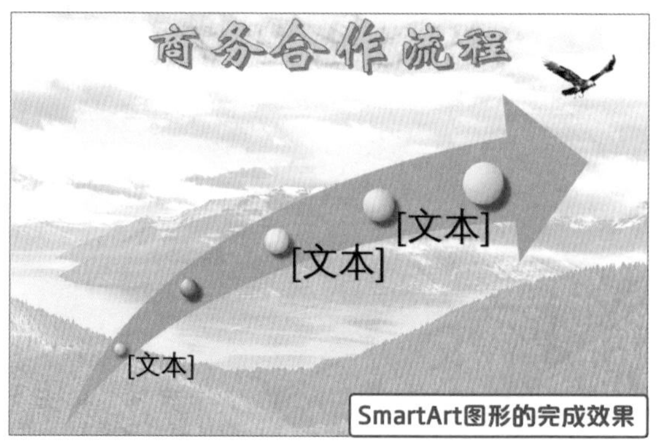

SmartArt图形的完成效果

Point 4 为SmartArt图形添加文字

完成SmartArt图形设置后，还需要在文本框中输入对应的文字，添加的形状没有文本框，该如何输入文字呢？下面介绍具体的操作方法。

1

将光标定位在需要输入文字的文本框中，此处选中末尾处的文本框，然后输入“客户咨询”文本。

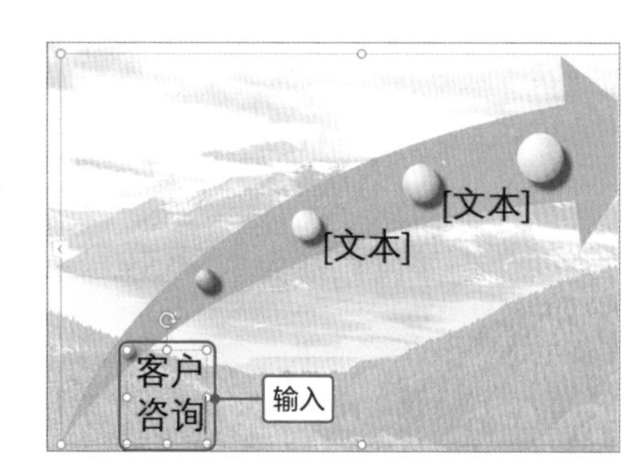

2

选中该文本框，切换至“开始”选项卡，在“字体”选项组中设置字体为“华文中宋”，字号为“10”，字体颜色为“蓝色”。然后适当调整文本框的大小，使文字变为两行。

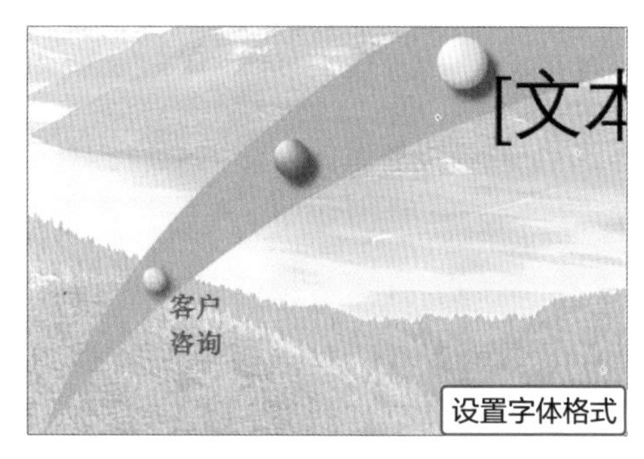

3

切换至“SmartArt工具-设计”选项卡，单击“创建图形”选项组中“文本窗格”按钮，打开“在此处键入文字”面板，即可在对应的形状右侧添加文字。

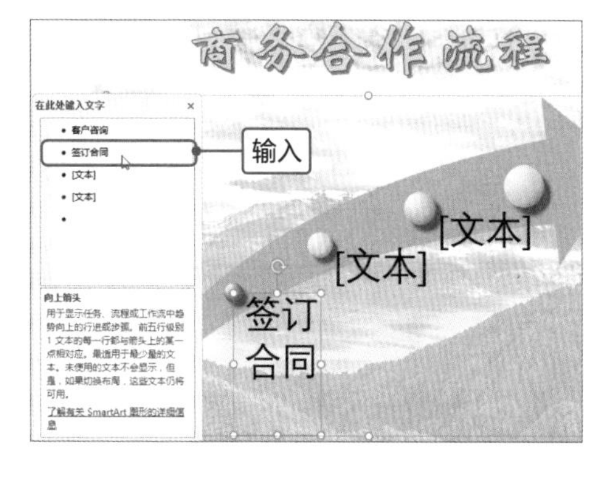

Tips **打开“在此处键入文字”面板的快捷方法**

除了在功能区单击“文本窗格”按钮外，还可以单击SmartArt图形左边的‹按钮快速打开该面板。

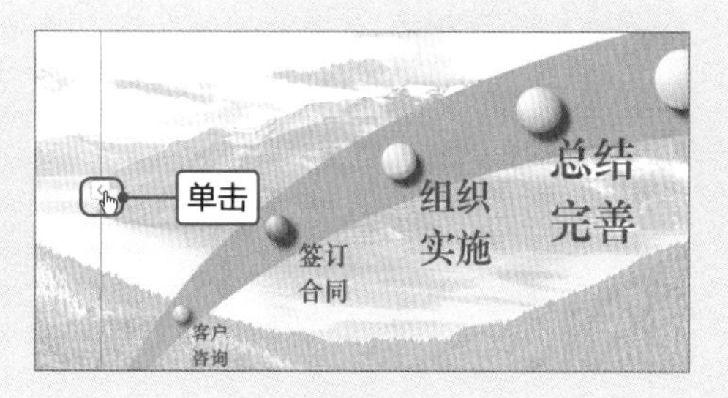

4

按照相同的方法将所有文字输入完成后，依次在“字体”选项组中设置文字的格式，并调整文本框的大小，使所有文字均为双行显示。

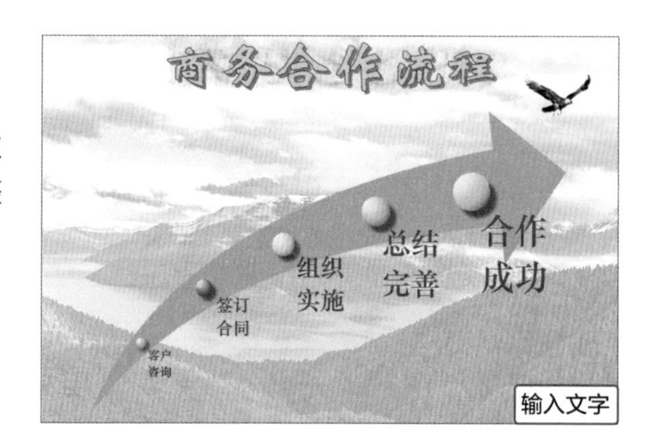

5

在页面的右下角插入横排文本框，然后输入“合作热线：010-88888888”等文本，并设置字体格式。在“绘图工具-格式”选项卡中设置文本框为“无填充”和“无轮廓”。

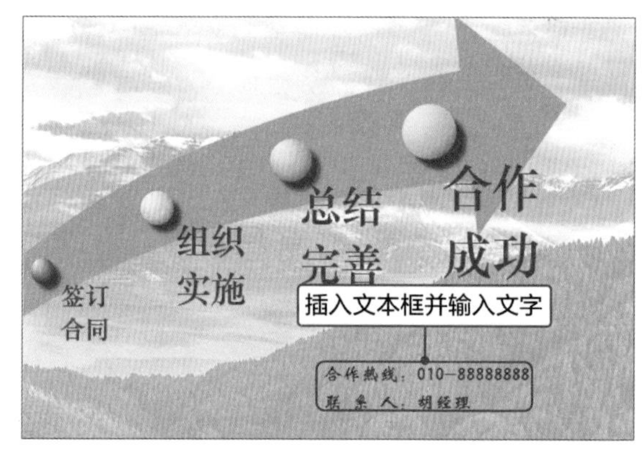

6

联机搜索“握手”图片，选择合适的图片并插入文档中，将图片移至左上角空白处，切换至“图片工具-格式”选项卡，单击“图片样式”选项组中“其他”按钮，在列表中选择“柔化边缘椭圆”选项。

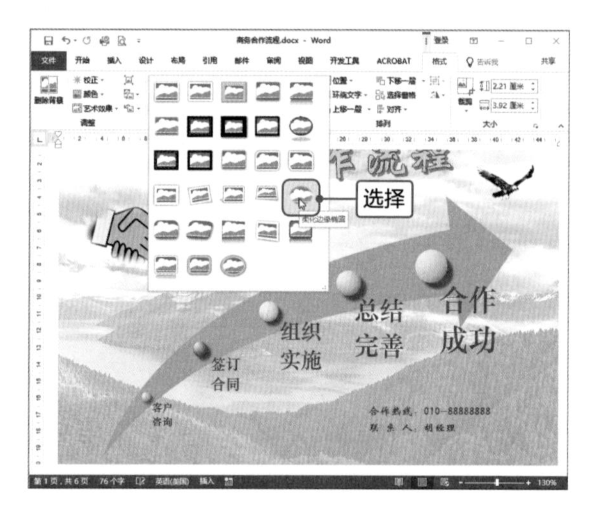

7

在“调整”选项组中单击“艺术效果”下三角按钮，在列表中选择“蜡笔平滑”效果。至此，商务合作流程制作完成，查看最终效果。

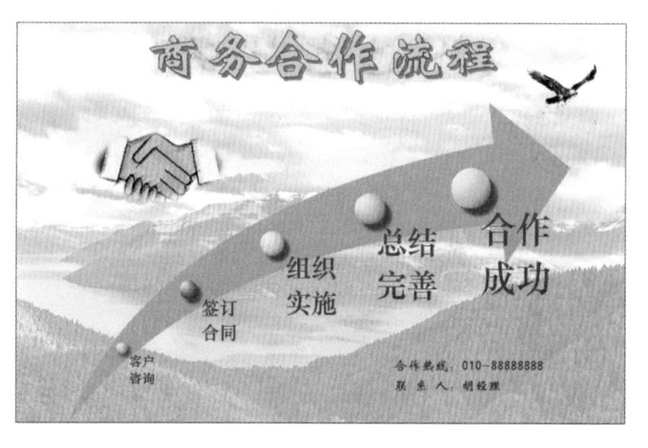

高效办公

快速更改 SmartArt 图形的布局

如果觉得应用的SmartArt图形布局不是很合理，我们还可以更改其布局。下面介绍快速更改布局的方法。

步骤01 打开“快速更改SmartArt图形的布局”文档，选择SmartArt图形，切换至“SmartArt工具-设计”选项卡，单击“版式”选项组中的“其他”下三角按钮，在列表中选择“环状蛇形流程”选项。

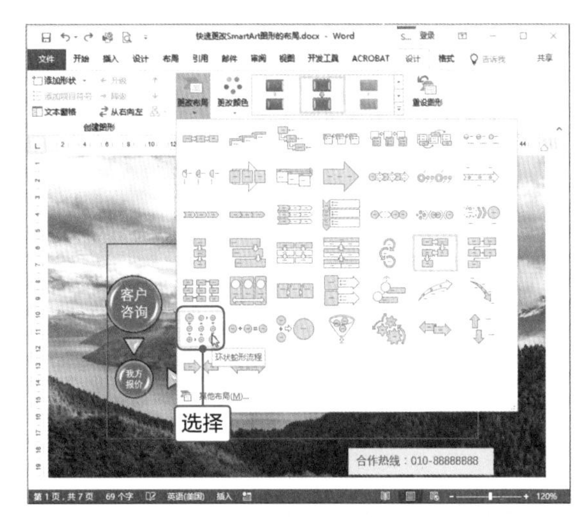

步骤02 操作完成后，可见文档中的SmartArt图形的布局被更改。

查看更改布局的效果

Tips **对话框更改SmartArt图形布局**

也可以通对话框更改SmartArt图形的布局，单击“版式”选项组中的“其他”按钮，在列表中选择“其他布局”选项，即可打开“选择SmartArt图形”对话框，根据需要选择布局，然后单击“确定”按钮即可。

步骤03 单击“SmartArt样式”选项组中“其他”下三角按钮，在列表中选择“砖块场景”选项，查看效果。

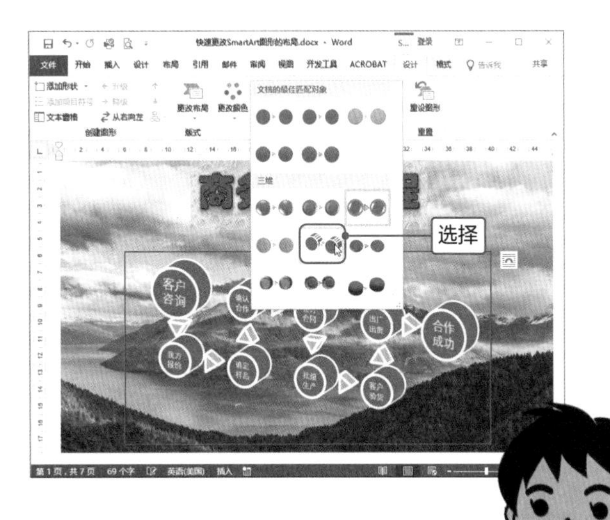

菜鸟加油站

图片编辑操作

●图片的围绕方式

在处理文档时，为了能进一步说明文字，可以适当插入一些图片，图片插入后，如何设置图片和文字排列呢？下面介绍具体操作方法。

步骤01 打开“图片的围绕方式”文档，将光标定位在第二段中如图所示位置，切换至“插入”选项卡，单击“插图”选项组中“图片”按钮，如下左图所示。

步骤02 打开“插入图片”对话框，选择“荷塘月色.jpg”图片，然后单击“插入”按钮，如下右图所示。

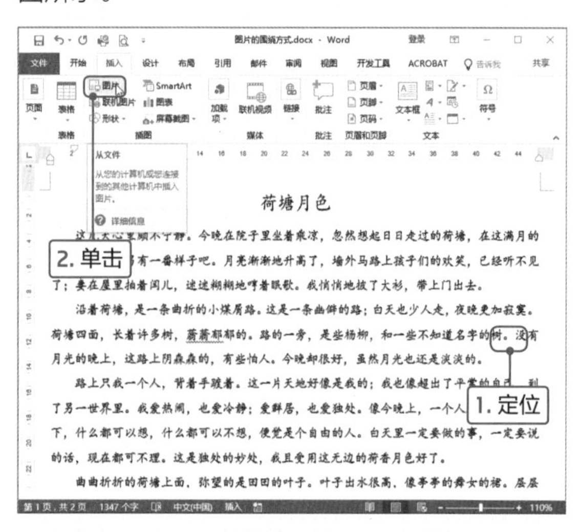

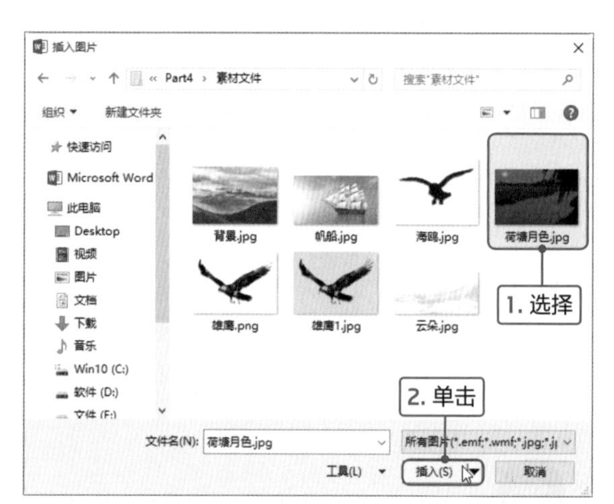

步骤03 可见选中的图片插入文档中，此时图片是嵌入在文档中的，适当调整图片的大小。切换至“图片工具-格式”选项卡，单击“排列”选项组中“环绕文字”下三角按钮，在列表中选择合适的围绕方式即可。

步骤04 若在列表中选择“四周型”选项，效果如下右图所示。

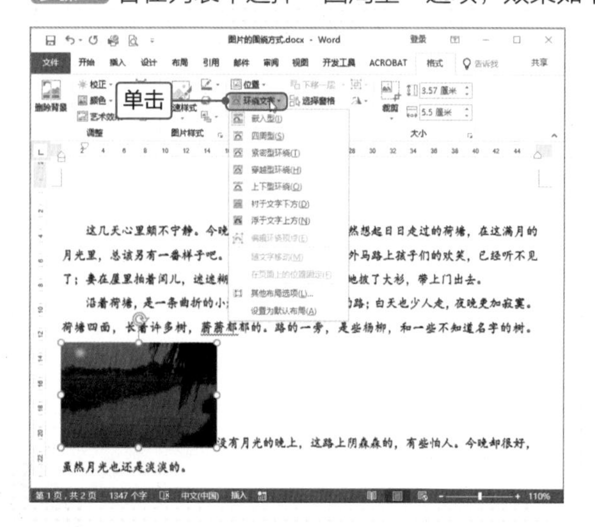

荷塘月色

这几天心里颇不宁静。今晚在院子里坐着乘凉，忽然想起日日走过的荷塘，在这满月的月光里，总该另有一番样子吧。月亮渐渐地升高了，墙外马路上孩子们的欢笑，已经听不见了；妻在屋里拍着闰儿，迷迷糊糊地哼着眠歌。我悄悄地披了大衫，带上门出去。

沿着荷塘，是一条曲折的小煤屑路。这是一条幽僻的路；白天也少人走，夜晚更加寂寞。荷塘四面，长着许多树，蓊蓊郁郁的。路的一旁，是些杨柳，和一些不知道名字的树。没有月光的晚上，这路上阴森森的，有些怕人。今晚却很好，虽然月光也还是淡淡的。

路上只我一个人，背着手踱着。这一片天地好像是我的；我也像超出了平常的自己，到了另一世界里。我爱热闹，也爱冷静；爱群居，也爱独处。像今晚上，一个人在这苍茫的月下，什么都可以想，什么都可以不想，便觉是个自由的人。白天里一定要做的事，一定要说的话，现在都可不理。这是独处的妙处，我且受用这无边的荷香月色好了。

曲曲折折的荷塘上面，弥望的是田田的叶子。叶子出水很高，像亭亭的舞女的裙。层层的叶子中间，零星地点缀着些白花，有袅娜地开着的，有羞涩地打着朵儿的；正如一粒粒的明珠，又如碧天里的星星，又如刚出浴的美人。微风过处，送来缕缕清香，仿佛远处高楼上渺茫的歌声似的。这时候叶子与花也有一丝的颤动，像闪电一般，霎时传过荷塘的那边去了。叶子本是肩并肩密密地挨着，这便宛然有了一道凝碧的波痕。叶子底下是脉脉(mò)的流水，

步骤05 也可以根据需要调整图片的对齐方式，选中图片，单击“排列”选项组中“对齐”下三角按钮，在列表中选择“水平居中”选项，如下左图所示。

步骤06 操作完成后，可见选中的图片水平居中在文档中，如下右图所示。

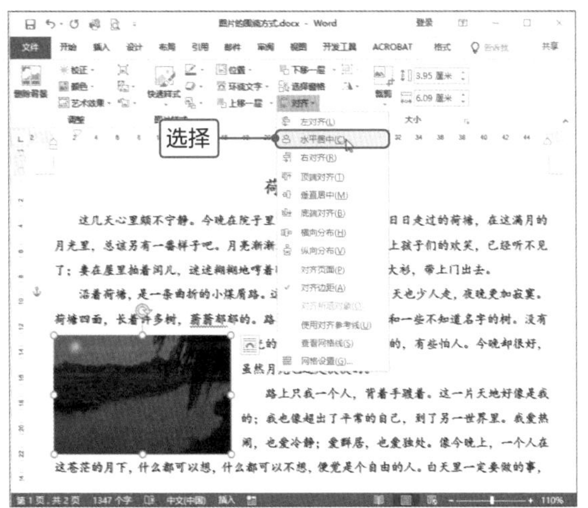

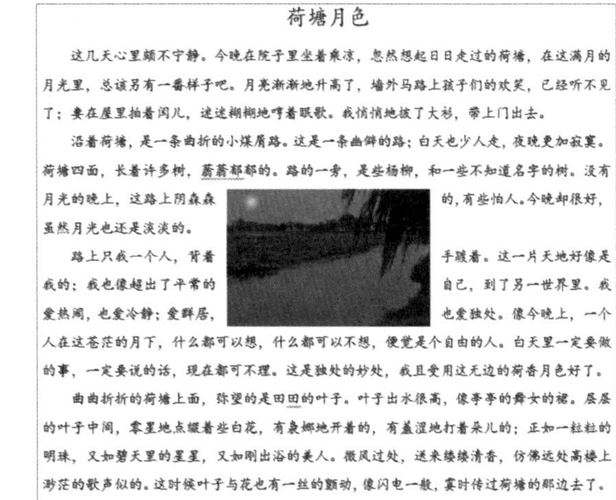
荷塘月色

这几天心里颇不宁静。今晚在院子里坐着乘凉，忽然想起日日走过的荷塘，在这满月的月光里，总该另有一番样子吧。月亮渐渐地升高了，墙外马路上孩子们的欢笑，已经听不见了；妻在屋里拍着闰儿，迷迷糊糊地哼着眠歌。我悄悄地披了大衫，带上门出去。

沿着荷塘，是一条曲折的小煤屑路。这是一条幽僻的路；白天也少人走，夜晚更加寂寞。荷塘四面，长着许多树，蓊蓊郁郁的。路的一旁，是些杨柳，和一些不知道名字的树。没有月光的晚上，这路上阴森森的，有些怕人。今晚却很好，虽然月光也还是淡淡的。

路上只我一个人，背着手踱着。这一片天地好像是我的；我也像超出了平常的自己，到了另一世界里。我爱热闹，也爱冷静；爱群居，也爱独处。像今晚上，一个人在这苍茫的月下，什么都可以想，什么都可以不想，便觉是个自由的人。白天里一定要做的事，一定要说的话，现在都可不理。这是独处的妙处，我且受用这无边的荷香月色好了。

曲曲折折的荷塘上面，弥望的是田田的叶子。叶子出水很高，像亭亭的舞女的裙。层层的叶子中间，零星地点缀着些白花，有袅娜地开着的，有羞涩地打着朵儿的；正如一粒粒的明珠，又如碧天里的星星，又如刚出浴的美人。微风过处，送来缕缕清香，仿佛远处高楼上渺茫的歌声似的。这时候叶子与花也有一丝的颤动，像闪电一般，霎时传过荷塘的那边去了。

● 选择文字下方的图片

在编辑文档时，经常遇到浮于文字下方的图片，这时图片是无法选中的，那么需要编辑该图片该如何选择图片呢？下面介绍具体操作方法。

步骤01 打开“选择文字下方的图片”文档，切换至“开始”选项卡，单击“编辑”选项组中“选择”下三角按钮，在列表中选择“选择对象”选项，如下左图所示。

步骤02 将光标移至图片上方时，会变为十字箭头的形状，单击，即可选择图片，然后可以适当调整图片的大小和旋转角度，效果如下右图所示。

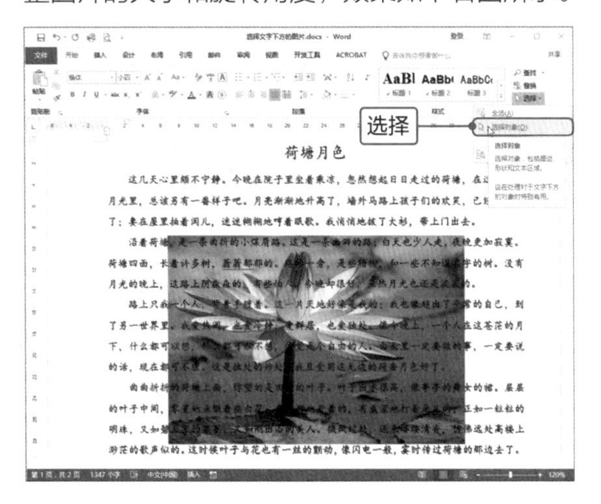

荷塘月色

这几天心里颇不宁静。今晚在院子里坐着乘凉，忽然想起日日走过的荷塘，在这满月的月光里，总该另有一番样子吧。月亮渐渐地升高了，墙外马路上孩子们的欢笑，已经听不见了；妻在屋里拍着闰儿，迷迷糊糊地哼着眠歌。我悄悄地披了大衫，带上门出去。

沿着荷塘，是一条曲折的小煤屑路。这是一条幽僻的路；白天也少人走，夜晚更加寂寞。荷塘四面，长着许多树，蓊蓊郁郁的。路的一旁，是些杨柳，和一些不知道名字的树。没有月光的晚上，这路上阴森森的，有些怕人。今晚却很好，虽然月光也还是淡淡的。

路上只我一个人，背着手踱着。这一片天地好像是我的；我也像超出了平常的自己，到了另一世界里。我爱热闹，也爱冷静；爱群居，也爱独处。像今晚上，一个人在这苍茫的月下，什么都可以想，什么都可以不想，便觉是个自由的人。白天里一定要做的事，一定要说的话，现在都可不理。这是独处的妙处，我且受用这无边的荷香月色好了。

曲曲折折的荷塘上面，弥望的是田田的叶子。叶子出水很高，像亭亭的舞女的裙。层层的叶子中间，零星地点缀着些白花，有袅娜地开着的，有羞涩地打着朵儿的；正如一粒粒的明珠，又如碧天里的星星，又如刚出浴的美人。微风过处，送来缕缕清香，仿佛远处高楼上渺茫的歌声似的。这时候叶子与花也有一丝的颤动，像闪电一般，霎时传过荷塘的那边去了。叶子本是肩并肩密密地挨着，这便宛然有了一道凝碧的波痕。叶子底下是脉脉（mò）的流水，遮住了，不能见一些颜色；而叶子却更见风致了。

● 将图片裁剪为形状

在文档中插入图片后，可以对其进行裁剪，为了美观还可以将图片裁剪为形状。下面介绍具体操作方法。

步骤01 打开“将图片裁剪为形状”文档，选中图片，切换至“图片工具-格式”选项卡，

单击“大小”选项组中“裁剪”下三角按钮，在列表中选择“裁剪为形状>心形”选项，如下左图所示。

步骤02 可见图片被裁剪为心形，适当调整大小，效果如下右图所示。

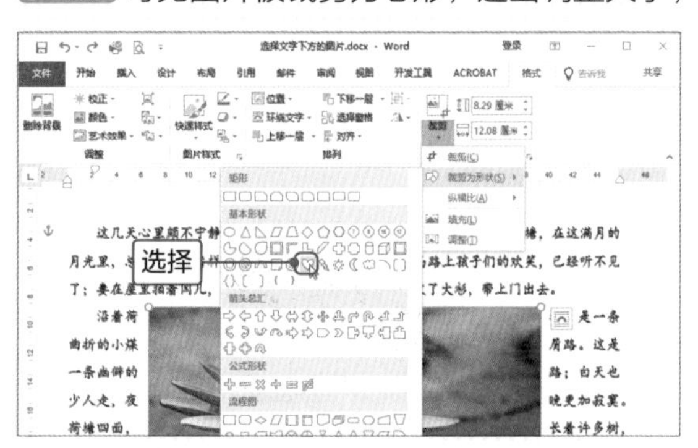

● 等比例裁剪图片

在Word中需要按纵横比裁剪图片时，其中包含“方形”、“纵向”和“横向”三种类型，下面介绍具体操作方法。

步骤01 打开“等比例裁剪图片”文档，选中图片，切换至“图片工具-格式”选项卡，单击“大小”选项组中“裁剪”下三角按钮，在列表中选择“等比例”选项，在子列表的“横向”选项区域中选择3:2选项，如下左图所示。

步骤02 在图片中会显示长宽比为3:2的裁剪区域，如果需要调整区域大小，可以按住Shift键，将光标移至四角控制点上，按住鼠标左键并拖曳，如下右图所示。

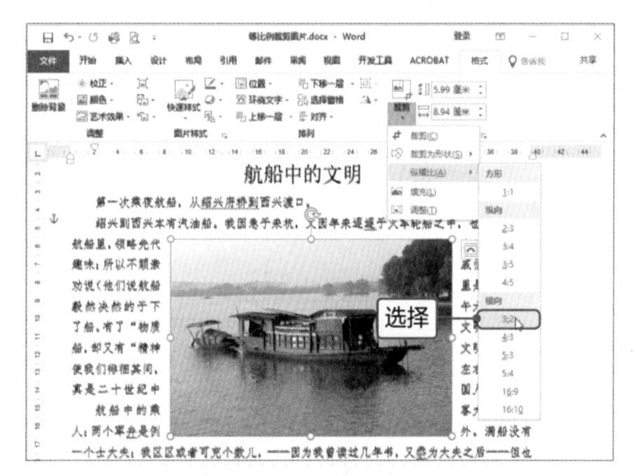

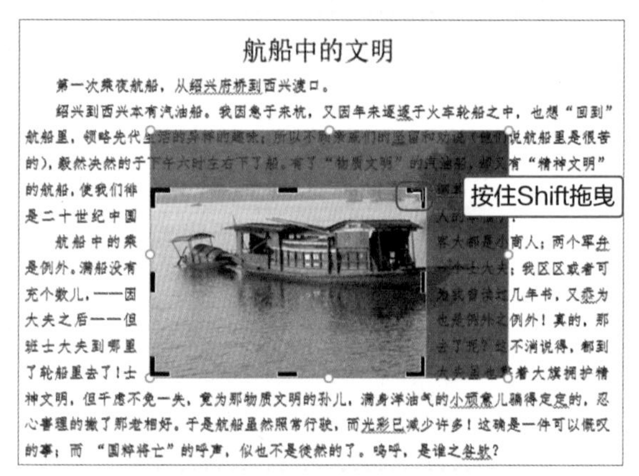

步骤03 然后将光标移到图片上，光标变为十字箭头形状时，按住鼠标左键拖曳图片调整图片的位置，如右图所示。

步骤04 调整图片位置后，将光标移至图片外任意点并单击，或按Enter键，即可完成等比例裁剪，如下图所示。

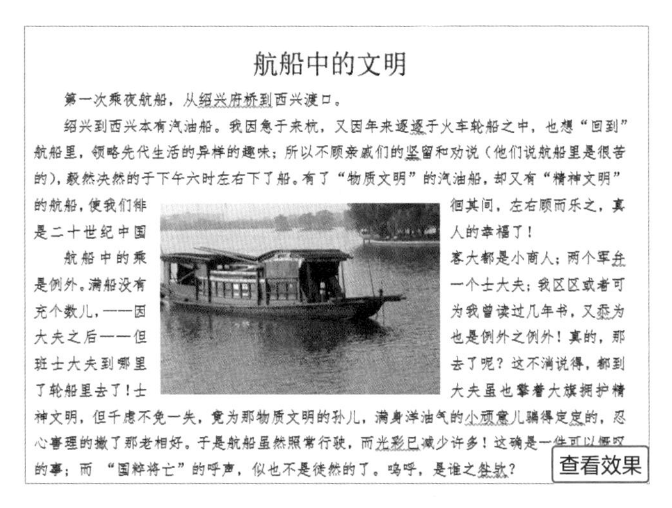

航船中的文明

第一次乘夜航船，从绍兴府桥到西兴渡口。

绍兴到西兴本有汽油船。我因急于来杭，又因年来逐逐于火车轮船之中，也想“回到”航船里，领略先代生活的异样的趣味；所以不顾亲戚们的坚留和劝说（他们说航船里是很苦的），毅然决然的于下午六时左右下了船。有了“物质文明”的汽油船，却又有“精神文明”的航船，使我们徘徊其间，左右顾而乐之，真是二十世纪中国人的幸福了！

航船中的乘客大都是小商人；两个军弁是例外。满船没有一个士大夫；我区区或者可充个数儿，——因为我曾读过几年书，又忝为大夫之后——但也是例外之例外！真的，那班士大夫到哪里去了呢？这不消说得，都到了轮船里去了！士大夫虽也擎着大旗拥护精神文明，但千虑不免一失，竟为那物质文明的孙儿，满身洋油气的小顽意儿骗得定定的，忍心害理的撇了那老相好。于是航船虽然照常行驶，而光彩已减少许多！这确是一件可以慨叹的事；而“国粹将亡”的呼声，似也不是徒然的了。呜呼，是谁之咎欤？

● 将图片转换为SmartArt图形

插入图片后，可将其转换为SmartArt图形，并添加文本进行注释。下面介绍具体操作方法。

步骤01 打开“将图片转换为SmartArt图形”文档，选中图片，切换至“图片工具-格式”选项卡，在“图片样式”选项组中单击“图片版式”下三角按钮，在列表中选择“蛇形图片题注”选项，如下左图所示。

步骤02 操作完成后，可见在图片的右下角出一个文本框，已经将图片转换为SmartArt图形，在功能区域显示“SmartArt工具”选项卡，如下右图所示。

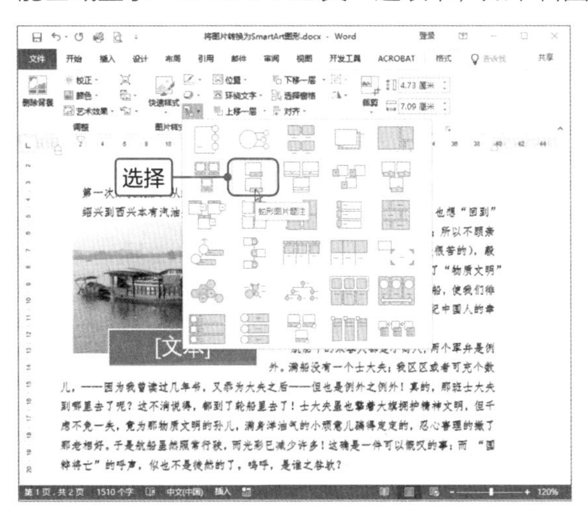

步骤03 在文本框中输入文字，并在“字体”选项组中设置文字格式，在“SmartArt工具-设计”选项卡的“SmartArt样式”选项组中单击“其他”按钮，在列表中选择“砖块场景”样式，如下左图所示。

步骤04 选择文本框，切换至“SmartArt工具-格式”选项卡，在“形状样式”选项组中单击“形状填充”下三角按钮，在列表中选择“浅绿色”，如下右图所示。

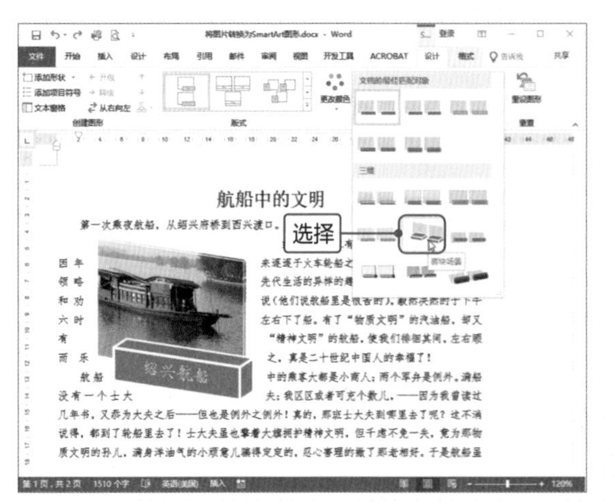

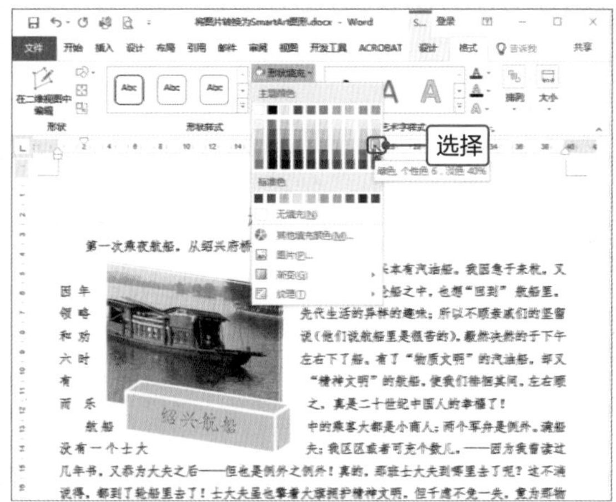

步骤05 单击“形状轮廓”下三角按钮，在列表中选择“粗细>1磅”选项。再次单击该按钮，在列表中选择深点的绿色，如下左图所示。

步骤06 选择图片，切换至“SmartArt工具-格式”选项卡，单击“形状轮廓”下三角按钮，在列表中选择“粗细>3磅”选项。再次单击该按钮，在列表中选择合适的颜色，如下右图所示。

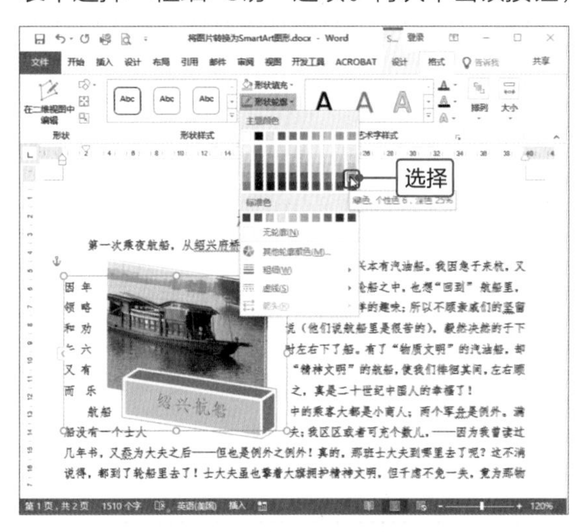

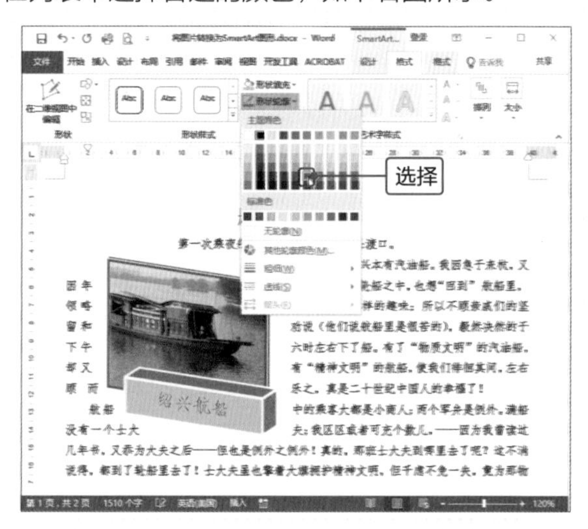

步骤07 操作完成后，即完成将图片转换为SmartArt图形的操作，效果如右图所示。

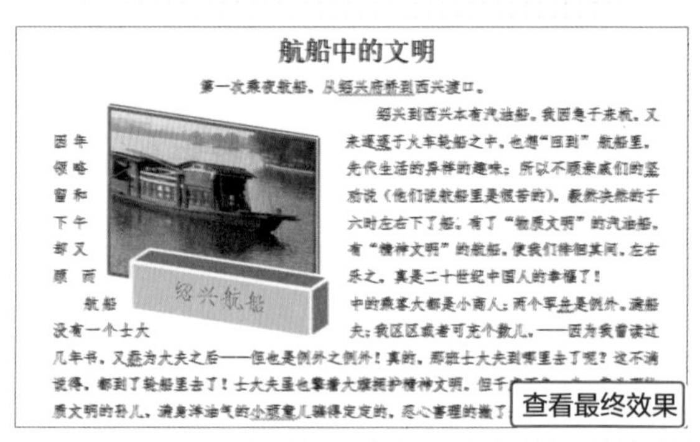

● 自动更新图片

在Word中插入图片时默认的不是链接文件，当源图片调整时，插入文档中的图片不变化。如果想要插入文档中的图片随着源图片的变化而变化，可以设置自动更新，下面介绍具体操作方法。

步骤01 打开空白文档，切换至“插入”选项卡，单击“插图”选项组中的“图片”按钮，打开“插入图片”对话框，选择“蒲公英.jpg”图片，单击“插入”下三角按钮，在列表中选择“链接到文件”选项，如下左图所示。

步骤02 操作完成后，返回文档中查看插入的图片，如下右图所示。

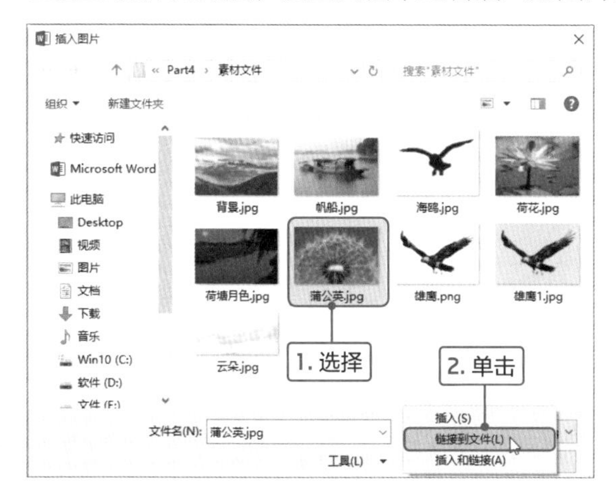

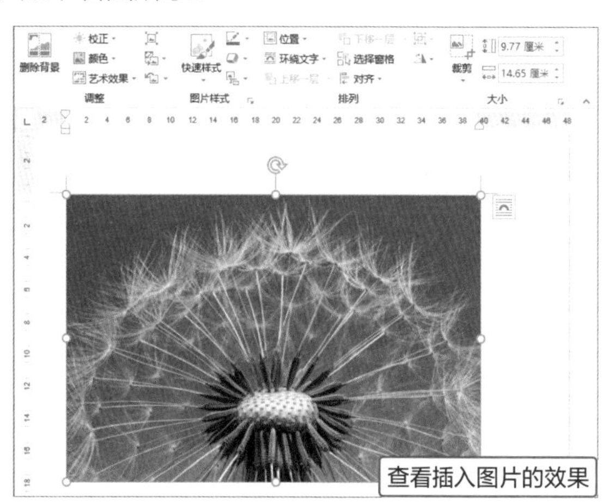

查看插入图片的效果

步骤03 打开Photoshop软件，对图片进行设置，然后对其进行保存，效果如下左图所示。图片调整的具体操作此处不作详细介绍。

步骤04 此时，插入Word文档中的图片并未发生变化，关闭该文档并保存。打开图片所在的文件夹，可见图片已经应用了在Photoshop中的设置，如下右图所示。

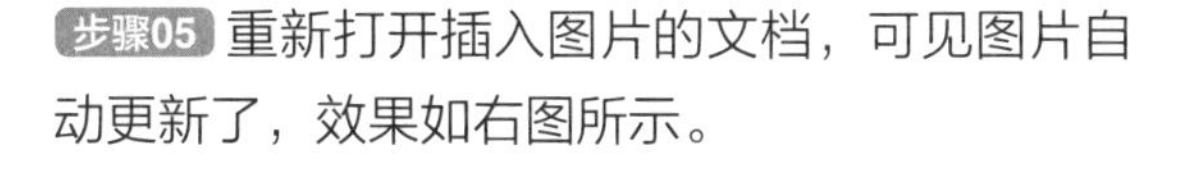

处理后的效果

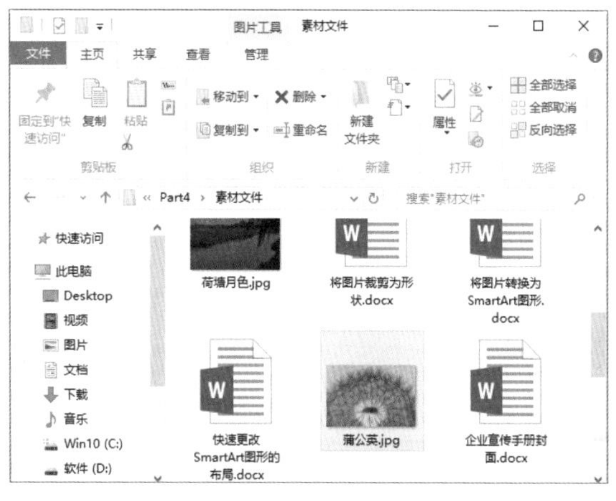

步骤05 重新打开插入图片的文档，可见图片自动更新了，效果如右图所示。

查看最终效果

读书笔记

带表格Word文档制作篇

在Word中可以适当使用表格，它可以将比较复杂的内容简单有条理地表达出来，更准确地表达并展示数据。我们还可以根据Word提供的公式功能快速准确计算出烦琐的数据，另外可以对表格进行美化，如设置边框、底纹等，从而达到更加完美的视觉效果。

图表可以将表格中的数据以图形的形式展现出来，使用枯燥的数据图形化，从而加深浏览者的记忆。我们也可以对图表进行美化等操作，使文档更加精美。

有条理显示培训信息

为了贯彻落实企业的发展战略目标，充分发挥企业各类人才的潜能，提高员工的素质修养、技术水平和敬业精神，公司每年都会根据自身的发展要求，结合公司培训工作的实际情况，制定年度培训方案，加强对培训工作的管理。厉厉哥交代小蔡把公司年度培训方案制作出来，以便提前安排培训事务，要求尽可能把培训的相关事宜描述清楚，让全体员工可以清楚地了解培训内容，明确哪些培训适合自己。

NG! 失败案例

第三部分　2019年培训计划

下面列举2019年度培训所有计划

- 企业简介，针对新员工，人事主管讲解，时间为2课时；
- 员工手册，针对新员工，人事主管讲解，时间为3课时；
- 有交沟通，全体员工，外请著明讲师，时间为2课时；
- 计算机网络基础知识，办公室工作人员，信息部主管，时间为5课时；
- 团队协作，全体员工，外请讲师，时间为1课时；
- 销售管理，营销中心员工，销售主管，时间为4课时；
- 岗位职责培训，全体员工，各部门主管，时间为1课时；
- 工作中情绪与压力，骨干，人事主管，时间为2课时；
- 员工积极性培养，中层干部，外聘教授，时间为2课时；
- 提升执行力，骨干，人事主管，时间为3课时；
- 中层管理训练，各职能部门，外聘教授，时间为2课时。

总时间为28课时。

!排列比较混乱，不清晰

!求和的数值位置不是很明了

!整体文字比较凌乱

小蔡在制作2019年培训计划时，使用项目符号展现各项培训项目、培训对象、培训教师以及培训时间，不能给浏览者明确的数量；在显示培训内容时，文字比较凌乱，没有条理；最后在统计总课时信息时，将其放在左侧很容易产生误解。

MISSION! 1

在日常工作中，有时会根据内容的需要创建表格，然后在表格中输入相关信息，不但使文档内容更丰富，还可以让信息更加有条理。下面我们比较一下两个案例，体会表格的作用。

成功案例 OK!

第三部分　2019年培训计划

下面列举2019年度培训所有计划

序号	培训项目	参加人员	培训老师	课时
1	企业简介	新员工	人事主管	2
2	员工手册	新员工	人事主管	3
3	有效勾通	全体员工	外聘讲师	2
4	计算机网络基础知识	办公室人员	信息部主管	5
5	团队协作	全体员工	外聘讲师	1
6	销售管理	营销中心员工	销售主管	4
7	岗位职责培训	全体员工	各部门主管	2
8	工作中情绪与压力	骨干	人事主管	2
9	员工积极情培养	中层干部	外聘教授	2
10	提升执行力	骨干	人事主管	3
11	中层管理训练	各职能部门	外聘教授	2
			合计课时	28

用表格形式展示各培训项目的事宜

用序号标注培训项目的编号

合计课时的数值与各项目课时对齐显示

使用表格展示2019年培训计划，用数字作为各培训项目的序号，让员工一目了然，能快速对培训项目有一个数量上的概念；将培训项目、参加人员、培训老师和课时分别在表格不同的列中展示，整齐明了，使浏览者很快明白培训的整体情况；在表格最后很自然地显示课时的数量，与各项目课时数对齐，整体感觉整齐、清晰。

Point 1 创建表格

在Word中创建表格的方法很多，可以自动插入、手动插入或是通过对话框插入表格，下面以培训计划表为例介绍表格的创建方法。

1

打开“2019年培训实施方案1”文档，将光标定位在需要插入表格的位置，切换至“插入”选项卡，单击“表格”选项组中“表格”下三角按钮，在列表中选择“插入表格”选项。

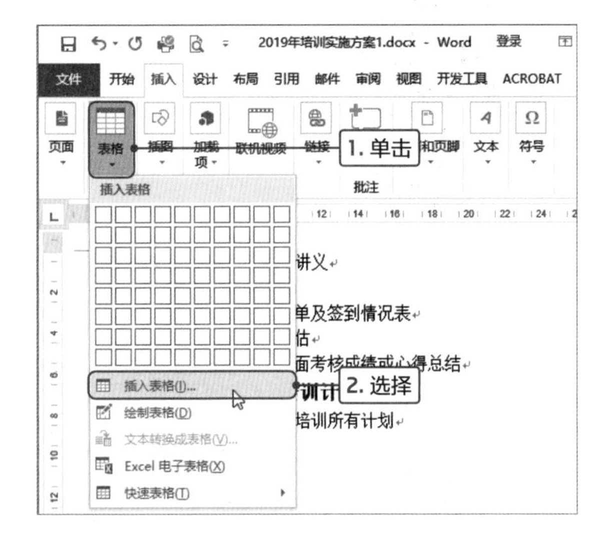

2

打开“插入表格”对话框，在“表格尺寸”选项区域中设置“列数”为5，“行数”为12，单击“确定”按钮。

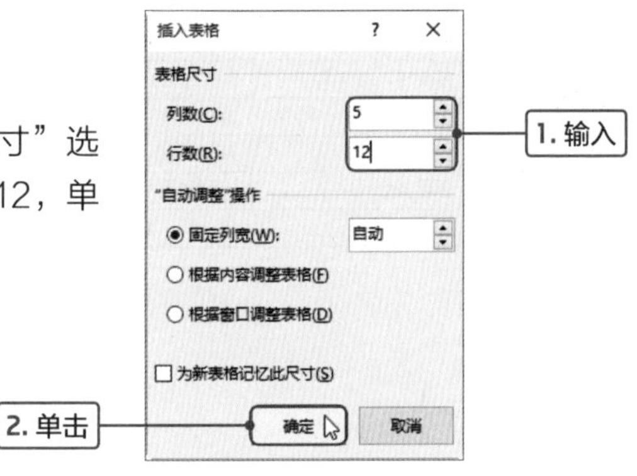

3

返回文档，在光标处插入5列12行的空表格。

第三部分　2019年培训计划

下面列举2019年度培训所有计划

Tips　手动绘制表格

我们也可以根据需要手动绘制表格，单击“表格”选项组中的“表格”下三角按钮，在列表中选择“绘制表格”选项，此时光标变为铅笔形状，在文档中绘制表格即可，按Esc键可以退出表格绘制模式。

选中插入空白工作表最底端左侧4个单元格，右击，在快捷菜单中选择“合并单元格”选项。

Tips　功能区合并单元格

在Word中合并单元格除了上述方法外，还可以在功能区单击相应的按钮。选中需要合并的单元格，切换至“表格工具-布局”选项卡，单击“合并”选项组中的“合并单元格”按钮即可。

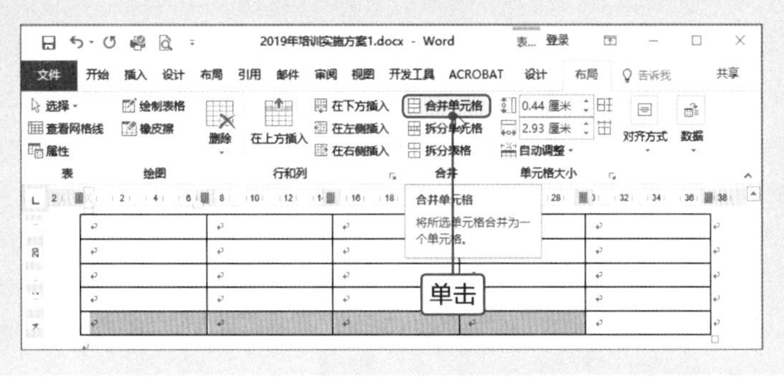

操作完成后，选中单元格合并为一个大的单元格。选中所有表格，切换至“表格工具-布局”选项卡，在“单元格大小”选项组的“高度”数值框中输入“0.6”，然后按Enter键完成行高的设置。

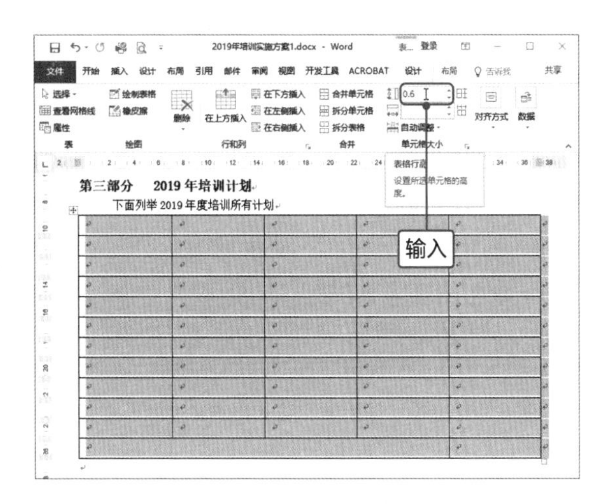

Tips　拆分单元格

拆分单元格和合并单元格的结果是相反的，可以将一个单元格拆分为多个单元格。选中需要拆分的单元格并右击，在快捷菜单中选择“拆分单元格”选项，打开“拆分单元格”对话框，设置拆分的列数和行数，单击“确定”按钮即可。

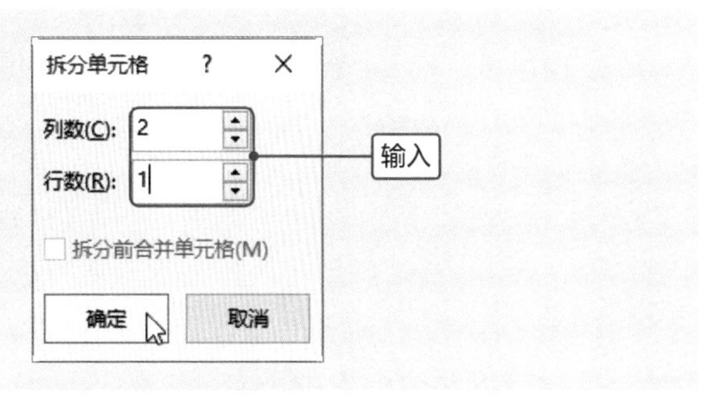

6

将光标移至左侧第二条垂直直线上，当光标变为双向箭头时，向左拖曳，即可完成列宽的手动调整。

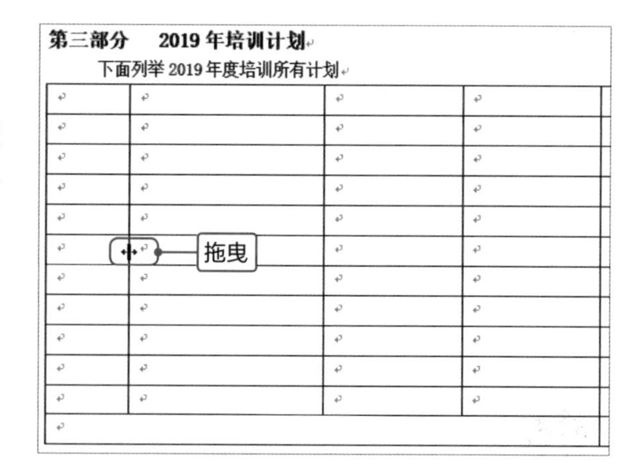

7

按照相同的方法，分别调整各列的列宽，注意不要超出Word版面。

第三部分 2019年培训计划
下面列举2019年度培训所有计划

Tips **使用快速表格样式插入表格**

我们也可以利用Word中提供的内置表格模型来快速创建表格。
单击“表格”选项组中的“表格”下三角按钮，在列表中选择“快速表格”选项，在子列表中选择“带副标题2”表格样式。

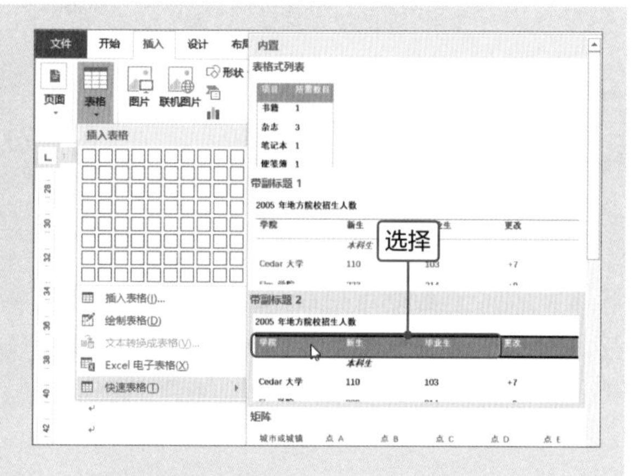

在光标定位处快速插入带数据的表格，根据需要对数据进行编辑即可。

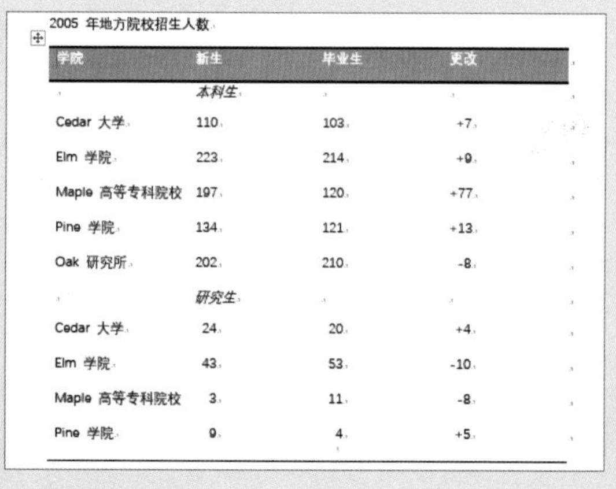

2005 年地方院校招生人数

学院	新生	毕业生	更改
	本科生		
Cedar 大学	110	103	+7
Elm 学院	223	214	+9
Maple 高等专科院校	197	120	+77
Pine 学院	134	121	+13
Oak 研究所	202	210	-8
	研究生		
Cedar 大学	24	20	+4
Elm 学院	43	53	-10
Maple 高等专科院校	3	11	-8
Pine 学院	9	4	+5

Point 2 在表格中输入文字并设置

表格的整体结构设置完成后，需要输入相关数据，下面介绍输入数据并设置数据的字体格式和对齐方法的操作。

1

将光标定位在需要输入文字的位置，然后输入相关信息，此处输入“序号”。

第三部分　2019 年培训计划

下面列举 2019 年度培训所有计划

输入

2

按照相同的方法，完成数据的输入。也可以按键盘上的方向键移动光标的位置，以提高数据的输入效率。

第三部分　2019 年培训计划

下面列举 2019 年度培训所有计划

序号	培训项目	参加人员	培训老师	课时
1	企业简介	新员工	人事主管	2
2	员工手册	新员工	人事主管	3
3	有效沟通	全体员工	外聘讲师	2
4	计算机网络基础知识	办公室人员	信息部主管	5
5	团队协作	全体员工	外聘讲师	1
6	销售管理	营销中心员工	销售主管	4
7	岗位职责培训	全体员工	各部门主管	1
8	工作中情绪与压力	骨干	人事主管	2
9	员工积极情培养	中层干部	外聘教授	2
10	提升执行力	骨干	人事主管	3
11	中层管理训练	各职能部门	外聘教授	2
合计课时				

3

选中表格中的第一行，切换至“开始”选项卡，单击“字体”选项组中的“加粗”按钮。

单击

加粗 (Ctrl+B)

将文本加粗。

Tips 在浮动工具栏中设置加粗

选择需要加粗显示的单元格或文字，在上方出现浮动工具栏，单击“加粗”按钮即可。

单击

加粗 (Ctrl+B)

4

选中表格中所有文字，切换至“表格工具-布局”选项卡，单击“对齐方式”选项组中的“中部两端对齐”按钮。

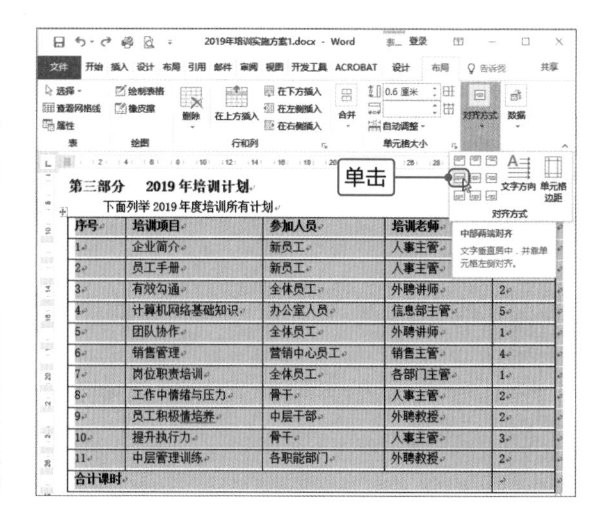

Tips　“开始”选项卡中的对齐方式

在表格中输入文字，默认情况下是靠上方左对齐，如果单击“开始”选项卡中的对齐方式按钮，文本只会在水平方向移动，而不会在垂直方向上对齐。

5

选中第一行，单击“对齐方式”选项组中的“水平居中”按钮，选中最下方合并的单元格，单击“中部右对齐”按钮。

第三部分　2019 年培训计划

下面列举 2019 年度培训所有计划

序号	培训项目	参加人员	培训老师	课时
1	企业简介	新员工	人事主管	2
2	员工手册	新员工	人事主管	3
3	有效沟通	全体员工	外聘讲师	2
4	计算机网络基础知识	办公室人员	信息部主管	5
5	团队协作	全体员工	外聘讲师	1
6	销售管理	营销中心员工	销售主管	4
7	岗位职责培训	全体员工	各部门主管	1
8	工作中情绪与压力	骨干	人事主管	2
9	员工积极情培养	中层干部	外聘教授	2
10	提升执行力	骨干	人事主管	3
11	中层管理训练	各职能部门	外聘教授	2
			合计课时	

6

选中右下角单元格，切换至“表格工具-布局”选项卡，单击“数据”选项组中的“公式”按钮。

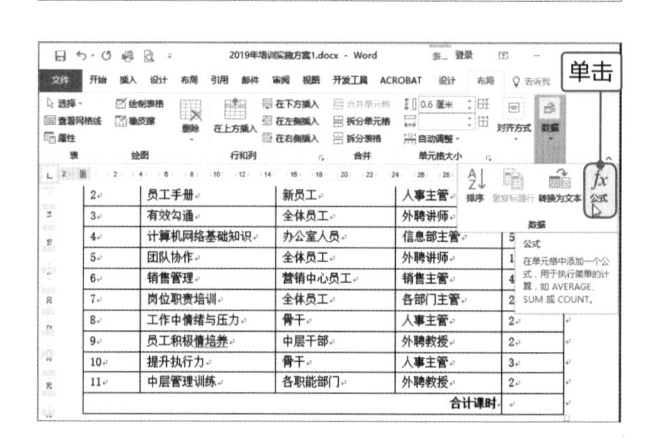

7

打开“公式”对话框，在“公式”文本框中显示“=SUM(ABOVE)”公式，表示求和上方数据，单击“确定”按钮。

Tips 设置计算方式

在表格中添加公式进行计算，默认情况下是求和计算。我们也可以根据需要设置不同的函数类型，以便进行不同的计算。

打开“公式”对话框，删除“公式”文本框中的函数，单击“粘贴函数”下三角按钮，在列表中选择对应的函数即可，此处选择COUNT函数，在“公式”文本框中完善公式。

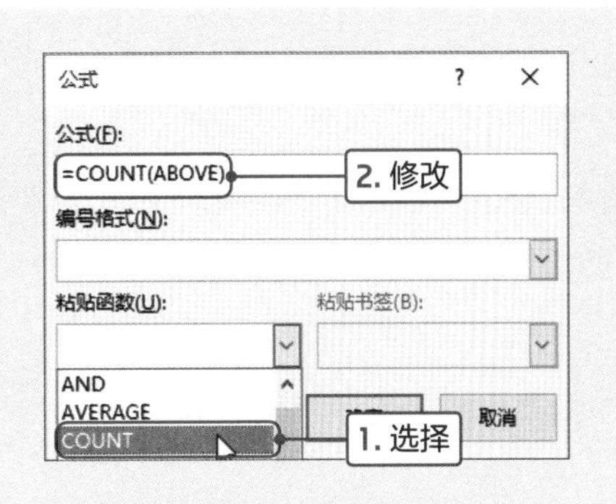

单击“确定”按钮，即可计算出次数。COUNT函数是计算出现数字的次数，本案例中表示培训项目的个数。

第三部分　2019年培训计划

下面列举2019年度培训所有计划

序号	培训项目	参加人员	培训老师	课时
1	企业简介	新员工	人事主管	2
2	员工手册	新员工	人事主管	3
3	有效勾通	全体员工	外聘讲师	2
4	计算机网络基础知识	办公室人员	信息部主管	5
5	团队协作	全体员工	外聘讲师	1
6	销售管理	营销中心员工	销售主管	4
7	岗位职责培训	全体员工	各部门主管	2
8	工作中情绪与压力	骨干	人事主管	2
9	员工积极情培养	中层干部	外聘教授	2
10	提升执行力	骨干	人事主管	3
11	中层管理训练	各职能部门	外聘教授	2
			合计课时	11

返回文档，即可在定位的单元格中计算出所有培训的课时数。

第三部分　2019年培训计划

下面列举2019年度培训所有计划

序号	培训项目	参加人员	培训老师	课时
1	企业简介	新员工	人事主管	2
2	员工手册	新员工	人事主管	3
3	有效勾通	全体员工	外聘讲师	2
4	计算机网络基础知识	办公室人员	信息部主管	5
5	团队协作	全体员工	外聘讲师	1
6	销售管理	营销中心员工	销售主管	4
7	岗位职责培训	全体员工	各部门主管	2
8	工作中情绪与压力	骨干	人事主管	2
9	员工积极情培养	中层干部	外聘教授	2
10	提升执行力	骨干	人事主管	3
11	中层管理训练	各职能部门	外聘教授	2
			合计课时	28

Tips 快速填充计算公式

在Word表格的单元格中使用公式计算结果，不像在Excel中那样能方便填充公式。我们可以将光标移到另一个需要计算的单元格，然后按F4键即可快速执行计算。

Tips 设置编号格式

在Word中使用公式计算数据时，可以设置结果的格式，在“公式”对话框中单击“编号格式”下三角按钮，在列表中选择相对应的格式即可。

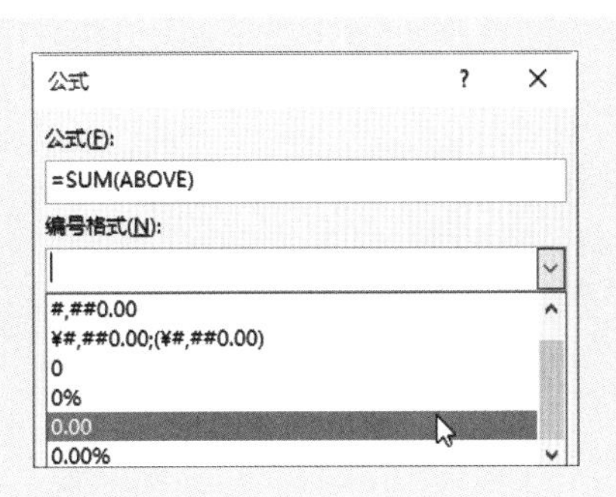

高效办公

插入和删除行或列

在Word中插入表格后，我们可以根据实际需要插入或删除行或列，行或列的操作方法相似，下面以插入或删除行为例介绍具体操作方法。

●插入行

方法一：

快速插入行。将光标移至表格外左侧，移动光标到两行之间出现⊕按钮时并单击，即可在两行之间快速插入一行。

第三部分　2019年培训计划

下面列举2019年度培训所有计划

序号	培训项目	参加人员	培训老师
1	企业简介	新员工	人事主管
2	员工手册	新员工	人事主管
3	有效沟通	全体员工	外聘讲师
4	计算机网络基础知识	办公室人员	信息部主管
5	团队协作	全体员工	外聘讲师
6	销售管理	营销中心员工	销售主管
7	岗位职责培训	全体员工	各部门主管
8	工作中情绪与压力	骨干	人事主管
9	员工积极情培养	中层干部	外聘教授
10	提升执行力	骨干	人事主管
11	中层管理训练	各职能部门	外聘教授
			合计课时

单击

方法二：

使用Enter键快速插入行。将光标移到需要在该行下方插入行的右侧，然后按Enter键即可在下方插入一行。

第三部分　2019年培训计划

下面列举2019年度培训所有计划

序号	培训项目	参加人员	培训老师	课时
1	企业简介	新员工	人事主管	2
2	员工手册	新员工	人事主管	3
3	有效沟通	全体员工	外聘讲师	2
4	计算机网络基础知识	办公室人员	信息部主管	5
5	团队协作	全体员工	外聘讲师	1
6	销售管理	营销中心员工	销售主管	4
7	岗位职责培训	全体员工	各部门主管	2
8	工作中情绪与压力	骨干	人事主管	
9	员工积极情培养	中层干部	外聘教授	
10	提升执行力	骨干	人事主管	3
11	中层管理训练	各职能部门	外聘教授	2
			合计课时	28

定位光标

方法三：

功能区按钮插入行。将光标定位在行的任意位置，切换至“表格工具-布局”选项卡，单击“行和列”选项组中“在上方插入”按钮，即可在定位的行上方插入一行。

2019年培训实施方案1.docx - Word

文件　开始　插入　设计　布局　引用　邮件　审阅　视图　开发工具　ACROBAT　设计　布局

删除　在上方插入　在下方插入　在左侧插入　在右侧插入　合并单元格　拆分单元格　拆分表格　自动调整　对齐方式　数据

在上方插入行

直接在当前行上方添加新行。

单击

第三部分　2019年培训计划

下面列举2019年度培训所有计划

序号	培训项目	参加人员	培训老师	课时
1	企业简介	新员工	人事主管	2
2	员工手册	新员工	人事主管	3
3	有效沟通	全体员工	外聘讲师	2
4	计算机网络基础知识	办公室人员	信息部主管	5
5	团队协作	全体员工	外聘讲师	1
6	销售管理	营销中心员工	销售主管	4
7	岗位职责培训	全体员工	各部门主管	2
8	工作中情绪与压力	骨干	人事主管	2
9	员工积极情培养	中层干部	外聘教授	2
10	提升执行力	骨干	人事主管	3
11	中层管理训练	各职能部门	外聘教授	2
			合计课时	28

Tips　**快速填充计算公式**

在“行和列”选项组中，包含“在上方插入”、“在下方插入”、“在左侧插入”和“在右侧插入”四个按钮，单击前两个按钮，即可插入行；单击后两个按钮，即可插入列。

● 删除行

方法一：

浮动工具栏删除。选中需要删除的行，在弹出的浮动工具栏中单击“删除”下三角按钮，在列表中选择“删除行”选项。

方法二：

步骤01 右键菜单法。将光标定位在需要删除的行中并右击，在快捷菜单中选择“删除单元格”选项。

步骤02 弹出“删除单元格”对话框，选中“删除整行”单选按钮，单击“确定”按钮即可删除行。

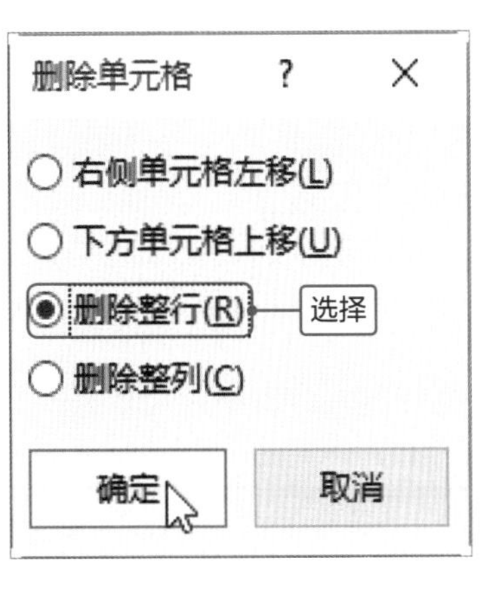

Tips 使用Delete键删除

在Word中删除行或列时，不能使用Delete键，选中需要删除的行后，按Delete键，只能删除选中行中的数据，而不能删除整行。

第三部分　2019 年培训计划

下面列举 2019 年度培训所有计划

序号	培训项目	参加人员	培训老师	课时
1	企业简介	新员工	人事主管	2
2	员工手册	新员工	人事主管	3
3	有效沟通	全体员工	外聘讲师	2
4	计算机网络基础知识	办公室人员	信息部主管	5
5	团队协作	全体员工	外聘讲师	1
6	销售管理	营销中心员工	销售主管	4
7	岗位职责培训	全体员工	各部门主管	2
9	员工积极情培养	中层干部	外聘教授	2
10	提升执行力	骨干	人事主管	3
11	中层管理训练	各职能部门	外聘教授	2
			合计课时	28

快速准确计算数据

为了使企业的年度培训工作有条不紊地进行，在培训方案中，历历哥统计了今年公司各部门预计参加培训的人数和实际参加培训的人数后，想进一步分析两组数据，分析出各部门参加培训的热情。历历哥将两组数据交给小蔡，让他按部门将两组数据展示出来。为了更直观地展示和比较数据，小蔡决定使用Word的表格功能来展示数据。

失败案例

第六部分　2018 年培训人员分析

本部分主要展示 2018 年公司预计各部门培训的人数和实际参加培训人数的比较。体现出员工参加培训的积极性。

部门	预计人数	参加人数	比例
行政部门	20	22	110%
人事部门	18	15	83%
信息部门	20	20	100%
财务部门	15	18	120%
营销部门	30	32	107%
策划部门	25	28	112%
合计人数	**128**	**135**	**105%**

! 为文字添加红色底纹

! 手动计算出百分比

! 百分比显示比较乱

在本案例中计算各部门参加人数的百分比，分别计算预计人数和参加人数之和时，比较麻烦；计算出百分比后，数据没有按一定的规则排序，不利于分析数据；在统计预计人数和参加人数时，无法直观查看哪个部分人数多哪个部门的人数少。

MISSION! 2

学习了办公软件后，大家都知道Excel的计算功能远大于Word。因此需要计算复杂的数据时可以在Word中插入Excel表格，然后使用不同的函数进行计算。而且还可以应用Excel中其他功能对数据进行分析，如条件格式和排序等。

第六部分　2018 年培训人员分析

本部分主要展示 2018 年公司预计各部门培训的人数和实际参加培训人数的比较。体现出员工参加培训的积极性。

部门	预计人数	参加人数	比例
财务部门	15	18	120%
策划部门	25	28	112%
行政部门	20	22	110%
营销部门	30	32	107%
信息部门	20	20	100%
人事部门	18	15	83%
合计人数	128	135	105%

使用函数计算百分比

对数据进行降序排序

为两组数据添加条件格式

成功案例

OK!

修改后的表格是插入的Excel电子表格，首先使用对应的函数计算出百分比和合计的人数，然后直接进行填充快速计算出结果；其次对百分比进行降序排序，由大到小排列，能够非常直观地查看数据的大小关系；为另外两组数据添加条件格式，直观地分析高于平均值的数据和数据的大小。

Point 1 插入Excel表格

在Word中除了插入表格外，还可以插入Excel表格，从而弥补Word在计算方面的短板。下面介绍插入Excel表格的操作方法。

1

打开“2019年培训实施方案1”文档，将光标定位在需要插入Excel表格的位置。切换至“插入”选项卡，单击“表格”选项组中“表格”下三角按钮，在列表中选择“Excel电子表格”选项。

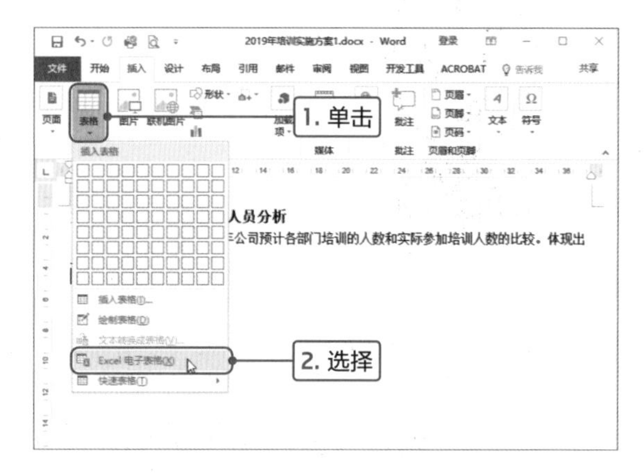

2

此时，在Word中插入Excel电子表格，在功能区显示Excel相关功能。

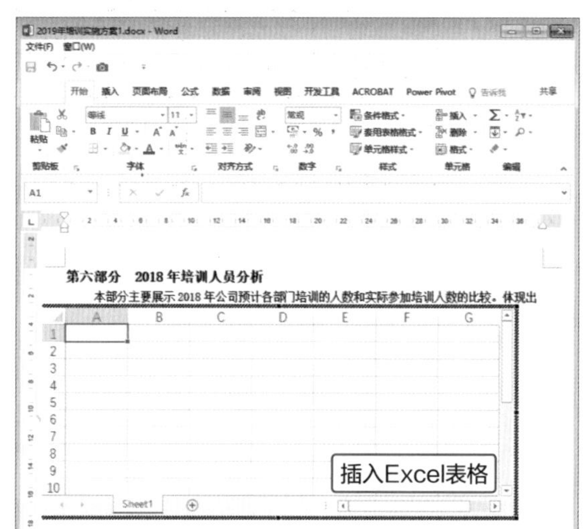

3

选中单元格，然后输入相关数据，选中A1:D1单元格区域，单击“字体”选项组中“加粗”按钮。

4

选中D2:D8单元格区域，切换至“开始”选项卡，单击“数字”选项组的对话框启动器。

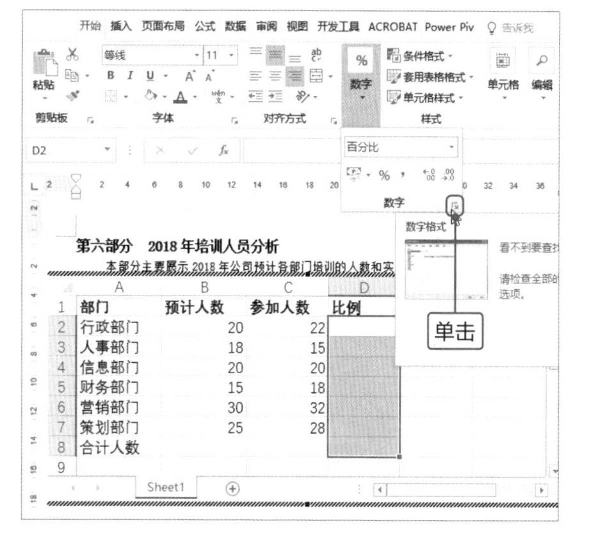

5

打开“设置单元格格式”对话框，在“数字”选项卡的“分类”列表框中选择“百分比”选项，设置“小数位数”为0，单击“确定”按钮。

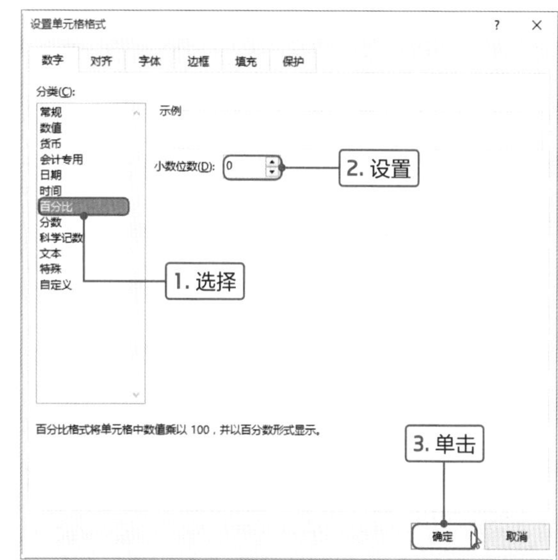

6

选中A1:D8单元格区域，单击“字体”选项组的对话框启动器按钮。

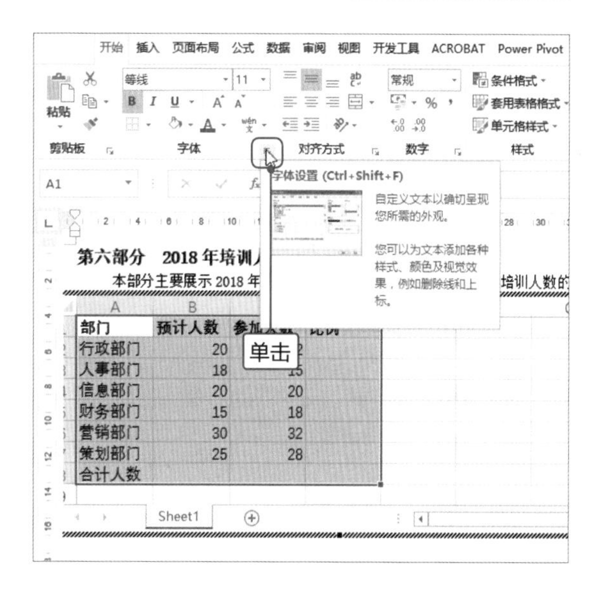

7

打开“设置单元格格式”对话框，切换至“边框”选项卡，在“样式”列表框中选择线条，单击“内部”按钮，按照相同的方法设置稍微粗点的外边框。

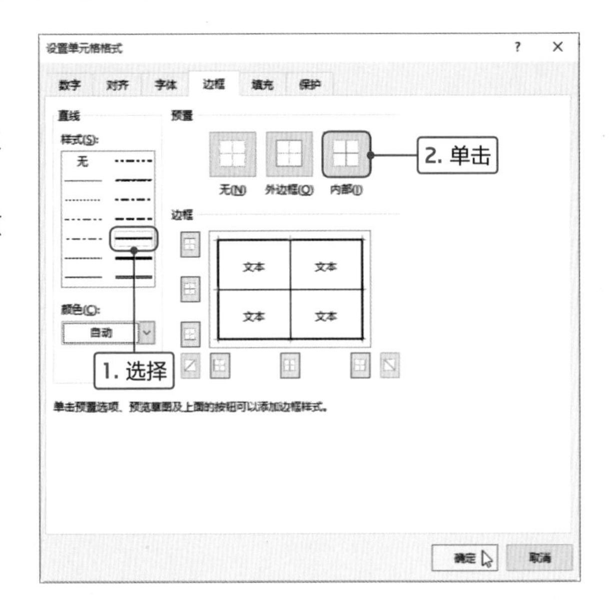

8

然后切换至“对齐”选项卡，设置水平对齐和垂直对齐方式为“居中”，单击“确定”按钮。

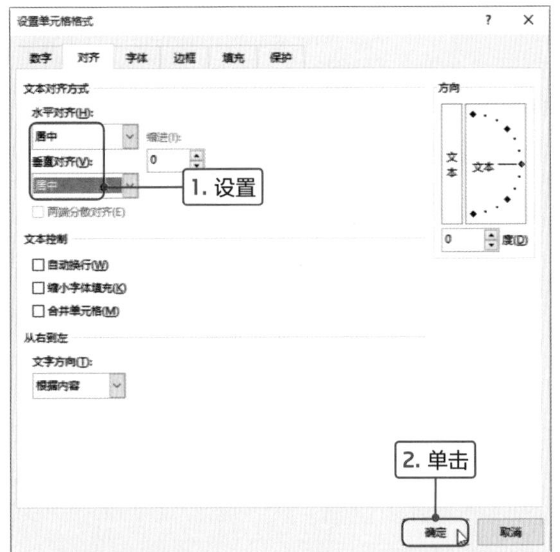

9

返回文档，可见选中的单元格区域的文字都居中对齐，而且应用了设置的边框样式，为了突出效果，在最上方和最左侧插入一行和一列。

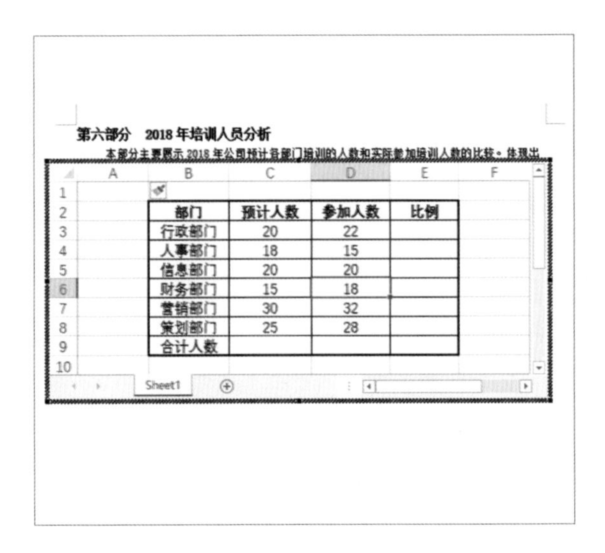

部门	预计人数	参加人数	比例
行政部门	20	22	
人事部门	18	15	
信息部门	20	20	
财务部门	15	18	
营销部门	30	32	
策划部门	25	28	
合计人数			

10

将光标移至底边的控制点上，当光标变为双向箭头，将底边向上拖曳至表格的底边位置，将右侧边向内拖曳。

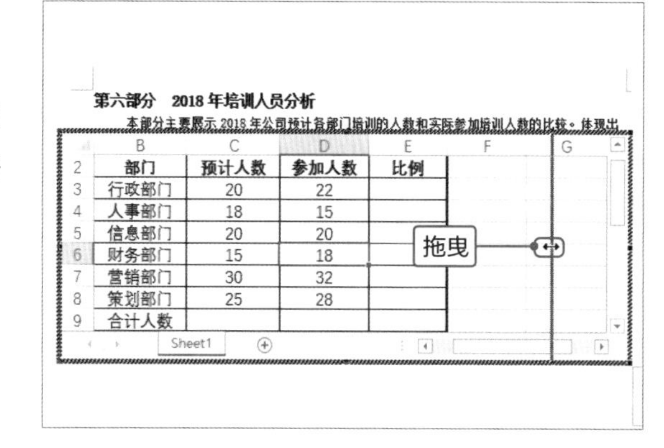

11

将光标移至两列中间的分界线上，拖曳分界线调整列宽，使表格充满Excel表格。

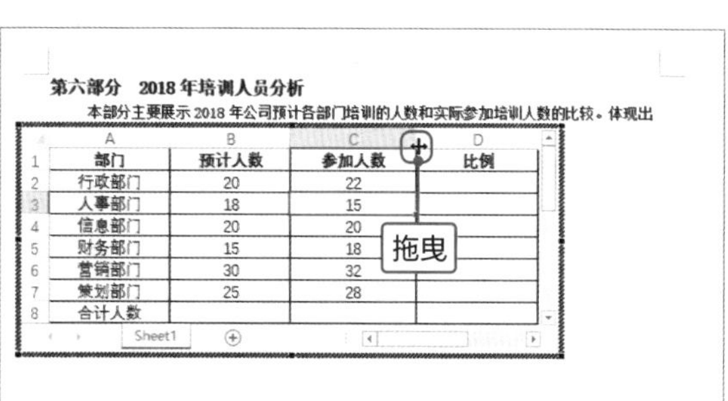

Tips　为什么需要调整表格和工作表的边框一样大

在Word中插入Excel工作表时，在退出Excel编辑之前如果有多余的单元格显示，退出之后也会显示出来，此时无法将多余的行或列删除，只能在Excel编辑状态进行调整和工作表的边框一样大小。

12

在Word中单击Excel表格外任意位置，退出Excel编辑状态，此时功能区恢复为Word功能区，将光标移至表格的右下角控制点处并拖曳，适当调整表格的大小，然后单击“段落”选项组中的“居中”按钮。

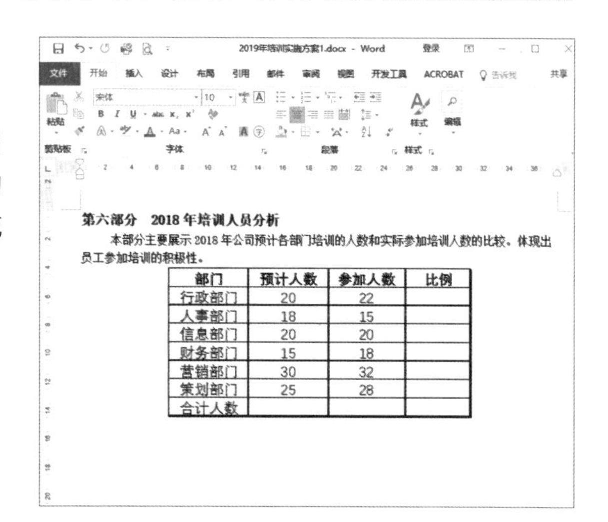

部门	预计人数	参加人数	比例
行政部门	20	22	
人事部门	18	15	
信息部门	20	20	
财务部门	15	18	
营销部门	30	32	
策划部门	25	28	
合计人数			

Tips　如何进入Excel表格编辑状态

在Word中插入表格后，表格内数据无法像其他表格一样直接修改，必须进入Excel编辑状态才能修改数据。只需双击插入的Excel表格即可进入表格编辑状态。

Point 2 数据运算

在Excel中可以直接使用函数公式对数据进行计算，相同表达式可以使用填充功能快速填充公式并计算出结果。

1

双击创建的表格，进入Excel编辑状态，选中E3单元格，然后单击编辑栏左侧“插入函数”按钮。

单击

第六部分　2018年培训人员分析

本部分主要展示2018年公司预计各部门培训的人数和实际参加培训人数的比较。员工参加

	B	C	D	E
2	部门	预计人数	参加人数	比例
3	行政部门	20	22	
4	人事部门	18	15	
5	信息部门	20	20	
6	财务部门	15	18	
7	营销部门	30	32	
8	策划部门	25	28	
9	合计人数			

Sheet1

2

打开“插入函数”对话框，设置“或选择类别”为“数学与三角函数”选项，在“选择函数”列表框中选择ROUND函数，单击“确定”按钮。

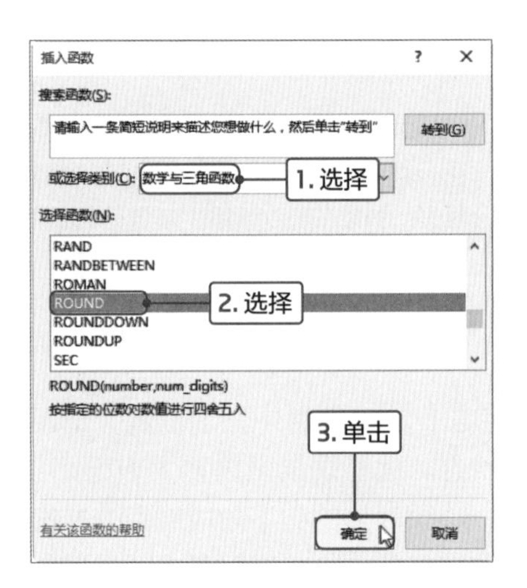

3

打开“函数参数”对话框，在Number文本框中输入“D3/C3”公式，在Num_digits文本框中输入2，单击“确定”按钮。

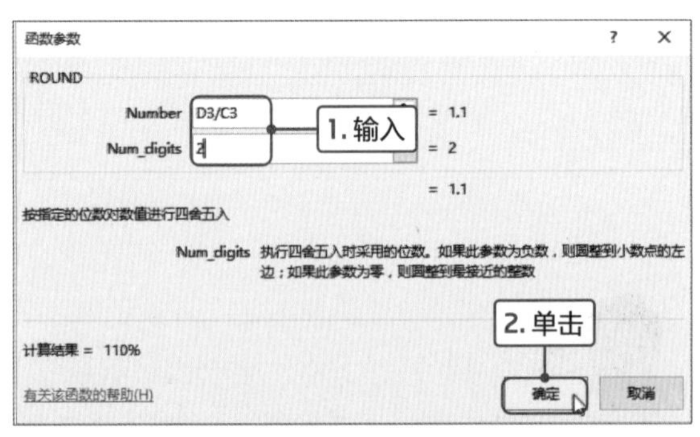

Tips　ROUND函数

ROUND函数表示按指定的小数位数进行四舍五入，返回某数值。函数的表达式为ROUND(number,num_digits)。

4

返回文档，在E3单元格中计算出运算的结果为110%，在编辑栏中显示计算的函数公式。

=ROUND(D3/C3,2)

第六部分　2018年培训人员分析

本部分主要展示2018年公司预计各部门培训的人数和实际参加培训人数的比较。

	B	C	D	E
2	部门	预计人数	参加人数	比例
3	行政部门	20	22	110%
4	人事部门	18	15	
5	信息部门	20	20	
6	财务部门	15	18	
7	营销部门	30	32	
8	策划部门	25	28	
9	合计人数			

显示结果

5

选中C9单元格，在该单元格中输入“=SUM(C3:C8)”公式，计算出C3:C8单元格区域内所有数值的和。

	B	C	D	E
2	部门	预计人数	参加人数	比例
3	行政部门	20	22	110%
4	人事部门	18	15	
5	信息部门	20	20	
6	财务部门	15	18	
7	营销部门	30	32	
8	策划部门	25	28	
9	合计人数	=SUM(C3:C8)		

输入

6

按Enter键计算出结果，将光标移至该单元格的右下角，变为黑色十字时，向右拖曳至D9单元格，即可填充公式并计算出结果。

	B	C	D	E
2	部门	预计人数	参加人数	比例
3	行政部门	20	22	110%
4	人事部门	18	15	
5	信息部门	20	20	
6	财务部门	15	18	
7	营销部门	30	32	
8	策划部门	25	28	
9	合计人数	128	135	

拖曳

7

按照相同的方法将E3单元格中的公式向下填充至E9单元格。

	B	C	D	E
2	部门	预计人数	参加人数	比例
3	行政部门	20	22	110%
4	人事部门	18	15	83%
5	信息部门	20	20	100%
6	财务部门	15	18	120%
7	营销部门	30	32	107%
8	策划部门	25	28	112%
9	合计人数	128	135	105%

拖曳

Tips　SUM函数

SUM函数返回单元格区域中数据之和。其表达式为SUM(number1,number2, ...)，其中SUM函数的参数个数为1~254之间。

Point 3 数据分析

在Excel表格中计算完数据后，可以对数据进行分析，如排序或应用条件格式，从而可以清楚查看数据的大小。

1

选中B2:E8单元格区域，切换至“数据”选项卡，单击“排序和筛选”选项组中的“排序”按钮。

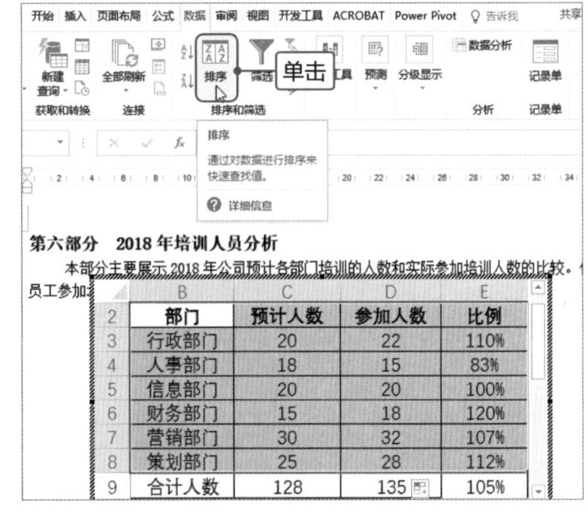

	B	C	D	E
2	部门	预计人数	参加人数	比例
3	行政部门	20	22	110%
4	人事部门	18	15	83%
5	信息部门	20	20	100%
6	财务部门	15	18	120%
7	营销部门	30	32	107%
8	策划部门	25	28	112%
9	合计人数	128	135	105%

2

打开“排序”对话框，单击“主要关键字”右侧下三角按钮，在列表中选择“比例”，单击“次序”下三角按钮，在列表中选择“降序”选项，单击“确定”按钮。

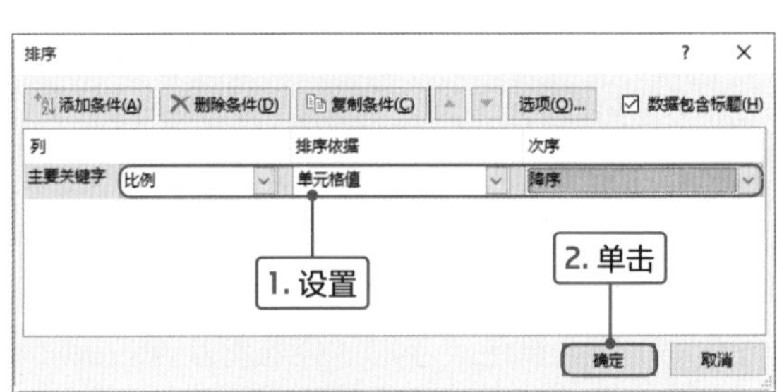

Tips 多条件排序

如果需要对多个关键字进行排序，在打开的“排序”对话框中单击“添加条件”按钮，然后设置“次要关键字”的名称以及排序。

3

返回文档，可见选中的单元格区域按照比例的降序进行排列。

第六部分 2018年培训人员分析

本部分主要展示2018年公司预计各部门培训的人数和实际参加培训人数的比较。

	B	C	D	E
2	部门	预计人数	参加人数	比例
3	财务部门	15	18	120%
4	策划部门	25	28	112%
5	行政部门	20	22	110%
6	营销部门	30	32	107%
7	信息部门	20	20	100%
8	人事部门	18	15	83%
9	合计人数			105%

查看排序效果

4

选中D3:D8单元格区域，切换至“开始”选项卡，单击“样式”选项组中“条件格式”下三角按钮，在列表中选择“数据条>红色数据条”选项。

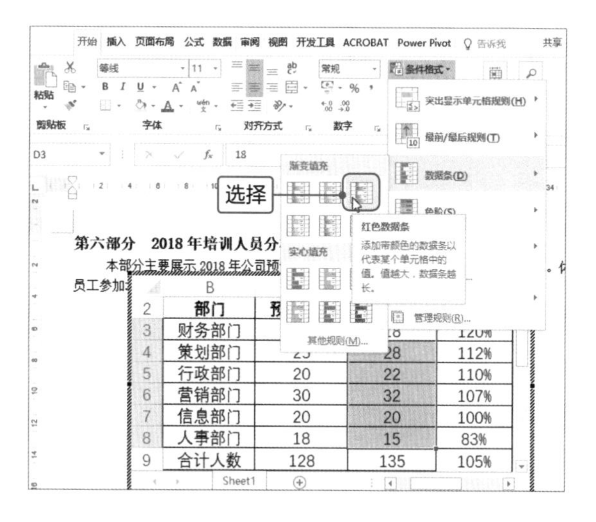

5

可见选中的单元格区域应用了数据条，其中数据条的长短代表着数据的大小，数据越大，数据条越长。

Tips　设置数据条的格式

也可以根据个人需要设置数据条件的格式，选中需要设置格式的单元格区域，单击“条件格式”下三角按钮，在列表中选择“数据条>其他规则”命令，在打开的“新建格式规则”对话框中设置数据的填充方式、颜色、边框、边框颜色以及条形图的方向。

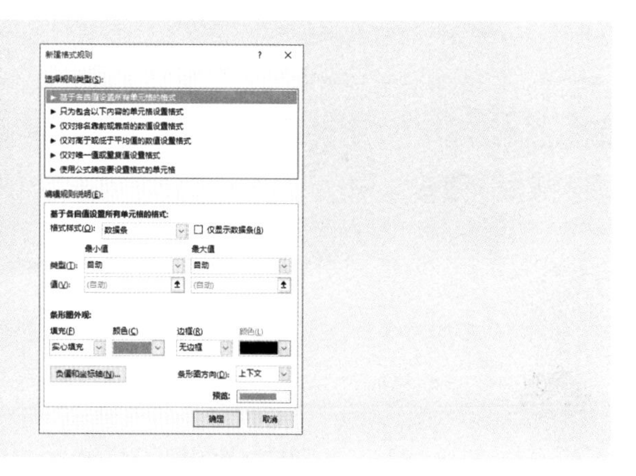

6

选中C3:C8单元格区域，单击“条件格式”下三角按钮，在列表中选择“最前/最后规则>高于平均值”选项。

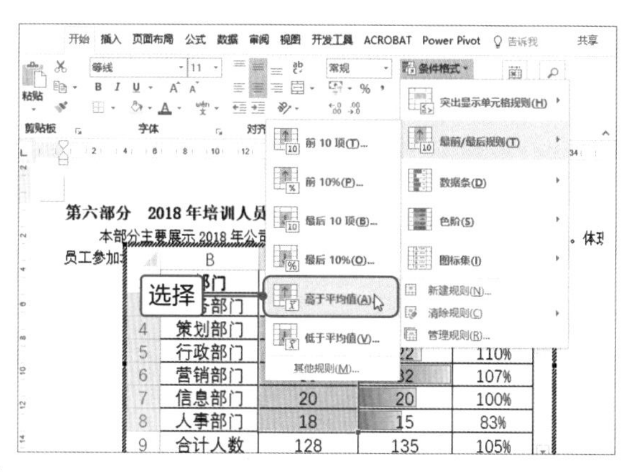

7

打开“高于平均值”对话框，单击“针对选定区域，设置为”下三角按钮，在列表中选择“自定义格式”选项。

高于平均值

为高于平均值的单元格设置格式:

针对选定区域，设置为 浅红填充色深红色文本

浅红填充色深红色文本
黄填充色深黄色文本
绿填充色深绿色文本
浅红色填充
红色文本
红色边框
自定义格式...

选择

8

打开“设置单元格格式”对话框，在“字体”选项卡中设置字形为“加粗”，颜色为红色，切换至“填充”选项卡，设置“填充颜色”为浅绿色，单击“确定”按钮。

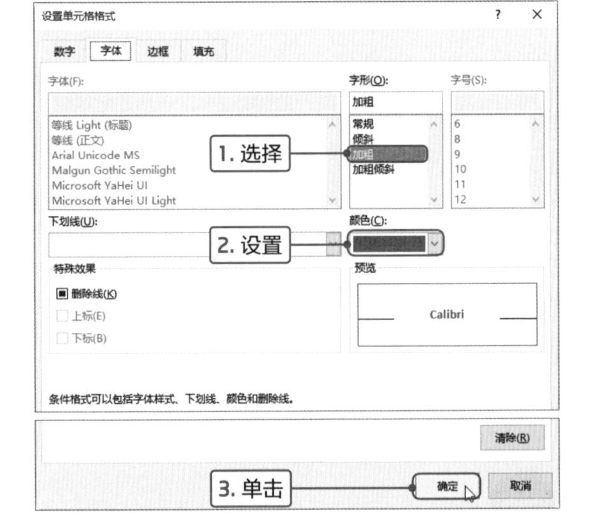

9

在表格中以底纹为浅绿色、加粗红色文字表示高于平均值的部门预计人数。

第六部分　2018年培训人员分析

本部分主要展示2018年公司预计各部门培训的人数和实际参加培训人数的比较。员工参加培训的积极性。

部门	预计人数	参加人数	比例
财务部门	15	18	120%
策划部门	25	28	112%
行政部门	20	22	110%
营销部门	30	32	107%
信息部门	20	20	100%
人事部门	18	15	83%
合计人数	128	135	105%

Tips 清除条件格式

使用条件格式分析数据后，如果需要清除，首先选中需要清除条件格式的单元格，单击“条件格式”下三角按钮，在列表中选择“清除规则”选项，在子列表中选择对应的选项，如“清除所选单元格的规则”或“清除整个工作表的规则”选项即可。

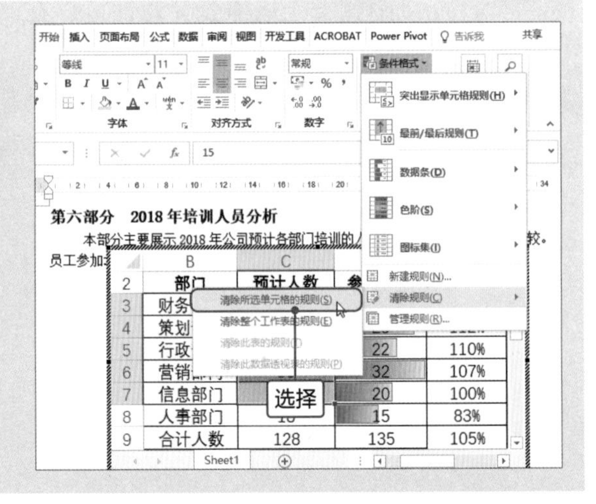

高效办公

突出显示前三名和自定义排序

当我们分析数据时，前三名或各种最值都是非常重要的数据，如果在不改变数据顺序的情况下，可以使用“最前/最后规则”条件格式实现。有时对数据的排序没有规则而言，此时可以使用“自定义序列”功能。下面介绍具体操作方法。

● 突出显示前三名

步骤01 打开“突出显示前三名”文档，选中E3:E9单元格区域，切换至“开始”选项卡，单击“样式”选项组中“条件格式”下三角按钮，在展开的列表中选择“最前/最后规则>前10项”选项。

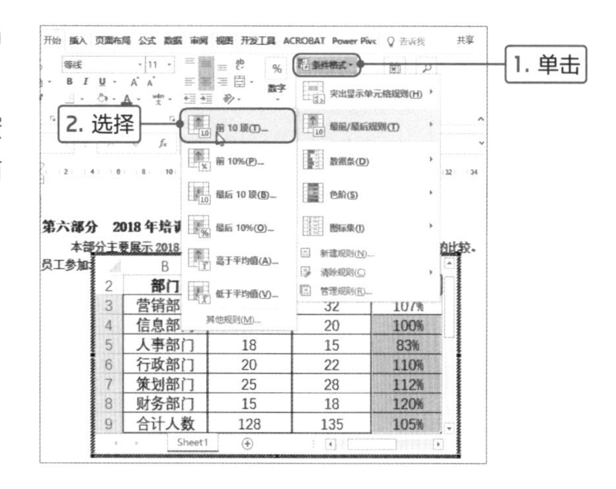

步骤02 打开“前10项”对话框，在数值框中输入3，单击“设置为”下三角按钮，在列表中选择“自定义格式”选项。

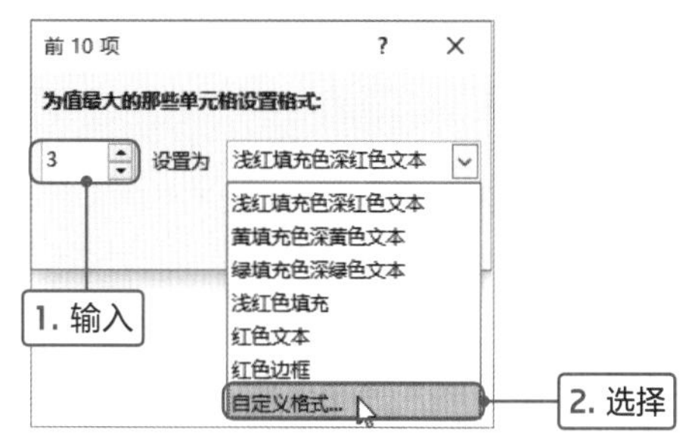

步骤03 打开“设置单元格格式”对话框，在“字体”选项卡中设置字形为“加粗”，颜色为“白色”，切换至“填充”选项卡，设置填充颜色为“红色”，单击“确定”按钮。

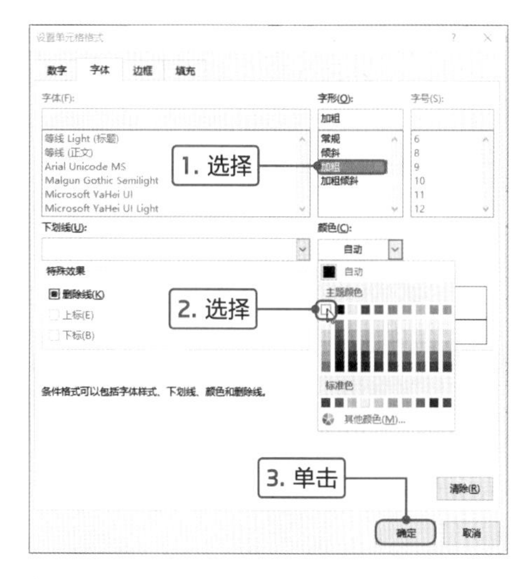

步骤04 返回文档，可见百分比最大的三个数值的单元格为红色底纹白色文字显示。

第六部分　2018 年培训人员分析

本部分主要展示 2018 年公司预计各部门培训的人数和实际参加培训人数的比较。员工参加培训的积极性。

部门	预计人数	参加人数	比例
营销部门	30	32	107%
信息部门	20	20	100%
人事部门	18	15	83%
行政部门	20	22	110%
策划部门	25	28	112%
财务部门	15	18	120%
合计人数	128	135	105%

Tips　管理条件格式

在工作表中应用多个条件格式时，可以通过“条件格式规则管理器”对话框进行管理。切换至“开始”选项卡，单击“样式”选项组中“条件格式”下三角按钮，在列表中选择“管理规则”选项。

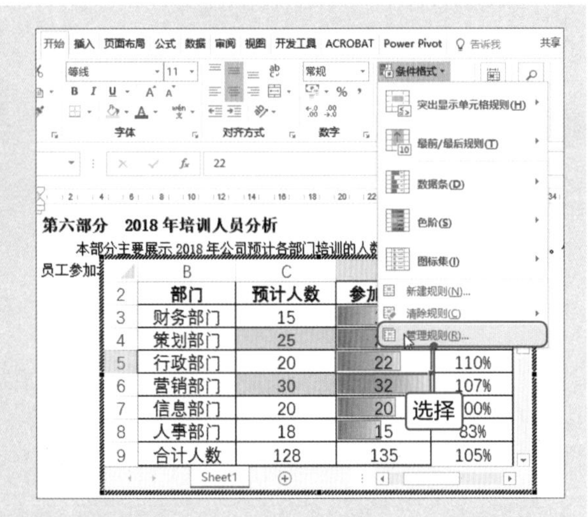

打开“条件格式规则管理器”对话框，设置“显示其格式规则”为“当前工作表”，在对话框中可以新建规则、编辑规则、删除规则等操作。

● 自定义排序

步骤01 打开“自定义排序”文档，选中表格内任意单元格，切换至“数据”选项卡，单击“排序和筛选”选项组中的“排序”按钮。

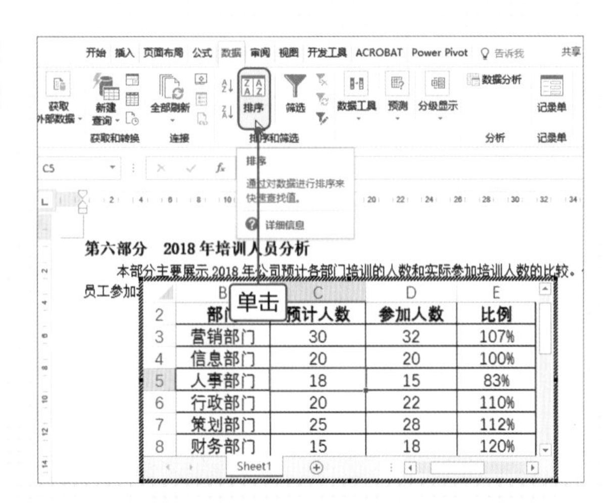

步骤02 打开“排序”对话框，设置“主要关键字”为“部门”，单击“次序”下三角按钮，在列表中选择“自定义序列”选项，单击“确定”按钮。

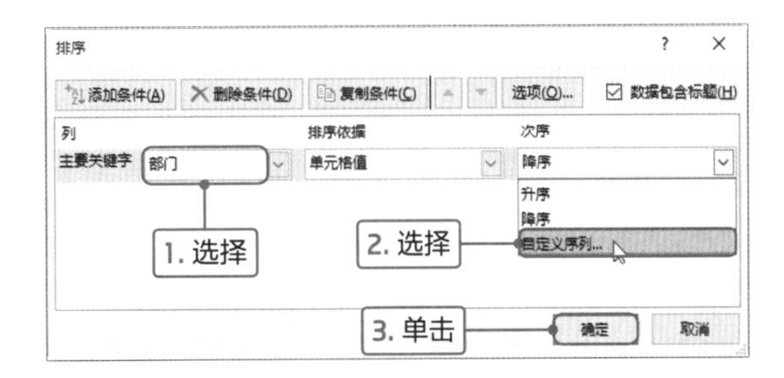

步骤03 打开“自定义序列”对话框，在“输入序列”文本框中输入排序的部门，部门之间用英文状态下逗号隔开。输入完成后单击“添加”按钮，即可添加至“自定义序列”列表框中，单击“确定”按钮。

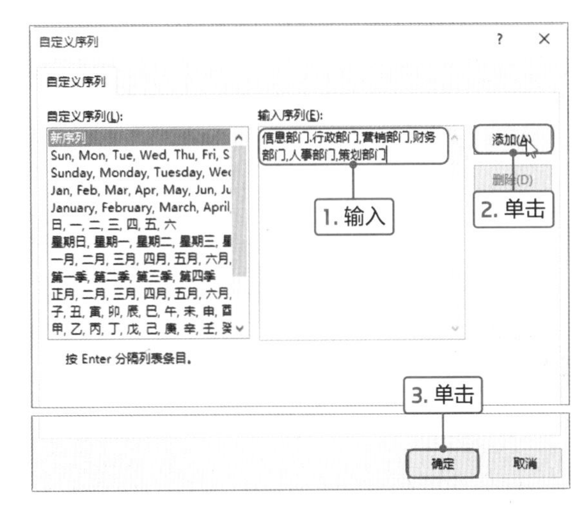

步骤04 返回“排序”对话框，在“次序”列表中显示设置的部门顺序，单击“确定”按钮。

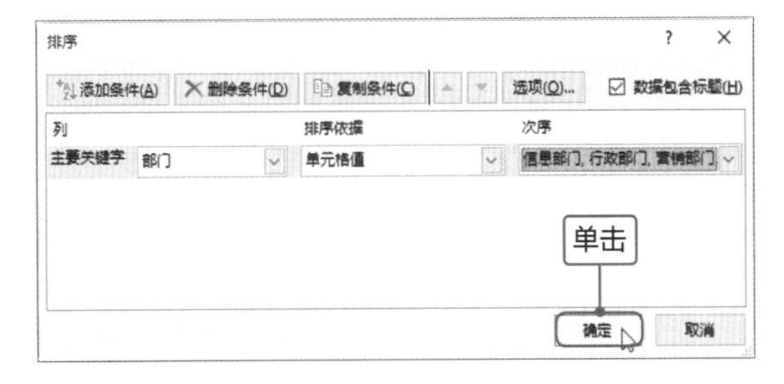

步骤05 返回文档，退出Excel表格编辑状态，可见部门按指定的顺序进行排列。

第六部分　2018 年培训人员分析

本部分主要展示 2018 年公司预计各部门培训的人数和实际参加培训人数的比较。员工参加培训的积极性。

部门	预计人数	参加人数	比例
信息部门	20	20	100%
行政部门	20	22	110%
营销部门	30	32	107%
财务部门	15	18	120%
人事部门	18	15	83%
策划部门	25	28	112%

Tips　**设置排序的数据**

在“排序”对话框中，不但可以对表格中的数值进行排序，还可以对单元格的颜色、字体颜色、条件格式图标进行排序。单击“排序依据”下三角按钮，在列表中根据需要选择相应的选项即可。

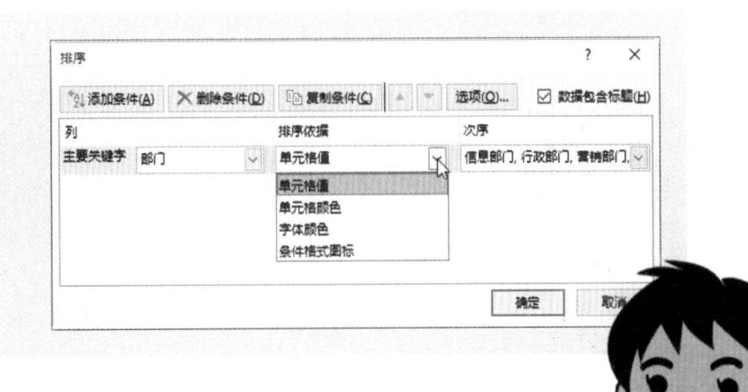

带表格Word
文档制作篇

制作清晰美观的培训申请表

为了更好地对培训工作进行管理，更详细地统计公司新年度需要参加培训的员工的部门、人数、课程、时间以及培训机构等相关信息，历历哥安排小蔡用Word文档制作一份培训申请表，要求参加培训的员工仔细填写培训申请表，以方便后期工作的安排。小蔡在接到领导下达的任务后，详细规划了培训申请表的具体格式和内容后，在Word中制作了表格。

NG! 失败案例

第四部分 申请表

根据2019年培训计划表，各位员工根据自身情况以及从公司利益出发选择合适的培训项目。要求员工按实填写申请表，请于2018年12月15日交于各部门主管。

部门		申请人		岗位	
培训课程			拟派出人员		
培训时间			培训地点		
培训费用： 差旅费： 食宿费： 培训费： 合计：					
培训机构					
培训内容：					
申请培训理由： 申请人： 日期： 部门意见： 日期：					
总经理意见： 日期：			备注：		

! 表格中的垂直线没有对齐

! 表格中各部分的结构没有明显分区

! 表格使用统一线条

小蔡在制作培训申请表的时候，将表格中的几大项目混合在一起，感觉表格中信息非常杂乱；表格的垂直线很乱，上下没有对齐，使表格整体显得杂乱无章；在制作表格时，使用默认统一的线条，也没有对相应的单元格进行填充，表格缺乏美感。

MISSION! 3

在Word文档中使用表格归纳整理数据时，一定要有条理，还需要注意信息的归类以及表格整体的整齐和美观。一张完美的表格不但可以提高浏览者阅读的兴趣，而且能对文档起到美化的效果。

成功案例

OK!

第四部分 申请表

根据2019年培训计划表，各位员工根据自身情况以及从公司利益出发选择合适的培训项目。要求员工按实填写申请表，请于2018年12月15日交于各部门主管。

培训申请表

申请人信息				
申请人		部门		
岗位		职务		
家庭住址				
联系方式				

申请培训课程			
培训课程		培训老师	
培训时间		培训地点	

培训费用			
差旅费		食宿费	
培训费		材料费	
合计			

培训原因			
申请培训理由			
申请人		日期	
部门意见 日期		总经理意见 日期	
备注			

将表格中的垂直线条设置整齐

将表格分为四块，各部分信息非常明确

为表格的内外边框设置不同线条，并进行底纹填充

对表格进行相应的修改后，各板块分区很明确，符合填写表格的顺序；为表格添加相应的信息，使垂直的线条对齐，感觉表格整齐有序；为表格设置内外边框线条，并且各板块下方添加加粗的线条，使表格整体美观大方。

Point 1 制作表格的框架

在制作表格之前，首先要对表格框架有所规划，确定表格的行数和列数，以及表格的大体外观样式。下面介绍具体操作步骤。

1

打开“2019年培训实施方案1”文档，将光标定位在需要插入表格的位置，切换至“插入”选项卡，单击“表格”选项组中的“表格”下三角按钮，在打开的列表中选择“插入表格”选项。

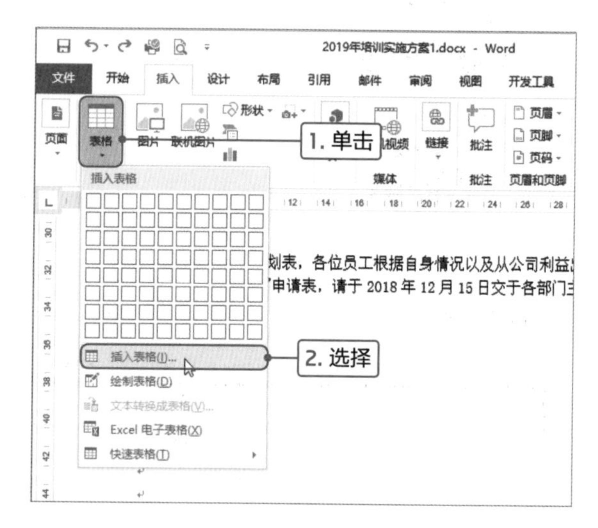

2

打开“插入表格”对话框，设置“列数”为4，“行数”为18，单击“确定”按钮。

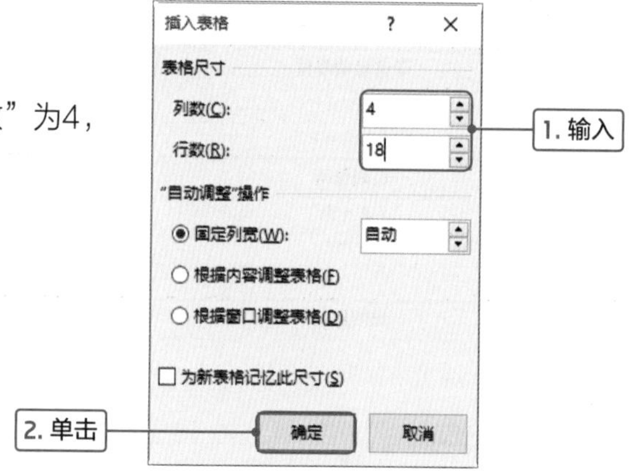

3

在文档的插入点处即可插入4列18行的表格，选中第一行并右击，在快捷菜单中选择“合并单元格”选项。

4

按照相同的方法，分别将第2、7、10、14、15、18行进行合并。

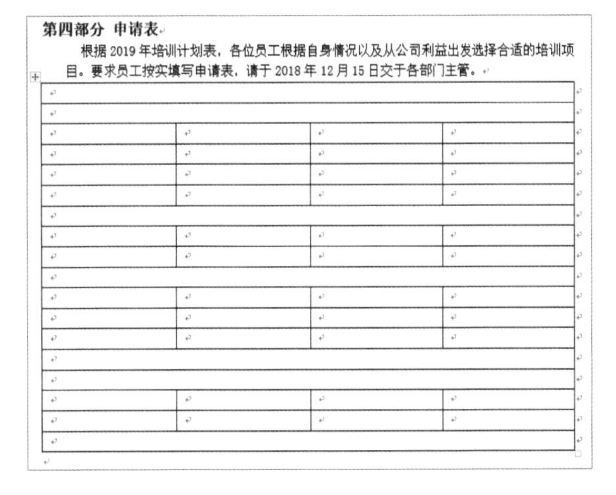
第四部分 申请表

根据 2019 年培训计划表，各位员工根据自身情况以及从公司利益出发选择合适的培训项目。要求员工按实填写申请表，请于 2018 年 12 月 15 日交于各部门主管。

5

选中右侧第3行单元格，切换至“表格工具-布局”选项卡，单击“合并”选项组中的“拆分单元格”按钮。

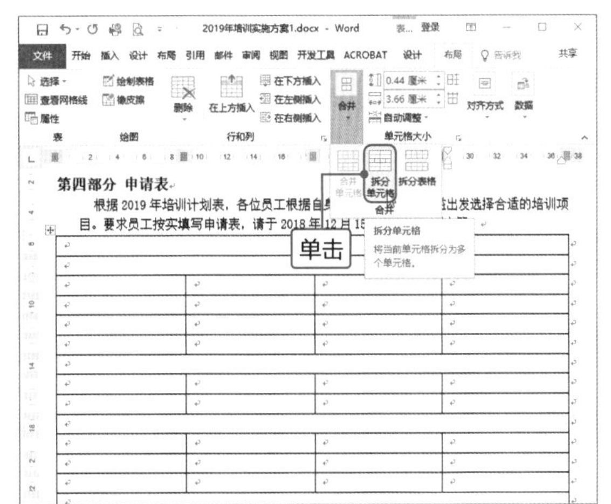

6

打开“拆分单元格”对话框，设置“列数”为2，“行数”为1，单击“确定”按钮，即可将定位的单元格拆分为2列1行。

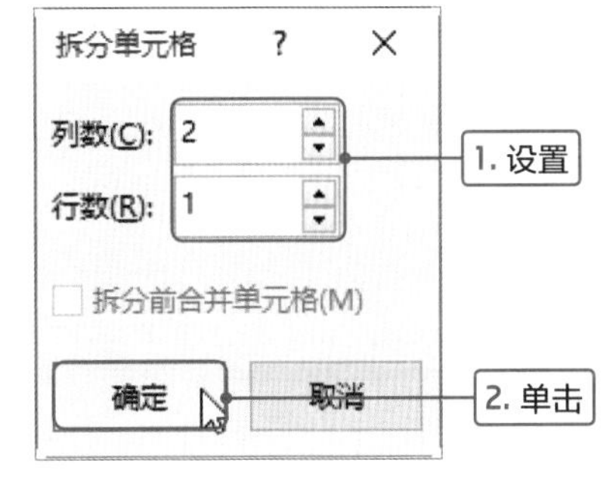

7

分别将光标定位在右侧第4、5、6行的单元格中，并按F4功能键即可进行拆分操作。

8

根据制作表格需要，再合并对应的单元格，如第5、6行中间3个单元格，第13行的右侧3个单元格等。

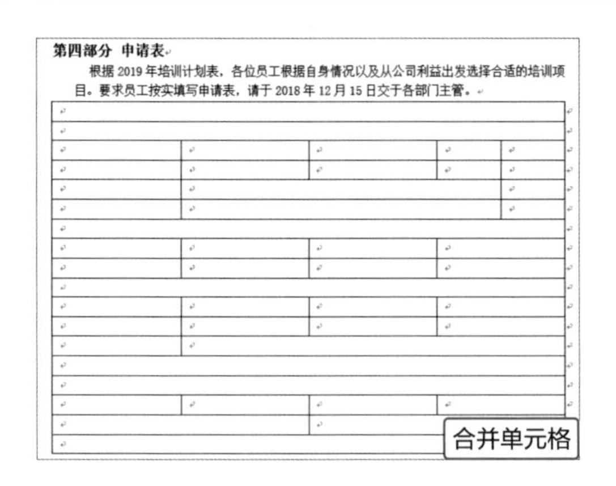

9

然后将光标移到左侧第2条垂直线位置，将该直线向左侧拖曳，调整列宽。按照相同的方法根据需要调整其他列宽。

10

将光标定位在第一行，切换至“表格工具-布局”选项卡，在“单元格大小”选项组中设置高度为“0.8厘米”。

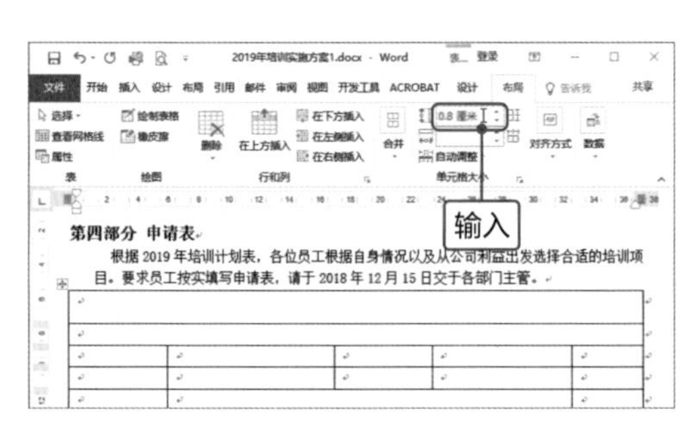

11

分别将第2、7、10、14行的行高设置为“0.7厘米”，将第15、17、18行的行高设置为“1.9厘米”，将其他行的行高设置为“0.6厘米”。

Point 2 输入文字并设置格式

表格的框架制作完成后，下面将输入培训申请表的相关信息，要求分类输入不混乱，输入完成后再对文字进行相应设置。

1

在表格中对应的位置输入相关内容，可以根据需要适当调整列宽与行高。

培训申请表				
申请人信息				
申请人		部门		照片
岗位		职务		
家庭住址				
联系方式				
申请培训课程				
培训课程		培训老师		
培训时间		培训地点		
培训费用				
差旅费		食宿费		
培训费		材料费		
合计				
培训原因				
申请培训理由				
申请人		日期		
部门意见 日期		总经理意见 日期		
备注				

2

选中第1行和第2行，切换至“表格工具-布局”选项卡，单击“对齐方式”选项组中的“水平居中”按钮。

按照相同的方法将第7、10、14行设置为水平居中对齐方式。

		培训申请表		
		申请人信息		
申请人		部门		照片
岗位		职务		
家庭住址				
联系方式				
		申请培训课程		
培训课程		培训老师		
培训时间		培训地点		
		培训费用		
差旅费		食宿费		
培训费		材料费		
合计				
		培训原因		

3

将第15行和第18行的对齐方式设置为“靠上两端对齐”，其他行设置为“中部两端对齐”对齐方式。

		培训申请表		
		申请人信息		
申请人		部门		照片
岗位		职务		
家庭住址				
联系方式				
		申请培训课程		
培训课程		培训老师		
培训时间		培训地点		
		培训费用		
差旅费		食宿费		
培训费		材料费		
合计				
		培训原因		
申请培训理由				
申请人		日期		
部门意见 日期		总经理意见 日期		
备注				

4

选中第1行的文字，切换至“开始”选项卡，在“字体”选项组中设置字体为“宋体”，字号为“四号”，并加粗显示。

第四部分 申请表

根据 2019 年培训计划表，各位员工根据自身情况以及从公司利益出发选择合适的培训项目。要求员工按实填写申请表，请于 2018 年 12 月 15 日交于各部门主管。

培训申请表				
申请人信息				
申请人		部门		照片
岗位		职务		
家庭住址				
联系方式				
申请培训课程				
培训课程		培训老师		
培训时间		培训地点		
培训费用				
差旅费		食宿费		
培训费		材料费		
合计				
培训原因				
申请培训理由				
申请人		日期		
部门意见 日期		总经理意见 日期		

设置字样式

5

按住Ctrl键分别选中第2、7、10、14行，在浮动窗口中设置字体为“宋体”，字号为“五号”，并加粗显示。

第四部分 申请表

根据 2019 年培训计划表，各位员工根据自身情况以及从公司利益出发选择合适的培训项目。要求员工按实填写申请表，请于 2018 年 12 月 15 日交于各部门主管。

培训申请表				
申请人信息				
申请人		部门		照片
岗位		职务		
家庭住址				
联系方式				
申请培训课程				
培训课程		培训老师		
培训时间		培训地点		
培训费用				
差旅费		食宿费		
培训费		材料费		
合计				
培训原因				
申请培训理由				
申请人		日期		

6

将其他单元格中的文字设置为“华文楷体”，字号为“五号”，表格中的文字设置完成。

培训申请表				
申请人信息				
申请人		部门		照片
岗位		职务		
家庭住址				
联系方式				
申请培训课程				
培训课程		培训老师		
培训时间		培训地点		
培训费用				
差旅费		食宿费		
培训费		材料费		
合计				
培训原因				
申请培训理由				
申请人		日期		
部门意见 日期		总经理意见 日期		
备注				

Tips **表格内字体设置**

在设置表格的字体格式时，可以根据喜好进行设置，但注意要清楚显示文字的级别，并且文字要清晰。

Point 3 设置边框和底纹

在Word中插入的表格，默认情况下边框都是一样的，表格也是无底纹的，为了表格的美观，可以设置边框和底纹。

1

选中表格内任意位置，切换至“表格工具-设计”选项卡，单击“边框”选项组中的“边框和底纹”按钮。

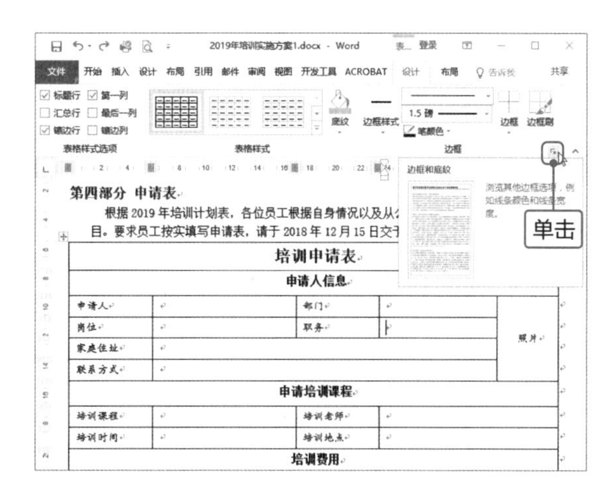

2

打开“边框和底纹”对话框，在“边框”选项卡设置边框的样式，宽度为“2.25磅”，在“设置”选项区域单击“方框”按钮，最后单击“确定”按钮。

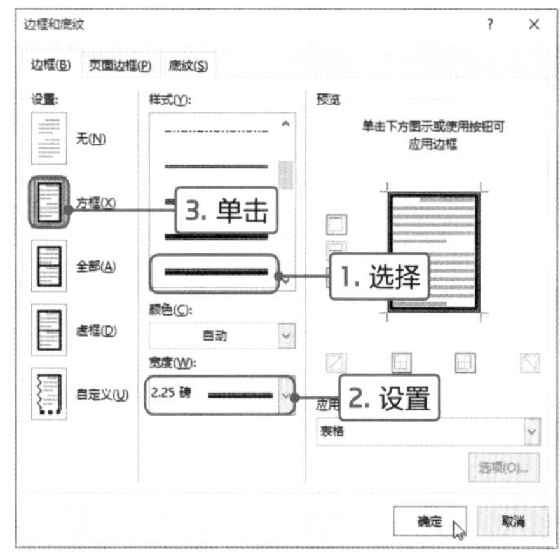

3

返回文档中可见表格应用了外边框的样式，内边框则不显示。

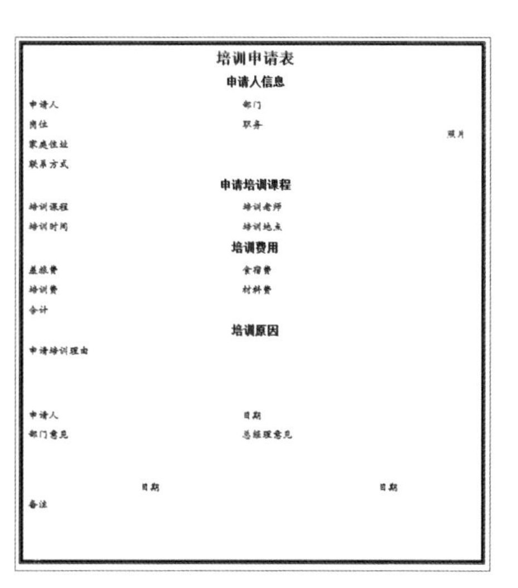

Tips 平均分布行高和列宽

在设置行高和列宽时，可以快速均分，首先要选中需要平分的单元格，切换至“表格工具-布局”选项卡，单击“单元格大小”选项组中的“分布行”或“分布列”按钮即可。

4

全选表格，切换至“表格工具-设计”选项卡，在“边框”选项组中单击“边框样式”下三角按钮，选择“短线-点-点”边框样式，设置笔划粗细为“1.0磅”，单击“边框”下三角按钮，在列表中选择“内部框线”选项。

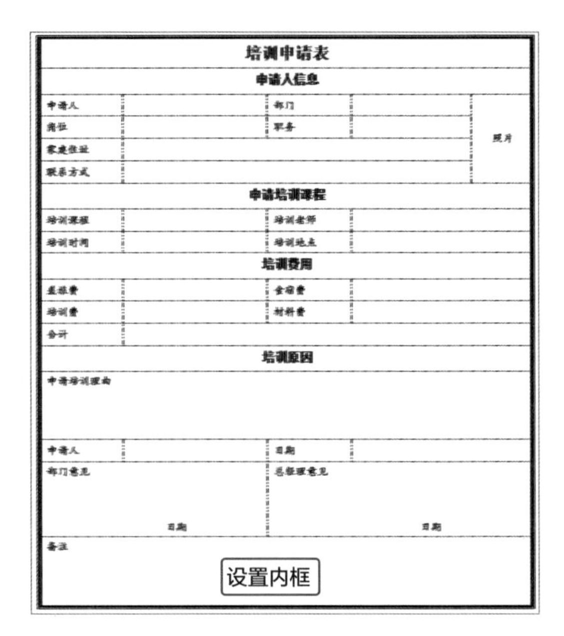

5

在“边框”选项组中设置边框样式为黑色的单实线，笔划粗细为“1.5磅”，单击“边框刷”按钮，光标变为刻刀形状，单击上方第二条横线，为该横线应用设置的边框样式。

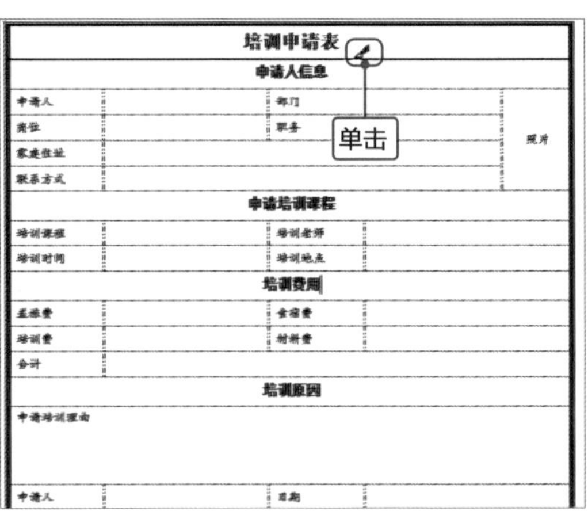

6

选择第6行，设置与上一步相同的边框样式，单击“边框”下三角按钮，在列表中选择“下框线”选项，即可为选中行的下框线应用设置的边框样式。按照相同的方法从上往下设置第9和第13条横线的样式。

7

按住Ctrl键，分别选中第2、7、10、14行，切换至“表格工具-设计”选项卡，单击“表格样式”选项组中的“底纹”下三角按钮，在列表中选择合适的颜色，此处选择浅橙色。

Tips 使用“边框和底纹”对话框设置

选择需要填充的行或列，切换至“表格工具-设计”选项卡，单击“边框”选项组中的“边框和底纹”按钮，打开“边框和底纹”对话框，切换至“底纹”选项卡，单击“填充”下三角按钮，在列表中选择合适的颜色，单击“确定”按钮即可。

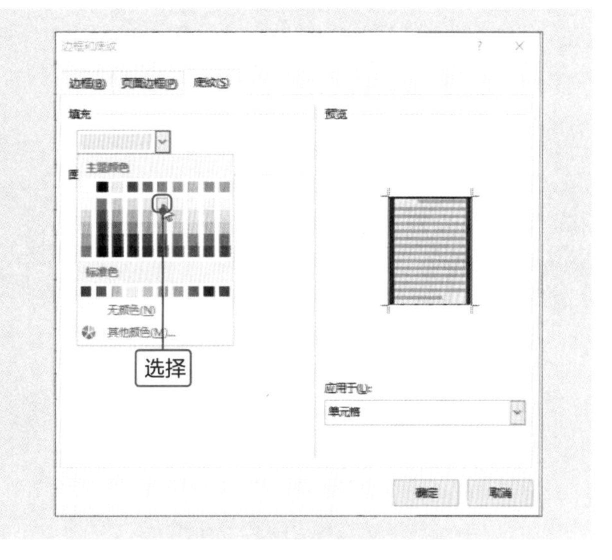

8

培训申请表的边框和底纹设置完成。

Tips 设置表格对齐和文字环绕方式

选中表格并右击，在快捷菜单中选择“表格属性”命令，在打开的对话框的“表格”选项卡中设置对齐方式和文字环绕。

Point 4 插入照片

培训申请表填完之后，我们可以将照片贴在右上角，在Word中可以将电子版的照片插入表格中。

1

将光标定位在需要插入照片的位置，然后切换至“插入”选项卡，单击“插图”选项组中的“图片”按钮。

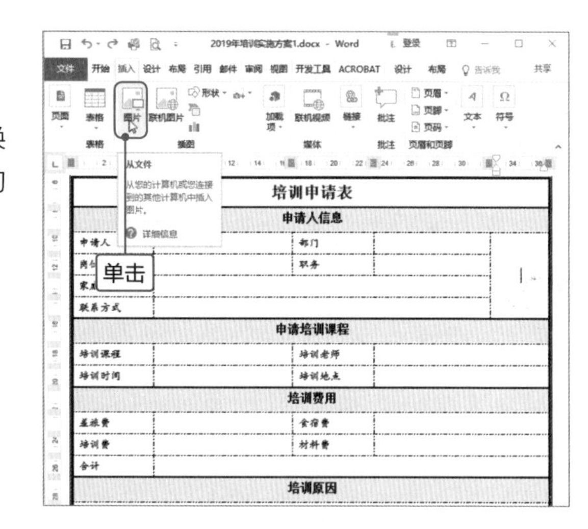

2

打开“插入图片”对话框，选择合适的照片，然后单击“插入”按钮。

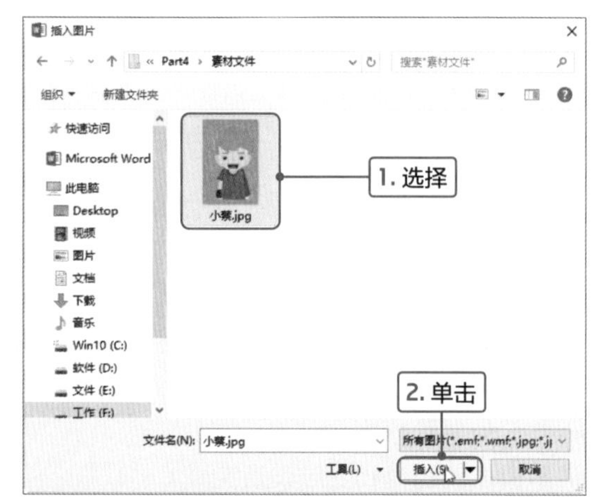

3

右击插入的照片，在快捷菜单中选择“大小和位置”选项。

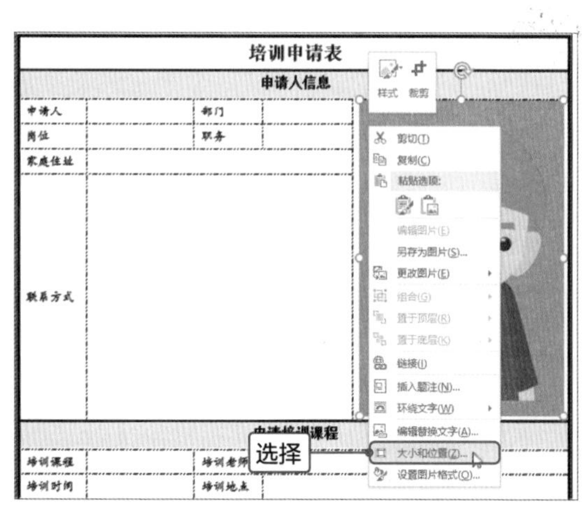

4

打开“布局”对话框，在“大小”选项卡中设置高度为“2.6厘米”，宽度为“1.72厘米”。切换至“文字环绕”选项卡，单击“浮于文字上方”按钮，然后单击“确定”按钮。

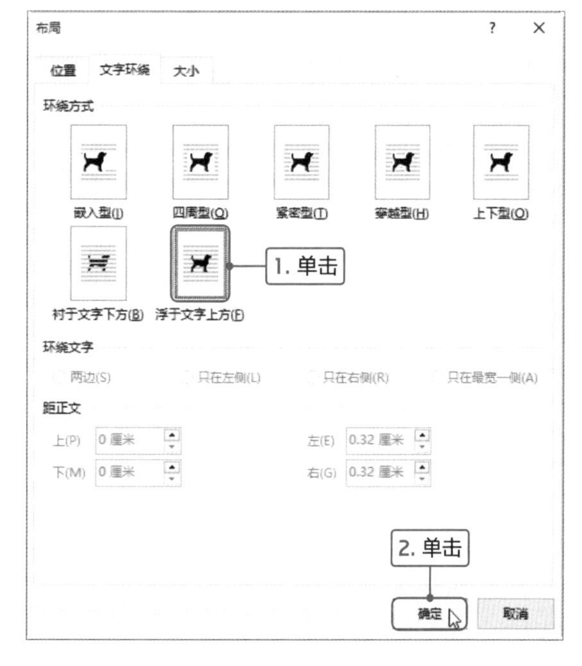

5

根据表格的需要，适当调整照片的位置，或调整照片四周的控制点调整照片大小。

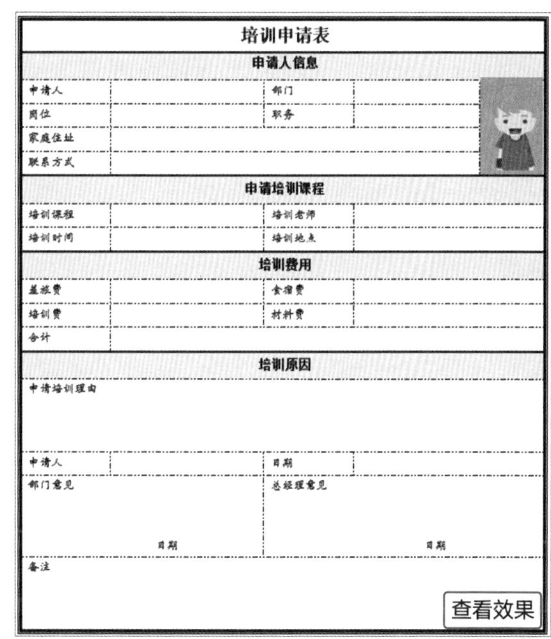

培训申请表				
申请人信息				
申请人		部门		
岗位		职务		
家庭住址				
联系方式				
申请培训课程				
培训课程		培训老师		
培训时间		培训地点		
培训费用				
差旅费		食宿费		
培训费		材料费		
合计				
培训原因				
申请培训理由				
申请人		日期		
部门意见 日期		总经理意见 日期		
备注				

高效办公

跨页自动显示表头和橡皮擦

● 跨页时自动显示表头

制作一些大型的表格时，可能需要占据很多页，默认情况当表格换页时在下一页是不显示表头的，这样在浏览后面的表格内容时会很困难。可以按照下面的方法设置自动换页时显示表头。

步骤01 打开“跨页时自动显示表头”文档，可见表格换页后没有显示表头，选中表头，切换至“表格工具-布局”选项卡，单击“表”选项组中的“属性”按钮。

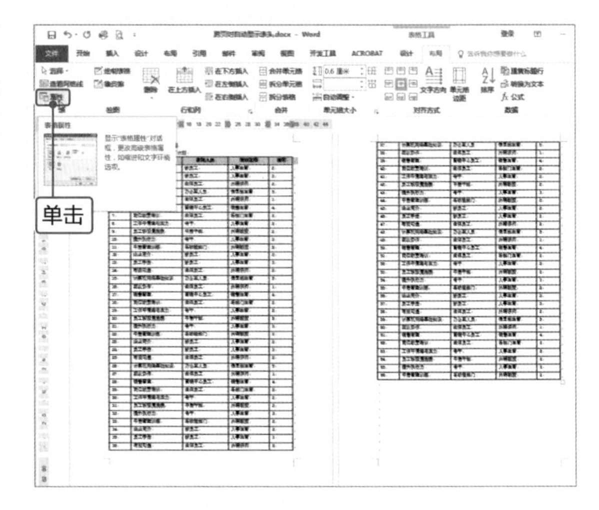

步骤02 打开“表格属性”对话框，切换至“行”选项卡，勾选“在各页顶端以标题行形式重复出现”复选框即可实现换页时自动显示表头。

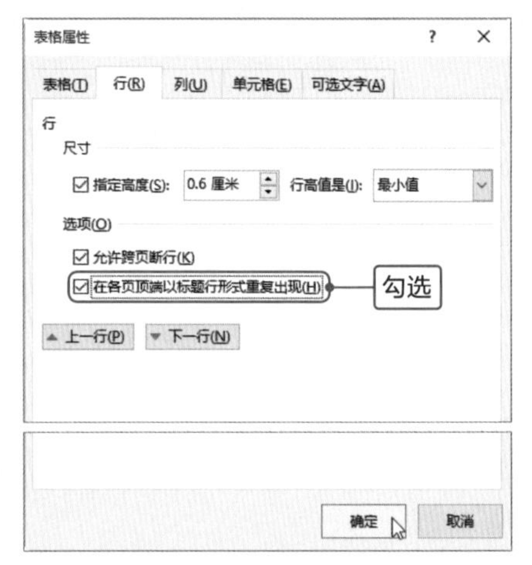

Tips 单击“重复标题行”按钮

除了上面介绍的方法外，单击“重复标题行”按钮也有同样效果。选中标题行，切换至“表格工具-布局”选项卡，单击“数据”选项组中的“重复标题行”按钮即可。

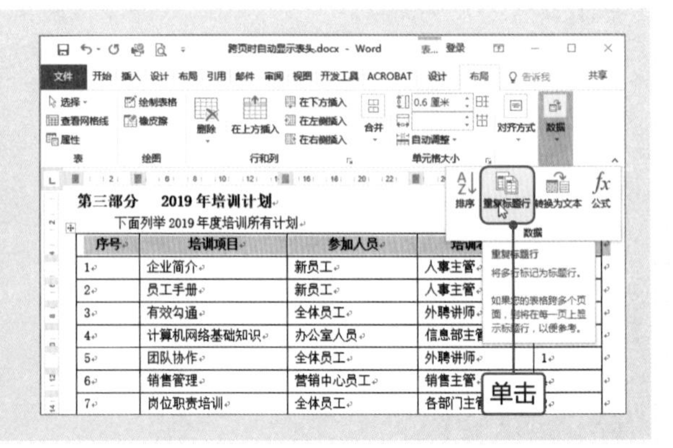

步骤03 返回文档，可见表格换页后自动在下一页生成表头，这样浏览者查看下一页表格内容就非常容易了。

序号	培训项目	参加人员	培训老师	课时
37	计算机网络基础知识	办公室人员	信息部主管	5
38	团队协作	全体员工	外聘讲师	1
39	销售管理	营销中心员工	销售主管	4
40	岗位职责培训	全体员工	各部门主管	2
41	工作中情绪与压力	骨干	人事主管	2
42	员工积极情绪培养	中层干部	外聘教授	2
43	提升执行力	骨干	人事主管	3
44	中层管理训练	各职能部门	外聘教授	2
45	企业简介	新员工	人事主管	2
46	员工手册	新员工	人事主管	3
47	有效沟通	全体员工	外聘讲师	2
48	计算机网络基础知识	办公室人员	信息部主管	5
49	团队协作	全体员工	外聘讲师	1
50	销售管理	营销中心员工	销售主管	4
51	岗位职责培训	全体员工	各部门主管	2
52	工作中情绪与压力	骨干	人事主管	2
53	员工积极情绪培养	中层干部	外聘教授	2
54	提升执行力	骨干	人事主管	3

● 橡皮擦工具

在Word中需要调整表格的框架时，可以使用合并单元格、拆分单元格等命令，还可以使用橡皮擦工具。橡皮擦工具可以擦除多余的线条，从而实现单元格的合并。

步骤01 创建完表格后，切换至“表格工具-布局”选项卡，单击“绘图”选项组中的“橡皮擦”按钮。

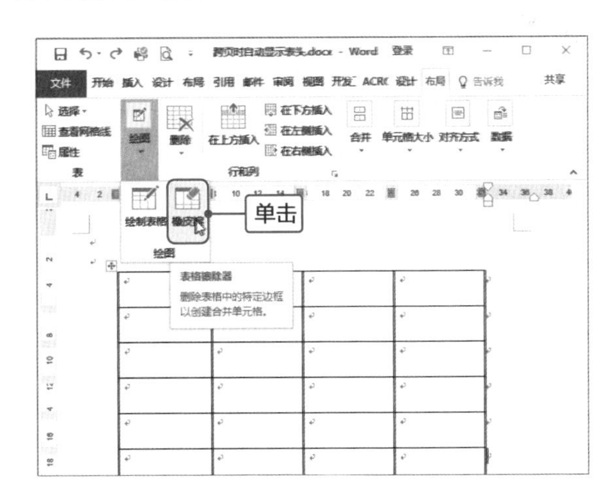

步骤02 此时，光标变为橡皮擦形状，将光标移至需要擦除的线条处并单击即可擦除线条。

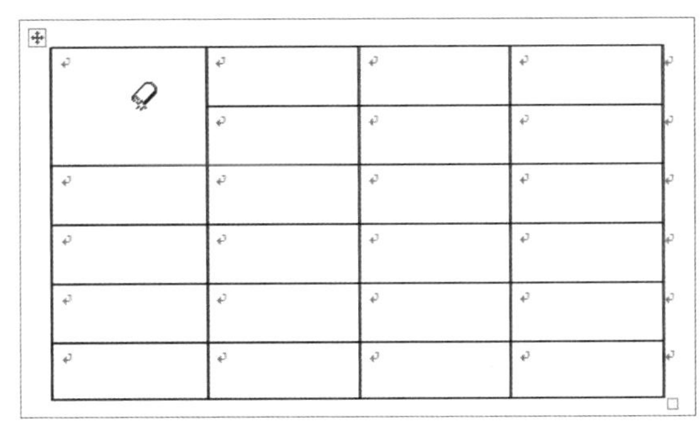

Tips 手动绘制表格和擦除线条

当我们在“表格”列表中选择“绘制表格”选项后，光标变为铅笔形状，此时就可以在文档中绘制表格了。当按下Shift键时，光标变为橡皮擦形状，单击线条即可擦除。

让数据更直观地显示

在安排或组织员工参加培训时，经常会产生各种培训费、资料费、差旅费等费用。培训经费是培训得以顺利进行的物质基础，是培训工作所必须具备的场所、设施、培训师等费用的保证。为了向财务部门报备预算，需要将年度培训预算在培训方案中展示出来，以体现财政公开的原则。历历哥安排小蔡将2019年培训费用预算数据通过Word文档直观地展示出来，要求要体现出各项费用所占比例的大小。

NG! 失败案例

第五部分　2019 年培训费用预算

根据以往的培训费用和今年的培训计划，对 2019 年度的培训费用进行初步预算，在以后具体实施过程中会根据实际情况进行适当调整。

序号	费用类型	金额　（元）
1	差旅费	25000
2	材料费	10000
3	食宿费	15000
4	培训费	20000

!以表格形式展示各项费用

!以数字形式展示各项费用的金额

以表格形式展示各项费用的情况，可以有条理地将数据罗列出来，但是这样展示也会让浏览者感觉很平常没有新意，印象也不是很深刻；以数字的形式真实地显示各项费用的金额，让浏览者无法明确感知孰轻孰重。

MISSION! 4

我们在分析某些数据的时候，一定要想到使用图表能不能展现出来，如果可以，那么就使用图表，因为图表的说服力度远大于表格。本节将介绍图表的创建以及为图表添加各种元素，从而让图表发挥最大的作用。

成功案例 OK!

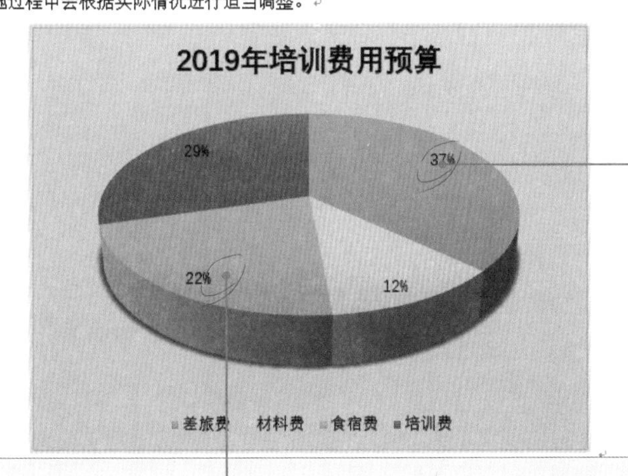

第五部分　2019年培训费用预算

根据以往的培训费用和今年的培训计划，对2019年度的培训费用进行初步预算，在以后具体实施过程中会根据实际情况进行适当调整。

以百分比形式展示各项费用的比例

以饼图形式展示各费用的占比

现在我们以饼图的形式展示各项费用的比例情况，从各扇区的大小可以直观地看出哪项费用多哪项费用少，然后再使用百分比在各扇区上显示具体的比例，让浏览者能更清楚地直观查看费用情况。

Point 1 插入饼图

在Word 2016中可以将数据转换为图表的形式直观地展示数据。Word 2016提供了14种图表，如柱形图、条形图、饼图、折线图、面积图、旭日图等。下面以插入饼图为例介绍具体操作方法。

1

打开“2019年培训实施方案1”文档，将光标定位在需要插入图表的位置。切换至“插入”选项卡，单击“插图”选项组中“图表”按钮。

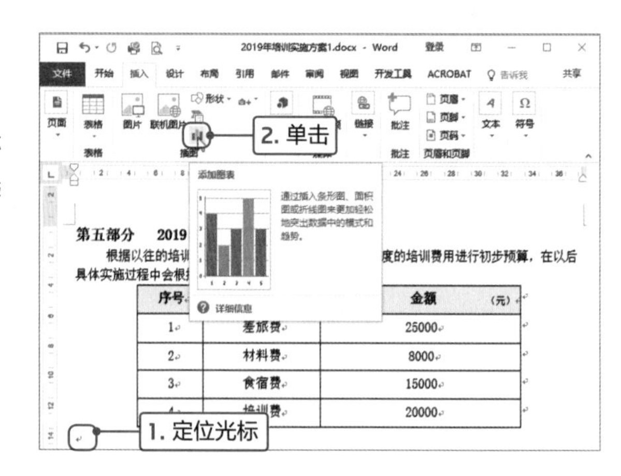

2

打开“插入图表”对话框，在左侧列表中选择“饼图”选项，在右侧选择“三维饼图”选项，然后单击“确定”按钮。

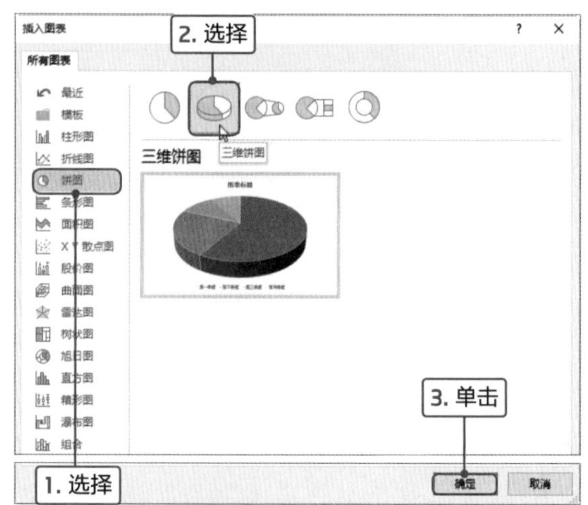

3

打开“Microsoft Word中的图表”工作表，在对应的单元格输入费用类型和对应的费用金额。

序号	费用类型	金额 （元）
1	差旅费	25000
2	材料费	8000
3	食宿费	15000
4	培训费	20000

Microsoft Word 中的图表

	A	B	C	D	E	F
1		金额				
2	差旅费	25000				
3	材料费	8000				
4	食宿费	15000				
5	培训费	20000				
6						

输入

4

数据输入完成后关闭数据所在的工作表，拖曳图表的控制点，调整图表的大小。再单击“开始”选项卡中的“居中”按钮，让图表在页面中居中对齐。

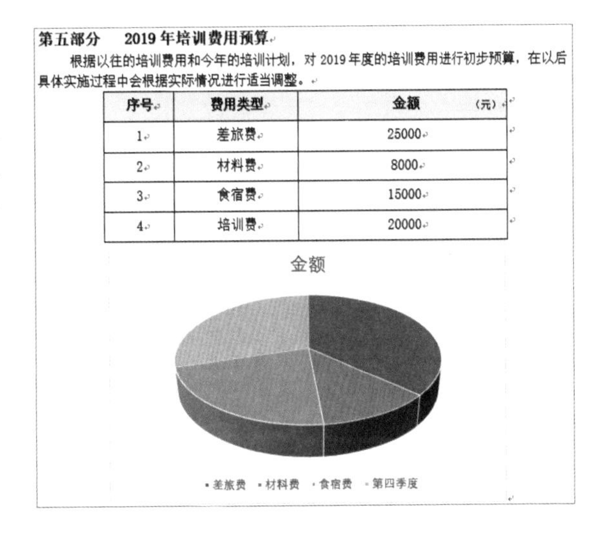
第五部分　2019年培训费用预算

根据以往的培训费用和今年的培训计划，对2019年度的培训费用进行初步预算，在以后具体实施过程中会根据实际情况进行适当调整。

序号	费用类型	金额　（元）
1	差旅费	25000
2	材料费	8000
3	食宿费	15000
4	培训费	20000

Tips　在文档中插入Graph图表对象

Graph和Excel一样具有图表功能。首先将光标定位在需要插入图表的位置，切换至“插入”选项卡，单击“文本”选项组中的“对象”按钮。

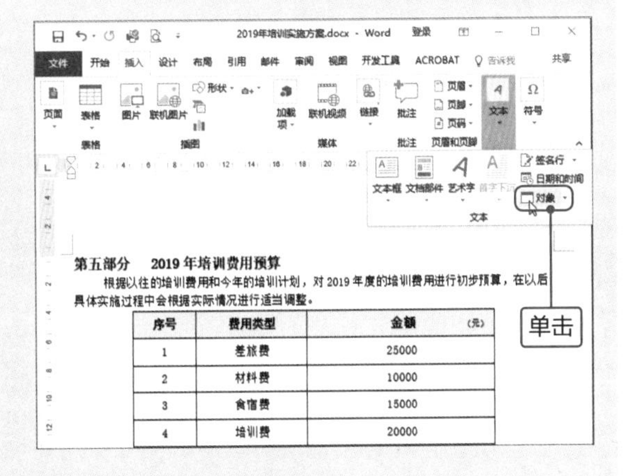

打开“对象”对话框，在“新建”选项卡的“对象类型”列表框中选择“Microsoft Graph Chart”选项，单击“确定”按钮。然后按照本节介绍的方法输入数据即可创建图表。

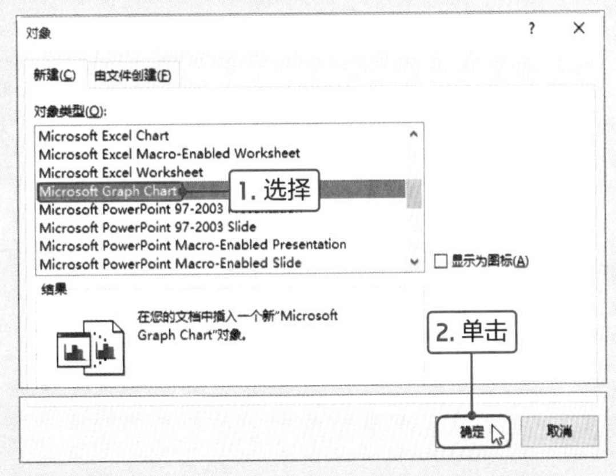

如果需要更改图表的类型，可以单击上方“图表类型”下三角按钮，在列表中选择对应的图表类型即可。

Point 2 添加图表元素

在Word中创建图表后，可以根据需要为图表添加元素，如图表的标签、图例等，也可以根据需要应用内置的图表布局。

1

选中图表的标题文本框，输入“2019年培训费用预算”文本，然后在“字体”选项组中设置文字格式。

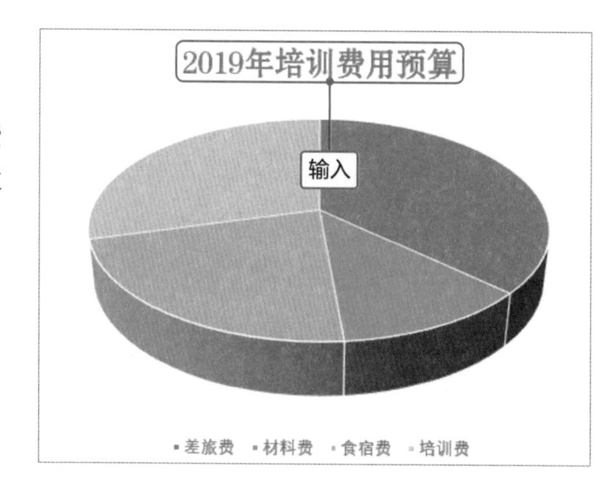

2

选中图表，切换至“图表工具-设计”选项卡，单击“图表布局”选项组中“添加图表元素”下三角按钮，在列表中选择“数据标签>居中”选项。

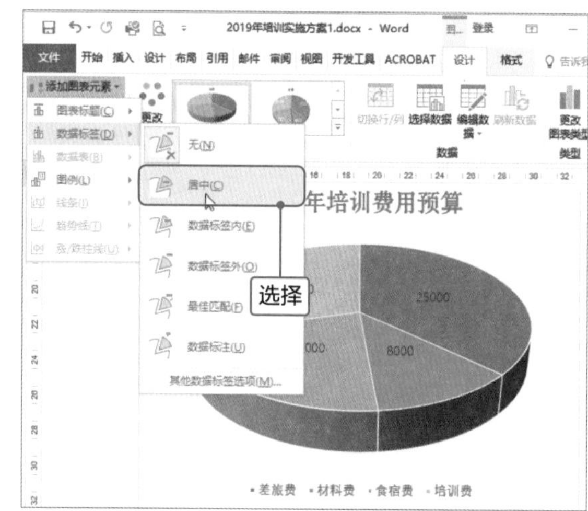

3

可见在三维饼图中每扇区域都添加了数据，直观地将数据显示出来。

Tips 编辑数据

创建图表后，如果需要对图表中的数据进行编辑，切换至“图表工具-设计”选项卡，单击“数据”选项组中的“编辑数据”按钮，即可打开数据的工作表，然后进行编辑即可。

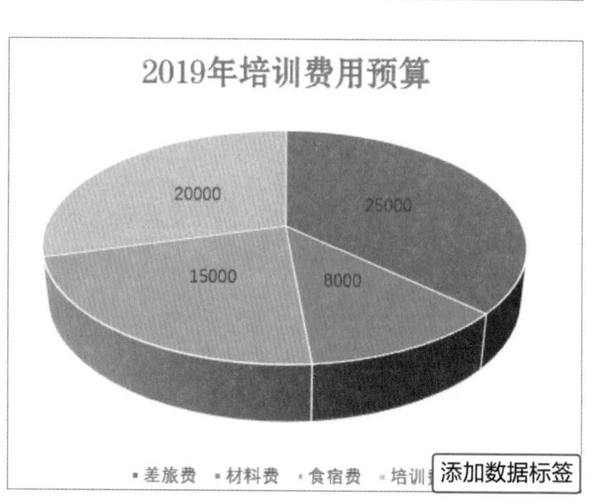

4

选中添加的数据标签并右击，在快捷菜单中选择“设置数据标签格式”命令。

打开“设置数据标签格式”导航窗格

在图表中双击添加的数据标签也可以打开“设置数据标签格式”导航窗格。

打开“设置数据标签格式”导航窗格，在“标签选项”选项卡中取消勾选“值”复选框，勾选“百分比”复选框，在“标签位置”选项区域中选中“最佳匹配”单选按钮。

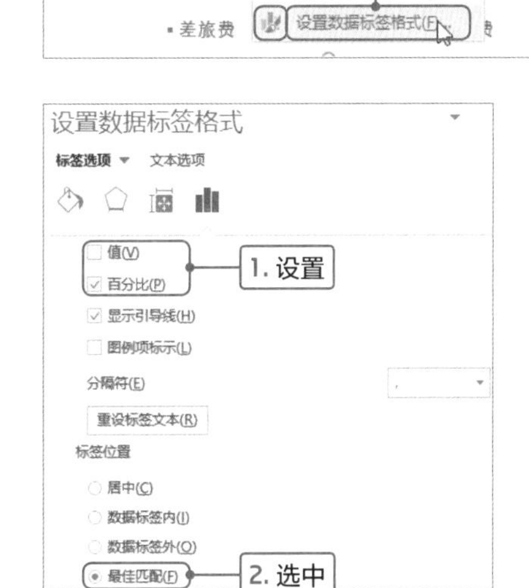

6

可见数据标签以百分比的形状显示，各部分所占的比例就很清楚了。

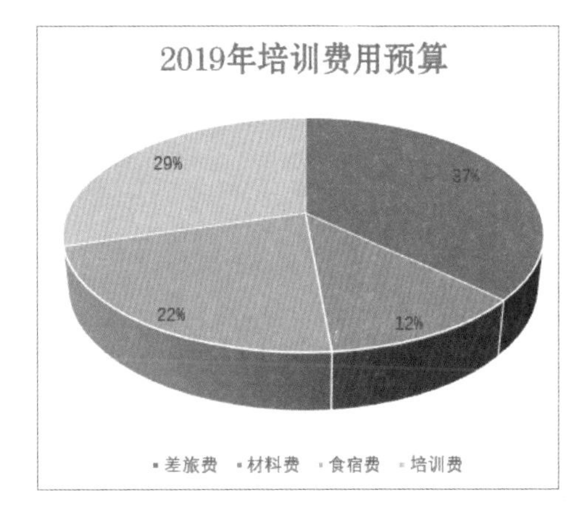

添加其他标签

在“设置数据标签格式”导航窗格的“标签包括”选项区域中还包括“单元格的值”、“系列名称”、“类别名称”、“图例项标示”等，用户可以根据需要进行选择，如再勾选“类别名称”复选框的效果如右图所示。

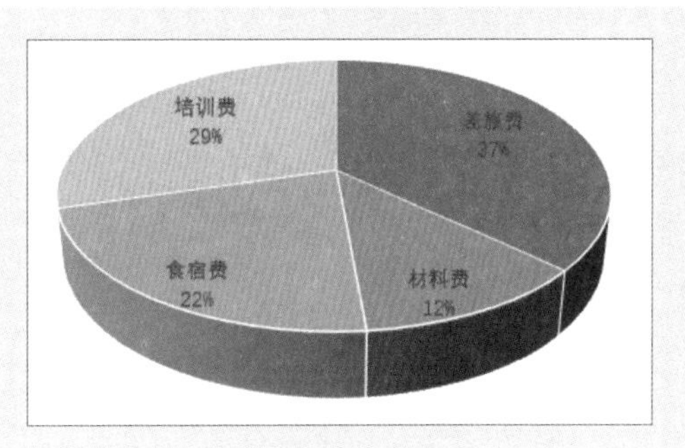

Point 3 美化图表

图表创建完成后，我们可以应用Word中预设的图表样式快速美化图表，也可以为图表添加填充颜色或效果进行美化。

1

选中图表，切换至“图表工具-设计”选项卡，单击“图表样式”选项组中的“其他”按钮。

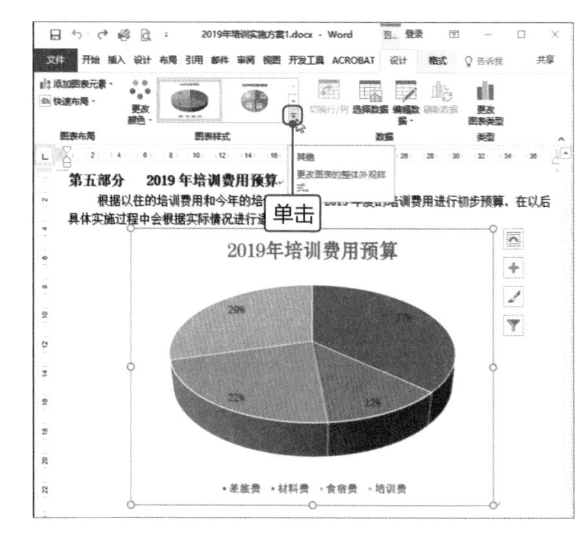

2

在打开的图表样式列表中，选择“样式10”图表样式。

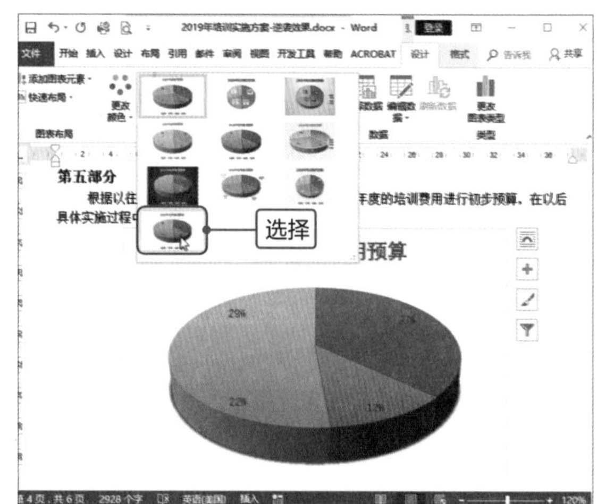

Tips 快速添加图表样式

选中图表后，在右侧单击“图表样式”按钮，在列表中选择需要的样式即可。

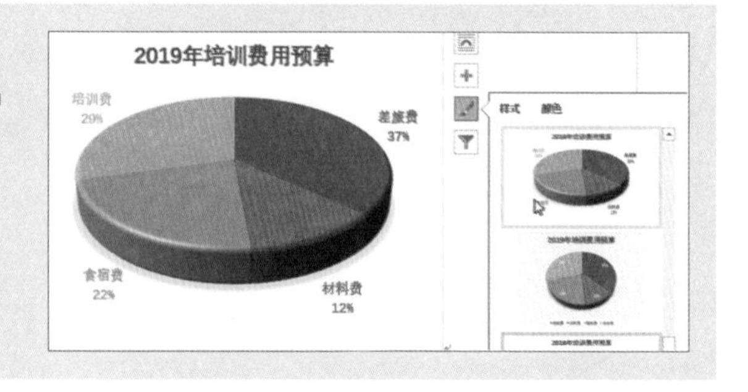

3

保持图表为选中状态，单击“图表格式”选项组中的“更改颜色”下三角按钮，在列表中选择“彩色调色板3”选项，可以设置各数据系列的颜色。

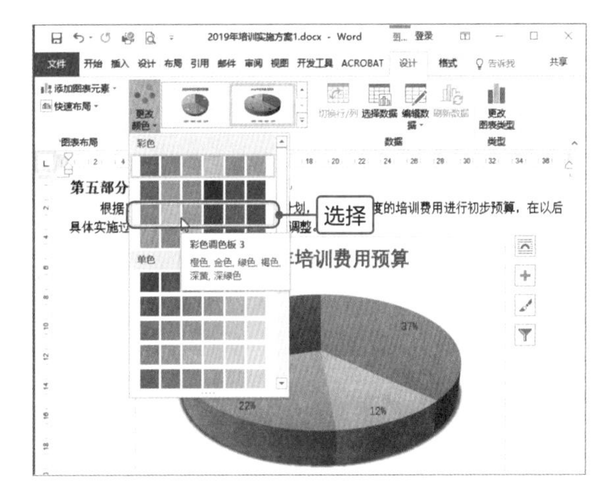

4

切换至“图表工具-格式”选项卡，单击“形状样式”选项组中的“其他”按钮，在打开的列表中选择“细微效果-绿色,强调颜色6”选项。

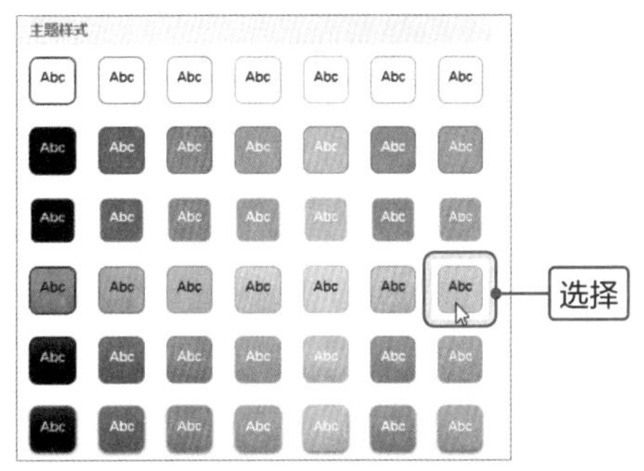

5

单击“形状样式”选项组中的“形状效果”下三角按钮，在列表中选择“发光”选项，在打开的子列表中选择“发光:5磅;橙色,主题色2”效果。

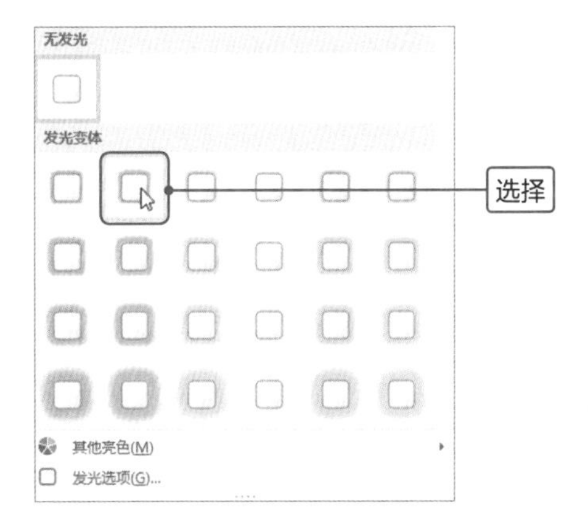

6

设置完成后，可见图表应用了设置的效果，整体色彩鲜亮。

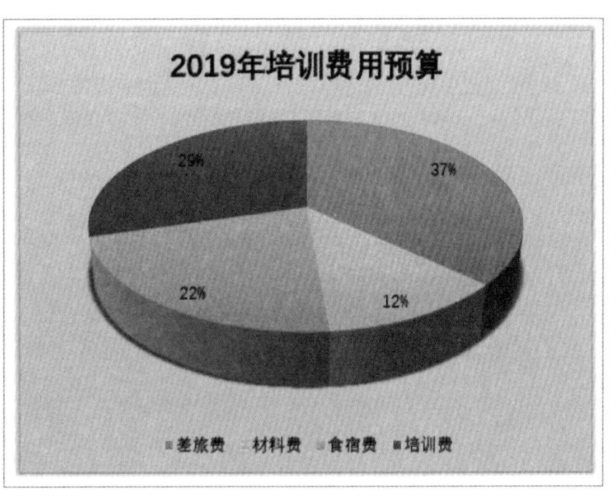

高效办公

应用图表布局和更改图表类型

Word中内置了预设的布局，可以直接使用，以便快速修改图表的布局。我们也可以根据需要对插入的图表类型进行设置。

● 应用图表布局

步骤01 打开“应用图表布局”文档，选中图表，切换至“图表工具-设计”选项卡，单击“图表布局”选项组中的“快速布局”下三角按钮，在列表中选择“布局4”选项。

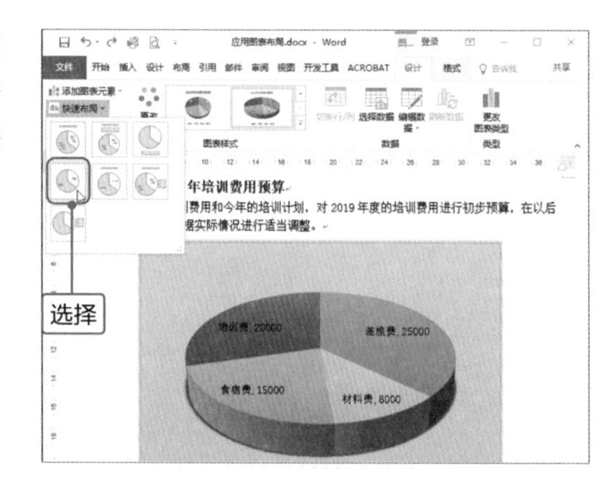

步骤02 单击“图表布局”选项组中的“添加图表元素”下三角按钮，在展开的列表中选择“图表标题>图表上方”选项。

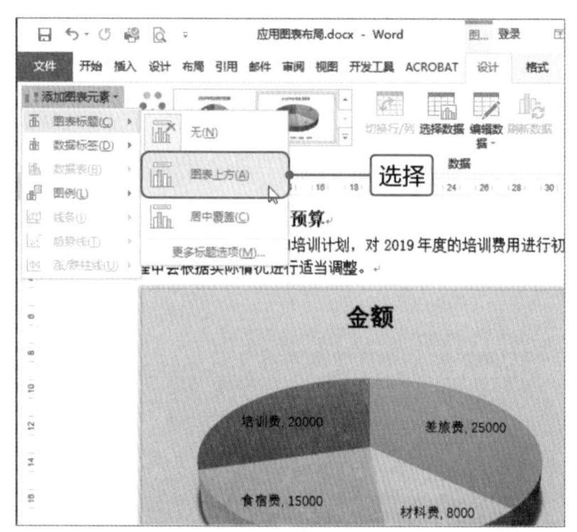

步骤03 在标题框中输入“2019年培训预算”文本，选择输入的标题，在“字体”选项组中设置字体格式，并设置文字的效果。

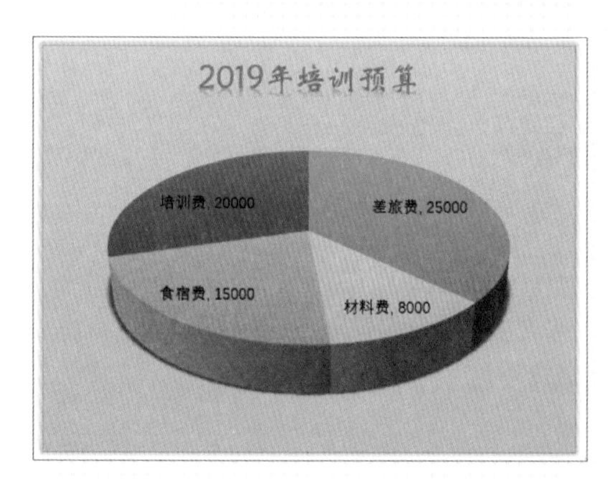

● 更改图表类型

步骤01 打开“更改图表类型”文档，选中图表切换至“图表工具-设计”选项卡，单击“类型”选项组中的“更改图表类型”按钮。

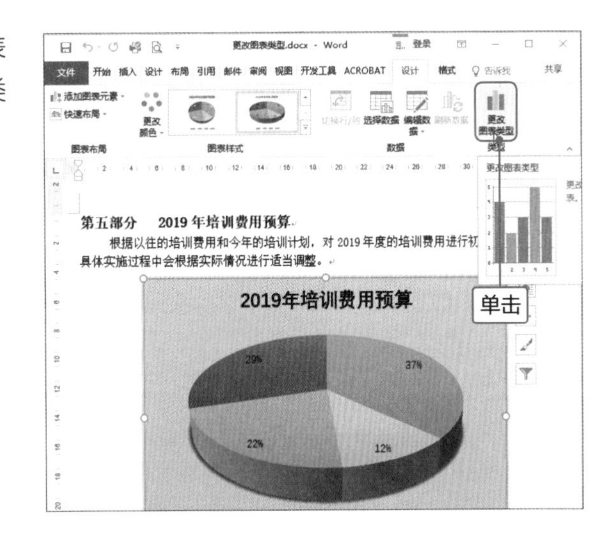

步骤02 打开“更改图表类型”对话框，选择“柱形图”选项，在右侧选择“三维簇状柱形图”，然后单击“确定”按钮。

更改图表类型
所有图表
最近
模板
柱形图
折线图
饼图
条形图
面积图
X Y 散点图
股价图
曲面图
雷达图
树状图
旭日图
直方图
箱形图
瀑布图
组合
三维簇状柱形图
确定
取消
1. 选择
2. 选择
3. 单击

步骤03 返回文档，可见三维饼图更改为三维簇状柱形图。

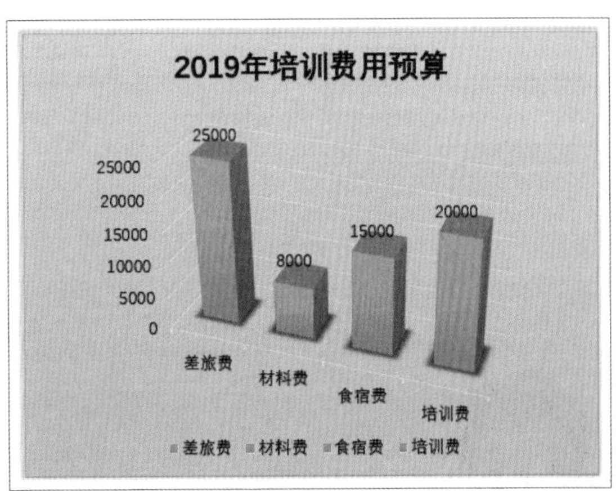

Tips 右键菜单更改图表类型

更改图表的类型，除了上述方法外，还可以通过右键菜单进行更改。选中图表并右击，在快捷菜单中选择“更改图表类型”选项，即可打开“更改图表类型”对话框，然后按照上述方法进行设置即可。

直观比较两组数据

历历哥感觉使用表格展示2018年培训人数不够直观，更没有美感，使用图表对数据展示会更完美。于是历历哥安排小蔡创建一个漂亮的图表展示参加培训的人数。Word的图表功能是将数据转化为直观、形象的可视化的图像或图形。使用图表表达各种数据信息，能更清晰、更有效率地处理烦琐的数据，从而帮助浏览者快速且直观地读取有用的信息。

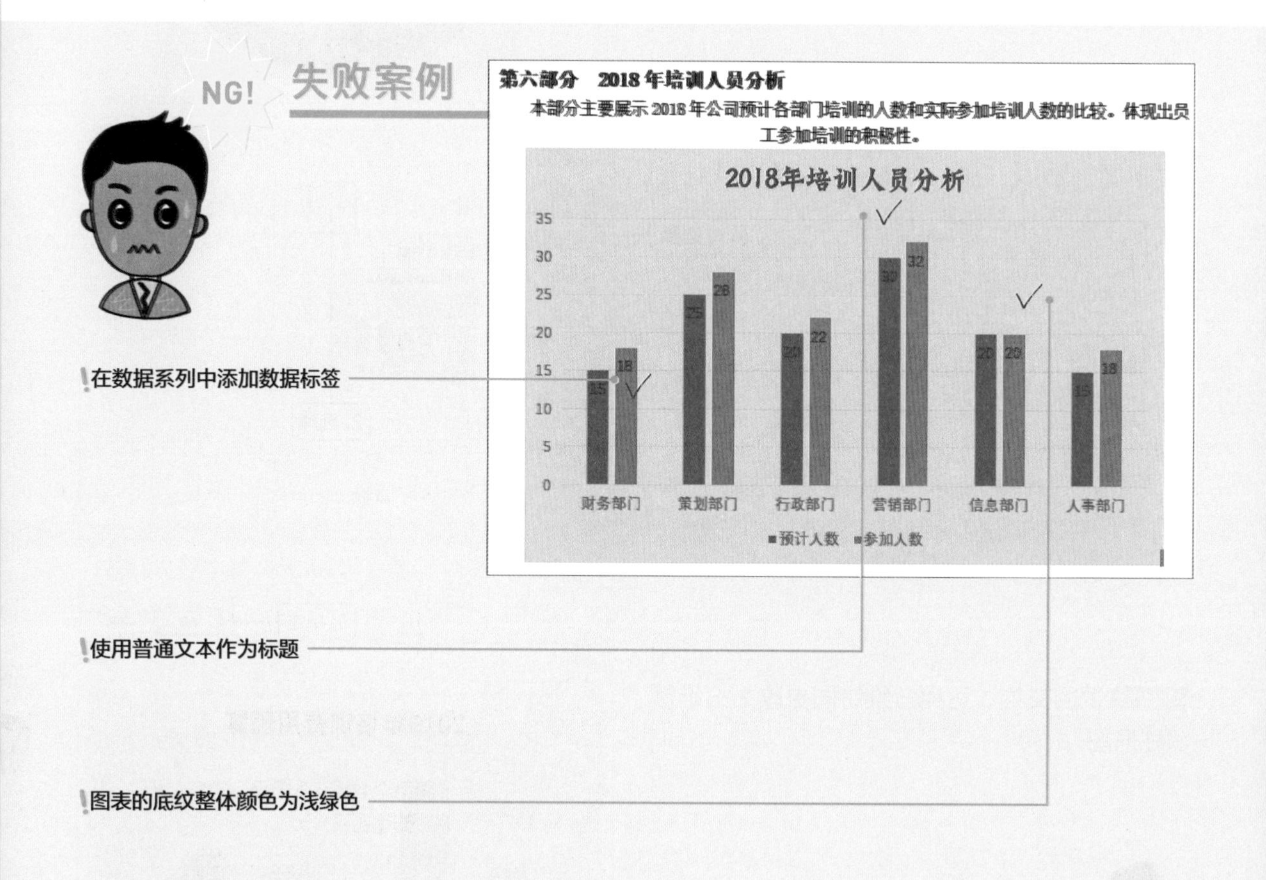

第六部分　2018年培训人员分析

本部分主要展示2018年公司预计各部门培训的人数和实际参加培训人数的比较。体现出员工参加培训的积极性。

小蔡在设置图表标题时使用了普通文字，缺少艺术气息；在比较“预计人数”和“参加人数”时，通过添加数据标签直接展示，虽然比较清楚，但缺少视觉上的直观体现；图表的整体背景颜色一致，很单调。

MISSION! 5

在本案例中我们需要比较预计人数和实际参加人数的比例百分比，使用图表最能直观展示，而在图表中柱形图是最好的选择。我们可以使用柱形图将预计人数和实际参加人数的系列进行重合，再设置系列的格式，这样就能很容易比较两组数据了。

成功案例

OK!

第六部分　2018 年培训人员分析

本部分主要展示 2018 年公司预计各部门培训的人数和实际参加培训人数的比较。体现出员工参加培训的积极性。

为图表区填充渐变颜色，为绘图区添加背景图片

为标题设置带阴影的艺术字效果

将两个数据系列重叠，并添加相对的比例百分比

图表的标题应用带阴影的艺术字效果，使文字具有层次感，更有艺术氛围；将“预计人数”和“参加人数”的数据系列进行重叠，设置数据系列的格式，可以直观地查看数据的大小，然后再添加参加人数和预计人数的比例，使两者关系更明显；分别设置图表区和绘图区的填充，使图表更美观。

Point 1 插入柱形图

插入柱形图的方法和插入饼图类似，下面介绍具体操作方法。

1

打开“2019年培训实施方案1”文档，将光标定位在需要插入表格的位置，切换至“插入”选项卡，单击“表格”选项组中的“插图”下三角按钮，在列表中选择“图表”选项。

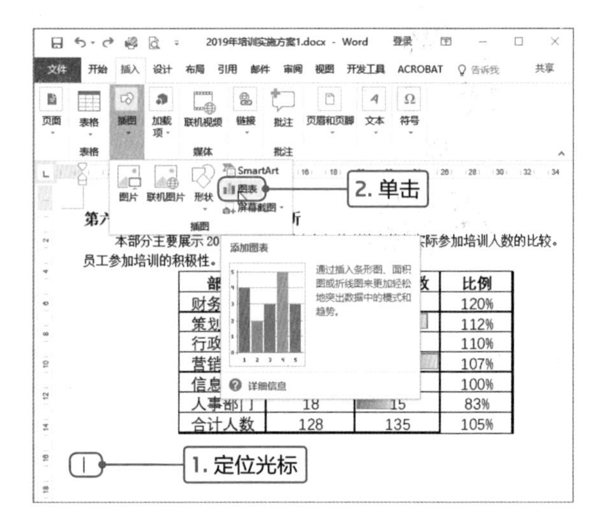

2

打开“插入图表”对话框，在左侧列表中选择“柱形图”选项，在右侧选择“簇状柱形图”，单击“确定”按钮。

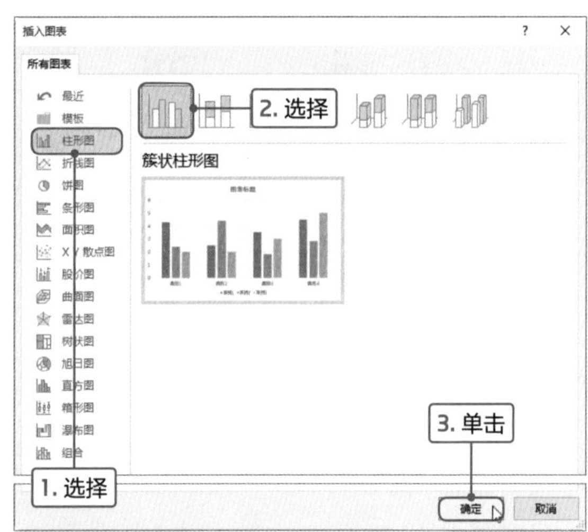

3

打开“Microsoft Word中的图表”工作表，在对应的单元格中输入相关数据，然后关闭该工作表，最后输入图表的标题。

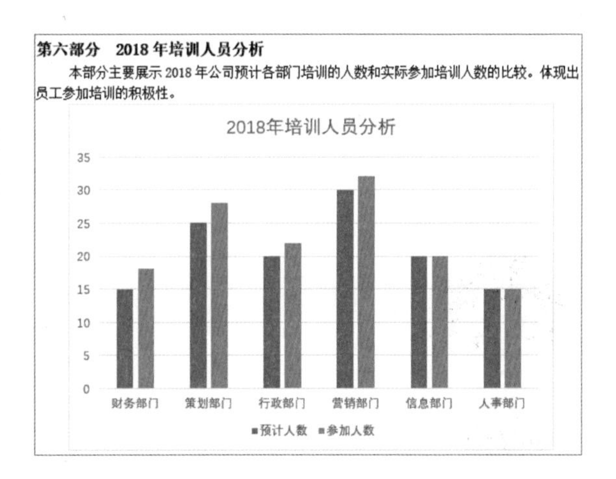

Point 2 设置数据系列

图表创建完成后，我们可以设置系列的重叠、填充颜色等，进一步美化数据系列，下面介绍设置“参加人数”的数据系列格式。

1

选中“参加人数”数据系列并右击，在快捷菜单中选择“设置数据系列格式”选项。

2

打开“设置数据系列格式”导航窗格，在“系列选项”选项卡中调整“系列重叠”为100%。

3

切换至“填充与线条”选项卡，选中“渐变填充”单选按钮，设置渐变角度为180°，设置“渐变光圈”为绿色、白色、浅绿色至绿色的渐变，并根据需要分别设置各渐变滑块的透明度的值。

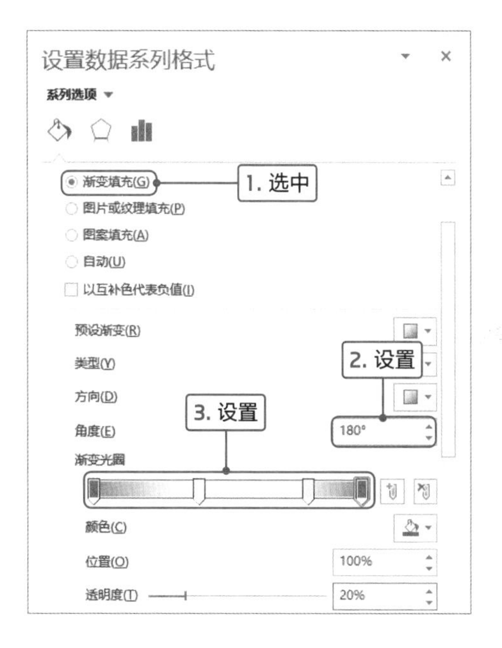

4

在“边框”选项卡中选中“实线”单选按钮，设置颜色为“红色”，宽度为“1磅”，短划线类型为“短划线”。

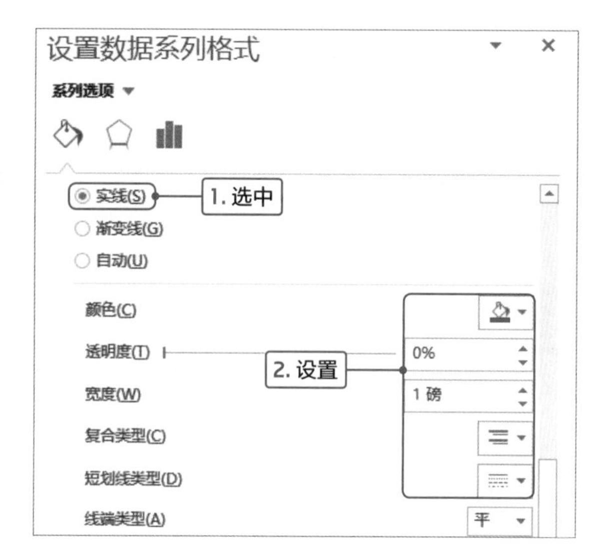

5

设置完成后，可见“参加人数”数据系列应用了设置的效果，并且和“预计人数”数据系列重合。

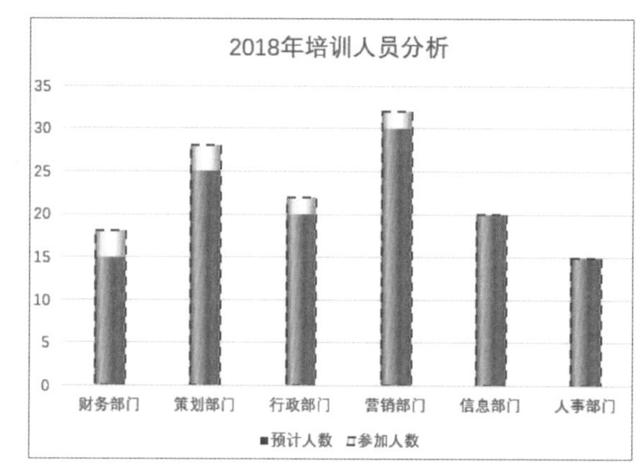

6

单击导航窗格中“系列选项”下三角按钮，在列表中选择“系列预计人数”选项，选中“纯色填充”单选按钮，设置颜色为“黄色”。

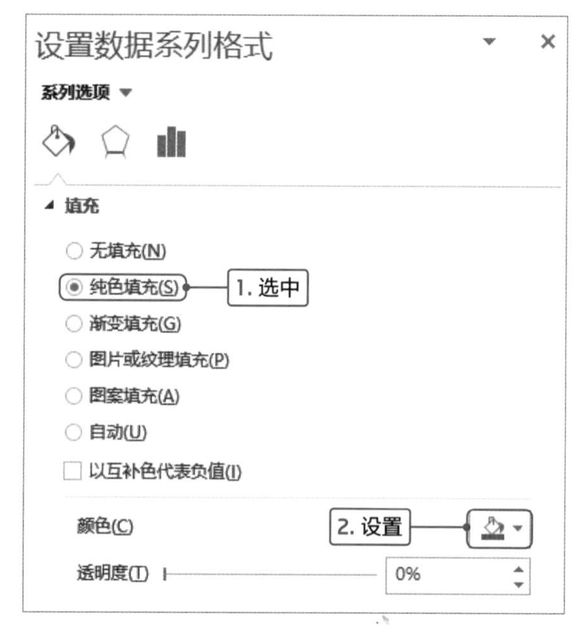

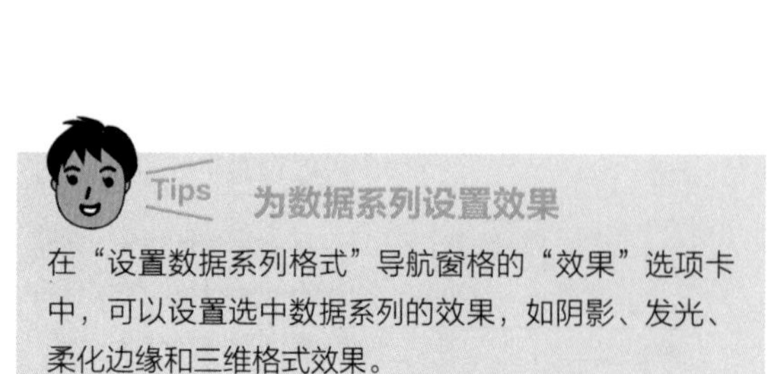

为数据系列设置效果

在“设置数据系列格式”导航窗格的“效果”选项卡中，可以设置选中数据系列的效果，如阴影、发光、柔化边缘和三维格式效果。

7

设置完成后，查看设置两个数据系列格式后的效果。

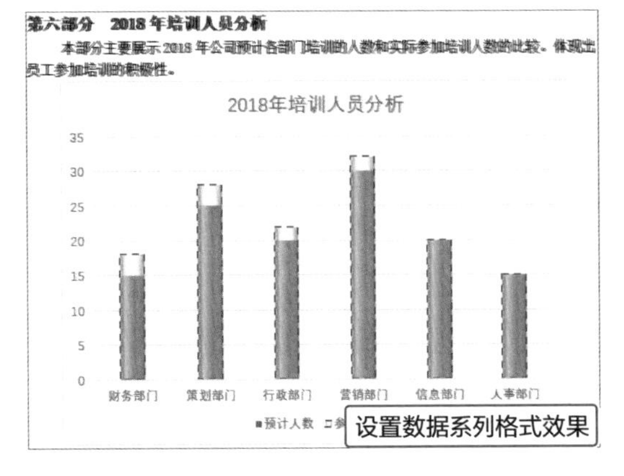

8

右击图表，在弹出的快捷菜单中选择“编辑数据”选项。

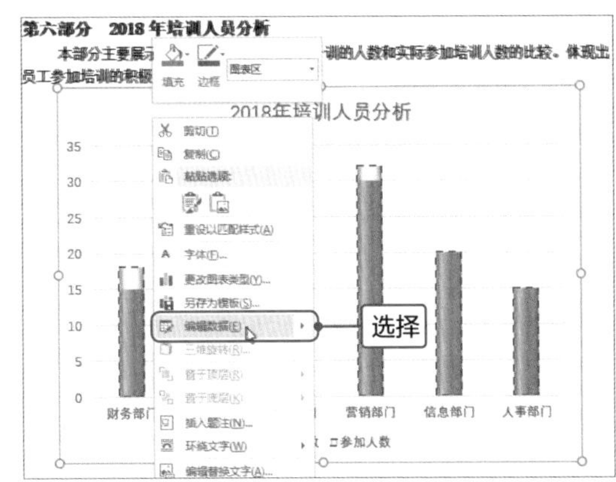

9

在打开的工作表中，在表格的右侧增加一列，在D2单元格中输入“=ROUND(C2/B2,2)”公式，按Enter键执行计算，并将公式向下填充至D7单元格。然后设置D2:D7单元格区域的格式为“百分比”。

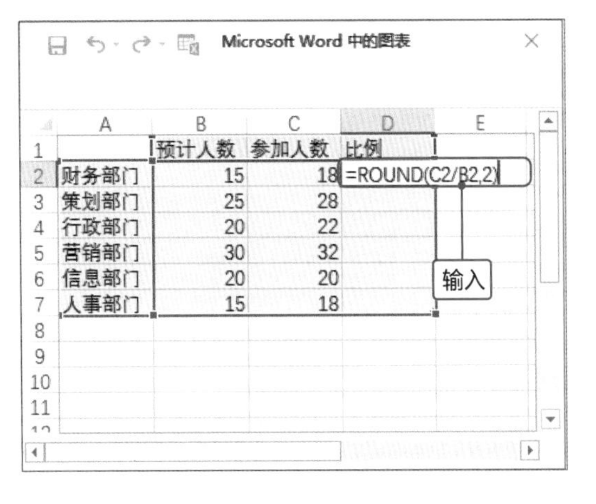

	A	B	C	D
1		预计人数	参加人数	比例
2	财务部门	15	18	=ROUND(C2/B2,2)
3	策划部门	25	28	
4	行政部门	20	22	
5	营销部门	30	32	
6	信息部门	20	20	
7	人事部门	15	18	

10

设置完成后，关闭该工作表，可见在图表的底部增加了“比例”数据系列。

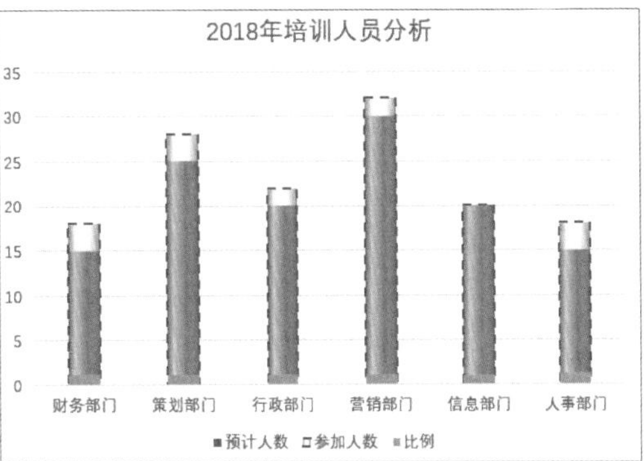

11

选中“比例”数据系列并右击，在快捷菜单中选择“设置数据系列格式”选项，在打开的导航窗格中选中“次坐标轴”单选按钮。

设置数据系列格式
系列选项
系列选项
系列绘制在
主坐标轴(P)
次坐标轴(S)
选中
系列重叠(O) 100%
间隙宽度(W) 219%

12

右击图表，在快捷菜单中选择“更改图表类型”选项，在打开的对话框中选择“组合”选项，在“为您的数据系列选择图表类型和轴”区域设置“比例”数据系列为“带标记的堆积折线图”，单击“确定”按钮。

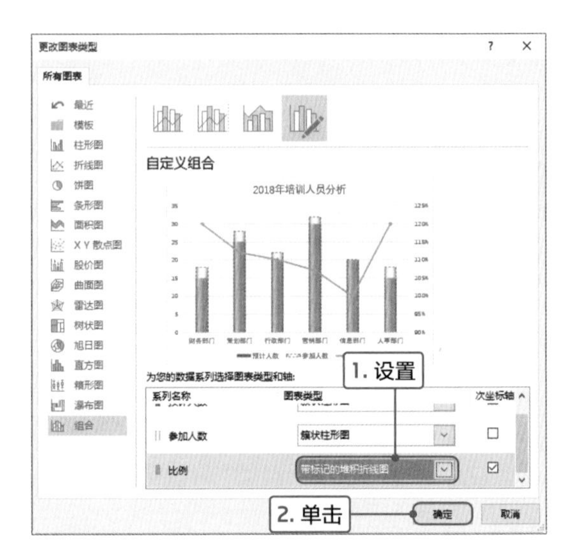

13

返回文档，可见“比例”数据系列的图表类型由柱形图更改为折线图。

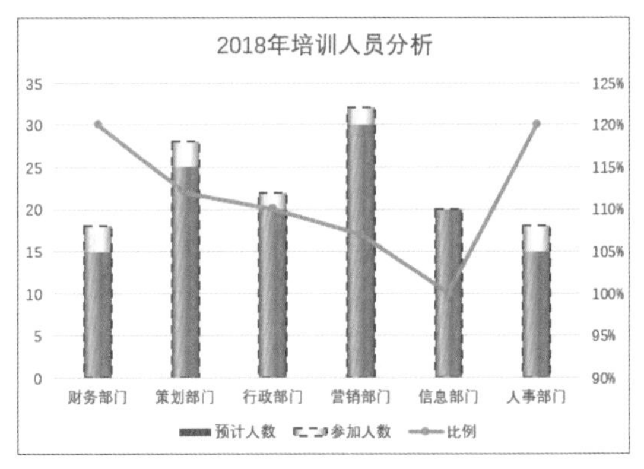

14

右击“比例”数据系列，在快捷菜单中选择“设置数据系列格式”命令，打开“设置数据系列格式”导航窗格，在“填充与线条”选项卡的“线条”区域，设置线条为蓝色，宽度为1.5磅，透明度为50%；在“标记”区域设置标记为“纯色填充”，填充的颜色为红色。

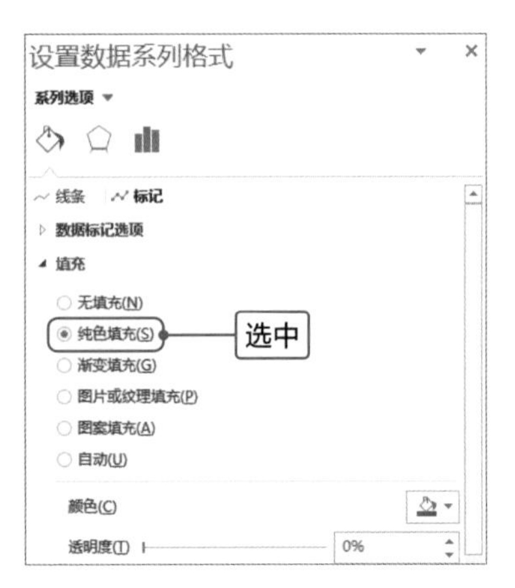

15

设置完成后关闭导航窗格，返回文档中可见“比例”数据系列的线条和数据点应用了设置的样式。

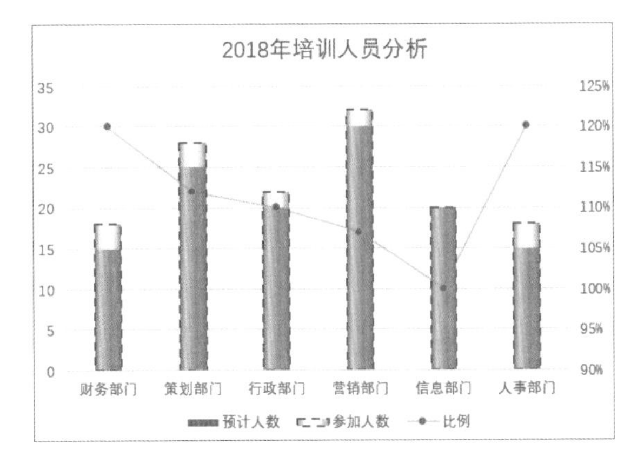

16

切换至“图表工具-设计”选项卡，单击“图表布局”选项组中的“添加图表元素”下三角按钮，在列表中选择“数据标签>上方”选项。

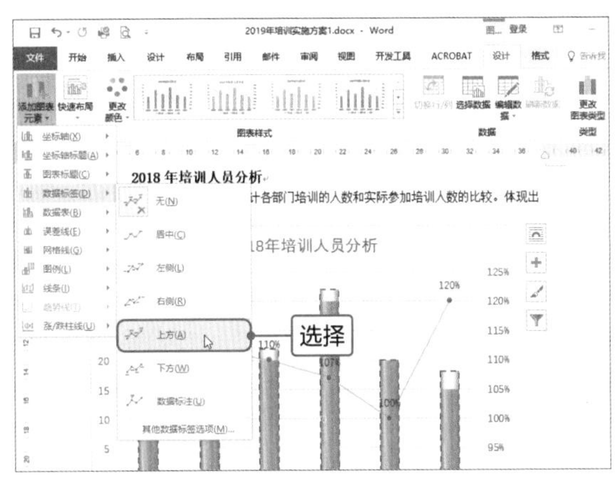

17

返回文档中发现3个数据标签比较混乱，有的甚至重合在一起，如“信息部门”数据标签。

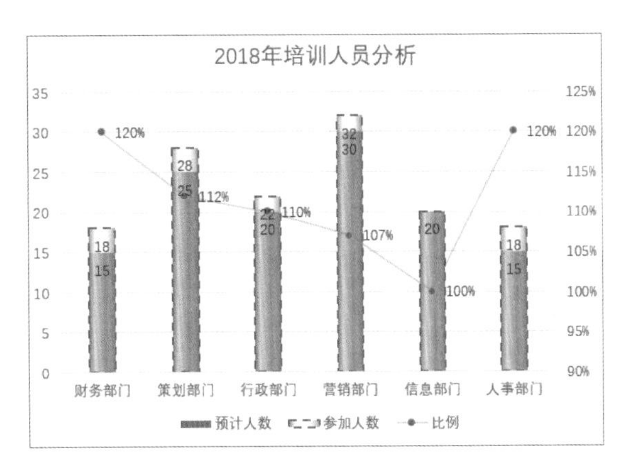

18

选中添加的数据标签，在“开始”选项卡中设置文字的样式。

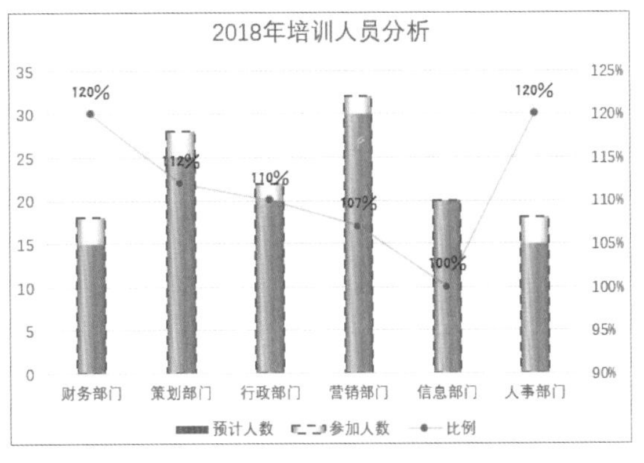

Point 3 美化图表

图表设置完成后，我们可以为其添加背景图片、设置艺术文字等进行美化。下面介绍具体操作方法。

1

选中图表的标题，在“字体”选项组中设置字体为“汉仪书魂体简”，字号为“16”号，颜色为“红色”。

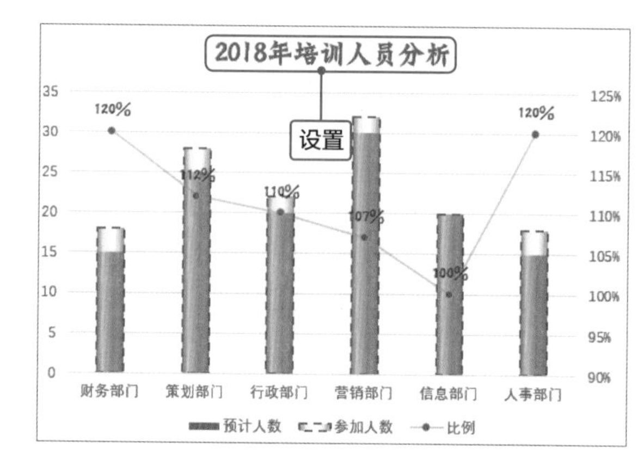

2

选中“图表工具-格式”选项卡，单击“艺术字样式”选项组中的“其他”按钮，在列表中选择合适的艺术字样式。

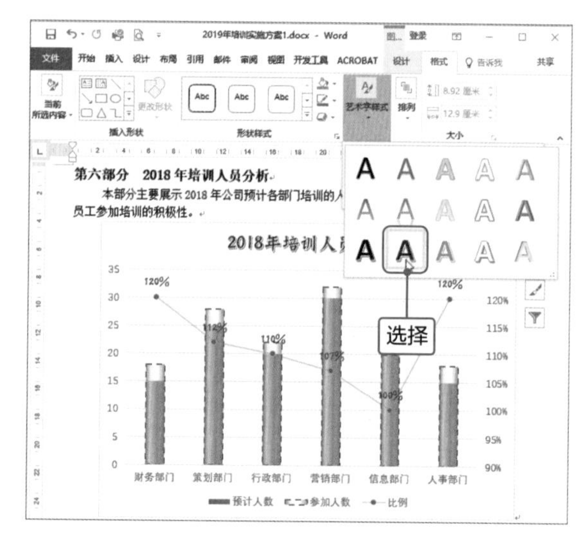

3

选中图表的标题，单击“艺术字样式”选项组中的“文本填充”下三角按钮，在列表中选择“红色”，设置标题文字填充。

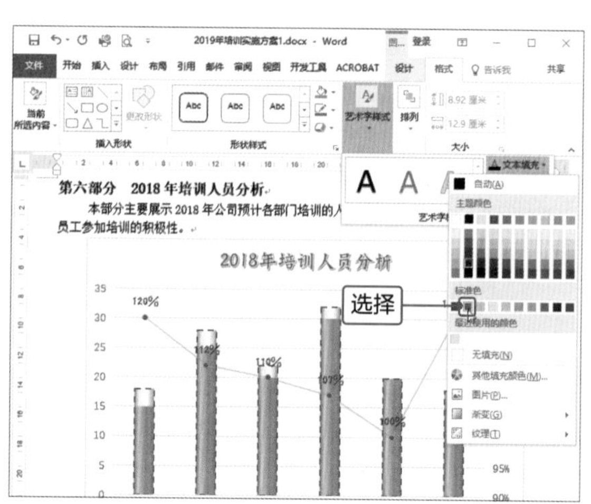

4

然后在“艺术字样式”选项组中设置文字轮廓的颜色为“浅绿色”。

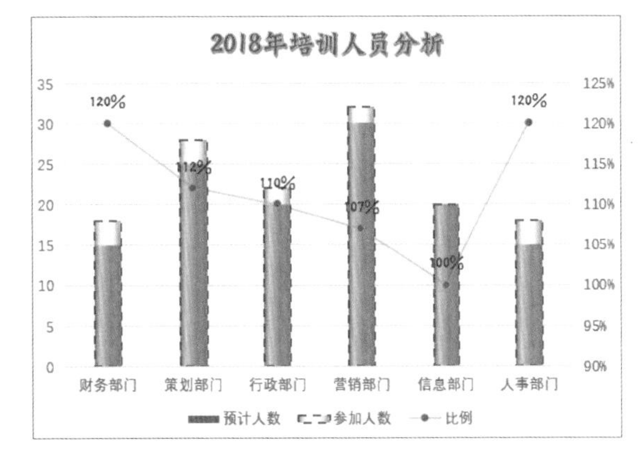

5

选择图表区并双击，打开“设置图表区格式”导航窗格，选择“渐变填充”单选按钮，设置渐变颜色。

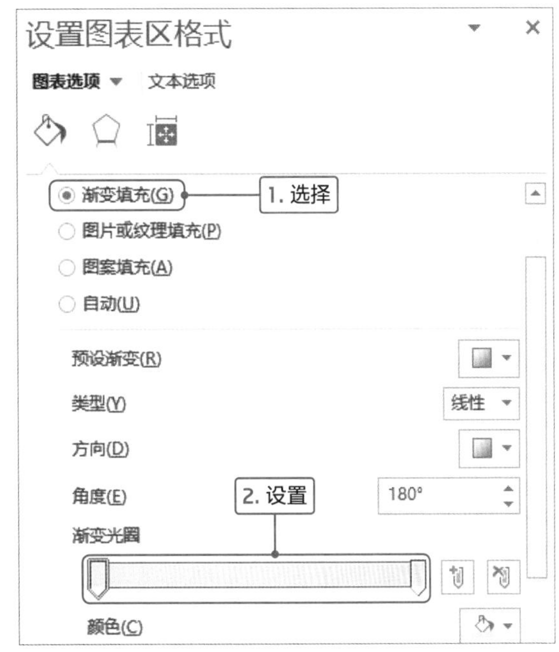

6

在“设置绘图区格式”导航窗格中，单击“图表选项”下三角按钮，在列表中选择“绘图区”选项，选中“图片或纹理填充”单选按钮，然后单击“文件”按钮。

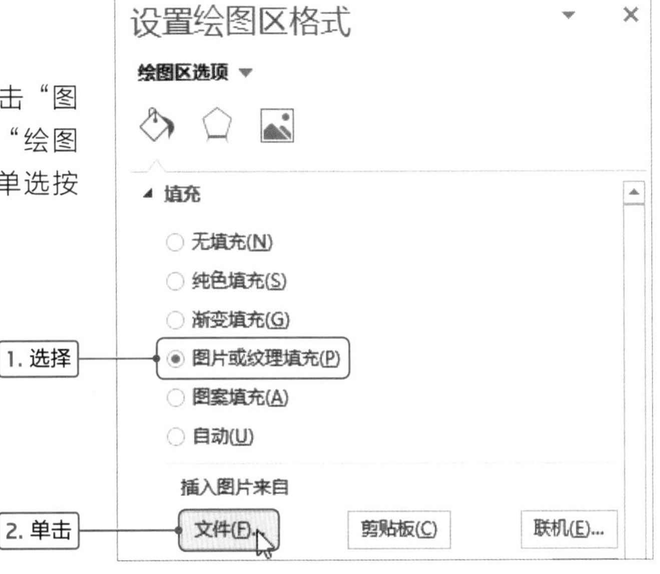

7

打开“插入图片”对话框，选择合适的图片，如“郁金香.jpg”，单击“插入”按钮。

8

返回文档，可见在绘图区插入了选中的图片。图片的边缘与图表区的连接处比较生硬，下面我们对图片进行设置。

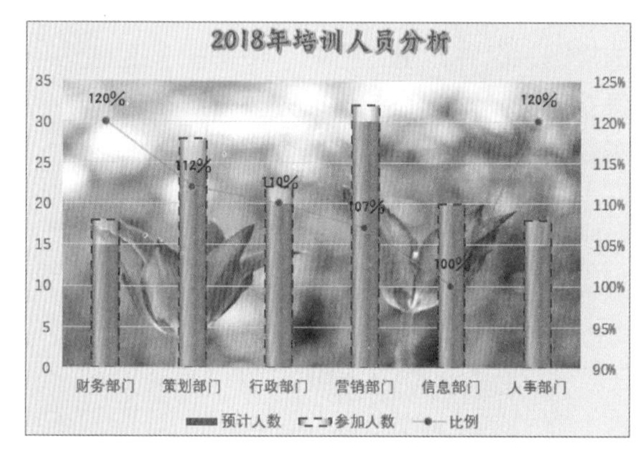

9

返回“设置绘图区格式”导航窗格中，设置透明度为“50%”。切换至“效果”选项卡，在“柔化边缘”选项区域中设置大小为“10磅”。

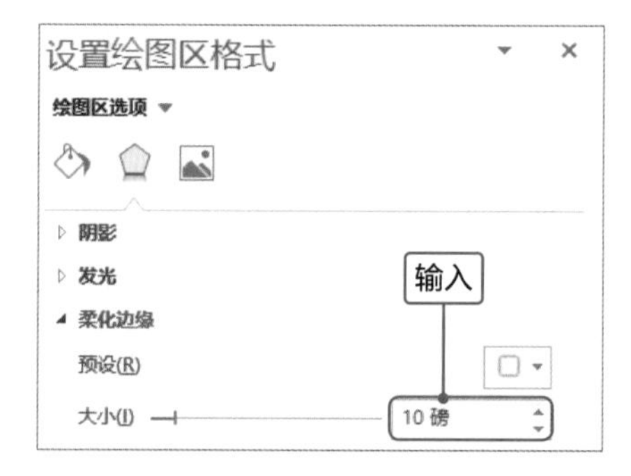

10

返回文档，查看对图表美化后的效果，图片与图表过渡很自然。

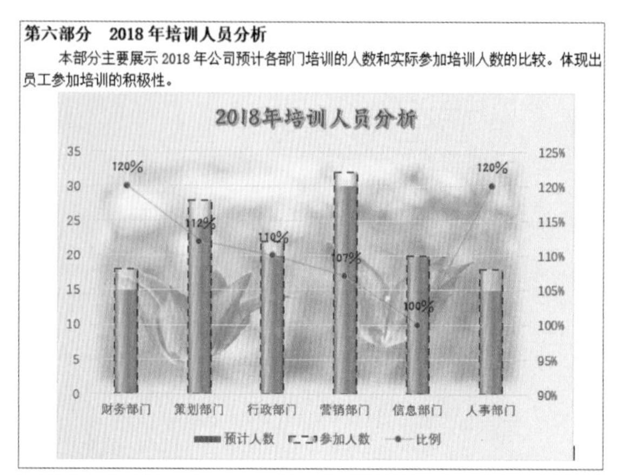
第六部分　2018年培训人员分析

本部分主要展示2018年公司预计各部门培训的人数和实际参加培训人数的比较。体现出员工参加培训的积极性。

高效办公

为数据系列填充图案并设置发光效果

创建图表后，可以为数据系列设置相应的格式，以美化图表，例如为数据系列设置填充图案和设置各种效果。下面介绍具体的操作方法。

步骤01 打开“为数据系列填充图案并设置发光效果”文档，在图表中选中“预计人数”数据系列，切换至“图表工具-格式”选项卡，单击“当前所选内容”选项组中的“设置所选内容格式”按钮。

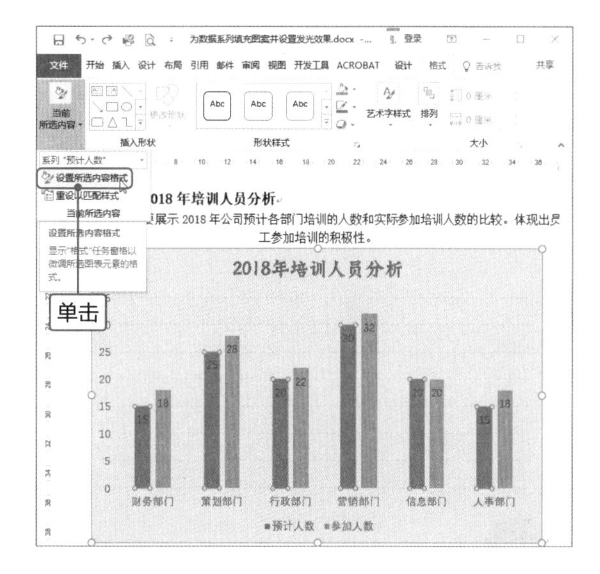

步骤02 打开“设置数据系列格式”导航窗格，选中“图案填充”单选按钮，在“图案”选项区域选中合适的图案，设置前景颜色为“橙色”，背景颜色为“浅黄色”。

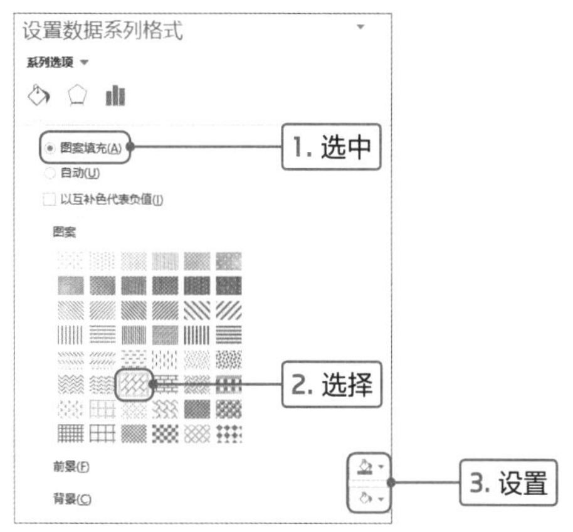

步骤03 在“边框”选项组中选中“实线”单选按钮，设置颜色为“黑色”，宽度为“0.75磅”，设置完成后查看“预计人数”数据系列的效果如右图所示。

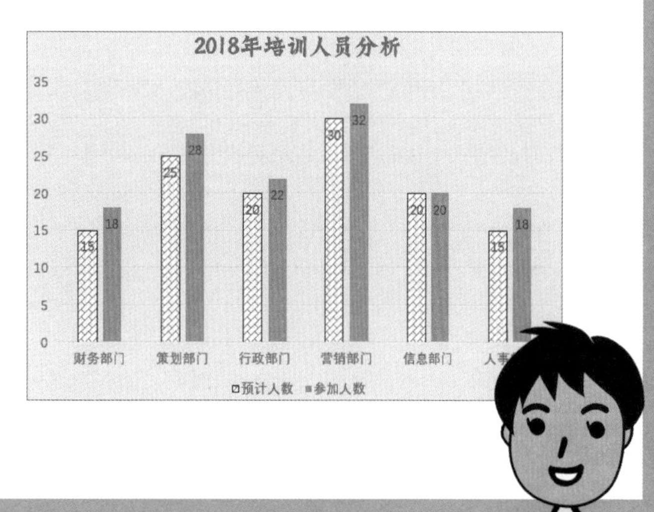

步骤04 在“设置数据系列格式”导航窗格中单击“系列选项”下三角按钮，选择“系列‘参加人数’”选项，切换至“效果”选项卡，在“发光”选项区域中设置预设为“发光:5磅;金色,主题色4”，设置透明度为“0%”。

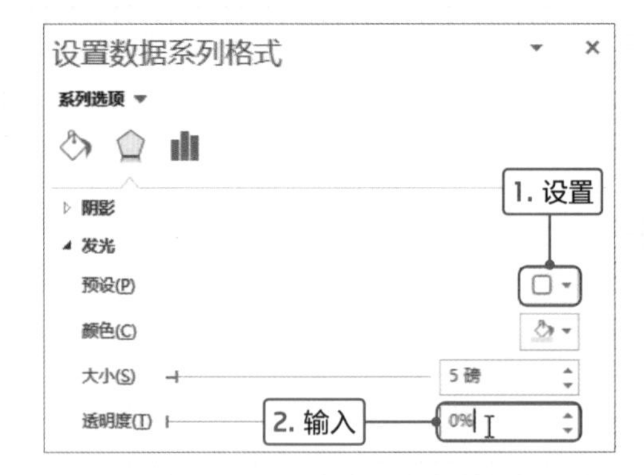

步骤05 关闭导航窗格，可见“参加人数”数据系列应用了发光的效果。

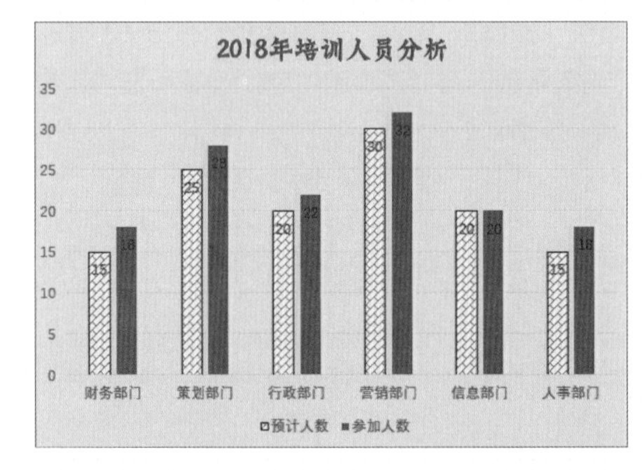

Tips 设置网格线的格式

在图表中还包含各种图表元素，我们可以设置其格式从而对图表进行美化。下面介绍设置网格线的格式。选中网格线并双击，打开“设置主要网格线格式”导航窗格，设置线条为“实线”，颜色为“蓝色”，然后再设置阴影的效果。

设置完成后关闭导航窗格，可见横向主要网格线应用了设置的颜色和阴影效果。

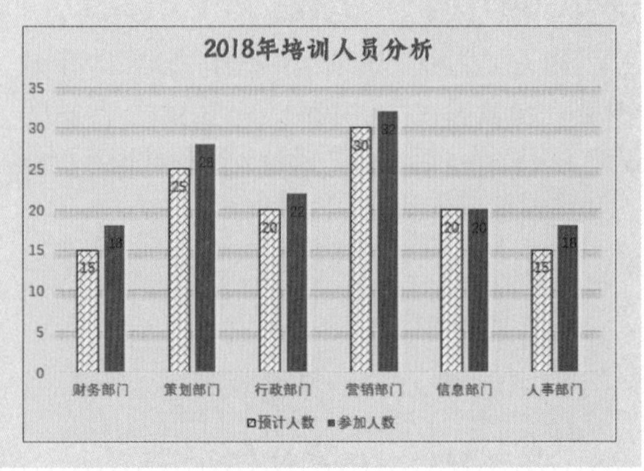

菜鸟加油站

表格格式的设置

● 绘制斜头线

在Word中绘制表格时，经常需要绘制斜头线，下面介绍两种绘制斜头线的方法。具体操作如下。

方法一：手动输入

步骤01 打开“绘制斜头线”文档，选中表格，切换至“表格工具-布局”选项卡，单击“绘图”选项组中的“绘制表格”按钮，如下左图所示。

步骤02 光标变为铅笔形状，绘制从左上角到右下角的斜线，如下右图所示。

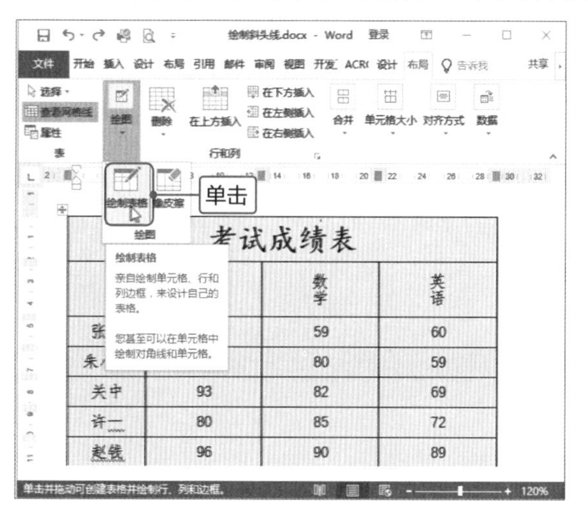

步骤03 然后在该单元格中输入“姓名”和“学科”文本，在中间添加空格，并调整单元格的宽度和高度，效果如右图所示。

考试成绩表			
姓名　学科	语文	数学	英语
张淼	79	59	60
朱小明	77	80	59
关中	93	82	69
许一	80	85	72
赵钱	96	90	89
孙李	100	95	99

方法二：

将光标定位在需要插入斜线的单元格，切换至“表格工具-设计”选项卡，在“边框”选项组中设置线的样式，单击“边框”下三角按钮，在展开的列表中选择“斜下框线”选项即可，如右图所示。

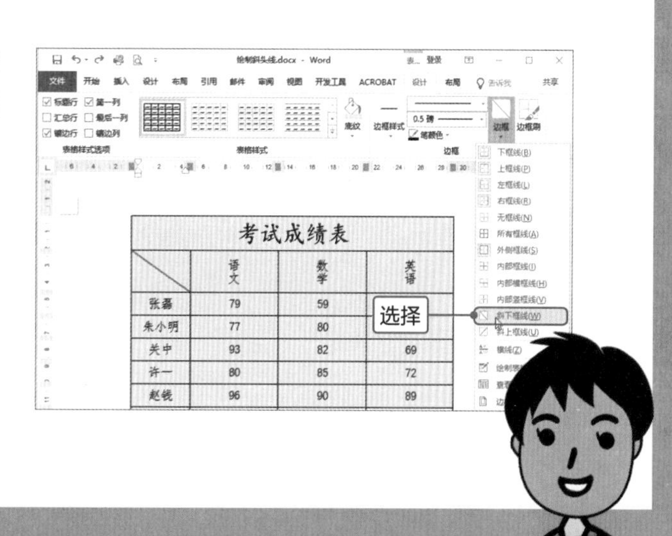

● 套用表格样式

在美化表格时，可以直接套用Word内置的表格样式进行快速美化，下面介绍具体操作方法。

步骤01 打开“套用表格样式”文档，将光标定位在表格内，切换至“表格工具-设计”选项卡，单击“表格样式”选项组中的“其他”按钮，如下左图所示。

步骤02 在打开的样式库中选择“网格表4-着色2”样式，如下右图所示。

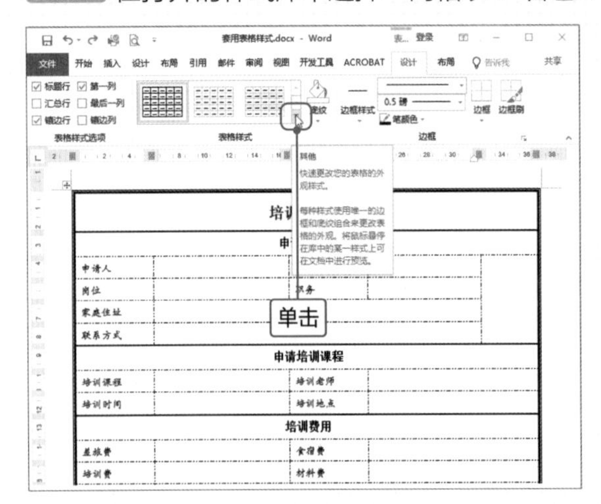

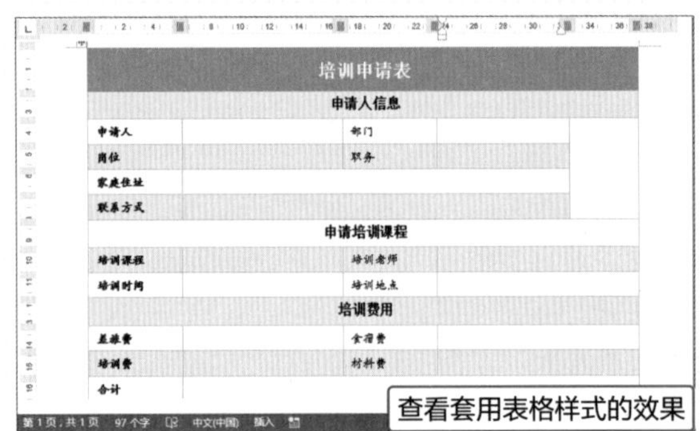

步骤03 返回文档，可见表格应用了选中的样式，如右图所示。

Tips 修改表格样式

如果想修改应用的表格样式，单击“表格样式”选项组中的“其他”按钮，在列表中选择“修改表格样式”选项，打开“修改样式”对话框，单击“将格式应用于”下三角按钮，在列表中选择修改的内容，在下方修改文字格式，或单击“格式”下三角按钮，在列表中选择相应的选项，在打开的对话框中设置相关参数即可。

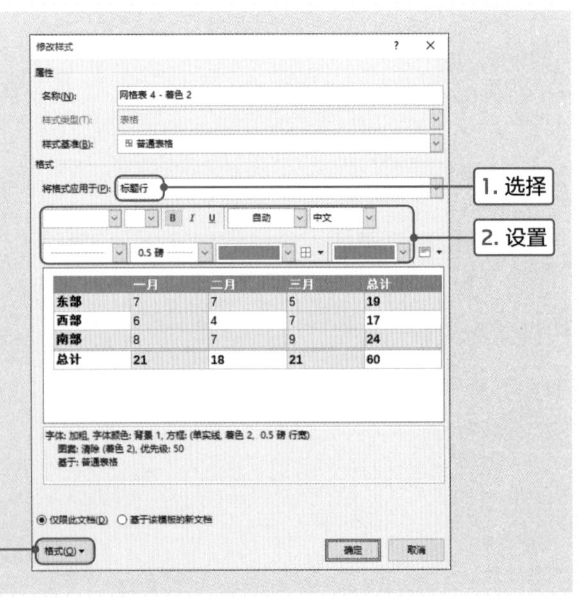

●设置表格属性

在Word中创建表格后，可以设置表格的属性，如尺寸、对齐方式和文字环绕等。下面介绍具体操作方法。

步骤01 打开“设置表格属性”文档，全选表格，切换至“表格工具-布局”选项卡，单击“表”选项组中的“属性”按钮，如下左图所示。

步骤02 打开“表格属性”对话框，在“表格”选项卡的“对齐方式”选项区域中单击“居中”按钮，在“文字环绕”选项区域中单击“环绕”按钮，然后单击“确定”按钮，如下右图所示。

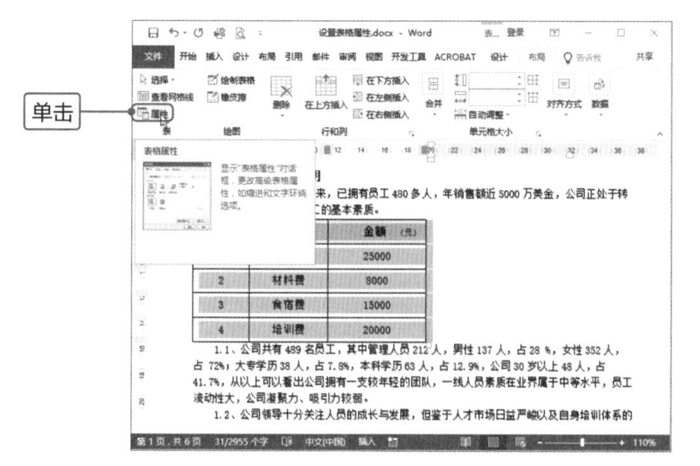

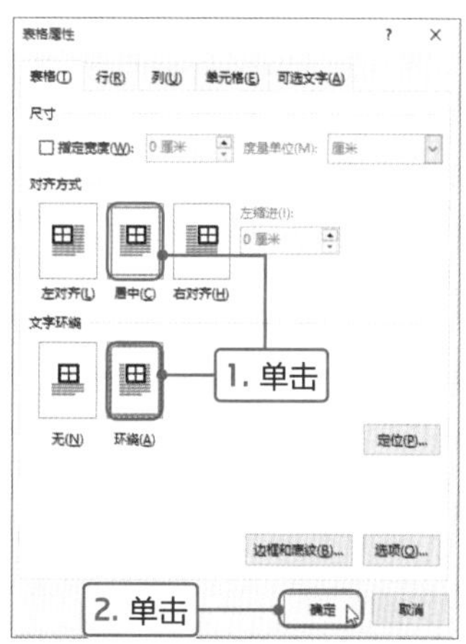

步骤03 操作完成后，可见表格居中显示并且文字环绕表格显示，效果如右图所示。

第一部分培训计划说明

公司自2010年成立以来，已拥有员工480多人，年销售额近5000万美金，公司正处于转型加速发展时期，公司员工的基本素质。

序号	费用类型	金额（元）
1	差旅费	25000
2	材料费	8000
3	食宿费	15000
4	培训费	20000

1.1、公司共有489名员工，其中管理人员212人，男性137人，占28%，女性352人，占72%；大专学历38人，占7.8%，本科学历63人，占12.9%，公司30岁以上48人，占41.7%，从以上可以看出公司拥有一支较年轻的团队，一线人员素质在业界属于中等水平，员工流动性大，公司凝聚力、吸引力较弱。

●平均分布行和列

在制作表格时，经常需要将行或列进行平均分布，下面介绍快速平均分布的方法。

步骤01 打开“平均分布行和列”文档，全选表格，然后切换至“表格工具-布局”选项卡，分别单击“单元格大小”选项组中的“分布行”和“分布列”按钮，如下左图所示。

步骤02 操作完成后，可见表格平均分布行和列，效果如下右图所示。

选择

序号	培训项目	参加人员	培训老师	课时
1	企业简介	新员工	人事主管	2
2	员工手册	新员工	人事主管	3
3	有效沟通	全体员工	外聘讲师	2
4	计算机网络	办公室人员	信息部主管	5
5	团队协作	全体员工	外聘讲师	1
6	销售管理	营销中心员工	销售主管	4
7	岗位职责培训	全体员工	各部门主管	2
8	工作中情绪	骨干	人事主管	2
9	员工积极情培养	中层干部	外聘教授	2
10	提升执行力	骨干	人事主管	3
11	中层管理训练	各职能部门	外聘教授	2
	合计课时		28	

查看效果

读书笔记

文档的引用与审阅篇

在Word文档中进行审阅时，可以通过创建批注和修订在文档中添加建议或修改性的文字；通过脚注和尾注添加一些注释性文字，使文档内容更清晰；审阅完成后，提取目录，可以更清楚地了解文档的内容结构和层次。

让注释文字清晰有条理

经过企划部门的调查分析，决定投资饮品市场，历历哥将所有与项目有关的资料交给助手小蔡，让他制作一份详细的投资计划书，用于让企业负责人对该项目做出评判，从而使该项目获得资金支持。小蔡接到任务后，认真研究分析了相关资料，编辑整理了一个全面展示项目状况、未来发展潜力与执行策略的书面材料，打算制作一份具有说服力的投资计划书，把涉及的数据尽量展示清楚。

NG! 失败案例

1.消费者特征

青年人是主力军，且调查显示，女性最常喝奶茶的比例高于男性，这与女性消费者看重奶茶饮品的健康、时尚特性不无关系，因为奶茶对皮肤有滋润美白功效，其中的椰果是粗纤维食品，既可以填饱肚子，又绝对不含脂肪(不含脂肪，迎合很多想喝奶茶，又担心身材的女性)，所以美容瘦身是女性多于男性选择奶茶的主要原因之一。

2.消费者需求

既然是奶茶店，就一定要在保证店面的清洁与舒适，光这还远远不够，还要把店布置的富有特色，不落俗套，所以店面装修很重要，让消费者在外面就有种想进来逛逛的欲望。当然这只是表面的包装，奶茶的质量跟包装才是顾客最看中的，所以制作奶茶的每一道制造工序都会经过安检局的严格检验，绝不会出现掺假，缺斤少两的现象。

由于消费者大都是年轻情侣，所以一定要给他们营造一个舒适，安静，浪漫，优雅的气氛，尽管是一杯奶茶，也能品出幸福的味道[1]。可以开展一些有特色的促销活动：比如，情侣买可赠送情侣对勺；买三杯以上获赠可爱的饰品；小店要有自己的特色，比如有卡通形象，或者制造供情侣用的Y型吸管。可以在店名上方加几个小射灯，最好是发粉色光，晚上看

[1] 艾菲尔公司根据实地的调研和科学地计算得出的数据

!在括号中添加解释文字，和脚注格式重复

!脚注和尾注的文字颜色和正文一样，不是很明显

这次创业计划的制定，使我对创业有了一个全面、系统的认识，并且使我对沟通，协作的重要性有了全新的了解。我相信这次计划对我们会产生深远的影响，受益匪浅。

真正的生活，有时不在于拥有多少，而在于和谁在一起。一个微笑，就是一缕春风，一方阳光，一个让人心动的世界，因为温暖；一声嘱托，就是一种牵念，一种希望，一种信念，因为懂得；一次紧握，无需言语，无需解释，就是一种信心，一种勇气，一种坚强的力量，因为真诚

时光静好，与君语；细水流年，与君同；繁华落尽，与君老。

[1] 摘自忆香宣网中产品介绍栏

!脚注和尾注使用的编号是相同的，在整体上很难区分

小蔡在制作投资计划书时，在正文添加解释说明文字有的使用脚注，有的在名词右侧添加括号输入解释文字，不够专业和严谨。另外，脚注以及文档尾的尾注的文字颜色和正文差别不是很大，不容易和正文区分；最后，脚注和尾注使用的编号是一样的，在整体上很难分清哪个是脚注哪个是尾注?

MISSION! 1

在Word 2016中如果需要对正文中某些文字进一步解释说明，我们可以通过在对应的位置插入脚注、尾注或批注，它们会有条理地进行排列，对于理解内容起到重要的补充和说明。我们也可以对其进行编辑操作，还可以进行美化。

成功案例 OK!

1.消费者特征

青年人是主力军，且调查显示，女性最常……这与女性消费者看重奶茶饮品的健康、时尚特性不无关系，因为……效，其中的椰果是粗纤维食品，既可以填饱肚子，又绝对不含脂肪[a]所以美容瘦身是女性多于男性选择奶茶的主要原因之一。

不含脂肪，迎合很多想喝奶茶，又担心身材的女性。

2.消费者需求

既然是奶茶店，就一定要在保证店面的清洁与舒适，光这还远远不够，还要把店布置的富有特色，不落俗套，所以店面装修很重要，让消费者在外面就有种想进来逛逛的欲望。当然这只是表面的包装，奶茶的质量跟包装才是顾客最看中的，所以制作奶茶的每一道制造工序都会经过安检局的严格检验，绝不会出现掺假，缺斤少两的现象。

由于消费者大都是年轻情侣，所以一定要给他们营造一个舒适，安静，浪漫，优雅的气氛，尽管是一杯奶茶，也能品出幸福的味道。可以开展一些有特色的促销活动：比如，情侣买可赠送情侣对勺；买三杯以上获赠可爱的饰品；小店要有自己的特色，比如有卡通形象，

艾菲尔公司根据实地的调研和科学地计算得出的数据
不含脂肪，迎合很多想喝奶茶，又担心身材的女性。

将此处解释说明文字以脚注的形式显示

将脚注和尾注设置不同的文字颜色和字体

这次创业计划的制定，使我对创业有了一个全面、系统的认识，并且使我对沟通，协作的重要性有了全新的了解。我相信这次计划对我们会产生深远的影响，受益匪浅。

真正的生活，有时不在于拥有多少，而在于和谁在一起。一个微笑，就是一缕春风，一方阳光，一个让人心动的世界，因为温暖；一声嘱托，就是一种牵念，一种希望，一种信念，因为懂得；一次紧握，无需言语，无需解释，就是一种信心，一种勇气，一种坚强的力量，因为真诚

时光静好，与君语；细水流年，与君同；繁华落尽，与君老。

● 摘自忆香官网中产品介绍栏

脚注和尾注使用不同的编辑格式或特殊的符号

修改之后的文档将括号里的解释说明文字以脚注的形式在当前页面底端显示，使版式整齐；将脚注和尾注设置不同的文字颜色和字体，使其一目了然，更清楚地显示解释文字；脚注和尾注使用不同的编辑格式或特殊的符号，使其更容易被分辨出来。

Point 1 创建脚注和尾注

脚注位于当前页面的底部，主要是对当页的某处内容进行解释说明；尾注位于整篇文档的末尾，通常用于列出引文的出处。

1

打开“投资计划书”文档，将光标定位在需要插入脚注的位置，切换至“引用”选项卡，单击“脚注”选项组中的“插入脚注”按钮。

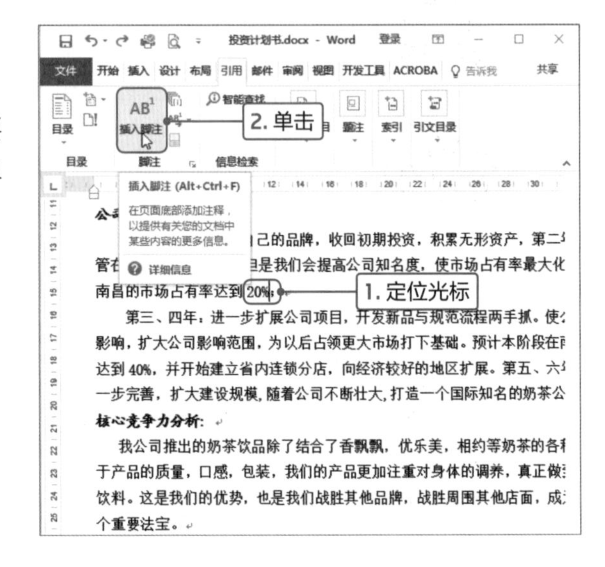

2

插入点自动定位在当前页面的最下端，显示脚注的编号，直接输入相关文字信息即可，可见脚注的文字比正文字号小一点。

既然是奶茶店，就一定要在保证店面的清洁与舒适，
富有特色，不落俗套，所以店面装修很重要，让消费者在
然这只是表面的包装，奶茶的质量跟包装才是顾客最看中
序都会经过安检局的严格检验，绝不会出现掺假，缺斤少
由于消费者大都是年轻情侣，所以一定要给他们营造
氛，尽管是一杯奶茶，也能品出幸福的味道。可以开展一
买可赠送情侣对勺；买三杯以上获赠可爱的饰品；小店要
或者制造供情侣用的 Y 型吸管。可以在店名上方加几个

1. 根据某著名调研公司提供调查数据。

输入

3

按照相同的方法，为当前页面中其他文本添加脚注，可见脚注的编号也是按顺序排列的。

既然是奶茶店，就一定要在保证店面的清洁与舒
富有特色，不落俗套，所以店面装修很重要，让消费
然这只是表面的包装，奶茶的质量跟包装才是顾客最
序都会经过安检局的严格检验，绝不会出现掺假，缺
由于消费者大都是年轻情侣，所以一定要给他们
氛，尽管是一杯奶茶，也能品出幸福的味道。可以开
买可赠送情侣对勺；买三杯以上获赠可爱的饰品；小

1. 根据某著名调研公司提供调查数据
2. 不含脂肪，迎合很多想喝奶茶，又担心身材的女性。

输入其他脚注

4

将光标定位在需要添加尾注的位置，然后切换至“引用”选项卡，单击“脚注”选项组中的“插入尾注”按钮。

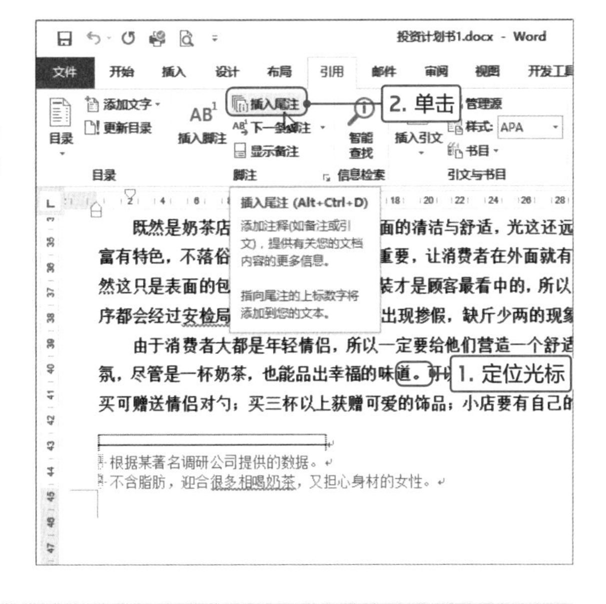

Tips 使用组合键创建脚注和尾注

在文档中插入脚注和尾注，除了在功能区单击相关按钮外，还可以使用组合键快速创建。按下Ctrl+Alt+F组合键可以插入脚注，按下Ctrl+Alt+D组合键可以插入尾注。

5

此时光标定位到文档的末尾处，会显示尾注的编号，然后直接输入相关文字即可。

Tips 删除创建的脚注和尾注

如果需要删除文档中的脚注或尾注，只需在正文中选择需要删除脚注或尾注的编号，然后按Delete键即可将选中的脚注或尾注删除。

摘自忆香官网中产品介绍栏

输入

6

将光标定位在需要修改的脚注或尾注中即可修改相关内容。

艾菲尔公司根据实地的调研和科学地计算得出的数据

修改内容

Point 2 编辑脚注和尾注

脚注和尾注创建完成后，我们可以对其进行编辑操作，如设置脚注和尾注的位置、设置编号以及应用的范围等。

1

切换至“引用”选项卡，单击“脚注”选项组的对话框启动器按钮。

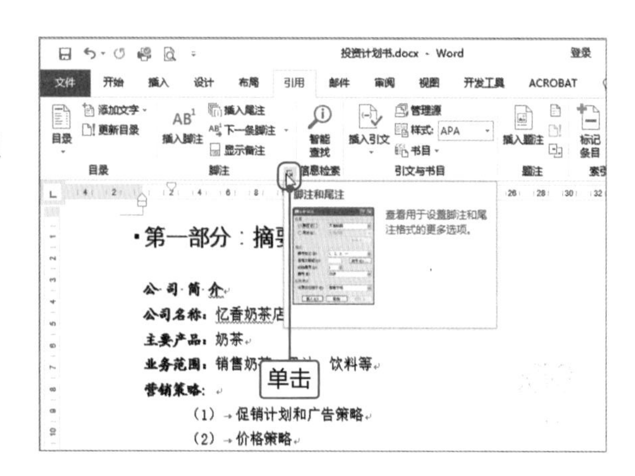

2

打开“脚注和尾注”对话框，在“位置”选项区域中选中“脚注”单选按钮，单击“编号格式”下三角按钮，在列表中选择相应的选项，单击“应用”按钮。

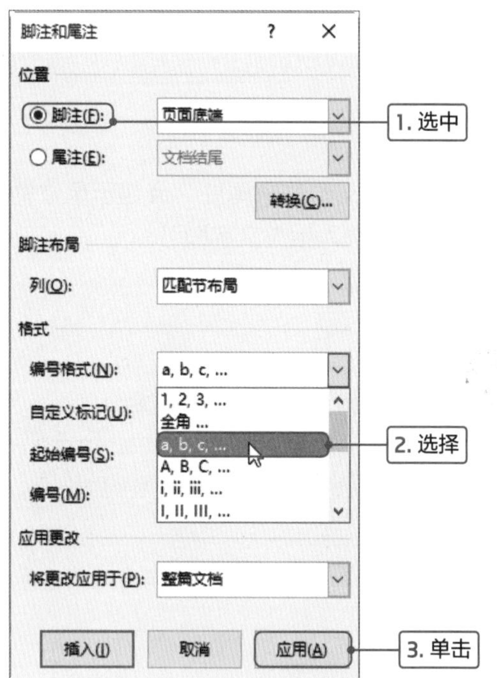

Tips 设置脚注的位置

如果需要更改脚注的位置，打开“脚注和尾注”对话框，选中“脚注”单选按钮，单击右侧下三角按钮，在列表中选择相应位置的选项即可，包括“页面底端”和“文字下方”两个选项。

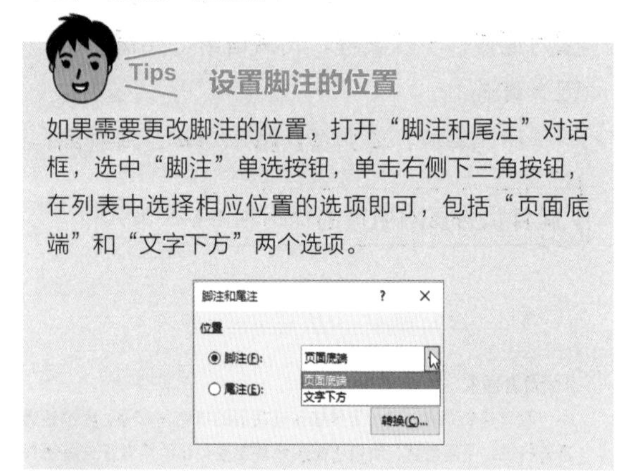

Tips 脚注和尾注的相互转换

如果想转换脚注和尾注，在“脚注和尾注”对话框中单击“转换”按钮，打开“转换注释”对话框，选择相应的单选按钮，然后单击“确定”按钮即可。转换的方式包括“脚注全部转换成尾注”、“尾注全部转换成脚注”和“脚注和尾注相互转换”。

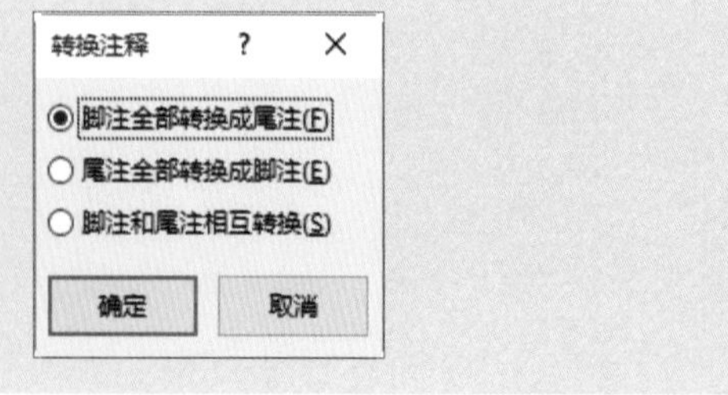

3

返回文档，可见脚注的编号变为设置的样式。

富有特色，不落俗套，所以店面装修很重
然这只是表面的包装，奶茶的质量跟包装
序都会经过安检局的严格检验，绝不会出
由于消费者大都是年轻情侣，所以一
氛，尽管是一杯奶茶，也能品出幸福的味
买可赠送情侣对勺；买三杯以上获赠可爱

查看效果

b· 艾菲尔公司根据实地的调研和科学地计算得出
c· 不含脂肪，迎合很多想喝奶茶，又担心身材的

Tips **设置编号**

在“脚注和尾注”对话框中，可以对编号进行设置，如起始编号、编号的应用范围。设置“起始编号”微调按钮，设置起始编号为b，单击“应用”按钮。
也可以单击“编号”右侧的下三角按钮，在列表中选择编号顺序，如“连续”、“每节重新编号”和“每页重新编号”。

b· 艾菲尔公司根据实地的调研和科学地计算得出的数据
c· 不含脂肪，迎合很多想喝奶茶，又担心身材的女性。

4

选中创建的尾注，再次打开“脚注和尾注”对话框，在“位置”选项区域中选中“尾注”单选按钮，单击“符号”按钮。

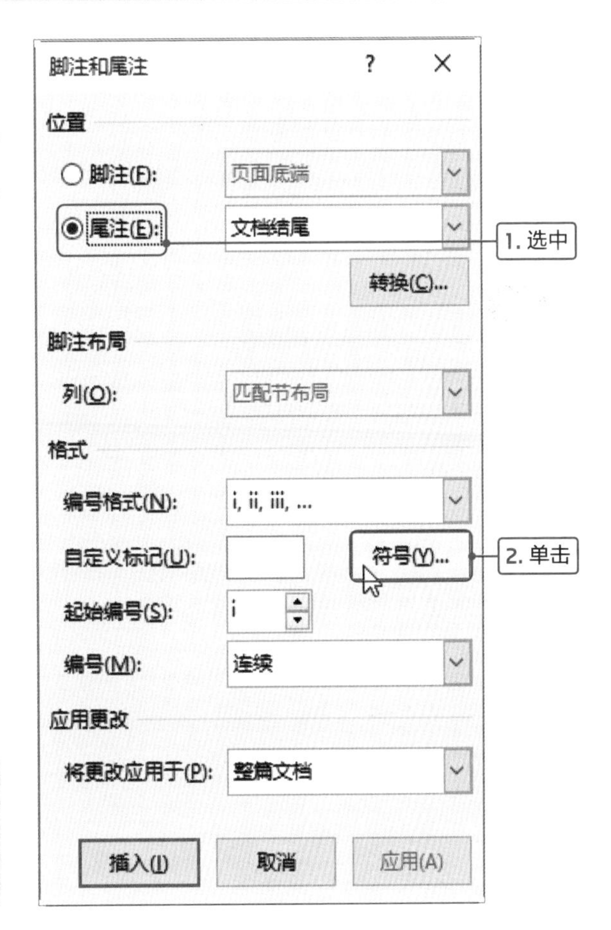

Tips **更改尾注编号样式**

更改尾注的编号样式和脚注一样，选中“尾注”单选按钮后，设置编号格式即可。

5

打开“符号”对话框，选择需要的符号，此处选择黑色圆，单击“确定”按钮。

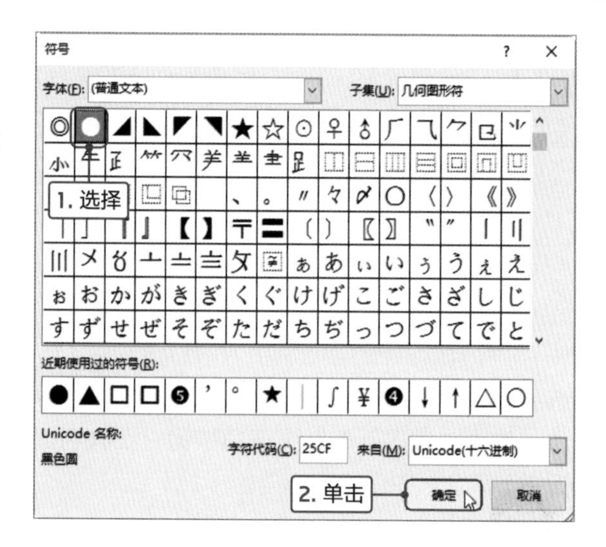

6

返回“脚注和尾注”对话框中，单击“应用”按钮，返回文档可见尾注的编号变为黑色圆。

这次创业计划的制定，使我对创业有
的重要性有了全新的了解。我相信这次计
真正的生活，有时不在于拥有多少，
方阳光，一个让人心动的世界，因为温暖
因为懂得；一次紧握，无需言语，无需解
因为真诚
时光静好，与君语；细水流年，与君
●. 摘自忆香官网中产品介绍栏
查看效果

Tips 查看脚注或尾注

文档中包含脚注或尾注，如果需要快速查找相关内容，可以通过“显示备注”对话框来实现。

打开文档后，切换至“引用”选项卡，单击“脚注”选项组中的“显示备注”选项。

打开“显示备注”对话框，选中“查看尾注区”单选按钮，然后单击“确定”按钮，即可自动切换到尾注的编辑区。

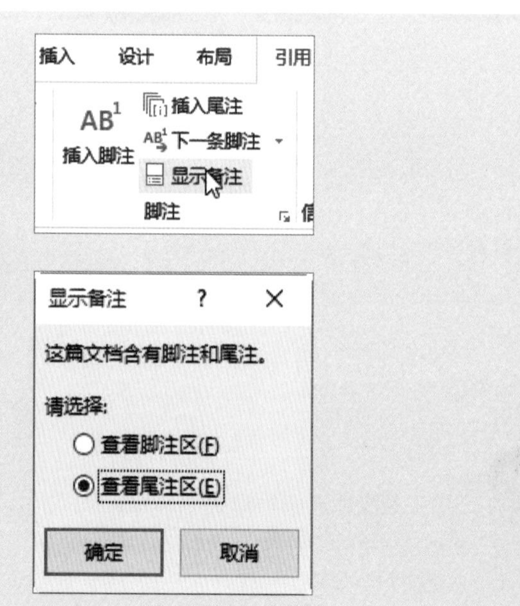

Point 3 美化脚注和尾注

编辑完脚注和尾注后，我们可以适当对其进行美化，如设置字体、文字颜色等，可以使脚注和尾注与正文分开，使其更明显、更突出。

1

选中需要美化的脚注，切换至“开始”选项卡，单击“字体颜色”下三角按钮，在颜色面板中选择合适的颜色，如橙色。

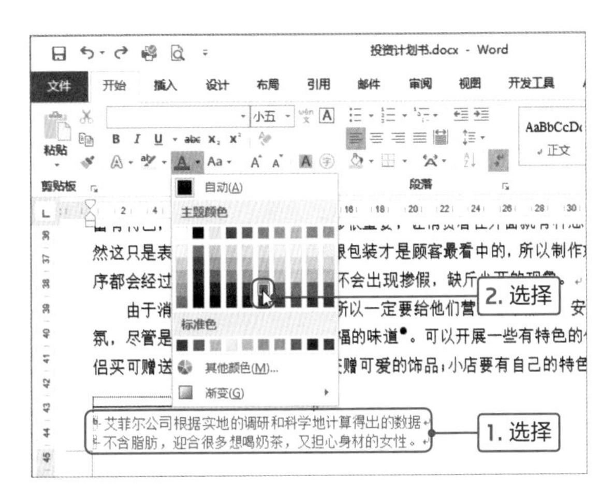

2

保持文本为选中状态，单击“字体”选项组中的“字体”下三角按钮，在列表中选择字体选项，如“华文楷体”。

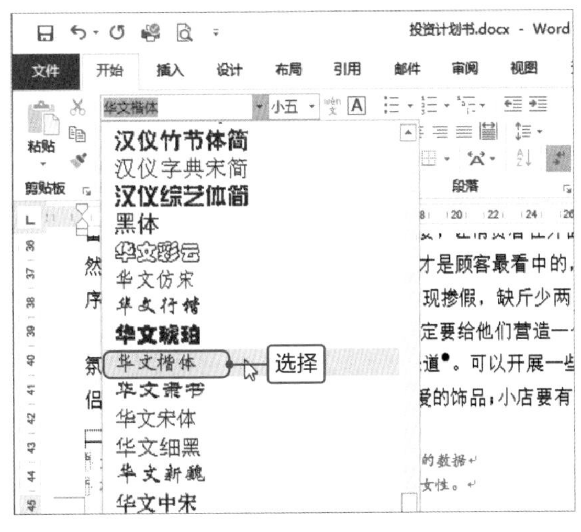

3

选中尾注，按照相同的方法设置文字颜色为“红色”，字体为“华文新魏”，查看脚注和尾注的效果。

富有特色，不落俗套，所以店面装修很重要，让消费者在外面就有种想进来逛逛的欲望。当然这只是表面的包装，奶茶的质量跟包装才是顾客最看中的，所以制作奶茶的每一道制造工序都会经过安检局的严格检验，绝不会出现掺假，缺斤少两的现象。

由于消费者大都是年轻情侣，所以一定要给他们营造一个舒适，安静，浪漫，优雅的气氛，尽管是一杯奶茶，也能品出幸福的味道。可以开展一些有特色的促销活动，比如，情侣买可赠送情侣对勺；买三杯以上获赠可爱的饰品；小店要有自己的特色，比如有卡通形象，

艾菲尔公司根据实地的调研和科学地计算得出的数据

不含脂肪，迎合很多想喝奶茶，又担心身材的女性。

这次创业计划的制定，使我对创业有了一个全面、系统的认识，并且使我对沟通，协作的重要性有了全新的了解。我相信这次计划对我们会产生深远的影响，受益匪浅。

真正的生活，有时不在于拥有多少，而在于和谁在一起。一个微笑，就是一缕春风，一方阳光，一个让人心动的世界，因为温暖；一声嘱托，就是一种牵念，一种希望，一种信念，因为懂得；一次紧握，无需言语，无需解释，就是一种信心，一种勇气，一种坚强的力量，因为真诚

时光静好，与君语；细水流年，与君同；繁华落尽，与君老。

摘自忆香官网中产品介绍栏

查看效果

高效办公

移动脚注或尾注

对脚注和尾注进行移动主要使用复制、剪切和粘贴功能来完成。当对脚注或尾注进行移动后，Word会自动根据脚注和尾注的位置对其进行重新编号。下面以移动脚注为例介绍具体操作方法。

步骤01 在文档中选择需要复制的脚注并右击，在快捷菜单中选择“复制”命令。

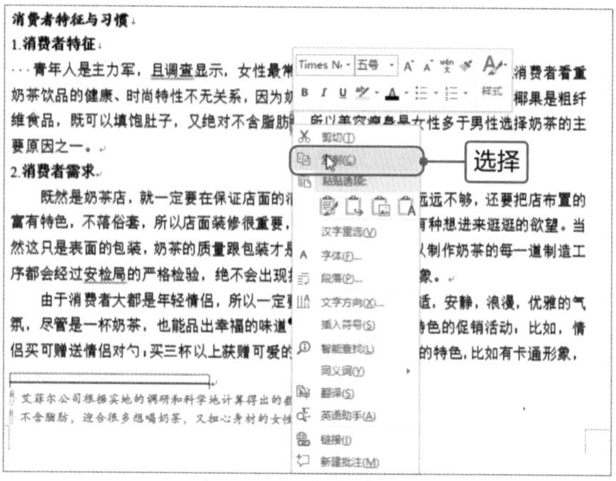

消费者特征与习惯
1.消费者特征
···青年人是主力军，且调查显示，女性最常 | 消费者看重
奶茶饮品的健康、时尚特性不无关系，因为奶 | 椰果是粗纤
维食品，既可以填饱肚子，又绝对不含脂肪 | 所以美容瘦身是女性多于男性选择奶茶的主
要原因之一。
2.消费者需求
既然是奶茶店，就一定要在保证店面的 | 远远不够，还要把店布置的
富有特色，不落俗套，所以店面装修很重要， | 有种想进来逛逛的欲望。当
然这只是表面的包装，奶茶的质量跟包装才是 | 以制作奶茶的每一道制造工
序都会经过安检局的严格检验，绝不会出现 | 象。
由于消费者大都是年轻情侣，所以一定 | 适，安静，浪漫，优雅的气
氛，尽管是一杯奶茶，也能品出幸福的味道 | 特色的促销活动，比如，情
侣买可赠送情侣对勺，买三杯以上获赠可爱的 | 的特色，比如有卡通形象，

艾菲尔公司根据实地的调研和科学地计算得出的数
不含脂肪，迎合很多想喝奶茶，又担心身材的女性

Times N 五号 A A B I U A 样式
剪切(T)
复制(C)
粘贴选项:
汉字重选(V)
字体(F)...
段落(P)...
文字方向(X)...
插入符号(S)
智能查找(L)
同义词(Y)
翻译(S)
英语助手(A)
链接(I)
新建批注(M)
选择

步骤02 选择需要粘贴脚注的位置并右击，在展开的快捷菜单的“粘贴”选项组中选择“保留格式”命令。

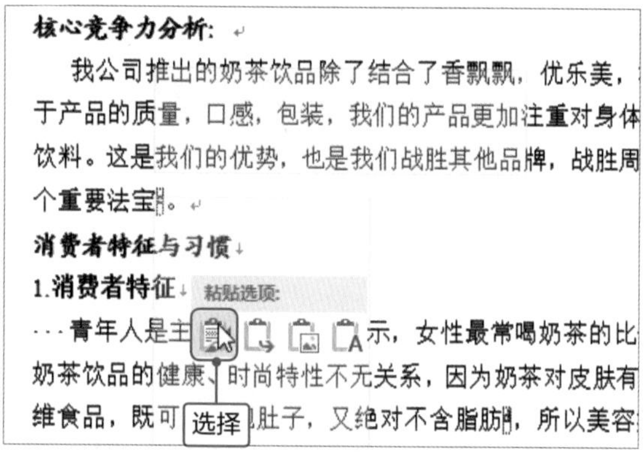

核心竞争力分析：
我公司推出的奶茶饮品除了结合了香飘飘，优乐美，
于产品的质量，口感，包装，我们的产品更加注重对身体
饮料。这是我们的优势，也是我们战胜其他品牌，战胜周
个重要法宝。
消费者特征与习惯
1.消费者特征 粘贴选项:
···青年人是主 示，女性最常喝奶茶的比
奶茶饮品的健康、时尚特性不无关系，因为奶茶对皮肤有
维食品，既可 选择 肚子，又绝对不含脂肪，所以美容

步骤03 经过以上操作后，即可完成脚注的复制，原脚注保留，复制的脚注会根据位置自动更新编号。

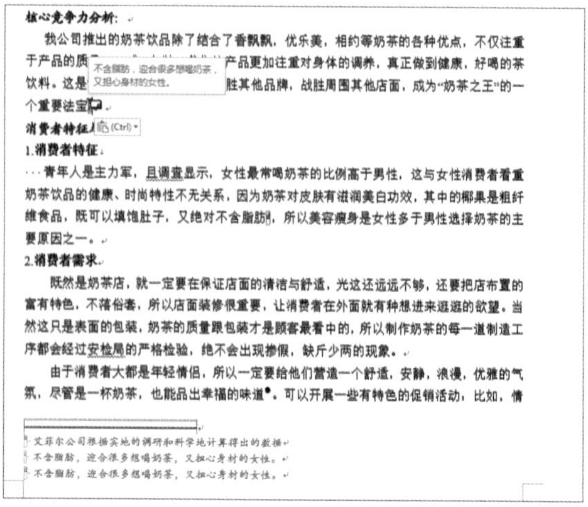

核心竞争力分析：
我公司推出的奶茶饮品除了结合了香飘飘，优乐美，相约等奶茶的各种优点，不仅注重
于产品的质 不含脂肪，迎合很多想喝奶茶，又担心身材的女性。 产品更加注重对身体的调养，真正做到健康，好喝的茶
饮料。这是 胜其他品牌，战胜周围其他店面，成为“奶茶之王”的一
个重要法宝。
消费者特征 (Ctrl)
1.消费者特征
···青年人是主力军，且调查显示，女性最常喝奶茶的比例高于男性，这与女性消费者看重奶茶饮品的健康、时尚特性不无关系，因为奶茶对皮肤有滋润美白功效，其中的椰果是粗纤维食品，既可以填饱肚子，又绝对不含脂肪，所以美容瘦身是女性多于男性选择奶茶的主要原因之一。
2.消费者需求
既然是奶茶店，就一定要在保证店面的清洁与舒适，光这还远远不够，还要把店布置的富有特色，不落俗套，所以店面装修很重要，让消费者在外面就有种想进来逛逛的欲望。当然这只是表面的包装，奶茶的质量跟包装才是顾客最看中的，所以制作奶茶的每一道制造工序都会经过安检局的严格检验，绝不会出现掺假，缺斤少两的现象。
由于消费者大都是年轻情侣，所以一定要给他们营造一个舒适，安静，浪漫，优雅的气氛，尽管是一杯奶茶，也能品出幸福的味道。可以开展一些有特色的促销活动，比如，情

艾菲尔公司根据实地的调研和科学地计算得出的数据
不含脂肪，迎合很多想喝奶茶，又担心身材的女性。
不含脂肪，迎合很多想喝奶茶，又担心身材的女性。

步骤04 选中需要剪切的脚注并右击，在快捷菜单中选择“剪切”命令

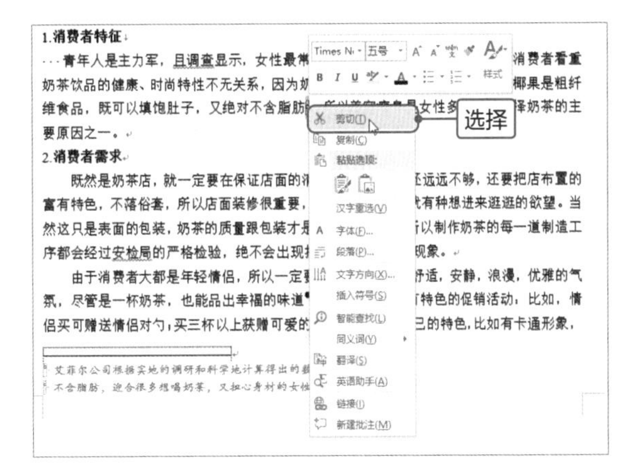

步骤05 将光标定位在第一个脚注之前的位置，右击，在快捷菜单的“粘贴”选项区域选择“保留格式”命令。

步骤06 返回文档，可见不显示原脚注，粘贴后脚注的编号自动更新了。

Tips 逐条查看脚注或尾注

如果需要逐条查看脚注或尾注，可以通过功能按钮实现，单击“脚注”选项组中“下一条脚注”下三角按钮，在列表中选择相应的选项即可。

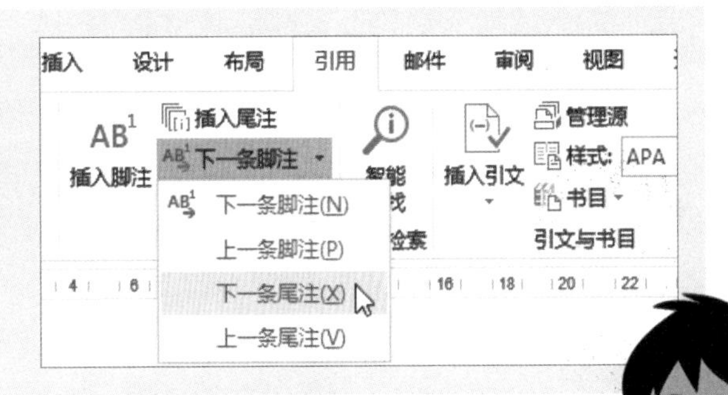

制作合适的目录

投资计划书制作完成后，历历哥首先对小蔡的劳动成果给予了肯定，表扬投资计划书的内容全面、充实，思路清晰，整体来说比较满意。为了让整个投资计划书的内容展示更清晰，让领导对整个计划书的内容能够一目了然，同时提供检索的功能，小蔡在计划书中添加了目录。但是追求精益求精的历历哥觉得投资计划书的目录做得不是很规范，还可以做得更完美，于是历历哥安排小蔡对目录进行进一步完善和修改。

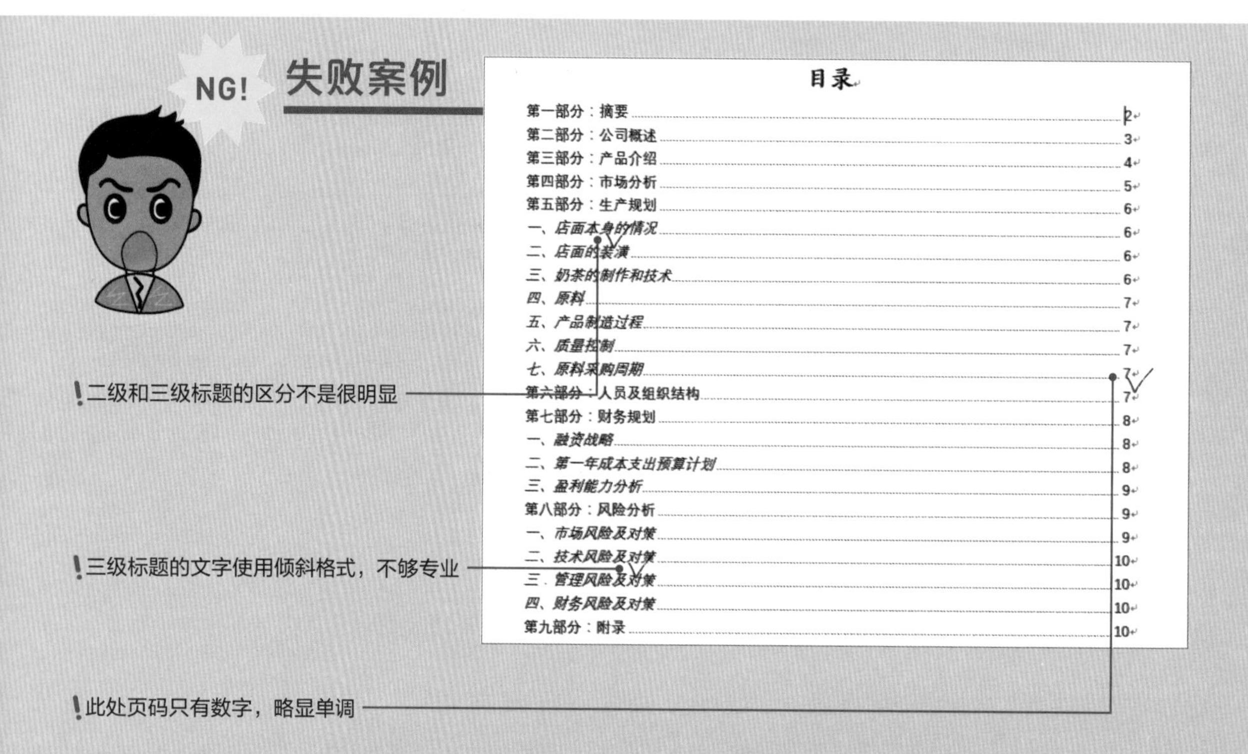

小蔡在制作目录的时候，正文中的二级和三级标题设置不是很明显，如从字体、字号等很难分清标题的级别；另外，三级标题的文字使用倾斜格式，想与二级标题区分开，但是在正式的商用文件中显得很不专业；最后，目录中的页码只有孤单的数字，略显单调。

MISSION! 2

如果制作的文档比较长，文档中的章节也比较多，此时我们可以为文档添加目录，方便他人阅读时了解该文档的结构，也方便查找相关的内容。添加目录时，我们可以根据需要添加需要的标题，还可以对其进行编辑和美化等操作。

成功案例 OK!

目 录

二级和三级标题使用不同的字体和字号，并且不同级的标题左缩进也不同

此处为页码添加小括号，略显充实

三级标题的文字使用华文新魏字体，取消倾斜格式

修改后的文档，二级和三级标题分别设置不同的字体和字号，并且不同级别的标题左缩进也不同，一眼就能看出标题的级别；三级标题使用华文新魏字体，取消倾斜格式，使其更专业；为了使页码不单调而且专业，为其添加了小括号，略微修饰一下。

Point 1 快速设置标题

在提取目录之前，首先对各级标题进行设置，我们可以直接应用Word中提供的标题样式，也可以自定义样式。

1

打开“投资计划书”文档，切换至“开始”选项卡，单击“样式”选项组中的“其他”按钮，在打开的列表中右击“标题2”，在快捷菜单中选择“修改”命令。

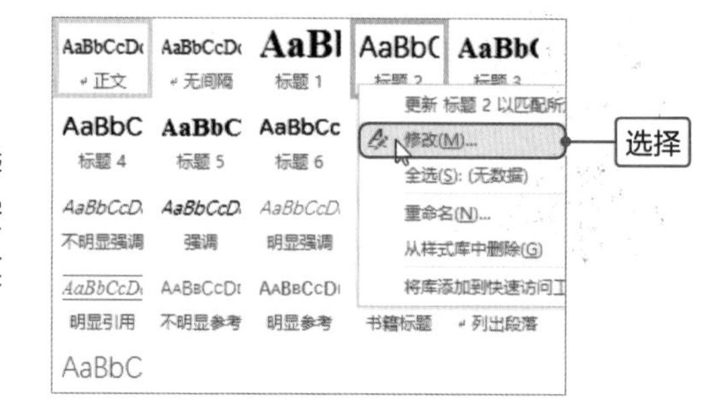

2

打开“修改样式”对话框，单击左下角“格式”下三角按钮，在展开的列表中选择“字体”选项。

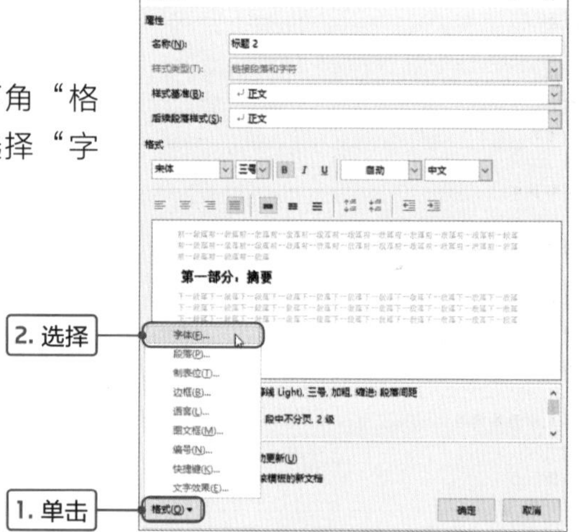

3

打开“字体”对话框，在“字体”选项卡中设置中文字体为“华文中宋”，字形为“加粗”，字号为“三号”，然后单击“确定”按钮。

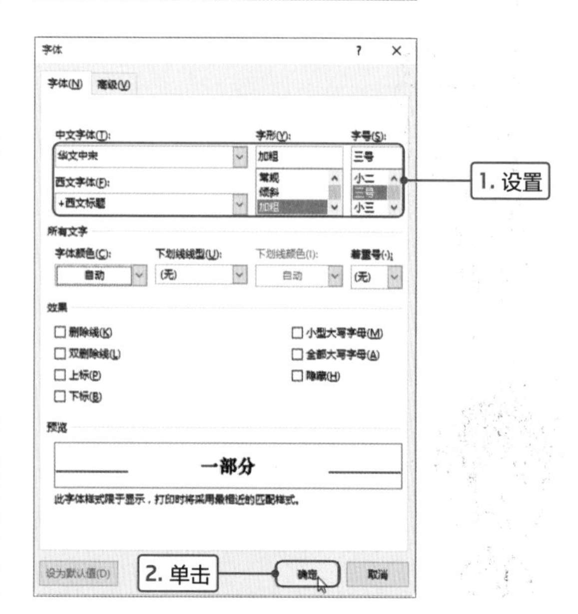

Tips **设置文字的其他格式**

在“字体”对话框中，还可以设置字体的颜色、下划线以及下划线的颜色等，在“预览”区域可以查看设置的效果。

4

返回“修改样式”对话框，单击“格式”下三角按钮，在列表中选择“段落”选项，打开“段落”对话框，在“缩进和间距”选项卡中设置左侧缩进为“0字符”，段前和段后为“8磅”，行距为“单倍行距”，单击“确定”按钮。

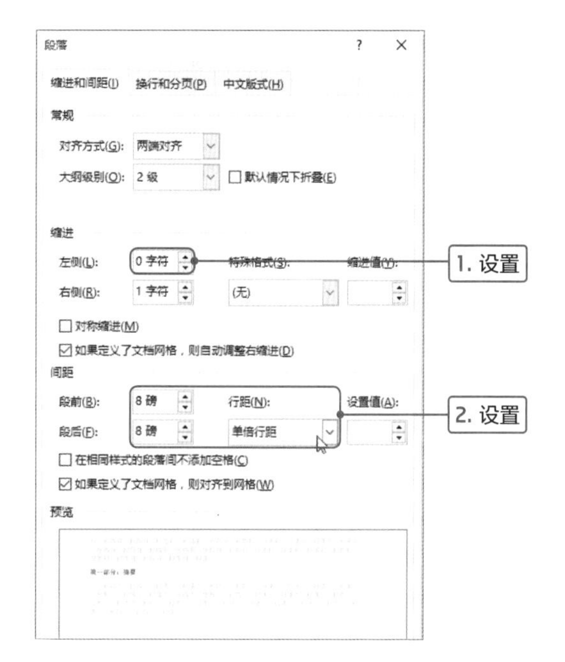

5

按照相同的方法，设置“标题3”样式，字体为“华文新魏”，字号为“小三”，段前和段后均为“6磅”。

6

切换到“视图”选项卡，在“显示”选项组中勾选“导航窗格”复选框，在“导航”窗格中查看设置标题样式的效果。

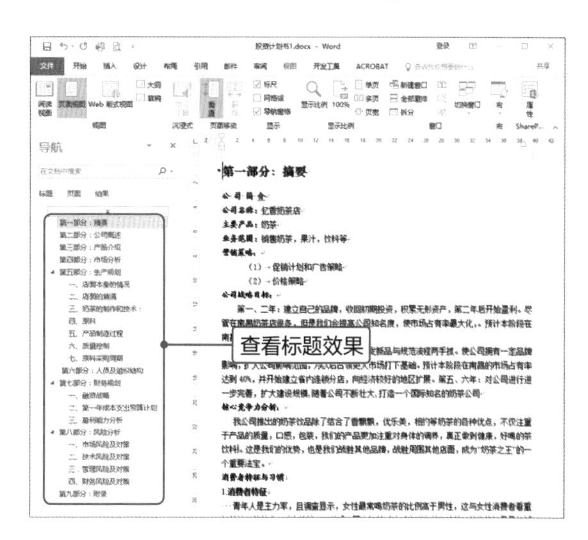

Tips 清除应用样式

选中文档中要清除应用样式的内容，单击“样式”选项组中的“其他”按钮，在列表中选择“清除格式”选项即可。

Point 2 提取目录

Word中提供了“自定义目录”功能，可以将文档中的标题快速提取并标注标题所在的页码。

1

本案例投资计划书包含封面，所以目录应放在第二页，将光标定位正文的最前面，切换至“插入”选项卡，单击“页面”选项组中的“空白页”按钮。

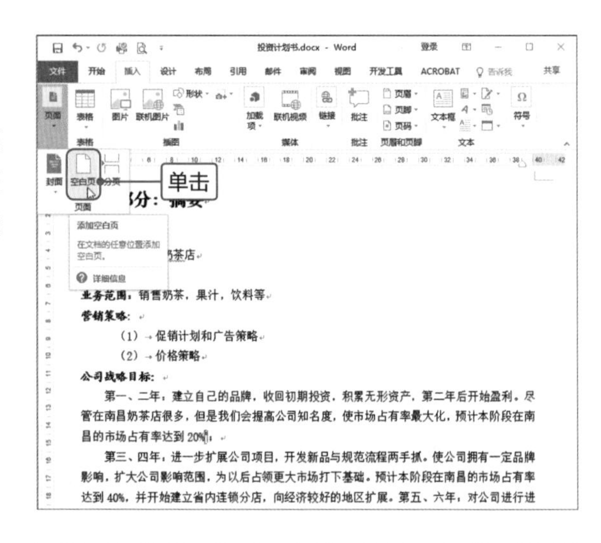

2

在插入的空白页中输入“目录”文本，设置文字样式，按Enter键换行。切换至“引用”选项卡，单击“目录”选项组中“目录”下三角按钮，在列表中选择“自定义目录”选项。

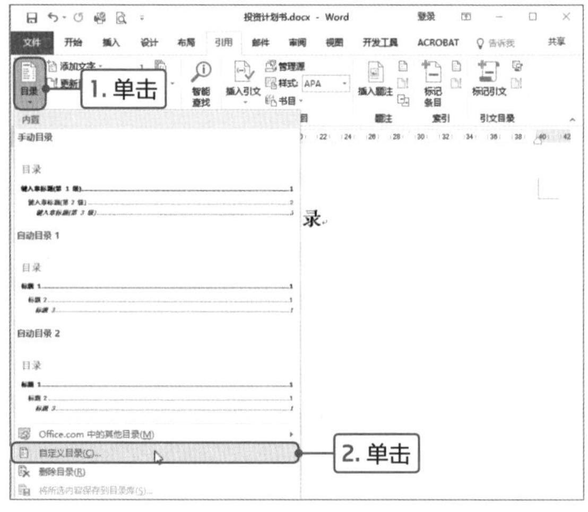

Tips 自动提取目录

在“目录”下拉列表中可以选择“自动目录1”和“自动目录2”，即可在光标插入点生成目录。

3

打开“目录”对话框，在“目录”选项卡中设置制表符前导符的样式，在“常规”选项区域中设置“格式”为“正式”，显示级别为3，单击“确定”按钮。

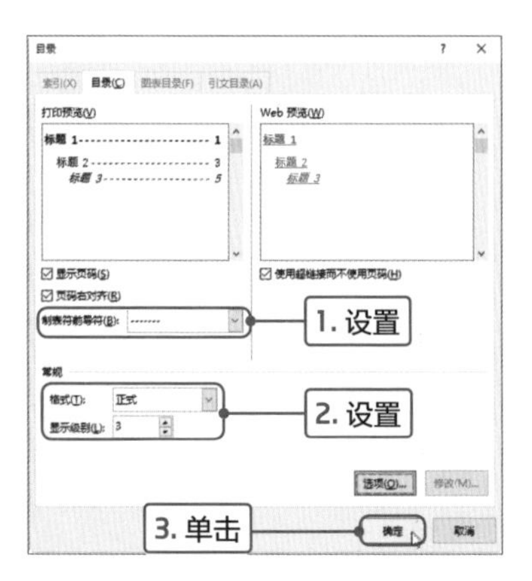

4

返回文档，光标处提取了文档中的标题，并显示所有标题所在的页码。

目录

查看提取的目录

5

提取的目录默认是存在链接的，如果需要查看“第七部分：财务规划”的内容，按住Ctrl键然后单击该标题。

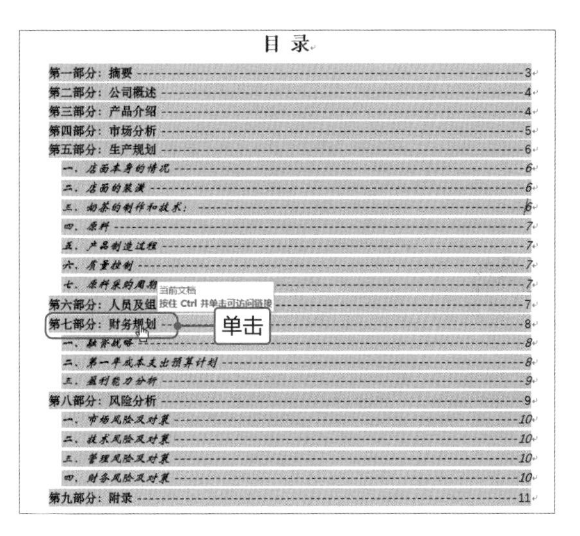

6

单击后系统自动跟踪链接，跳转到“第七部分：财务规划”，光标定位在该内容的最前面。

第七部分：财务规划

一、融资战略

1、金融资本

主要用于购置原料、租赁门面、专修房屋、发放工资、宣传费用等。

2、资金来源

为了满足本店的正常经营活动，合理配置基金结构，减少公司举债经营中可能发生的经营风险和财务风险。依据财务报表分析，本店第一年度资金主要来源有：

本店处于创业阶段，相当一部分资金依赖自有资本，所以大部分资金通过创业者自筹获得。

二、第一年成本支出预算计划

成本预算表　　　　（单位：元）

门面租金	24000
装修	30000
基本设备	23000
职工薪酬	51600
宣传费用	2400
合计	131000

查看连接效果

Point 3 编辑目录

目录提取出来后如果感觉不是很满意，可以对目录进行修改，如设置文字和段落。我们可以从Word自带的格式中选择合适的样式，也可以自定义样式。

1

切换至“引用”选项卡，单击“目录”选项组中“目录”下三角按钮，在列表中选择“自定义目录”选项，打开“目录”对话框，单击“格式”下三角按钮，在列表中选择“来自模板”选项，单击“修改”按钮。

Tips 应用内置格式

在“目录”对话框中，单击“格式”下三角按钮，列表中包含“古典”、“优雅”、“流行”、“现代”、“正式”和“简单”几种格式，直接选择相应的格式即可。

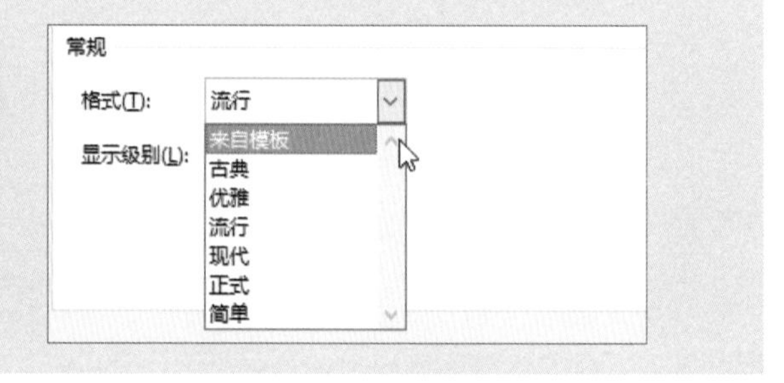

2

打开“样式”对话框，在“样式”列表框中选择需要修改的目录，此处选择“目录3”选项，单击“修改”按钮。在“预览”区域中可以查看选中目录的效果以及目录的格式参数。

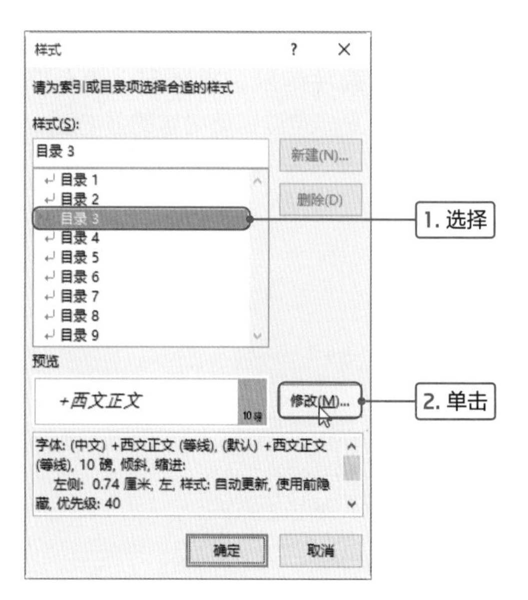

3

打开“修改样式”对话框，修改“目录3”的相关参数，设置文字体为“华文楷体”，取消倾斜，单击“确定”按钮。

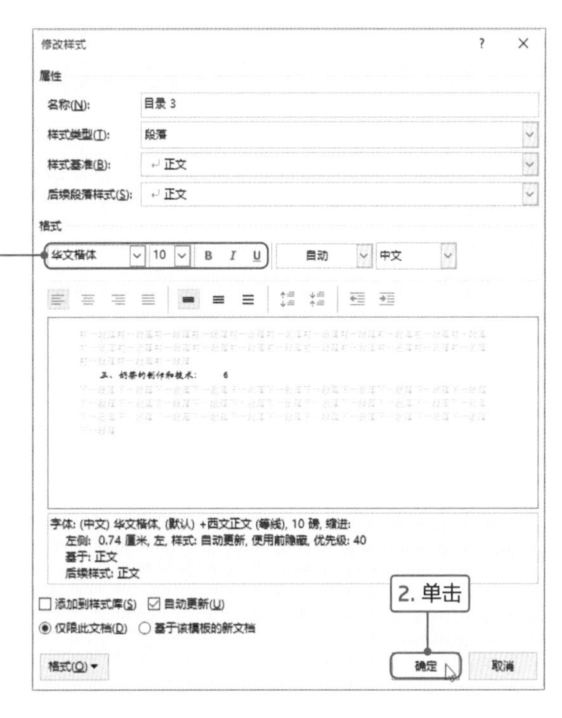

4

弹出系统提示对话框，提示“要替换此目录吗?”，单击“确定”按钮。

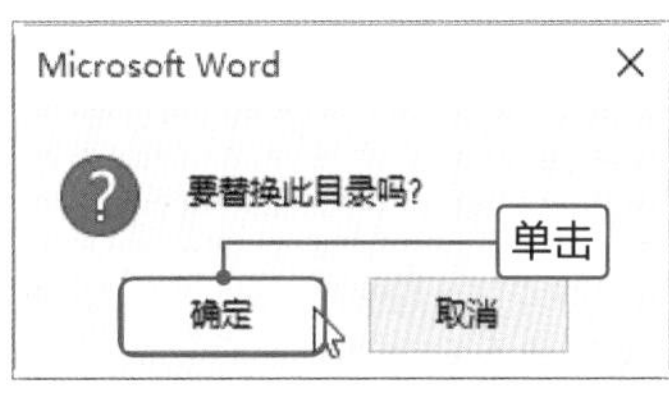

5

返回文档，查看编辑目录后的效果，可见“目录3”应用了设置的格式。

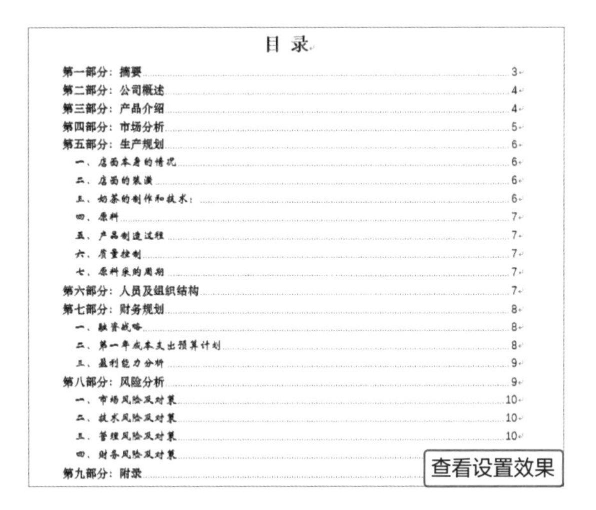

目 录

Tips 手动输入目录

首先将光标定位在需要输入目录的位置，切换至“引用”选项卡，单击“目录”选项组中“目录”下三角按钮，在列表中选择“手动目录”选项，在光标处插入一级、二级和三级标题，将正文中需要录入标题的内容手动输入即可。

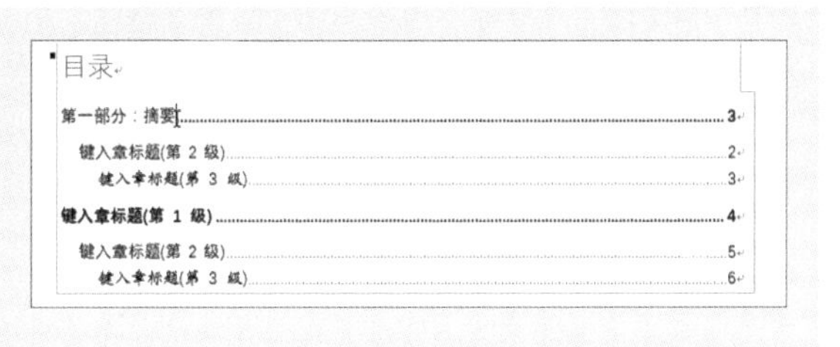

目录

Point 4 设置目录中的页码

在提取目录时，默认情况下页码只是数字，没有任何装饰，下面我们为页码添中括号，具体操作方法如下。

1

将光标定位在“第一部分：摘要”文本的左侧，切换至“开始”选项卡，单击“编辑”下三角按钮，在展开的列表中选择“替换”选项。

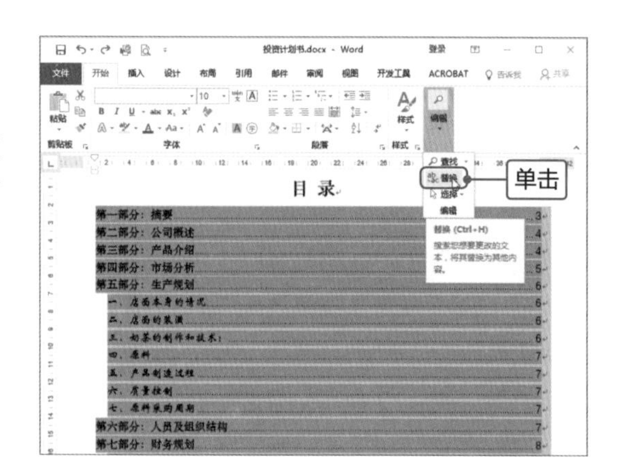

2

打开“查找和替换”对话框，在查找内容文本框中输入“([0-9]{1,})”，在替换为文本框中输入“(\1)”，单击“更多”按钮，在展开的区域勾选“使用通配符”复选框，然后单击“全部替换”按钮。

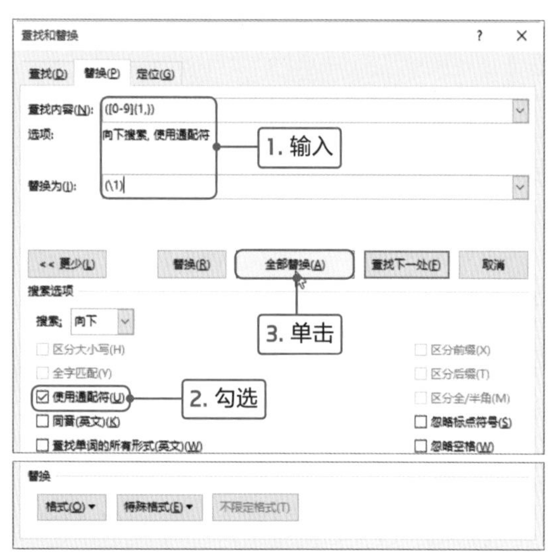

3

弹出提示对话框，显示在所选区域中替换了23处，是否要搜索文档中其他部分，单击“否”按钮，即可完成替换，返回文档查看为页码添加括号的效果。

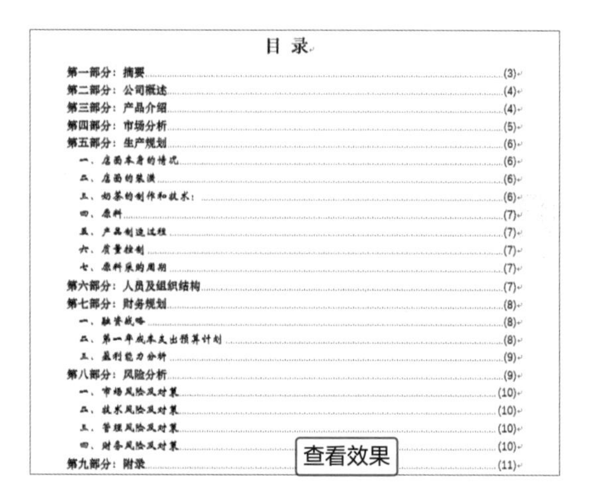

高效办公

目录的更新和取消链接

● 更新目录

目录设置完成后，如果需要对正文的标题进行修改，目录是不能自动更新的，如果重新提取则很麻烦，下面介绍快速更新目录的方法。

步骤01 打开Word文档，将“第八部分：风险分析”修改为“第八部分：风险及对策”，可见在目录中并没有自动更正。

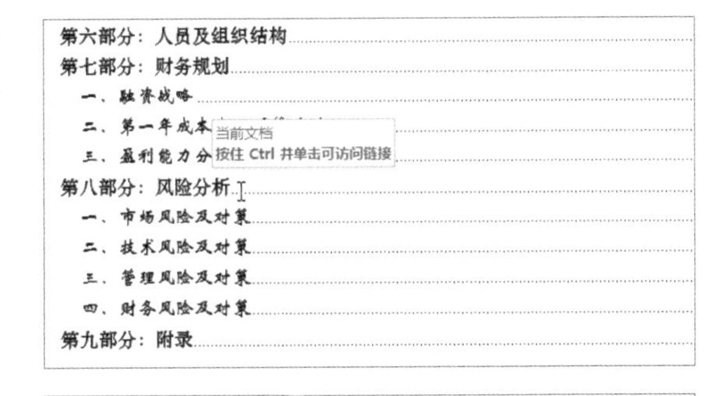

第八部分：风险及对策

经营风险就是指在资本经营活动中所遇到或存在的某些不确定因素造

经营结果偏离预期可能性的风险。就目前而言，本奶茶店店经营活动中可能

步骤02 切换至“引用”选项卡，单击“目录”选项组中的“更新目录”按钮。

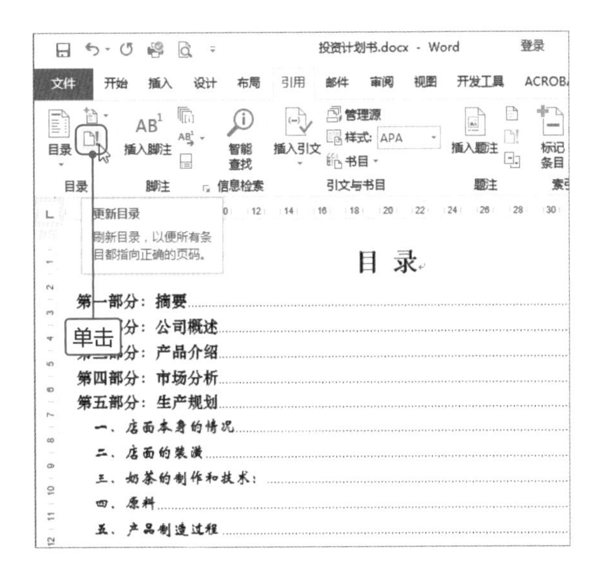

步骤03 打开“更新目录”对话框，选中“更新整个目录”单选按钮，单击“确定”按钮。如果只是因为排版导致页码不同，可以选中“只更新页码”单选按钮。

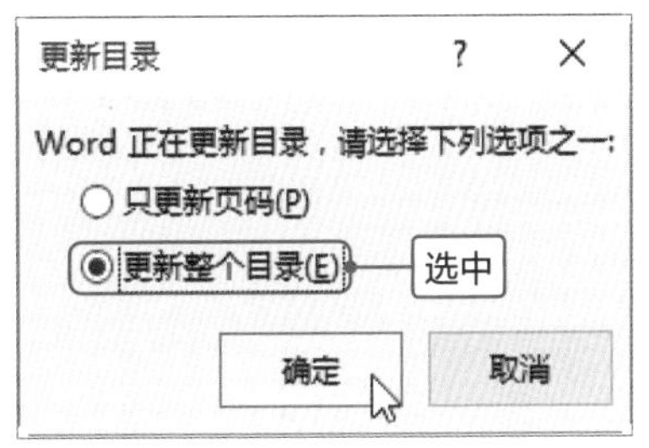

利用快捷菜单进行更新

选中目录中任意位置并右击，在快捷菜单中选择“更新域”命令，即可打开“更新目录”对话框，根据需要进行设置即可。

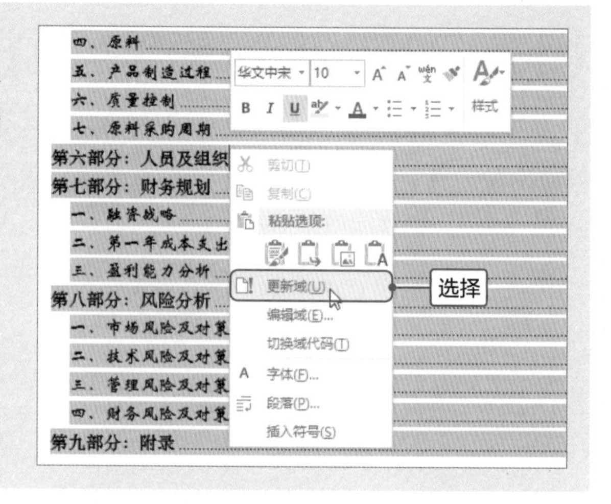

步骤04 返回文档中，可见目录中的“第八部分”被更新了。

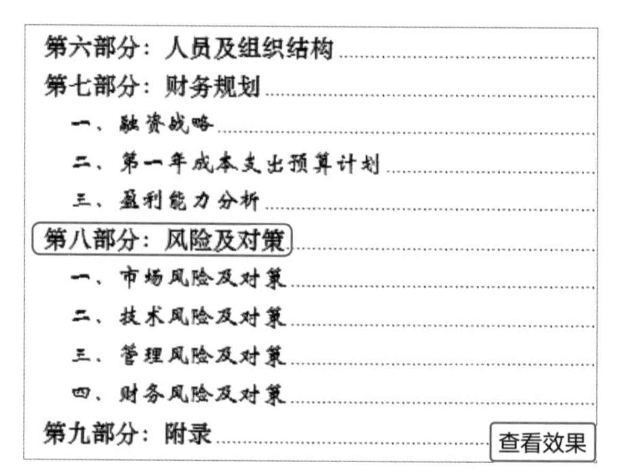

● 取消链接

在提取目录的时候，默认情况下是存在链接功能的，当检查目录设置正确后，可以取消链接功能。在取消链接功能时，可以取消部分链接，也可以取消全部链接，下面介绍具体操作方法。

步骤01 切换至“引用”选项卡，单击“目录”选项组中的“目录”下三角按钮，在列表中选择“自定义目录”选项。

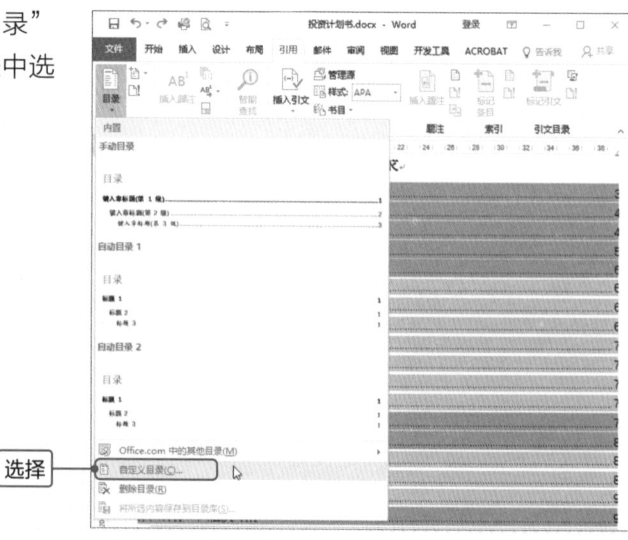

步骤02 打开“目录”对话框，在“目录”选项卡中的“Web预览”选项区域取消勾选“使用超链接而不使用页码”复选框，然后单击“确定”按钮。

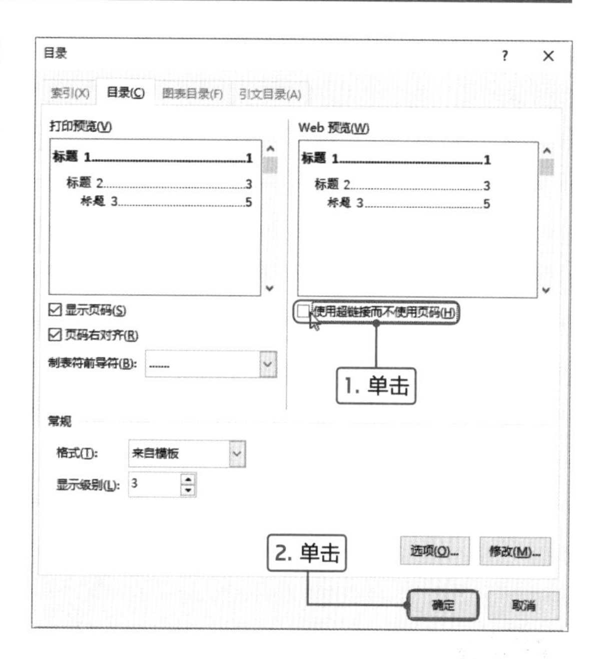

步骤03 弹出系统提示对话框，提法“要替换此目录吗？”，单击“确定”按钮。

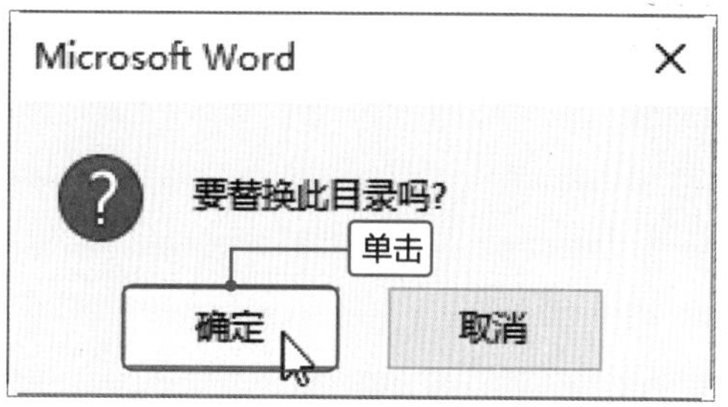

步骤04 返回文档，将光标移到目录文字上方，如“第六部分：人员及组织结构”，则不再提示链接的相关信息。

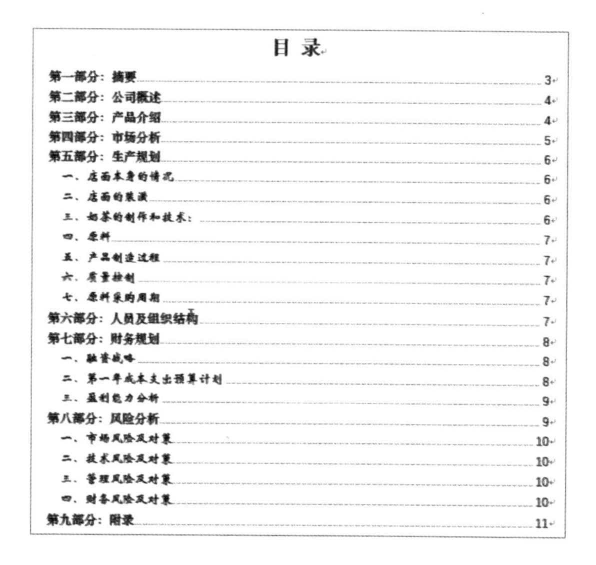

目 录

使用快捷键取消链接

打开文档，按Ctrl+Shift+F9组合键，可以将文档中所有超链接，包含目录的链接，都转换为普通文本。如果只是取消部分链接，选中所有目录，然后按Ctrl+Shift+F9组合键，即可完成目录的取消链接。

为文档添加修订和批注

在仔细阅读、研究和验证投资计划书的内容和相关数据后，历历哥让小蔡把计划书中存在疑问或不清楚的地方标注出来，以便于下次开会进行讨论。小蔡根据调查的资料以及实际的成本核算，在投资计划书中有疑问的地方进行了标记，有些错误的数据则直接删除，然后输入正确的数值。但是这样的修改不能让后来的审阅者直观地看到计划书中哪些地方进行了修改，并且像投资计划书这种非常重要的商业文件，不进行相应的密码保护很容易泄露公司的机密。

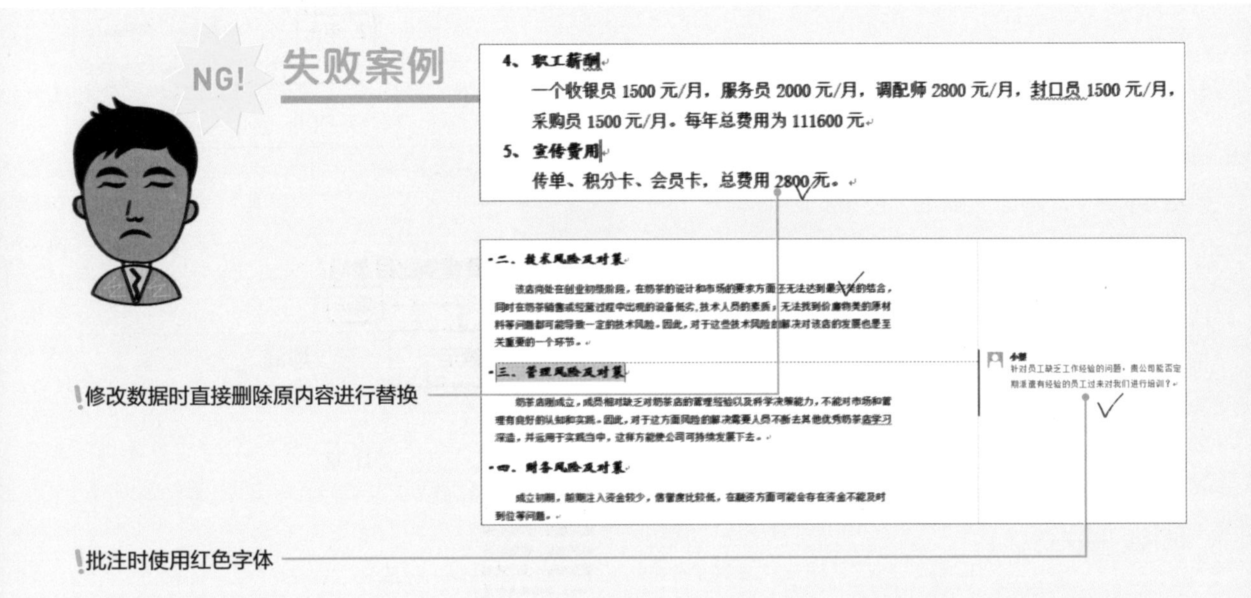

4、职工薪酬

一个收银员1500元/月，服务员2000元/月，调配师2800元/月，封口员1500元/月，采购员1500元/月。每年总费用为111600元。

5、宣传费用

传单、积分卡、会员卡，总费用2800元。

二、技术风险及对策

该店尚处在创业初级阶段，在奶茶的设计和市场的要求方面还无法达到最完美的结合，同时在奶茶销售或经营过程中出现的设备低劣，技术人员的素质，无法找到价廉物美的原材料等问题都可能导致一定的技术风险。因此，对于这些技术风险的解决对该店的发展也是至关重要的一个环节。

三、管理风险及对策

奶茶店刚成立，成员相对缺乏对奶茶店的管理经验以及科学决策能力，不能对市场和管理有良好的认知和实践。因此，对于这方面风险的解决需要人员不断去其他优秀奶茶店学习深造，并运用于实践当中，这样方能使公司可持续发展下去。

四、财务风险及对策

成立初期，前期注入资金较少，信誉度比较低，在融资方面可能会存在资金不能及时到位等问题。

小蔡
针对员工缺乏工作经验的问题，贵公司能否定期派遣有经验的员工过来对我们进行培训？

没有对文档进行密码保护

在审阅文档时，宣传费用预估出现错误，小蔡在修改时将错误的内容直接删除，重新输入预估的数据；在为文档内容添加批注时，使用红色的批注框和红色的文字；审阅之后还需相互传阅进行修改，没有对文档进行保护。

MISSION! 3

在审阅文档时，如果发现需要验证或错误的地方，可以使用标注和修订功能进行标记，提示对其进行核实。而为了防止文档在传阅过程中标注和修订被修改或删除，我们还可以对其设置密码保护。

成功案例 OK!

4、职工薪酬

一个收银员 1500 元/月，服务员 2000 元/月，调配师 2800 元/月，封口员 1500 元/月，采购员 1500 元/月。每年总费用为 111600 元。

5、宣传费用

传单、积分卡、会员卡，总费用 ~~2400~~2800 元。

使用修订功能修改数据

二、技术风险及对策

该店尚处在创业初级阶段，在奶茶的设计和市场……同时在奶茶销售或经营过程中出现的设备低劣，技术……料等问题都可能导致一定的技术风险。因此，对于这……关重要的一个环节。

三、管理风险及对策

奶茶店刚成立，成员相对……理有良好的认知和实践。因此，……深造，并运用于实践当中，这……

四、财务风险及对策

成立初期，前期注入资金……到位等问题。

小蔡
针对员工缺乏工作经验的问题，贵公司能否定期派遣有经验的员工过来对我们进行培训？
答复 解决

限制编辑
权限
文档受保护，以防止误编辑。
只能查看此区域。
查找下一个可编辑的区域
显示可编辑的所有区域
☑ 突出显示可编辑的区域
停止保护

对文档进行密码保护

设置颜色为绿色并适当设置文字的格式

对文档中的数据进行修改时可以使用“修订”功能，并设置修改数据和原数据为不同的颜色，使浏览者能清楚查看修改前后对比；将批注框移到左侧缩短与添加批注内容之间的距离，使用绿色的批注框和文字，使用浏览者感觉没有红色那么强势；最后对文档进行“限制编辑”操作，这样就不用担心在传阅时被修改，导致数值不准确。

Point 1 修订文档

在修改文档中内容时，如果直接将其删除，然后重新输入新内容，那么下次再打开时则无法查看修改前后的差别，其他人阅读文档时也很难发现哪里是修改的。此时，我们可以使用“修订”功能，让修改更明了地显示出来，并能比较修改前后的内容。

1

打开“投资计划书”文档，切换至“审阅”选项卡，单击“修订”选项组中的“修订”下三角按钮，在下拉列表中选择“修订”选项。

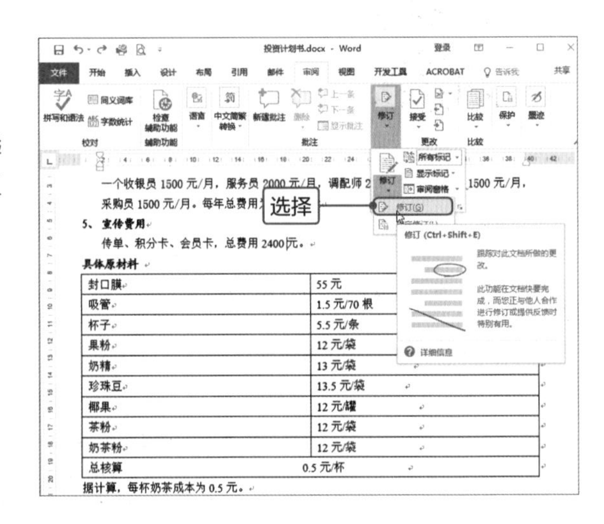

2

在文档中选中需要修改的内容，如2400，按Delete键，则在选中内容上出现删除线并且变为红色显示。然后在删除内容右侧输入需要更改的内容，也会以红色文字显示，并带有下划线。

4、职工薪酬

一个收银员 1500 元/月，服务员 2000 元/月，调配师

采购员 1500 元/月。每年总费用为 111600 元

5、宣传费用

传单、积分卡、会员卡，总费用 ~~2400~~2800 元。

具体原材料

封口膜	55 元
吸管	1.5 元/70
杯子	5.5 元/条
果粉	12 元/袋
奶精	13 元/袋

修改文档

3

确定修订后再次单击“修订”按钮，退出修订模式，在该行的左侧出现灰色的修订标记，将光标移至修订内容上，则显示用户名、修订的时间和修订的内容。

4、职工薪酬

一个收银员 1500 元/月，服务员 2000 元/月，调配师 2800 元/月，

采购员 1500 元/月。每年总费用为 1

小葳, 2018/1/13 9:56:00 插入的内容: 2800

5、宣传费用

传单、积分卡、会员卡，总费用 ~~2400~~2800 元。

具体原材料

封口膜	55 元
吸管	1.
杯子	5.5 元/条
果粉	12 元/袋
奶精	13 元/袋
珍珠豆	13.5 元/袋
椰果	12 元/罐
茶粉	12 元/袋

查看修订信息

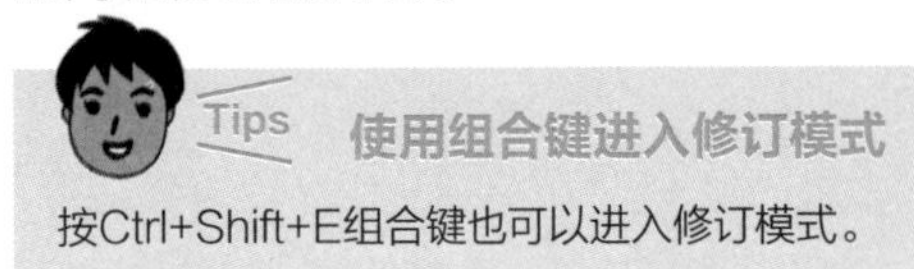

Tips 使用组合键进入修订模式

按Ctrl+Shift+E组合键也可以进入修订模式。

Point 2 编辑修订

默认情况下修订是以红色显示删除和修改的内容，并分别添加删除线和下划线，我们可以根据需要对其进行修改。

1

打开“投资计划书”文档，切换至“审阅”选项卡，单击“修订”选项组中的“修订”下三角按钮，在下拉列表中单击“修订选项”按钮。

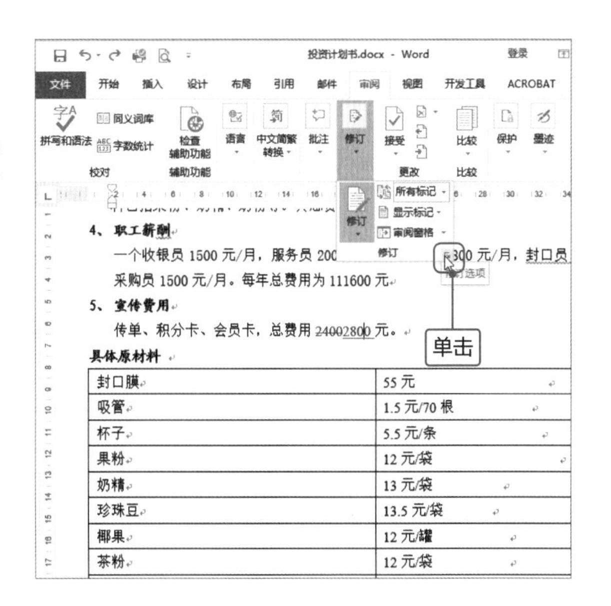

2

打开“修订选项”对话框，保持各参数为默认设置，单击“高级选项”按钮。

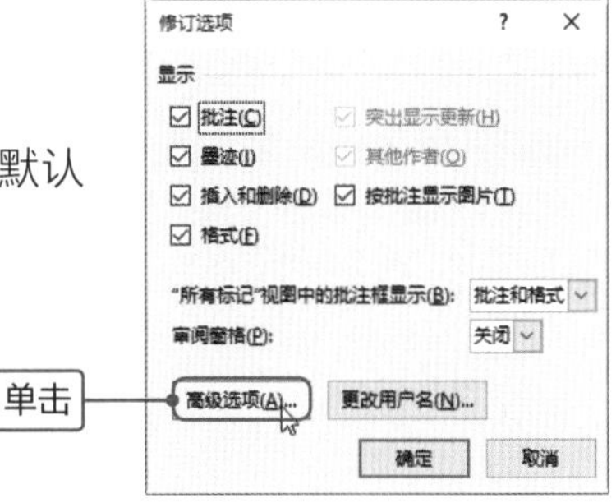

3

打开“高级修订选项”对话框，在“标记”选项区域中单击“插入内容”下三角按钮，在列表中选择“双下划线”选项，在右侧颜色列表中选择“鲜绿”，设置删除内容为“双删除线”，颜色为“红色”，修订行保持默认设置，单击“确定”按钮。

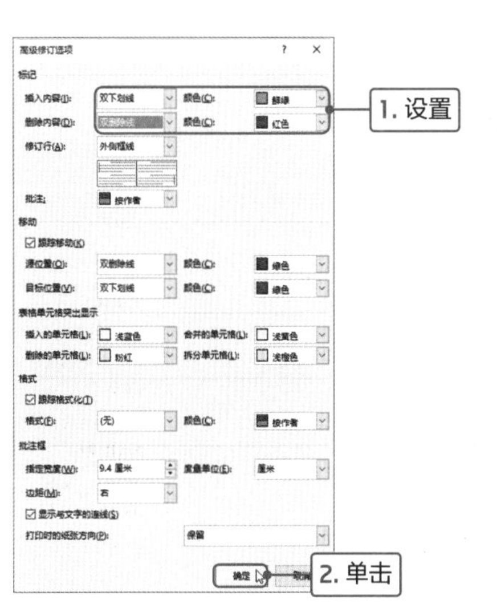

Tips 设置修订线

对文档内容进行修订后，在该行的左侧会显示竖直的修订线，默认颜色为灰色，单击该修订线，会隐藏删除的内容，修订线为红色。可以在“高级修订选项”对话框中设置修订线的位置，单击“修订行”右侧下三角按钮，在列表中选择相应的选项即可，包括“无”、“左侧框线”、“右侧框线”和“外侧框线”4个选项。

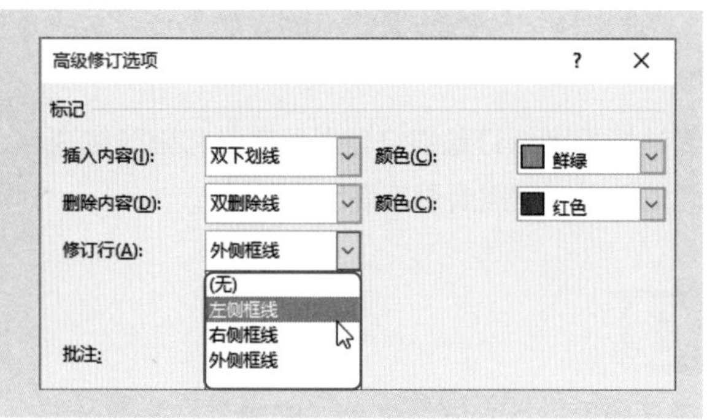

返回“修订选项”对话框，单击“确定”按钮，返回文档查看设置修订格式后的效果。

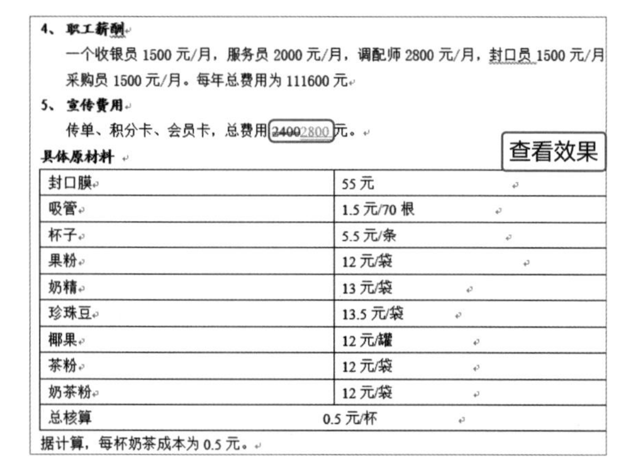

封口膜	55 元
吸管	1.5 元/70 根
杯子	5.5 元/条
果粉	12 元/袋
奶精	13 元/袋
珍珠豆	13.5 元/袋
椰果	12 元/罐
茶粉	12 元/袋
奶茶粉	12 元/袋
总核算	0.5 元/杯

据计算，每杯奶茶成本为 0.5 元。

Tips 查看修订

如果在文档中修订的内容比较多，逐条查看修订比较费时费力，我们可以使用“审阅空格”功能将所有修订在左侧或在下方统一显示。切换至“审阅”选项卡，单击“修订”选项组中的“审阅窗格”下三角按钮，在展开的列表中包含“垂直审阅窗格”和“水平审阅窗格”两个选项。下左图为垂直审阅窗格，下右图为水平审阅窗格。

Point 3 插入批注

在审阅文档时，审阅者可以针对内容添加注释、说明或是建议等相关信息，在反馈信息时，可以对批注内容进行审核和交流。

1

在文档中选择需要添加批注的内容，此处选择“三.管理风险及对策”标题，切换至“审阅”选项卡，单击“批注”选项组中的“新建批注”按钮。

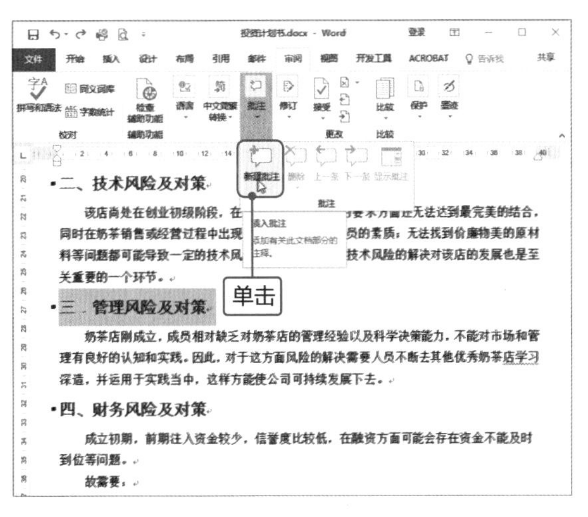

2

在右侧出现批注框，然后输入批注的内容即可，输入完成后单击批注框以外的任意位置即可完成批注的创建。

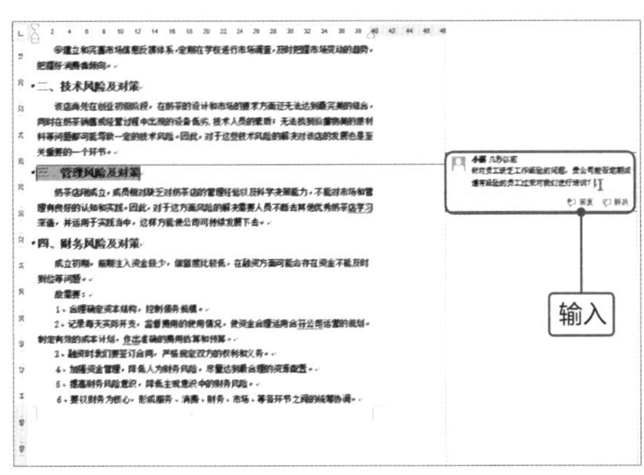

Tips 删除批注

选中需要删除的批注，然后切换至“审阅”选项卡，单击“批注”选项组中的“删除”按钮，即可删除选中的批注。

除此之外，也可以右击批注，在快捷菜单中选择“删除批注”选项即可。

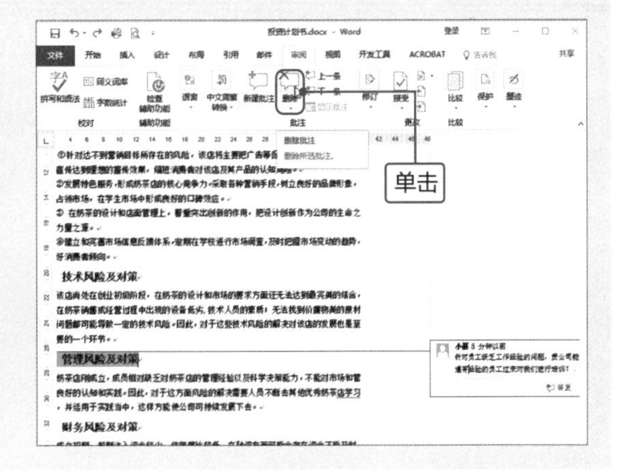

Point 4 编辑批注

插入的批注默认的颜色是红色，我们可以设置其颜色以及批注框的大小，设置方法和编辑修订方法相似。

1

切换至“审阅”选项卡，单击“修订”选项组中的“修订选项”按钮。

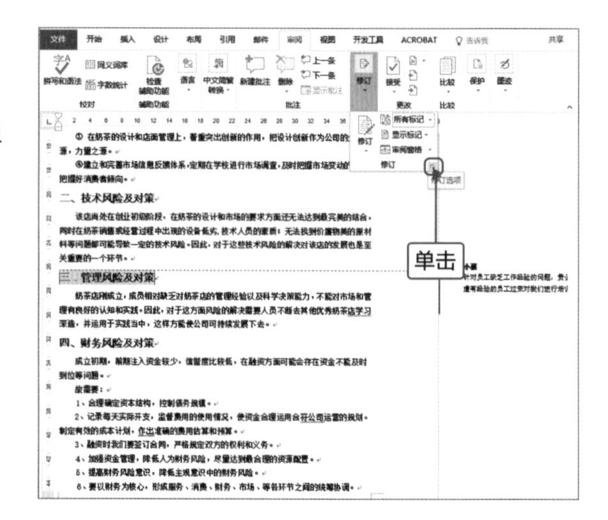

2

打开“修订选项”对话框，保持各参数为默认设置，单击“高级选项”按钮。

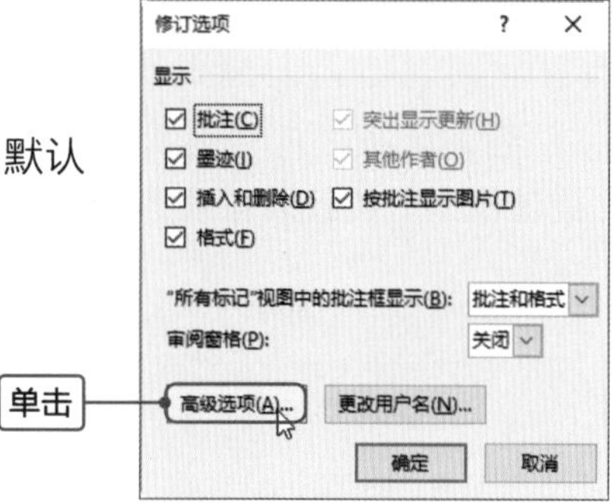

3

打开“高级修订选项”对话框，单击“批注”下三角按钮，选择“绿色”选项，在“批注框”选项区域中设置“指定宽度”为6厘米，“边距”为“左”，然后依次单击“确定”按钮。

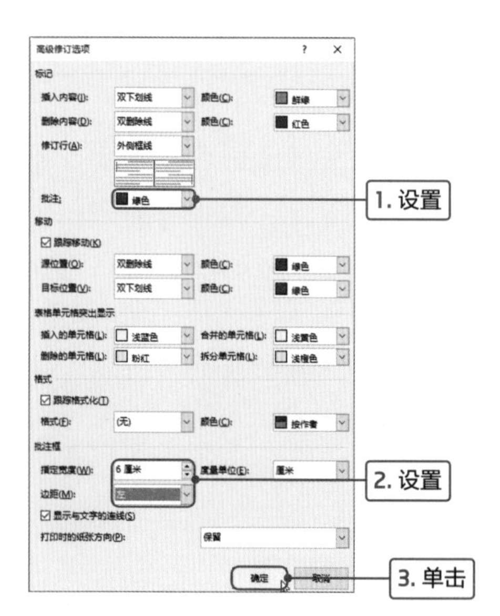

4

返回文档，可见批注的颜色和位置发生了改变。

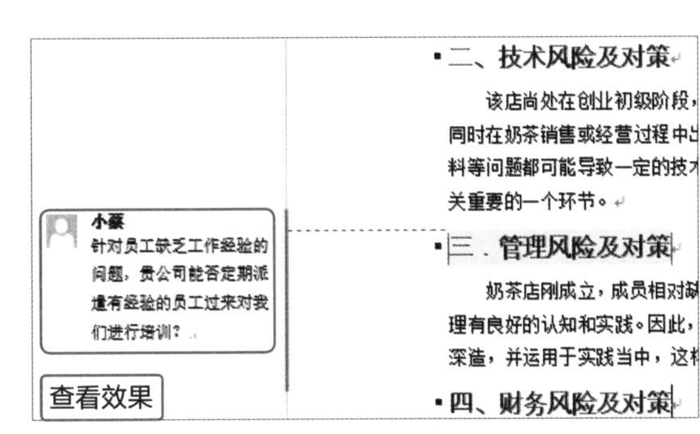

5

选中批注的内容，切换至“开始”选项卡，在“字体”选项组中设置字体和字体颜色。

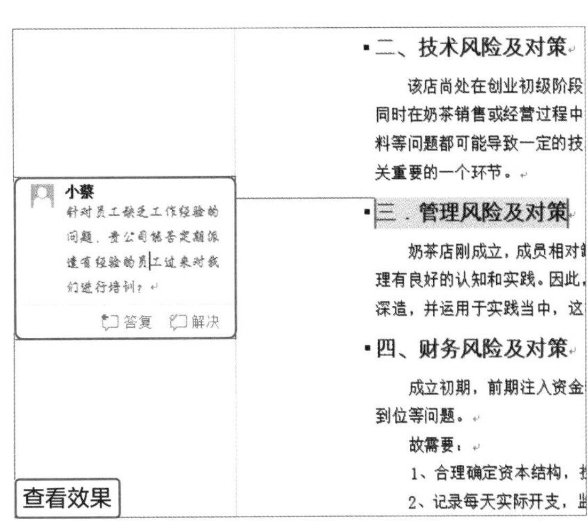

Tips 更改用户名

在审阅文档时，不管是创建批注还是修订，都会显示审阅者的名称，那么如何更改显示的名称呢？

单击“修订”选项组中的“修订选项”按钮，打开“修订选项”对话框，单击“更改用户名”按钮，打开“Word选项”对话框，在“对Microsoft Office进行个性化设置”选项区域的“用户名”文本框中输入用户名称，然后单击“确定”按钮即可。

Point 5 保护批注和修订

在文档中添加批注和修订后，为了防止在传阅的过程中被人修改，可以为其添加密码保护，只有授权密码的人才能进一步修改批注和修订，没有授权密码的人只能以只读方式浏览。

1

切换至“审阅”选项卡，单击“保护”选项组中的“限制编辑”按钮。

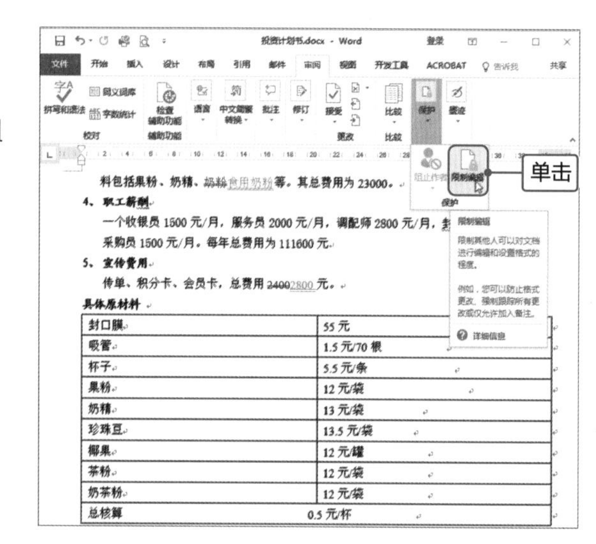

2

打开“限制编辑”导航窗格，在“编辑限制”选项区域中勾选“仅允许在文档中进行此类型的编辑”复选框，再在下方列表中选择“不允许任何更改(只读)”选项，然后单击“是，启动强制保护”按钮。

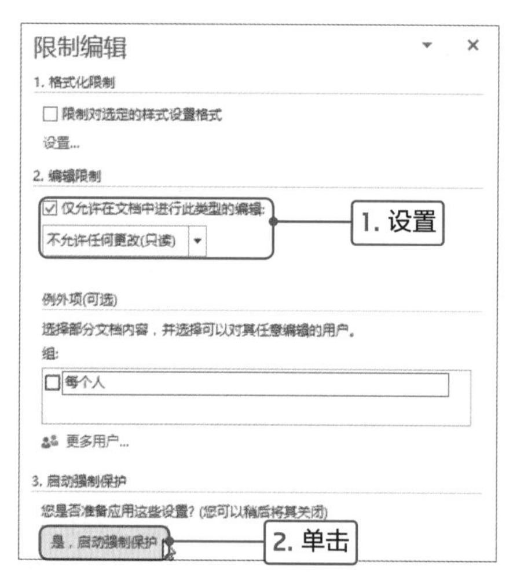

Tips **设置限制编辑范围**

在设置“编辑限制”时，其列表中包含“修订”、“批注”、“填写窗体”和“不允许任何更改(只读)”四个选项，用户可以根据需要选择不同的选项。

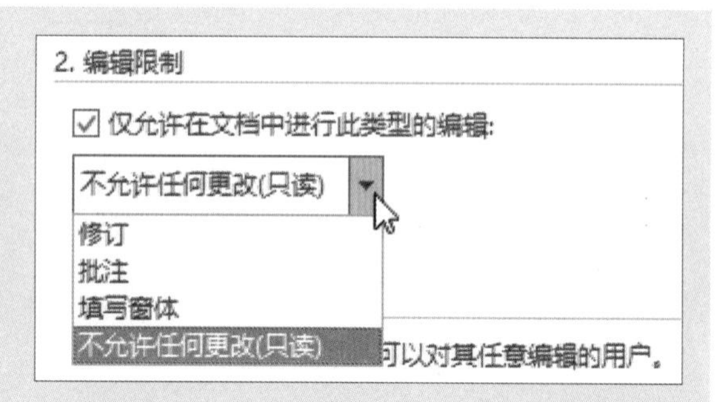

3

打开“启动强制保护”对话框，在“新密码(可选)”数值框中输入密码，如123，在“确认新密码”数值框中再次输入设置的密码，然后单击“确定”按钮。

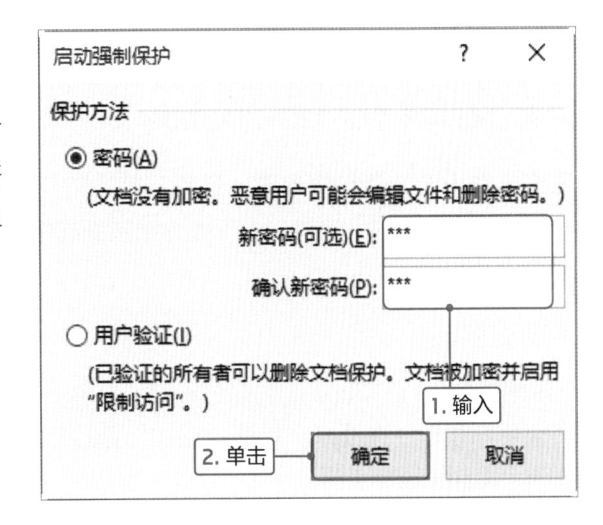

4

返回文档，如果对添加的批注或修订进行修改，则在文档的状态栏中显示“由于所选内容已被锁定，您无法进行此更改”提示。

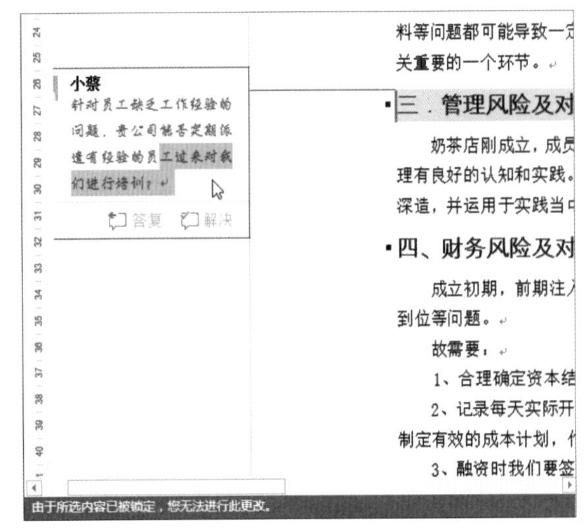

5

被授权密码的用户可以取消密码对文档内容进行编辑等操作。单击“限制编辑”导航窗格底部的“停止保护”按钮，打开“取消保护文档”对话框，在“密码”数值框中输入保护的密码123，然后单击“确定”按钮即可。

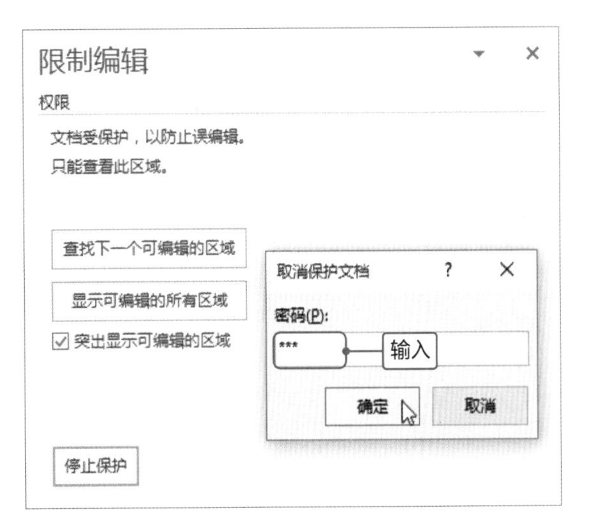

高效办公

接受或拒绝修订

在浏览他人对文档的修改时，查看文档中的修订信息，然后协商给予回复。可以接受对方的修订，也可以拒绝对方的修订，下面介绍接受或拒绝修订的方法。

● 接受修订

步骤01 打开文档，将光标移至需要接受的修订位置，切换至“审阅”选项卡，单击“更改”选项组中的“接受”按钮。

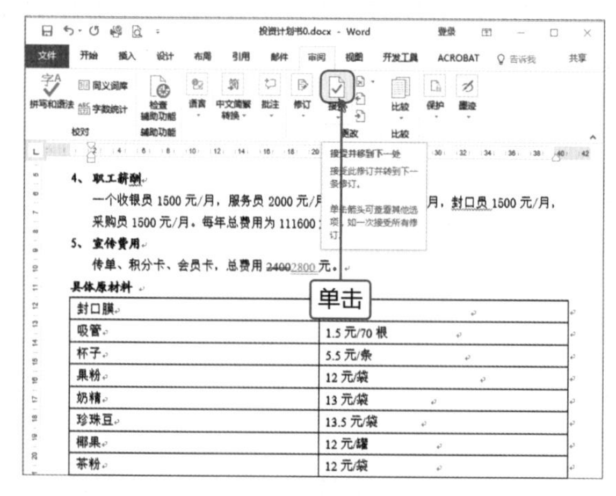

步骤02 返回文档，可见接受修订后将需要删除的内容直接删除，保留插入的内容，而且系统会自动选中下一条修订。

4、职工薪酬

一个收银员 1500 元/月，服务员 2000 元/月，调配师 2

采购员 1500 元/月。每年总费用为 111600 元。

5、宣传费用

传单、积分卡、会员卡，总费用 2800 元。

具体原材料

封口膜	55 元
吸管	1.5 元/70 根
杯子	5.5 元/条
果粉	12 元/袋
奶精	13 元/袋
珍珠豆	13.5 元/袋

Tips **接受所有修订**

在查看修订时，如果接受所有的修订，可以使用“接受所有修订”功能。

切换至“审阅”选项卡，单击“更改”选项组中“接受”下三角按钮，在下拉列表中选择“接受所有修订”选项，即可完成接受所有修订操作。

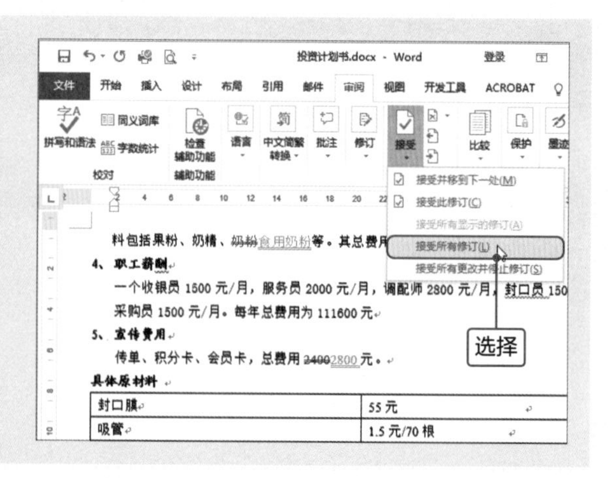

拒绝修订

步骤01 选择需要拒绝的修订位置，切换至“审阅”选项卡，单击“更改”选项组中的“拒绝”下三角按钮，在展开的列表中选择“拒绝更改”选项。

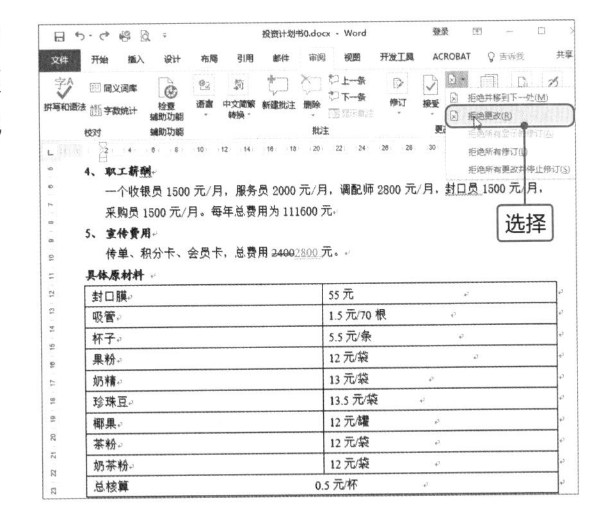

步骤02 在文档中清除插入的内容，但是原内容仍然有删除线。

4、职工薪酬

一个收银员 1500 元/月，服务员 2000 元/月，调配师

采购员 1500 元/月。每年总费用为 111600 元。

5、宣传费用

传单、积分卡、会员卡，总费用 ~~2400~~ 元。

具体原材料

封口膜	55 元
吸管	1.5 元/70
杯子	5.5 元/条
果粉	12 元/袋

步骤03 再次单击“拒绝”下三角按钮，在列表中选择“拒绝并移到下一处”选项，操作完成后会恢复原内容，光标移至下一处。

4、职工薪酬

一个收银员 1500 元/月，服务员 2000 元/月，调配师

采购员 1500 元/月。每年总费用为 111600 元。

5、宣传费用

传单、积分卡、会员卡，总费用 2400 元。

具体原材料

封口膜	55 元
吸管	1.5 元/70
杯子	5.5 元/条
果粉	12 元/袋
奶精	13 元/袋

Tips 拒绝所有修订

可以通过“拒绝所有修订”功能删除文档中所有修订。切换至“审阅”选项卡，单击“更改”选项组中的“拒绝”下三角按钮，在展开的列表中选择“拒绝所有修订”选项。

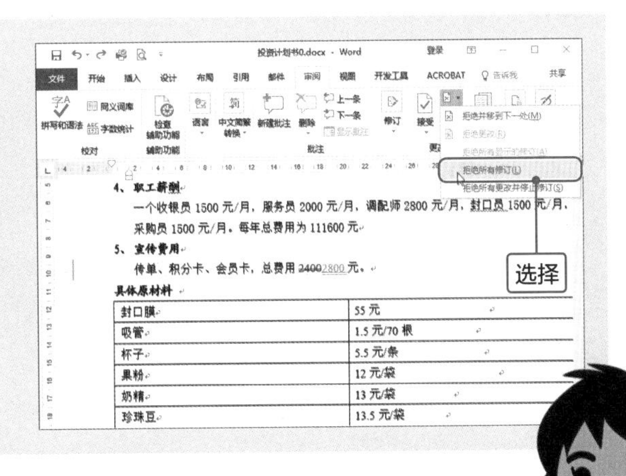

菜鸟加油站

加密保护文档

●用密码保护文档

前面介绍过通过“限制编辑”功能保护文档，下面介绍使用密码保护文档。具体操作方法如下。

步骤01 打开“用密码保护文档”文档，单击“文件”菜单按钮，在“信息”选项区域中单击“保护文档”下三角按钮，在列表中选择“用密码进行加密”选项，如下左图所示。

步骤02 打开“加密文档”对话框，在“密码”数值框中输入密码123，单击“确定”按钮，如下右图所示。

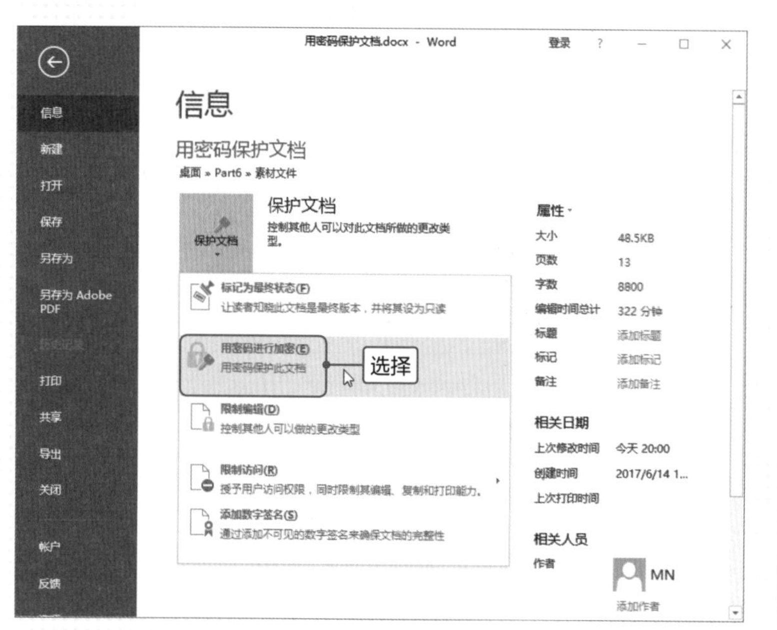

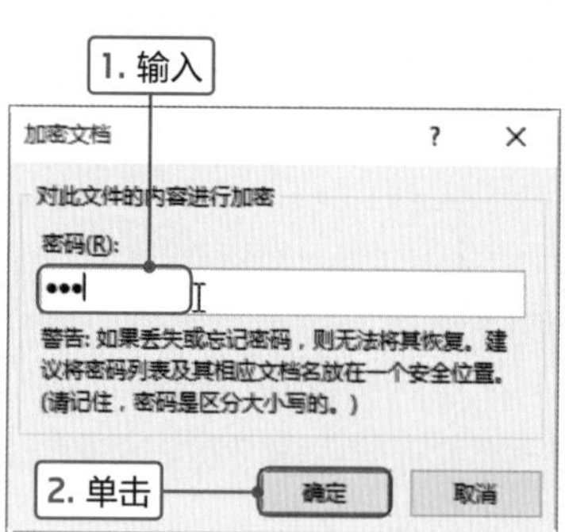

步骤03 打开“确认密码”对话框，在“重新输入密码”数值框中输入123，然后单击“确定”按钮，如下左图所示。

步骤04 记住设置的密码，然后保存文档并关闭。当再次打开文档时，会弹出“密码”对话框，必须输入正确的密码123才能打开该文档，如下中图所示。

步骤05 如果不需要使用密码保护，则打开该文档，单击“文件”菜单按钮，在“信息”选项区域中单击“保护文档”下三角按钮，在列表中选择“用密码进行加密”选项，打开“加密文档”对话框，删除“密码”数值框中密码，单击“确定”按钮即可，如下右图所示。

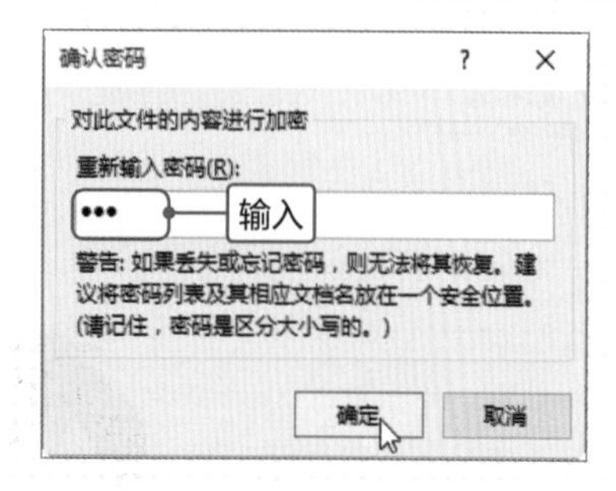

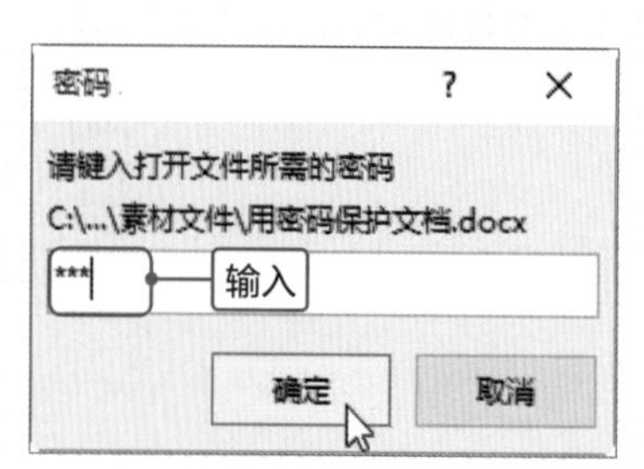

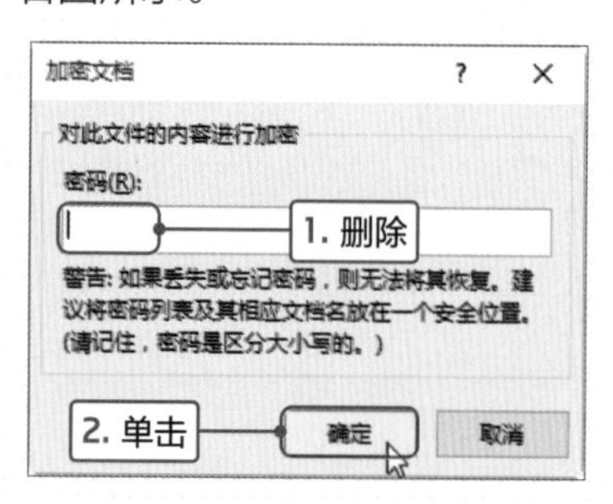

● 使用双密码保护文档

在为文档设置密码时，可以设置打开和修改两个密码，在传阅时授权不同的密码即可更有效地保护文档。下面介绍具体操作方法。

步骤01 打开“使用双密码保护文档”文档，单击“文件”菜单按钮，选择“另存为”选项，在右侧选择“浏览”选项，如下左图所示。

步骤02 打开“另存为”对话框，选择存储路径，设置文件名，单击“工具”下三角按钮，在列表中选择“常规选项”选项，如下右图所示。

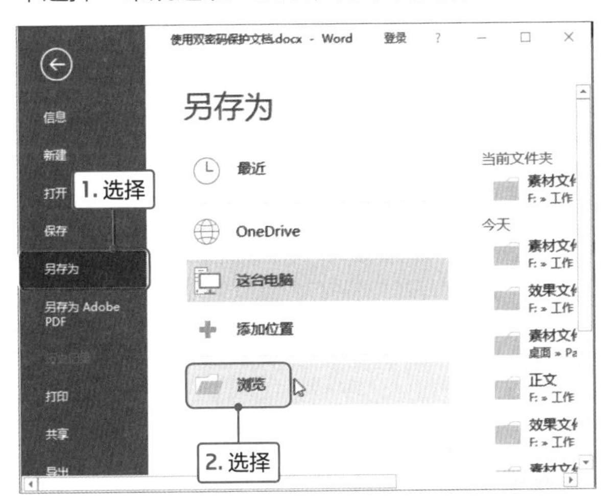

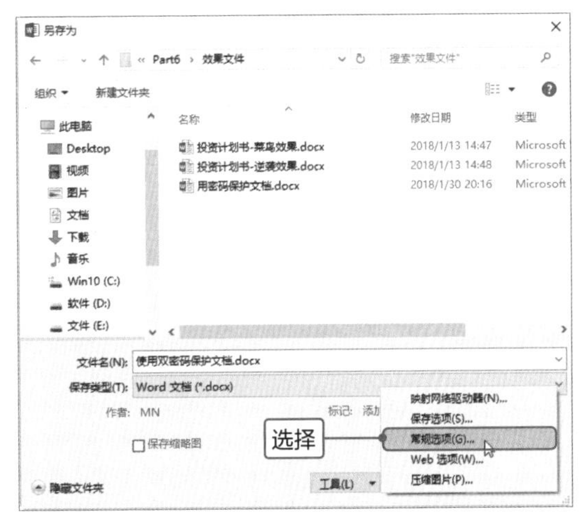

步骤03 打开“常规选项”对话框，在“打开文件时的密码”数值框中输入密码123，在“修改文件时的密码”数值框中输入321，然后单击“确定”按钮，如下左图所示。

步骤04 打开“确认密码”对话框，在“请再次键入打开文件时的密码”数值框中输入打开密码123，单击“确定”按钮，如下右图所示。

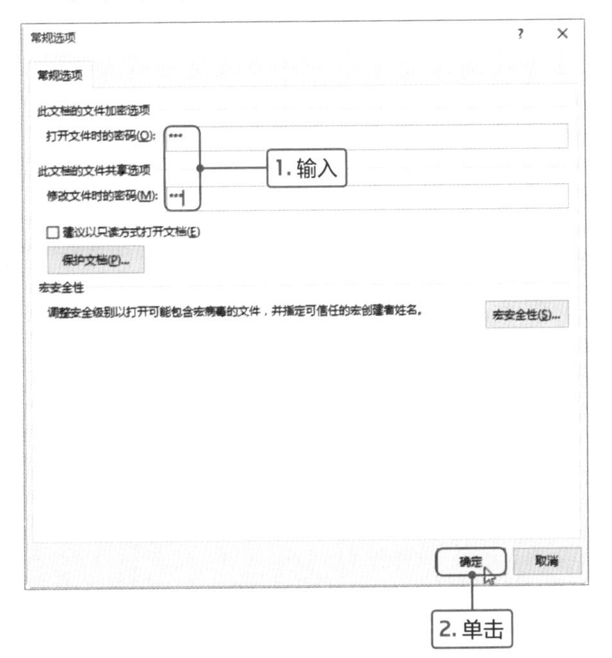

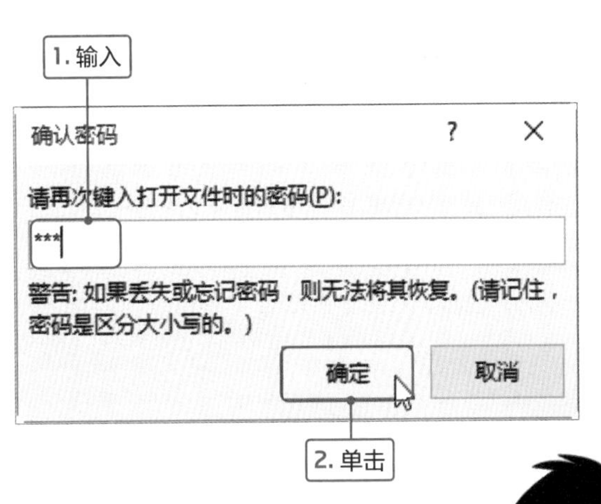

步骤05 在打开的对话框的“请再次键入修改文件时的密码”数值框中输入修改密码321，单击“确定”按钮，如下左图所示。

步骤06 返回“另存为”对话框，单击“确定”按钮，然后关闭该文档。再次打开该文档时，将打开“密码”对话框，在“请键入打开文件所需的密码”数值框中输入123，单击“确定”按钮，如下中图所示。

步骤07 在打开的对话框中，如果授权修改密码，则在“密码”的数值框中输入密码，如果没有授权修改密码，则单击“只读”按钮，如下右图所示。

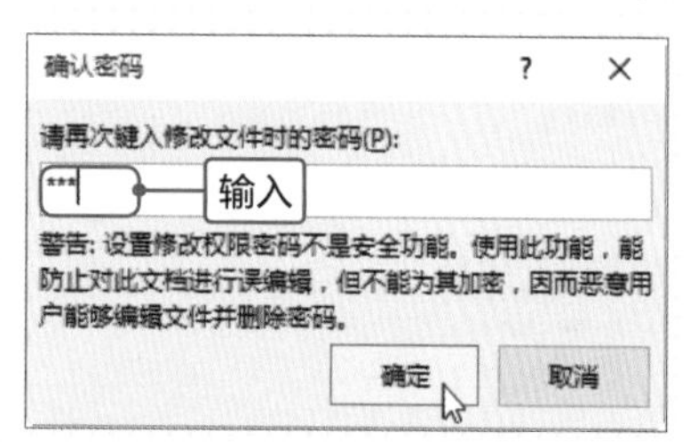

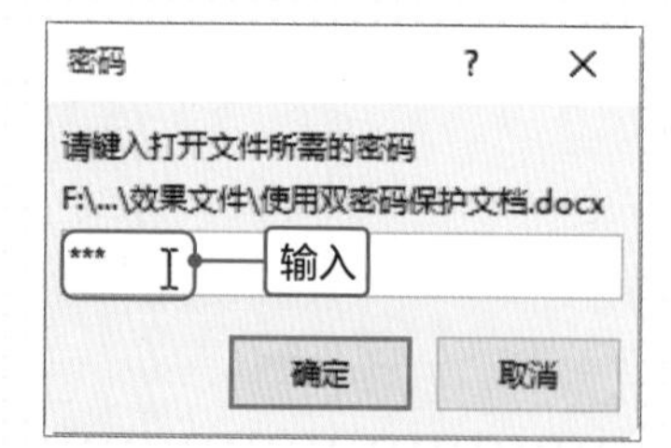

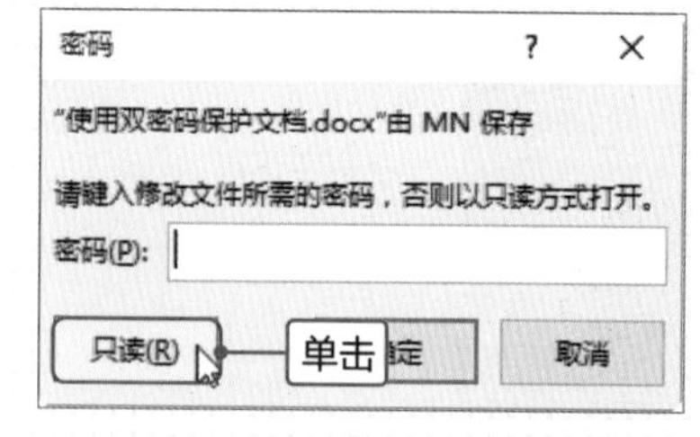

步骤08 单击“只读”按钮后，打开该文档，在文档名称的右侧显示“只读”字样，效果如右图所示。

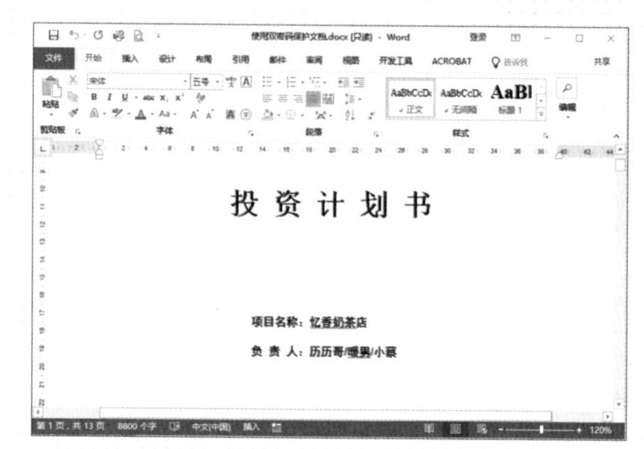

步骤09 如果需要删除密码，再次打开“常规选项”对话框，可以根据需要删除所有密码，也可以删除某个密码，然后单击“确定”按钮即可，如右图所示。

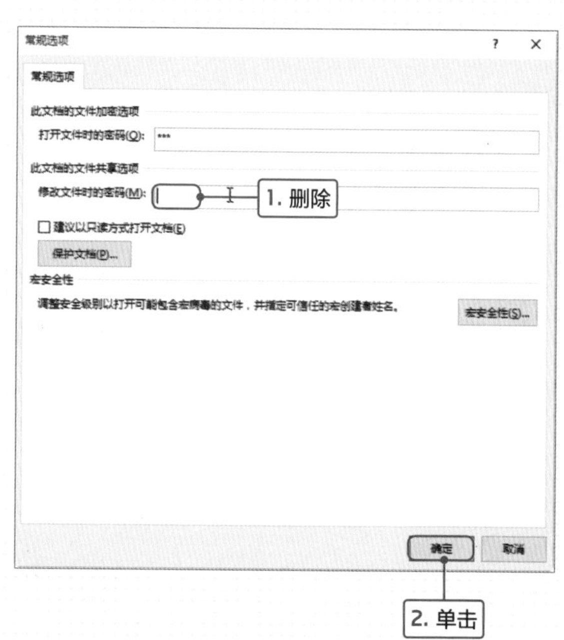

后　记

本书是我近十年关于产品设计原理与方法，以及产品设计思维训练课程的教学与研究经验的总结。本书的编写，得益于广州美术学院张海文教授、汤复兴老师、姜珺老师对我的指导，尤其是设计技法的相关内容及手表设计主题练习，均是我在以上老师指导的基础上进行深入探索和研究的成果。书中涉及的案例均是我在教学期间积累的一些学生优秀作业和自己的产品创作成果。在此，对为本书的编写付出劳动的其他编写人员、提供帮助的指导老师和学生，以及北京大学出版社的编辑表示感谢！

期待本书的概念原理与实践案例能够帮助广大设计行业人员，助其在实践过程中迸发出更多好创意，设计出能帮助人们解决日常问题的好作品。本书内容如有错漏，敬请广大读者和同行批评指正。

陈书琴

2020 年 1 月